高等学校规划教材

Experiment for Fundamental Chemistry

基础化学实验

（第二版）

廖戎　刘兴利　主编

化学工业出版社

·北京·

内容简介

《基础化学实验》（第二版）将无机化学、有机化学和分析化学等实验内容优化综合，按照化学基本操作实验、化学性质实验、化学测定实验、化学制备实验以及化学综合与设计实验五个类型实验教学模式编写而成，共选编57个具有代表性的实验项目。附录部分包括常用化学手册、网站网址、期刊杂志，物理量的符号与单位，必要的常用数据以及常用实验仪器介绍等，以供读者参考。

本书可作为高等理工和师范类院校化学、应用化学、化工、环境、材料、生物、医学、药学等专业的基础化学实验教材，也可供从事化学实验的技术人员参考。

图书在版编目（CIP）数据

基础化学实验／廖戎，刘兴利主编．—2版．—北京：化学工业出版社，2022.2（2023.1重印）
高等学校规划教材
ISBN 978-7-122-40399-5

Ⅰ．①基… Ⅱ．①廖… ②刘… Ⅲ．①化学实验-高等学校-教材 Ⅳ．①O6-3

中国版本图书馆CIP数据核字（2021）第250143号

责任编辑：宋林青 金 杰　　文字编辑：葛文文
责任校对：王鹏飞　　装帧设计：史利平

出版发行：化学工业出版社（北京市东城区青年湖南街13号 邮政编码100011）
印　　装：三河市双峰印刷装订有限公司
787mm×1092mm 1/16 印张18¼ 字数450千字 2023年1月北京第2版第2次印刷

购书咨询：010-64518888　　售后服务：010-64518899
网　　址：http://www.cip.com.cn
凡购买本书，如有缺损质量问题，本社销售中心负责调换。

定　　价：49.80元

《基础化学实验》（第二版）编写人员名单

主　　编：廖　戎　刘兴利

副 主 编：罗建斌　周庆翰

编写人员：廖　戎　刘兴利　罗建斌　周庆翰　柏　松

李新莹　杨鸿均　杨胜韬　万　静　夏　卉

常凤霞　徐　博　尤　勇　闫新秀　徐富建

周彩霞　陈　峰　谭　炯

前　言

《基础化学实验》（第二版）是根据新时代高素质化学人才的培养要求，结合当前高等学校实验教材改革形势，以及本校化学实验教学发展和改革的基本情况编写而成的。本书从课程本身的完整性、科学性和系统性出发，对无机化学、有机化学和分析化学等实验内容进行优化综合，精选了57个实验。本书的编写以教材建设来推动基础化学实验课程教学内容和课程体系的整体改革为目的，因此在内容上力图注重学生基本科学研究能力的培养，旨在使学生形成实事求是的科学态度和严谨的工作作风，为后续课程打下基础。

本书在内容选择和体系构建时既力求保证基本操作和基本技能训练，也重视学生综合实验技能和创新思维的培养。全书共分3部分。第1部分包括1～3章，主要介绍化学实验的一些基本要求、基本化学实验仪器、基本操作和分离方法。第2部分包括4～8章，将基础化学实验分别以化学基本操作实验、化学性质实验、化学测定实验、化学制备实验以及化学综合与设计实验的类别列出。其中化学综合与设计实验部分，除了一般的综合实验，还紧扣学科发展前沿，结合相关老师的科研成果设计开发而成，具有多学科综合性和交叉性。此类实验的引入能够引导学生进行实验设计，有利于学生综合实验能力的培养，进一步激发学生的求知兴趣。第3部分为附录，包括实验报告书撰写范本、常用化学手册及网站、重要化学常数等，供读者在使用过程中查阅和参考。

本书是在参考了国内外众多优秀化学实验相关教科书和实验技术的基础上编写而成的，对这些作者我们深表敬意和感谢。

在本书编写中，尽管编者作出了努力，但是限于水平，仍难免有纰漏之处，敬请读者批评指正。

编者

2021年于成都

目　录

第1部分　化学实验基本知识、基本方法与基本技术

第1章　绪　　论

1.1　基础化学实验的目的、学习方法及要求

1.1.1　基础化学实验的目的

基础化学实验作为高等理工院校化工、材料、生物技术、医学、药学、食品科学等专业的主要基础课程，突破了原四大化学实验分科设课的界限，已融合为一体，并按照操作、测定、制备、结构、性质、设计等基本关系重新组织实验课教学。该课程以包含基本原理、基本操作、基本方法和基本技术的化学实验作为实践平台和素质教育的媒介，通过基础化学实验教学过程达到以下目的。

① 掌握大量物质变化的第一手感性知识，熟悉元素及其化合物的重要性质和反应，掌握重要化合物的一般制备合成、分离提纯、鉴定检测方法，加深对化学理论课中基本原理和基础知识的理解与掌握。

② 掌握化学实验的基本操作和技术，培养独立工作能力和独立思考能力。如独立准备和进行实验的能力；细致地观察和记录实验现象，归纳、总结并正确处理实验数据的能力；分析实验中出现的问题和用语言表达实验结果的能力；一定的组织实验、开展科学研究和创新的能力。

③ 培养实事求是的科学态度，培养准确、细致、整洁等良好的科学习惯以及科学的思维方法，培养敬业和一丝不苟的科研工作精神，养成良好的实验室工作习惯。

④ 了解实验室工作有关知识，如实验室的各项规章制度，实验工作的基本程序；实验室的布局，化学试剂、仪器设备的管理；实验中可能发生的一般事故及其处理办法；实验室废液的一般处理以及实验室管理的一般知识等。

1.1.2　基础化学实验的学习方法

要达到上述实验目的，不仅要有正确的学习态度而且还要有正确的学习方法。基础化学实验课的学习方法大致有以下三个步骤。

1.1.2.1　实验预习

实验课要求学生既动手做实验，又动脑思考问题。因此实验前必须做好预习，对实验的主要内容和基本过程应心中有数，才能使实验顺利进行，达到预期的实验效果。预习时应做到：

① 认真阅读实验教材、有关教科书和参考资料，查阅有关数据。

② 明确实验目的和基本原理。

③ 了解实验的内容，清楚实验操作方法及注意事项，估计实验中可能发生的现象和预期结果。

④ 掌握实验数据处理方法和有关计算公式。

⑤ 思考实验中应该注意的问题，熟悉实验安全注意事项。

⑥ 写出实验预习笔记。实验预习笔记不得做在活页纸上，而应用固定的笔记本。内容包括实验题目、实验目的、实验原理、计算公式、实验内容（步骤）、实验记录及附记等栏目。

若教师发现学生预习不够充分，应责令其暂停实验重补预习，达到预习基本要求后再做实验。

1.1.2.2 实验过程

学生在教师指导下独立地进行实验是实验课的主要教学环节，也是训练学生正确掌握实验技术，达到培养动手能力的重要手段。实验过程中，原则上应按实验教材上所提示的步骤、方法、仪器和试剂用量进行实验，若提出新的实验方案，应经教师批准后方可进行试验。实验时应做到：

① 认真操作，细心观察实验现象，并及时、如实地做好详细的实验记录。

② 如果发现实验现象和理论不符合，首先应尊重实验事实，并认真分析和检查其原因，也可以做对照试验、空白试验或自行设计实验来核对，必要时应多次重做验证，从中得到有益的结论。

③ 实验过程中应勤于思考，仔细分析，力争自己解决问题，但遇到疑难问题而自己难以解决时，可提请教师指点。

④ 在实验过程中应保持安静，严格遵守实验室规章制度。

1.1.2.3 实验报告

① 完成实验报告不仅是对所学知识进行归纳总结和提高的过程，也是培养严谨的科学态度、实事求是的工作作风的过程，应认真对待。实验报告也是概括和总结实验过程的文献性质资料，同时也是学生以实验为工具，获取化学知识实际过程的主要手段。因此，书写实验报告是实验课程一项重要的基本训练内容。实验报告从一定角度反映了一个学生的学习态度、实验水平与文字能力。

② 实验报告的格式与要求，在不同的学习阶段略有不同，大概包括：实验名称、实验目的、实验原理、实验仪器（厂家、型号、测量精度）、实验药品（纯度等级）、实验装置（可画图表示）、实验原始数据记录表（应附在报告中）、实验现象与观测数据、数据处理（可用列表或作图等形式表达）、实验结果、问题讨论、建议与心得体会等。实验报告的书写应字迹工整、简明扼要、实事求是、内容完整，决不允许草率应付或抄袭编造。

③ 处理实验数据时，宜用列表法、作图法，具有普遍意义的图形还可以回归成经验公式，得出的结论或结果应尽可能地与文献数据进行比较。通过这种形式培养学生科学的思维模式，锻炼文献查阅能力和文字表达能力。

④ 对实验结果进行讨论是实验报告的重要组成部分，往往也是最精彩的部分。它包括实验者的心得体会（指经提炼后学术性的体会，并非感性的表达），做好实验的关键所在，实验结果的可靠程度与合理性评价，分析并解释观察到的实验现象。如能进一步提出改进意见，或提出另一种比该实验更好的合成路线等，就是创新思维，它往往蕴含着创新能力。当然，一般情况下的讨论是初级的，有些见解甚至可能是肤浅的。重要的是有意识地培养思考分析的习惯，尤其是培养发散性思维模式，为具有真正的创新性思维打下基础。

1.2 化学实验规则和事故处理

为了确保化学实验顺利进行和实验室安全，进入实验室的操作人员必须清楚知道并严格遵守实验室工作规则和安全守则，懂得常见事故的简单处理。

1.2.1 遵守实验规则

实验规则是人们在长期的实验室工作中，从经验、教训中归纳总结出来的。它可以防止意外事故，保持正常实验的环境和工作秩序。遵守实验规则是做好实验的重要前提，每个人都必须严格遵守实验规则。

① 实验前一定要做好预习和实验准备工作，检查实验所需要的药品、仪器是否齐全。做规定以外的实验，应先经教师允许。

② 实验时要集中精力，认真操作，仔细观察，积极思考，如实详细地做好记录。

③ 实验中必须保持安静，不准大声喧哗，不得到处乱走。不得无故缺席，因故缺席未做的实验应该补做。

④ 爱护实验室财产，小心使用实验仪器和设备，注意节约水、电、气。实验中每人应取用自己的仪器，不得动用他人的仪器；公用仪器和临时共用的仪器用毕应洗净，并立即送回原处。如有损坏，必须及时登记补领和赔偿。

⑤ 实验台上的仪器应整齐地放在一定的位置上，并保持台面的清洁。废纸、火柴梗和碎玻璃等固体废物应倒入垃圾箱内，酸性废液应倒入废液缸内，切勿倒入水槽，以防锈蚀下水管道。

⑥ 按规定的量取用药品，注意节约。称取药品后，应及时盖好原瓶盖。放在指定地方的药品不得擅自拿走。

⑦ 使用精密仪器时，必须严格按照操作规程进行操作，细心谨慎，避免因粗心大意而损坏仪器。如发现仪器有故障，应立即停止使用，报告教师，及时排除故障。使用后自觉填写登记本。

⑧ 实验后，应将所用仪器洗净并整齐地放回柜内。所用实验台及试剂架必须擦净，实验柜内仪器应存放有序，清洁整齐。

⑨ 每次实验后由学生轮流值勤，负责清扫地面和水槽卫生，整理实验室仪器与药品，并检查水、电、气是否关闭，门、窗是否关好，以保持实验室的整洁和安全。

⑩ 发生意外事故时应保持镇静，不要惊慌失措；遇有烧伤、烫伤、割伤时应立即报告教师，及时急救和送医院进行治疗。

1.2.2 注意实验安全

进行化学实验时，要严格遵守关于水、电、气和各种仪器、药品的使用规定。化学药品中，很多是易燃、易爆、有腐蚀性和有毒的。重视安全操作，熟悉一般的安全知识是非常必要的。

注意安全不仅是个人的事情。发生了事故不仅损害个人的健康，还会危及周围的人们，造成财产损失，影响工作的正常进行。因此首先需要从思想上重视安全工作，决不能麻痹大意。其次，在实验前应了解仪器的性能和药品的性质以及本实验中的安全事项。在实验过程中，应集中注意力，并严格遵守实验安全守则，以防意外事故的发生。再次，要学会一般救护措施，一旦发生意外事故，可进行及时处理。最后，对于实验室的废液，也要知道一些处理的方法，以保持实验室及周围环境不受污染和影响。

1.2.2.1 实验室安全守则

① 不要用湿的手、物接触电源。水、电、气一经使用完毕，应立即关闭开关。点燃的火柴用后立即熄灭，不得乱扔。

② 严禁在实验室内饮食、吸烟，或把食具带进实验室。实验完毕，必须洗净双手。实验时，应该穿上实验工作服，不得穿拖鞋。

③ 绝对不允许随意混合各种化学药品，以免发生意外事故。

④ 钾、钠和白磷等暴露在空气中易燃烧，所以钾、钠应保存在煤油中，白磷则可保存在水中。使用时必须遵守它们的使用规则，如取用它们时要用镊子。一些有机溶剂（如乙醚、乙醇、丙酮、苯等）极易引燃，使用时必须远离明火，用毕立即盖紧瓶塞。

⑤ 混有空气的不纯氢气、CO 等遇火易爆炸，操作时必须严禁接近明火；在点燃氢气、CO 等易燃气体之前，必须先检查并确保纯度。银氨溶液不能留存，因久置后会变成氮化银，也易爆炸。某些强氧化剂（如氯酸钾、硝酸钾、高锰酸钾等）及其混合物不能研磨，否则将引起爆炸。

⑥ 应配备必要的防护眼镜。倾倒试剂或加热液体时，不要俯视容器，以防溅出。尤其是浓酸、浓碱具有强腐蚀性，切勿使其溅在皮肤或衣服上，眼睛更应注意防护。稀释它们时（特别是浓硫酸）应将它们慢慢倒入水中，而不能反向进行，以避免迸溅。试管加热时，切记不要使试管口向着自己或别人。

⑦ 不要俯向容器去嗅放出的气味。闻气味时，应该是面部远离容器，用手把离开容器的气流慢慢地扇向自己的鼻孔。凡能产生有刺激性或有毒气体（如 H_2S、HF、Cl_2、CO、NO_2、Br_2 等）的实验必须在通风橱内进行。

⑧ 有毒药品（如重铬酸钾、钡盐、铅盐、砷的化合物、汞的化合物，特别是氰化物）不得进入口内或接触伤口。剩余的废液也不能随便倒入下水道。

⑨ 金属汞易挥发（瓶中要加一层水保护），并通过呼吸道而进入人体内，逐渐积累会引起慢性中毒。取用汞时，应该在盛水的搪瓷盘上方操作，做金属汞的实验应特别小心不得把汞洒落在桌上或地上。一旦洒落，必须尽可能收集起来，并用硫黄粉盖在洒落的地方，使汞转变成不挥发的硫化汞。

⑩ 实验室所有药品不得带至室外。用剩的有毒药品必须还给实验指导教师。

⑪ 洗涤的试管等容器应放在规定的地方（如试管架上）干燥，严禁用手甩干，以防未洗净容器中含的酸碱液等伤害他人身体或衣物。

1.2.2.2 实验室“三废”的处理

实验中经常会产生某些有毒的气体、液体和固体，需要及时排弃。如不经处理直接排出就可能污染周围的空气和水源，使环境污染，损害人体健康。因此对废液、废气和废渣要经过一定的处理后，才能排弃。

① 对产生少量有毒气体的实验应在通风橱内进行。通过排风设备将少量毒气排到室外（使排出气在外面大量空气中稀释），以免污染室内空气。产生毒气量大的实验必须具有吸收或处理装置。如 NO_2、SO_2、Cl_2、H_2S、HF 等可用导管通入碱液中使其大部分吸收后排出，CO 可点燃转化成 CO_2。

② 废渣，包括少量有毒的废渣应掩埋于指定地点的地下。对含重金属离子或汞盐的废液可先加碱调 pH 至 8～10，然后再加适当过量硫化钠处理，使之毒害成分转变成难溶于水的氢氧化物或硫化物而沉淀分离，残渣掩埋，清液达环保排放标准后可排放。

③ 一般酸碱废液可中和后排放。废铬酸洗液可加入 $FeSO_4$，使六价铬还原为无毒的三价铬后按普通重金属离子废液处理。含氰废液量少时可先加 NaOH 调 pH>10，再加适量 $KMnO_4$ 使 CN^- 氧化分解去毒；量多时则在碱性介质中加 NaClO 使 CN^- 氧化分解成 CO_2 和 N_2。

1.2.3 常见事故的简单处理

因各种原因而发生事故后，千万不要慌张，应冷静沉着，立即采取有效措施处理事故。

(1) 起火　有机物着火应立即用湿布或沙扑灭，火势太大时则用泡沫灭火器扑灭。电器设备起火，应先切断电源，再用四氯化碳或二氧化碳灭火器扑灭，不能用泡沫灭火器。

(2) 触电　首先拉开电闸切断电源，或尽快地用绝缘物（干燥的木棒、竹竿等）将触电者与电源隔开，必要时再进行心肺复苏抢救。

(3) 割伤　先将伤口中的异物取出，不要用水洗伤口，伤轻者可涂以紫药水（或红汞、碘酒）；伤势较重时先用酒精清洗消毒，再用纱布按住伤口，压迫止血，立即送医院治疗。

(4) 烫伤　被火、高温物体或开水灼烫后，不要用冷水冲洗或浸泡，若伤处皮肤未破可涂擦饱和 $NaHCO_3$ 溶液或用 $NaHCO_3$ 调成糊状敷于伤处，也可用1%的高锰酸钾溶液或苦味酸溶液揩洗灼伤处，涂上凡士林或烫伤药膏。

(5) 酸、碱腐蚀　首先用大量水冲洗，然后，若为酸腐蚀，用饱和 $NaHCO_3$ 溶液（或稀氨水、肥皂水）冲洗；若为碱腐蚀，用1%柠檬酸或硼酸溶液冲洗，再用清水冲洗，涂上凡士林。若受氢氟酸腐伤，应用水冲洗后再以稀苏打溶液冲洗，然后浸泡在冰冷的饱和硫酸镁溶液中0.5h，最后再敷以20%硫酸镁、18%甘油、1.2%盐酸普鲁卡因和水配成的药膏。若酸、碱溅入眼内，应立即用大量水冲洗（可用自来水），然后再分别用稀的碳酸氢钠溶液或硼酸饱和溶液冲洗，最后滴入蓖麻油。

(6) 吸入刺激性或有毒气体　吸入 Br_2、Cl_2 或 HCl 气体时，可吸入少量酒精和乙醚的混合蒸气，使之解毒。吸入 H_2S 或 CO 气体而感到不适者，应立即到室外呼吸新鲜空气。

(7) 毒物进入口内　将5～10mL稀硫酸铜溶液加入一杯温开水中，内服，然后用手指伸入咽喉部，促使呕吐，再立即送医院治疗。

(8) 伤势严重者　立即送医院诊治。

1.2.4 实验室急救药箱的配备

为了对实验室意外事故进行紧急处理，实验室配备急救药箱，常备药品清单如下：

红药水、碘酒（3%）、烫伤膏、碳酸氢钠溶液（饱和）、饱和硼酸溶液、醋酸溶液（2%）、氨水（5%）、硫酸铜溶液（5%）、高锰酸钾晶体（需要时再制成溶液）、氯化铁溶液（止血剂）、甘油、消炎粉。

另外，消毒纱布、消毒棉（均放在玻璃瓶内，磨口塞紧），剪刀，氧化锌橡皮膏，棉花棍，创可贴等也是不可缺少的。

1.2.5 实验室常用的灭火器及其适用范围

实验室常用灭火器及其适用范围如表1-1所示。

表1-1　实验室常用的灭火器及其适用范围

灭火器类型	药液成分	适用范围
酸碱式	H_2SO_4 和 $NaHCO_3$	非油类和电器失火的一般初起火灾
泡沫灭火器	$Al_2(SO_4)_3$ 和 $NaHCO_3$	适用于油类起火
二氧化碳灭火器	液态 CO_2	适用于扑灭电器设备、小范围的油类和忌水的化学物品的失火
四氯化碳灭火器	液态 CCl_4	适用于扑灭电器设备小范围的汽油、丙酮等失火。不能用于扑灭活泼金属钾、钠的失火，因为 CCl_4 会强烈分解甚至爆炸；电石、CS_2 的失火也不能用，因为会产生光气一类的毒气
干粉灭火器	主要成分是碳酸氢钠等盐类物质与适量的润滑剂和防潮剂	扑救油类、可燃性气体、电器设备、图书文件和遇水易烧物品的初起火灾
1211灭火剂	CF_2ClBr 液化气体	特别适用于扑灭油类、有机溶剂、精密仪器、高压电气设备的失火

1.3 化学实验报告格式

化学实验大致可分为三种类型：一是制备（合成）实验；二是测定性实验；三是验证性（性质）实验。制备实验报告要求写出物质制备原理、实验步骤或工艺流程、理论产量、产品外观、实际产量、产率、产品质量等内容。原料经多步化工操作过程处理，最终得到产品。一般流程可用框图表示，每一操作可作为一个框图。测定性实验报告要求写出测定实验数据及数据处理。所有原始数据都要记录准确无误，计算时应该有具体数据处理过程。验证性（性质）实验报告要求写出物质性质的验证步骤、实验现象、解释和反应方程式、结论等，进一步加深对化学反应原理和物质性质的理解。

下面以无机化学、有机化学和分析化学等实验报告的格式为例，供学生完成实验报告时参考。当然不同实验类型的实验报告有所差异，请参照前面的要求并在教师指导下拟定具体的实验报告格式。

无机化学测定实验报告

实验名称____________________ 室温__________ 气压__________

学院　　　　年级　　　　班级　　　　姓名

实验室　　　　指导教师　　　　成绩　　　　日期

实验目的：

1.

2.

实验原理：

仪器和试剂：

实验步骤：

数据记录和结果处理：

问题和讨论：

建议与心得体会：

无机化学制备实验报告

实验名称____________________ 室温__________ 气压__________

学院　　年级　　班级　　姓名

实验室　　指导教师　　成绩　　日期

实验目的：

1.

2.

实验原理：

仪器和试剂：

简单流程或实验步骤：

实验过程主要现象：

数据记录和结果处理：

实验结果：

产品外观：

理论产量：

实际产量：

产　　率：

问题和讨论：

建议与心得体会：

无机化学性质实验报告

实验名称______________________ 室温___________ 气压___________

学院 年级 班级 姓名

实验室 指导教师 成绩 日期

实验目的：

仪器和试剂：

实验步骤：

实验内容(步骤)	实验现象	解释和反应方程式
1. 2. 3. 4.		

问题讨论：

实验小结：

实验内容(步骤)	实验现象	解释和反应方程式
1. 2. 3.		

问题讨论：

实验小结：

建议与心得体会：

分析化学实验报告

课程名称： 教师： 实验室名称：

实验日期： 专业： 班级：

姓　名： 学号： 实验成绩：

一、实验名称

二、实验目的

三、实验仪器及试剂

仪器

试剂

四、实验原理

五、实验步骤

六、实验数据及结果

七、问题讨论

有机化学实验报告

姓名____________班级____________桌号____________日期____________室温____________

实验名称：

（1）目的和要求

（2）反应式

主反应：

副反应：

（3）主要试剂及产物的物理常数

名称	分子量	性状	折射率	相对密度	熔点/℃	沸点/℃	溶解度/g·(100mL 溶剂)$^{-1}$

（4）主要试剂用量及规格

（5）仪器装置图

(6) 实验步骤及现象记录

步骤	现象

(7) 粗产物纯化过程及原理

(8) 产率计算

(9) 讨论

(10) 思考题

评语及成绩：

第2章 基本实验仪器及实验基本操作

2.1 基本仪器与基本操作

2.1.1 化学实验常用仪器介绍

2.1.1.1 普通常用仪器

普通常用仪器如图 2-1 所示。

(1) 试管与离心试管 它们通常为玻璃质，分硬质和软质，又分为普通试管和离心试管。普通试管又有翻口、平口，有刻度、无刻度，有支管、无支管，有塞、无塞等几种。离心试管也有有刻度和无刻度的。

一般情况下试管多在常温或加热条件下用作少量试剂反应容器，便于操作和观察；收集少量气体用；支管试管还可检验气体产物，也可接到装置中用；离心试管可用于沉淀分离。

使用时应注意：①反应液体不超过试管容积 1/2，加热时不超过 1/3，以便防止振荡时液体溅出，或受热溢出。②加热前试管外面要擦干，加热时要用试管夹。防止有水滴附着受热不匀，使试管破裂或烫手。③加热液体时，管口不要对人，并将试管倾斜与桌面成 45°，同时不断振荡，火焰上端不能超过管里液面。防止液体溅出伤人。扩大加热面可防止暴沸，防止因受热不均匀使试管破裂。④加热固体时，管口应略向下倾斜，避免管口冷凝水流回灼热管底而引起破裂。⑤离心试管不可直接加热，防止破裂。

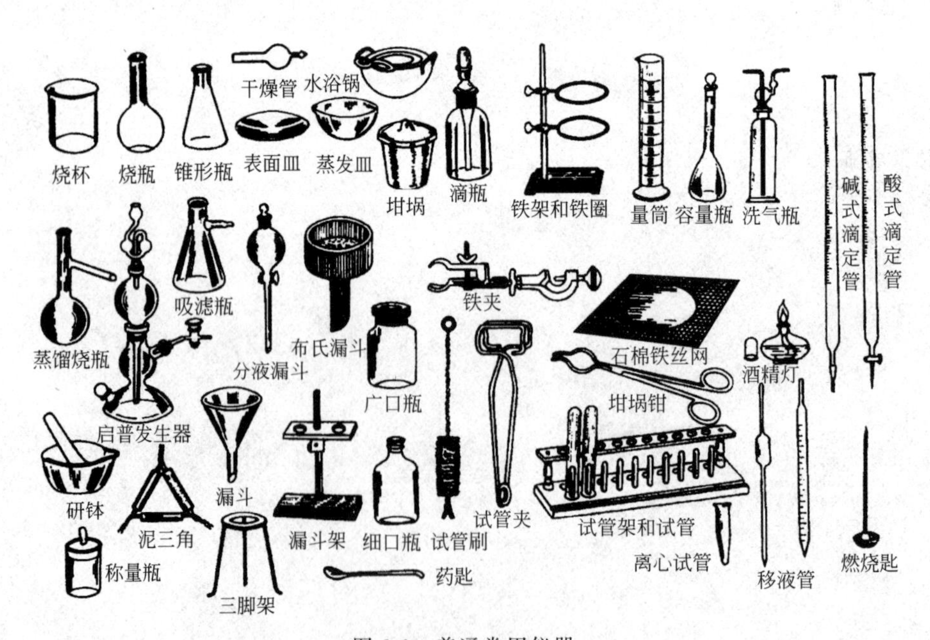

图 2-1 普通常用仪器

(2) 烧杯 通常为玻璃质，分硬质和软质，有一般型和高型，有刻度和无刻度几种。

一般情况下，烧杯多在常温或加热条件下作大量物质反应容器，反应物易混合均匀；配制溶液或代替水槽用。

使用时应注意：①反应液体不得超过烧杯容量的 2/3，防止搅动时或沸腾时液体溢出。

②加热前要将烧杯外壁擦干，烧杯底要垫石棉网，防止玻璃受热不均匀而破裂。

（3）烧瓶　通常为玻璃质，分硬质和软质，有平底、圆底、长颈、短颈、细口和厚口几种。

圆底烧瓶通常用于化学反应。平底烧瓶通常用于配制溶液或作洗瓶或代替圆底烧瓶用于化学反应，它因平底而放置平稳。

使用时为防止受热破裂或喷溅，一般要求盛放液体量是瓶容积的1/3～2/3。加热前要固定在铁架台上，不能直接加热，应当下垫石棉网。

（4）广口瓶　通常为玻璃质，有无色、棕色（防光），有磨口（具塞）和光口（不具塞）之分。磨口瓶用于储存固体药品，光口瓶的口上是磨砂的则为集气瓶。

使用时应注意：①不能直接加热。②磨口瓶不能放置碱性物，因碱性物会使磨口瓶和塞粘连。作气体燃烧实验时应在瓶底放少许的水或沙子，以防破裂。③磨口瓶不用时应用纸条垫在瓶塞与瓶口间，以防打不开。④磨口瓶与塞均配套，应防止弄乱。

（5）细口瓶　通常为玻璃质，有磨口和不磨口、无色和有色（防光）之分。磨口瓶（具塞）用于盛放液体药品或溶液。使用注意事项同广口瓶。

（6）称量瓶　通常为玻璃质，分高型和矮型两种，用于准确称取一定量固体药品。使用注意事项同广口瓶。

（7）锥形瓶　通常为玻璃质，分硬质和软质、有塞（磨口）和无塞、广口和细口等几种。可用作反应容器、接收容器、滴定容器（便于振荡）和液体干燥容器等。不能直接加热，加热时应下垫石棉网或用热浴，以防破裂。内盛液体不能太多，以防振荡时溅出。

（8）滴瓶　通常为玻璃质，分无色和棕色（防光）两种。滴瓶上乳胶滴头另配。用于盛放少量液体试剂或溶液，便于取用。滴管为专用，不得弄脏弄乱，以防沾污试剂。滴管不能吸得太满或倒置，以防试剂腐蚀乳胶头。

（9）容量瓶　通常为玻璃质，用于配制准确浓度溶液，使用时注意：①不能加热，不能代替试剂瓶用来存储溶液，以避免影响容量瓶容积的准确度；②为使配制准确，溶质应先在烧杯内溶解后移入容量瓶。

（10）洗气瓶　通常为玻璃质，用于洗涤净化气体。反接可作安全瓶使用。用于洗气时应将进气管通入洗涤液中。瓶中洗涤液一般为容器高度的1/3～1/2，否则易被气体冲出。

（11）吸滤瓶　又称抽滤瓶，玻璃质，用于减压过滤。使用时应注意：①不能直接加热；②和布氏漏斗配套使用时应用橡皮塞连接，确保密封性良好。

（12）量筒　通常为玻璃质，用于量取一定体积的液体。使用时不可加热，不可量热的液体或溶液；不可作实验容器，以防影响量筒的准确度。为使读数准确，应将液面与视线置同一水平上并读取与弯月面相切的刻度。

（13）漏斗　多为玻璃质，分短颈与长颈两种。用于过滤或倾注液体。不可直接加热。过滤时漏斗颈尖端应紧靠承接滤液的容器壁。用长颈漏斗往气体发生器加液时颈端应插至液面以下，以防气体泄漏。

（14）分液漏斗　玻璃质，有球形、梨形、筒形之分。用于加液或互不相溶溶液的分离。上口及下端旋塞均为磨口，不可调换。用时旋塞上涂一薄层凡士林，不用时磨口处应垫纸片。

（15）研钵　瓷质，也有玻璃、玛瑙、石头或铁制品，通常用于研碎固体，或固-固、固-液的研磨。使用时应注意：①放入物体量不宜超过容积的1/3，以免研磨时把物质甩出；

②只能研，不能舂，以防击碎研钵和杵，避免固体飞溅；③易爆物只能轻轻压碎，不能研磨，以防爆炸。

（16）坩埚　瓷质，也有石英、石墨、氧化铝、铁、镍、银或铂制品，用于强热、灼烧固体。使用时放在泥三角上或马弗炉中强热。加热后应用坩埚钳取下（出），以防烫伤。热坩埚取下（出）后应放在石棉网上，防止骤冷破裂或烫坏桌面。

（17）蒸发皿　瓷质，也有玻璃、石英、铂制品，有平底和圆底之分。用于蒸发液体、浓缩。一般放在石棉网上加热使受热均匀。注意防止骤冷骤热，以免破裂。

（18）表面皿　通常为玻璃质，多盖在烧杯上，防止杯内液体迸溅或污染。使用时不能直接加热。

（19）干燥管　玻璃质，用于干燥气体。用时两端应用棉花或玻璃纤维填塞，中间装干燥剂。干燥剂受潮后应及时更换清洗。

（20）滴定管　玻璃质，分碱式和酸式两种。用于滴定分析或量取较准确体积的液体。酸式滴定管还可用作色谱分析中的色谱柱。使用时注意酸式、碱式管不能调换使用，以免碱液腐蚀酸式滴定管中的磨口旋塞，造成旋塞粘住而损坏。

（21）移液管　通常为玻璃质，分刻度管型（又称吸量管）和单刻度大肚型两类，还有自动移液管。用于精确移取一定体积的液体。

（22）坩埚钳　铁或铜制，用于夹持坩埚加热或往高温电炉（马弗炉）中放、取坩埚（亦可用于夹取热的蒸发皿）。

（23）试管夹　有木制、竹制、钢制等，形状各不相同，用于夹持试管以免烫伤。

（24）铁夹　铁制，夹内衬布或毡，用于夹持烧瓶等容器。

（25）试管架　一般为木质或铝质，有不同形状与大小，用于放试管。加热后的试管应用试管夹夹住悬放在试管架上，不要直接放入试管架，以免因骤冷炸裂。

（26）漏斗架　通常为木制，过滤时承接漏斗用。固定漏斗架时不要倒放，以免损坏。

（27）三脚架　铁制，用于放置较大或较重的加热容器。放置容器（除水浴锅）时应先放石棉网，使受热均匀，并可避免铁器与玻璃容器碰撞。

（28）铁架　铁制品，用于固定或放置反应容器。其上铁圈可代替漏斗架用。使用时应注意平稳和牢固，以防倾倒、松脱。

（29）泥三角　由铁丝弯成，并套有瓷管。用于灼烧时放置坩埚。使用前应检查铁丝是否断裂。

（30）石棉网　在铁丝网上涂石棉，在容器不能直接加热时使用，并使受热均匀。不可卷折，以防石棉脱落，不能与水接触，以免石棉脱落和铁丝锈蚀。

（31）水浴锅　铜或铝制，用于间接加热或粗略控温实验。使用时注意防止水烧干，以免把锅烧坏，用完应把水倒净擦干，防止锈蚀。

（32）燃烧匙　铜质，用于检验某些固体的可燃性。用完应立即洗净并干燥，以防腐蚀。

（33）药匙　瓷质或用塑料、牛角制成，用来取用固体药品。用时只能取一种药品，不能混用。用后应立即洗净、干燥。

（34）毛刷　分试管刷、烧瓶刷、滴定管刷等多种，用于洗刷仪器。使用时注意用力均匀适度，以免捅破仪器。掉毛（尤其竖毛）的刷子不能用。

（35）酒精灯　多为玻璃质，灯芯套管为瓷质，盖子有塑料制或玻璃制之分。用于一般加热。

（36）启普发生器　玻璃质，用于产生气体。

2.1.1.2　常用标准口有机制备仪器

有机制备玻璃仪器一般分为普通和标准磨口两种。在实验室常用的普通玻璃仪器有非磨口锥形瓶、烧杯、布氏漏斗、吸滤瓶、普通漏斗、分液漏斗等，见图 2-1。常用的标准磨口仪器有圆底烧瓶、三口瓶、蒸馏头、冷凝管、接收管等，具体形状见图 2-2。用途见表 2-1。

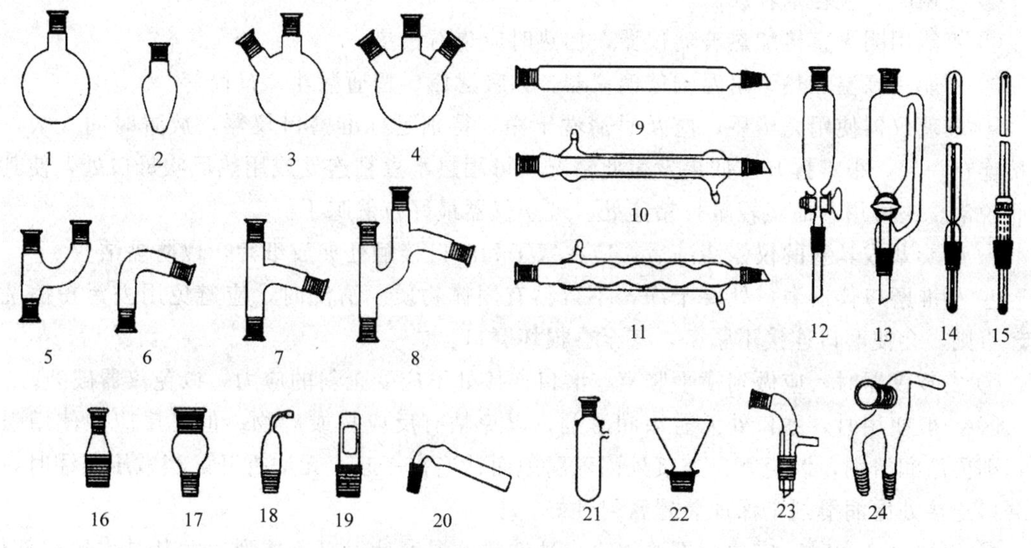

图 2-2　常用标准口有机制备仪器

1—圆底烧瓶；2—梨形瓶；3—两口瓶；4—三口瓶；5—Y 形管；6—弯头；7—蒸馏头；8—克氏蒸馏头；9—空气冷凝管；10—直形冷凝管；11—球形冷凝管；12—分液漏斗；13—恒压滴液漏斗；14，15—温度计；16，17—大小口接头；18—通气管；19—空心塞；20—干燥管；21—吸滤管；22—吸滤漏斗；23—单股接收管；24—双股接收管

表 2-1　有机化学实验常用仪器的应用范围

仪器名称	应用范围	备注
圆底烧瓶	用于反应、回流加热及蒸馏	
三口圆底烧瓶	用于反应，三口分别安装搅拌器、回流冷凝管及温度计等	
冷凝管	用于蒸馏和回流	
蒸馏头	与圆底烧瓶组装后用于蒸馏	
单股接收管	用于常压蒸馏	
双股接收管	用于减压蒸馏	
分馏柱	用于分馏多组分混合物	
恒压滴液漏斗	用于反应体系内有压力使液体顺利滴加	
分液漏斗	用于溶液的萃取及分离	也可用于滴加液体
锥形瓶	用于储存液体，混合溶液及加热小量溶液	不能用于减压蒸馏
烧杯	用于加热溶液，浓缩溶液及用于溶液混合和转移	
量筒	量取液体	切勿用直接火加热
吸滤瓶	用于减压过滤	不能直接火加热
布氏漏斗	用于减压过滤	磁质
磁板漏斗	用于减压过滤	磁质，磁质板为活动圆孔板
熔点管	用于测熔点	内装石蜡油、硅油或浓硫酸
干燥管	装干燥剂，用于无水反应装置	

标准磨口仪器根据磨口口径分为10、14、19、24、29、34、40、50等号。相同编号的子口与母口可以连接。当用不同编号的子口与母口连接时，中间可加一个大小口接头。当使用14/30这种编号时，表明仪器的口径为14mm，磨口长度为30mm。学生使用的常用仪器一般是19号的磨口仪器，半微量实验中采用的是14号磨口仪器，微量实验中采用10号磨口仪器。使用玻璃仪器时应注意以下几点：

① 使用时，应轻拿轻放。

② 不能用明火直接加热玻璃仪器，加热时应垫石棉垫。

③ 不能用高温加热不耐温的玻璃仪器，如吸滤瓶、普通漏斗、量筒等。

④ 玻璃仪器使用完毕后，应及时清洗干净，特别是标准磨口仪器，放置时间太久，容易粘连在一起，很难拆开。如果发生此情况，可用热水煮粘连处或用热风吹母口处，使其膨胀而脱落，还可用木槌轻轻敲打粘连处。玻璃仪器最好自然晾干。

⑤ 带旋塞或具塞的仪器清洗后，应在塞子和磨口接触处夹放纸片，以防黏结。

⑥ 标准磨口仪器磨口处要干净，不得粘有固体物质。清洗时，应避免用去污粉擦洗磨口，否则，会使磨口连接不紧密，甚至会损坏磨口。

⑦ 安装仪器时，应做到横平竖直，磨口连接处不应受歪斜的应力，以免仪器破裂。

⑧ 一般使用时，磨口处无需涂润滑剂，以免粘有反应物或产物。但是反应中使用强碱时，则要涂润滑剂，以免磨口连接处因碱腐蚀而粘连在一起，无法拆开。当减压蒸馏时，应在磨口连接处涂润滑剂，保证装置密封性好。

⑨ 使用温度计时，应注意不要用冷水冲洗热的温度计，以免炸裂，尤其是水银球部位，应冷却至室温后再冲洗。不能用温度计搅拌液体或固体物质，以免损坏后，因有汞或其他有机液体而不好处理。

2.1.2 基本操作

2.1.2.1 玻璃仪器的洗涤

化学实验中经常会用到玻璃仪器，为保证实验取得理想的效果，必须将仪器清洗干净。根据污物性质和污染程度选择洗涤方法。

（1）水洗　分为振荡水洗和毛刷刷洗。

① 振荡水洗：对一般沾附的灰尘及可溶性污物可用水冲洗去。洗涤时先往容器内注入约容积1/3的水，稍用力振荡后把水倒掉，如此反复冲洗数次。

② 毛刷刷洗：借助于毛刷工具用水洗涤，既可使可溶物溶去，又可使附着在仪器壁面上不牢的灰尘及不溶物脱落下来，但洗不掉油污等有机物质。对试管、烧杯、量筒等普通玻璃仪器，可先在容器内注入1/3左右的自来水，选用大小合适的（毛）刷子刷洗，再用自来水冲洗。洗后容器内外壁能被水均匀润湿而不沾附水珠，证实洗涤干净。如有水珠，表明内壁或外壁仍有污物，应重新洗涤，必要时用蒸馏水或去离子水冲洗2～3次。使用毛刷洗涤试管、烧杯或其他薄壁玻璃容器时，毛刷顶端必须有竖毛，没有竖毛的不能用。洗试管时，将刷子顶端毛顺着伸入试管，一手捏住试管，另一手捏住毛刷，来回拉毛刷擦洗或在管内壁旋转擦洗，注意不要用力过猛，以免铁丝刺穿试管底部。洗时应一支一支地洗，不要同时抓住几支试管一起洗。

（2）洗涤剂洗涤　常用的洗涤剂有去污粉、肥皂和合成洗涤剂。在用洗涤剂之前，先用自来水洗，然后用毛刷蘸少许去污粉、肥皂或合成洗涤剂在润湿的仪器内外壁上刷洗（方法见上面刷洗方法)，最后用自来水冲洗干净，必要时用去离子（或蒸馏）水冲洗。

（3）洗液洗　对容量仪器形状特殊或对仪器洁净程度要求较高的精确容量分析的仪器，常用洗液来洗。洗液是重铬酸钾在浓硫酸中的饱和溶液（50g 重铬酸钾固体加到 1L 浓硫酸中加热溶解而得深褐色铬酸洗液）。洗液具有很强的氧化能力，能将油污及有机物洗掉。洗涤时，尽量抖去容器中的水后注入少量洗液，然后让仪器倾斜并慢慢转动，让洗液润湿仪器内壁，稍后将洗液倒回原瓶，再用自来水将仪器内壁残留的洗液洗去，最后用蒸馏水淌洗 1～2 次即可。

使用注意事项：使用洗液前最好先用水或去污粉将仪器预洗一下；洗液具有强酸性、强氧化性和腐蚀性，会灼伤皮肤和损坏衣服，使用时要特别小心，尤其不要溅到眼睛内，使用时最好戴橡皮手套和防护眼镜，万一不慎溅到皮肤或衣服上，要立即用大量水冲洗；洗液为深棕色，某些还原性污物能使洗液中高价铬离子还原为绿色的低价铬离子，所以已变成绿色的洗液就不能使用了。未变色的洗液倒回原瓶可继续使用。用洗液洗后的仪器还要用水冲洗干净。用洗液洗涤仪器应遵守少量多次的原则。

（4）某些特殊处理　根据污物的性质，通过试剂间的相互作用，将附在器壁的污物转化为水溶性的物质而除去。如铁盐引起的黄色污染，可用少量盐酸或稀硝酸浸泡后再洗；附在器壁的铜或银，可用稀硝酸并加热后除去；使用高锰酸钾后带来的器壁污染，可用草酸溶液浸泡洗涤干净；器壁粘有碘时，可用碘化钾溶液浸泡，或以热的氢氧化钠溶液洗涤。由锰盐、铅盐或铁盐引起的污物，可用浓盐酸洗去；因金属硫化物沾污的颜色可用硝酸（必要时可加热）除去；容器壁沾有硫黄可与氢氧化钠溶液一起加热或加入少量苯胺加热或浓硝酸加热溶解。

上述处理后的仪器，均需用水淋洗干净。比较精密的仪器，如容量瓶、移液管，不能用毛刷刷洗。

洗净的仪器不能再用布或纸擦拭内壁，以免布或纸的纤维沾污仪器。宜将洗净的仪器倒置，让水流出，待用。

每次实验完毕后应该立即将所用仪器洗涤干净，养成一种用完即洗涤的习惯。

另外实验室常用的其他洗涤方法还有超声波清洗。超声波清洗器是利用超声波发生器所发出的高频振荡信号，通过换能器转换成高频机械振荡而传播到介质——清洗溶液中，超声波在清洗液中疏密相间地向前辐射，使液体流动而产生数以万计的微小气泡，这些气泡在超声波纵向传播成的负压区形成、生长，而在正压区迅速闭合，形成约 1000 个大气压的瞬间高压，连续不断产生的高压不断地冲击物件表面，使物件表面及缝隙内的污垢迅速“剥落”，从而达到物件表面净化的目的。

2.1.2.2　干燥仪器

（1）仪器的干燥　仪器的干燥就是把沾附在仪器上的水分除去。对洗净的仪器，无机实验室最常用的干燥方法是晾干、烘干、烤干和吹干。

① 晾干（自然干燥）：做完实验后，将仪器洗净，对于不急于使用的仪器倒置在仪器架上或仪器柜内，让沾附在仪器中的水分自然蒸发而干燥。

② 烘干：对于需要迅速干燥的仪器，可以放在气流式烘干器内或放入电热干燥箱（烘箱）或红外干燥箱内烘干。放入烘箱的仪器口朝下，或在烘箱下层放一瓷盘，接收滴下的水珠。有刻度的容器不宜在烘箱中烘干。注意木塞、橡皮塞不能与玻璃仪器一同干燥，玻璃塞也应分开干燥。

③ 烤干：将洗涤干净的烧杯、蒸发皿等放置于石棉网上，用小火烤干；试管可在火焰上直接烤干。在烤干试管过程中，操作开始时，先均匀预热，将试管口向下倾斜，以免水滴倒流导致试管炸裂，火焰也不要集中于一个部位，慢慢移至管口，反复数次直至无水滴，最后将管口向上将水汽赶干净。

④ 吹干：利用电吹风吹干。

⑤ 有机溶剂快速干燥：带有刻度的计量仪器不能用加热的方法干燥，因为这会影响仪器的精度。因此和一些急需用的仪器一样，可采用有机溶剂快速干燥法干燥。将易挥发的有机溶剂（如乙醇、丙酮等）少量加入已经用水洗干净的玻璃仪器中，倾斜并转动仪器，让水与有机溶剂互溶，然后倒出，同样操作两次后，再用乙醚洗涤仪器后倒出，自然晾干或用电吹风吹干。

（2）干燥用仪器

① 电热恒温干燥箱（烘箱） 用于烘干玻璃仪器和固体试剂，采用电热丝隔层加热而使物体干燥。适用于在5～200℃范围内对物品进行干燥和烘烤。它借助自动控制系统使温度恒定。箱内装有鼓风机，促使箱内空气对流，温度均匀。箱内设有两层网搁板以放置被干燥物，若干燥物太大，可抽去上层搁板（见图2-3）。

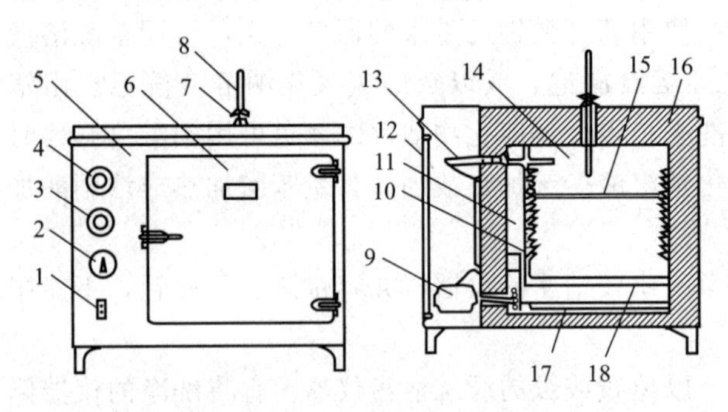

图2-3 电热鼓风干燥箱

1—鼓风开关；2—加热开关；3—指示灯；4—控温器旋钮；5—箱体；6—箱门；7—排气阀；8—温度计；9—鼓风电动机；10—搁板支架；11—风道；12—侧门；13—温度控制器；14—工作室；15—试样搁板；16—保温层；17—电热器；18—散热板

使用时接通电源，开启两组加热开关，调节温度旋钮，使箱内温度上升，这时红色指示灯发亮，同时开启鼓风机。当温度升至所需工作温度（从插入箱顶排气阀的温度计上观察）时，将控温器旋钮逆时针慢慢旋回，即为所需温度的恒定点。之后需再做几次微调，使工作温度恒定在需要值。

恒温时可关闭一组加热开关，以免加热功率过大，影响温度控制的灵敏度。

烘箱使用注意事项：

a. 洗净的仪器尽量把水沥干后放入，并使口朝下，烘箱下层放一搪瓷盘承接从仪器上滴下的水，使水不滴到电热丝上。

b. 升温时不能无人照看，以免温度过高发生危险。应定期检查烘箱的自动控温系统。若自动控温系统失效，会造成箱内温度过高，导致水银温度计炸裂。

c. 易燃、挥发物不得进入烘箱，以免发生爆炸。

② 电吹风 用于局部加热的快速干燥仪器。使用时注意：

a. 开关分三挡，最下位置为停挡，中间为冷风挡，最上为热风挡。

b. 使用时先开冷风挡，如电动机不转应立即切断电源排除故障。

电吹风是冷、热两用，一些不能高温加热的仪器，如移液管、容量瓶、比重瓶等，可使用冷风吹干。

（3）干燥器及使用 干燥器是保持物品干燥的仪器。对已经干燥但又易吸水的物品或需较长时间保持干燥的物品，应放在干燥器内保存。干燥器由厚壁玻璃制成。上部是一个边缘磨口的盖子，使用前，应在磨口边涂上一层薄薄的类似凡士林的密封油膏。下部装有干燥的氯化钙或变色硅胶等干燥剂，中部有一个可取的带孔的圆形瓷板，以承放装有待干燥物品的容器。

打开干燥器时，不能将盖子直接上提，而应以一手扶住干燥器，另一手握住盖的圈顶沿水平方向移动盖子，如图 2-4 所示。打开盖子后，应将盖翻过来放在桌面上，放取物品后，必须随即盖好盖子。此时也应把盖子沿水平方向推移到盖子的磨口边与干燥器吻合。搬动干燥器时，用两手拇指压住盖子以防滑落而打碎，如图 2-5 所示。

图 2-4 打开干燥器

图 2-5 搬移干燥器

温度较高的物品应冷却至略高于室温后，再放入干燥器内。否则干燥器内空气受热膨胀可能将盖子冲开，或因干燥器内的空气冷却使其压力降低而难以打开盖子。

2.1.3 加热仪器与操作

2.1.3.1 加热装置及其使用

实验室中常用的加热方式有直接加热和间接加热。直接加热常用的装置有酒精灯、酒精喷灯、煤气灯、电炉、马弗炉等；间接加热的装置有水浴、油浴、沙浴、盐浴等。

（1）酒精灯　加热温度不高（400～500℃）时可用酒精灯（图 2-6）。使用酒精灯应注意：加入壶内酒精容量不能少于容积的 1/2，也不能多于 2/3；添加酒精时要先熄灭火焰，稍冷后通过漏斗加入；点燃酒精灯只能用火点燃，决不允许酒精灯之间相互点燃；灯罩要竖立放在桌上；熄灭灯焰应用灯罩盖熄，切不可用嘴吹熄；夏天或长期未用的酒精灯，开罩后要将灯盖上下提放几次，以放出灯壶内的酒精蒸气，然后再点燃，不用时必须盖好灯罩，以免酒精挥发。检查灯芯，并修整不齐或烧焦灯芯。

（2）酒精喷灯　需要 900～1200℃的高温加热时可用酒精喷灯。酒精喷灯的类型较多，有座式、挂式、沸腾式等，一般由铜或其他金属制成。常用的座式和挂式喷灯的构造如图 2-7 所示。它们的结构原理相同，都是先将酒精汽化后与空气混合再燃烧，因此酒精燃烧速度快、单位时间发热多、温度高。它们的区别仅在于座式灯的酒精贮存在下面的空心灯座内，挂式灯贮存在悬挂于高处的罐（瓶）内。

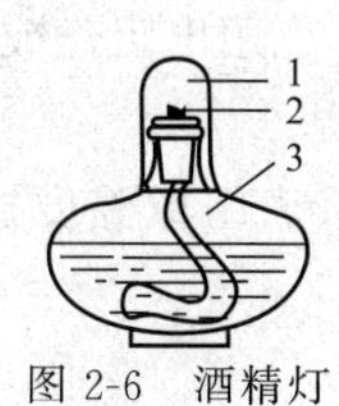

图 2-6 酒精灯

1—灯罩；2—灯芯；3—灯壶

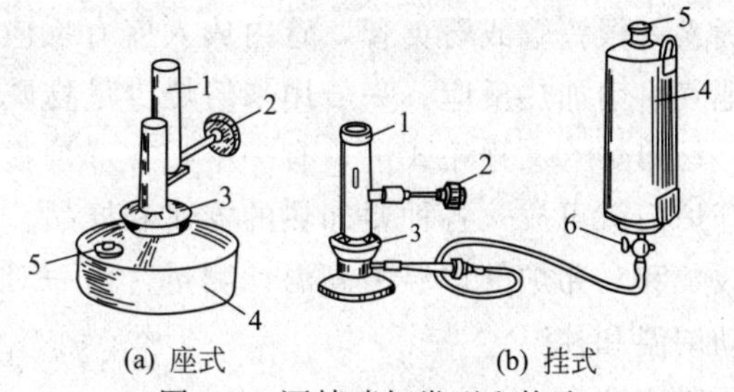

图 2-7 酒精喷灯类型和构造

1—灯管；2—火力调节器；3—预热盆；4—酒精贮罐；5—罐盖；6—下口开关

使用酒精喷灯时首先在预热盆中贮满酒精并点燃，待灯管温度足够高时，开启灯管处的火力调节器，让酒精蒸气与来自喷火孔的空气混合并由管口喷出，点燃酒精蒸气形成火焰。火焰温度可由上下移动火力调节器来控制。使用完毕，座式喷灯用金属片或木板盖住灯管口，挂式喷灯关闭贮罐下口开关与火力调节器，火焰熄灭。

必须注意：座式喷灯酒精贮量不能超过器容量的 2/3，连续使用的时间一般不超过 0.5h，若需更长时间的加热则中途需添加酒精，此时应先熄灭火焰，稍冷后再加酒精，重新点燃；挂式喷灯要在保证灯管充分灼热后才开启酒精贮罐下口开关并点燃酒精蒸气，此时应控制酒精的流入量，不要太多，等火焰正常后再调大酒精流量，否则酒精在灯管内不能完全汽化，有液态酒精从管口喷出，从而形成“火雨”甚至引起火灾。

(3) 电炉　电炉可以代替酒精灯或煤气灯加热容器中的液体，根据发热量不同有不同规格，如 500W、800W、1000W 等。温度的高低可以通过调节器来控制［图 2-8(a)］，使用时应注意：

① 电源电压与电炉本身额定电压要相符。

② 连续使用时间不宜过长，否则会缩短电炉寿命。

③ 加热容器和电炉之间放一块石棉网，以使加热均匀。

④ 耐火炉盘的凹渠中要经常保持清洁，及时清除烧灼焦煳杂物（断电操作），以保护炉丝，延长使用寿命。

(4) 电热板　电炉做成封闭式称电热板。其加热面积比电炉大，多用于加热体积较大或数量较多的试样，但电热板升温速度较慢，且加热是平面的，不适合加热圆底容器。

(5) 电加热套（电热包）　电加热套是专为加热圆底容器而设计，电热面为凹形的半球面的电加热设备［图 2-8(b)］，可取代油浴、沙浴对圆底容器加热，有 50mL、100mL、250mL 等各种规格。使用时应根据圆底容器的大小选用合适的型号。受热容器应置于加热套的中央，不能接触内壁。电加热套相当于一个均匀加热的空气浴。为有效地保温，可在包口和容器之间用玻璃布围住，最高温度可达 450～500℃。

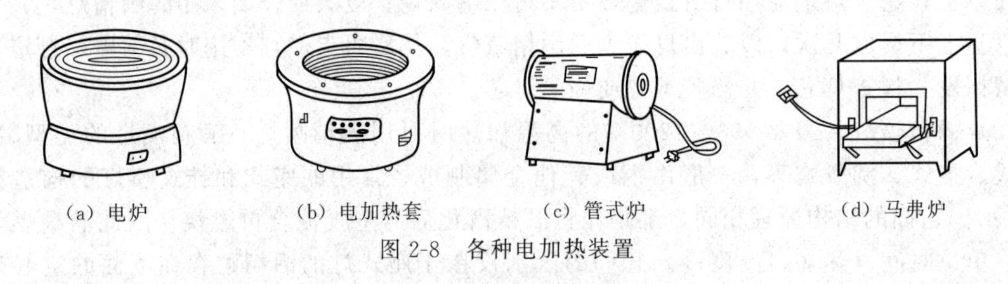

(a) 电炉　(b) 电加热套　(c) 管式炉　(d) 马弗炉

图 2-8　各种电加热装置

(6) 管式炉　管式炉有一管状炉膛，利用电热丝或硅碳棒加热，温度可达 1000℃以上，炉膛中插入一根瓷管或石英管，管内放入盛有反应物的反应舟［图 2-8(c)］。反应物可在空气或其他气氛中加热反应。一般用来焙烧少量物质或对气氛有一定要求的试样。

(7) 马弗炉　又称箱式炉，有一个长方形炉膛，与管式炉一样，也用电阻丝或硅碳棒加热，打开炉门就可放入各种要加热的器皿和样品［图 2-8(d)］。

管式炉和马弗炉的炉温由高温计测量，由一对热电偶和一只毫伏表组成温度控制装置，可以自动调温和控温。

使用时应注意：

① 查明高温炉所接电源电压是否与电炉所需电压相符，热电偶是否与测量温度相符，

热电偶正负极是否接反。

② 调节温度控制器的定温调节螺丝使定温指针指示所需温度处。打开电源开关升温，当温度升至所需温度时即能恒温。

③ 灼烧结束，先关电源，不要立即打开炉门，以免炉膛骤冷碎裂。一般温度降至200℃以下方可打开炉门，用坩埚钳取出样品。

④ 高温炉应置于水泥台面上，不可放置在木质桌面上，以免过热引起火灾。

⑤ 炉膛内应保持清洁，炉周围不要放置易燃物品，也不要放精密仪器。

2.1.3.2 加热方法

（1）常用的加热器皿　实验中常用来加热的玻璃器皿有试管、烧杯、烧瓶、锥形瓶，其他还有蒸发皿、各种坩埚等。表面皿、集气瓶、细口瓶等不能作为直接加热容器；量器（量筒、量杯、容量瓶、移液管、滴定管等）不能作为加热器皿。

（2）直接加热　在较高温度时没有燃烧危险的液体或固体加热，可用灯或电热设备直接加热。加热时应注意：

① 用试管、烧杯、烧瓶等玻璃器皿加热物质前，应将容器表面的水擦干。

② 除试管可直接在火焰上加热外，其余的玻璃器皿都要垫上石棉网，使其受热均匀。

（3）用热浴间接加热　当被加热的物质需要受热均匀又不能超过一定温度时，可用特定热浴间接加热。要求温度不超过100℃时可用水浴加热，超过100℃时可用油浴、沙浴等加热。

① 水浴烘干。水浴烘干是用电炉把烧杯中的水煮沸（烧杯内盛水量不超过其容积的2/3），在烧杯上面盖上合适的表面皿，利用水蒸气来加热器皿和烘干置于表面皿上的物质。

② 水浴恒温加热。水浴恒温加热是利用数显恒温水浴锅来恒温加热器皿和器皿中的物质。数显恒温水浴锅上放置大小不同的锅圈，用以承受不同规格的器皿。使用数显恒温水浴锅时，首先在水浴锅中装入自来水，盛水量不超过其容积的2/3，然后接通电源，打开仪器开关。将设定/实测挡置于“设定”，调节加热温度旋钮到所需温度，再将设定/实测挡置于“实测”。最后把所需加热的器皿和物质置于恒温水浴锅中恒温加热。

③ 其他热浴。用甘油、石蜡代替水浴中的水，将加热器皿置于热浴中，即为甘油浴或石蜡浴。甘油浴用于150℃以下的加热。石蜡浴用于200℃以下的加热。此外还有沙浴，适用于400℃以下的加热。沙浴是在铺有一层均匀细沙的铁盘上加热。可以将器皿中欲被加热的部位埋入细沙中，将温度计的水银球部分埋入靠近器皿处的沙中（不要触及底部）。沙浴的特点是升温比较缓慢，停止加热后，散热也较慢。

2.2 化学试剂的规格、存放及取用

2.2.1 化学试剂的规格

根据相关标准，化学试剂按其纯度和杂质含量的高低分为四种等级（表2-2）。

表2-2　化学试剂的级别

试剂级别	保证试剂(G. R.)	分析纯试剂(A. R.)	化学纯试剂(C. P.)	实验试剂(L. R.)
	一级	二级	三级	四级
标签颜色	绿色	红色	蓝色	棕色或黄色

优级纯（一级）试剂，又称保证试剂，杂质含量最低，纯度最高，适用于精密的分析及研究工作。

分析纯（二级）及化学纯（三级）试剂，适用于一般的分析研究及教学实验工作。

实验试剂（四级），只能用于一般性的化学实验及教学工作。

除上述四种级别的试剂外，还有适合某一方面需要的特殊规格试剂，如基准试剂、色谱试剂、生化试剂等；另外还有高纯试剂，它又细分为高纯、超纯、光谱纯试剂等。

此外还有工业生产中大量使用的化学工业品（也分为一级品、二级品）以及可供食用的食品级产品等。

基准试剂是容量分析中用于标定标准溶液的基准物质；顾名思义，光谱纯试剂为光谱分析中的标准物质；色谱纯试剂用作色谱分析的标准物质；生化试剂则用于各种生物化学实验。

各种级别的试剂及工业品因纯度不同价格相差很大。工业品和保证试剂之间的价格可相差数十倍。所以使用时，在满足实验要求的前提下，应以节约为原则，选用适当规格的试剂。例如配制大量洗液使用的 $K_2Cr_2O_7$、浓 H_2SO_4，发生气体大量使用的 HCl 以及冷却浴所使用的各种盐类等都可以选用工业品。

2.2.2 试剂的存放

固体试剂一般存放在易于取用的广口瓶内，液体试剂则存放在细口的试剂瓶中。一些用量小而使用频繁的试剂，如指示剂、定性分析试剂等可盛装在滴瓶中。见光易分解的试剂（如 $AgNO_3$、$KMnO_4$、饱和氯水等）应装在棕色瓶中。H_2O_2 也属于见光易分解的物质，由于棕色玻璃瓶中含有的重金属氧化物成分会使 H_2O_2 催化分解，故不能盛放。因此通常将 H_2O_2 存放于不透明的塑料瓶中，放置于阴凉的暗处。试剂瓶的瓶盖一般都是磨口的，但盛强碱性试剂（如 NaOH、KOH）及 Na_2SiO_3 溶液的瓶塞应换成橡皮塞，以免长期放置互相粘连。易腐蚀玻璃的试剂（如氟化物等）应保存在塑料瓶中。

对于易燃、易爆、强腐蚀性、强氧化剂及剧毒品的存放应特别注意，一般需要分类单独存放。如强氧化剂要与易燃、可燃物分开隔离存放。低沸点的易燃液体要求在阴凉通风的地方存放，并与其他可燃物和易产生火花的器物隔离放置，更要远离明火。闪点在－4℃以下的液体（如石油醚、苯、乙酸乙酯、丙酮、乙醚等）理想的存放温度为－4～4℃；闪点在25℃以下的（如甲苯、乙醇、丁酮、吡啶等）存放温度不得超过30℃。

盛装试剂的试剂瓶都应贴上标签，并写明试剂的名称、纯度、浓度和配制日期，标签外面应涂蜡或用透明胶带等保护。

2.2.3 试剂的取用

2.2.3.1 固体试剂的取用

取用固体试剂一般使用牛角匙（还有用不锈钢药匙、塑料匙等）。牛角匙两端为大小两个匙，取用固体量大时用大匙，取用量小时用小匙。牛角匙使用时必须干净且专匙专用。

要称取一定量固体试剂时，可将试剂放到纸上、表面皿等干燥洁净的玻璃容器或者称量瓶内，根据要求在天平（托盘天平、1/100g 天平或分析天平）上称量。具有腐蚀性或易潮解的试剂称量时，不能放在纸上，应放在表面皿等玻璃容器内。

颗粒较大的固体应在研钵中研碎，研钵中所盛固体量不得超过容积的 1/3。

2.2.3.2 液体试剂的取用

（1）从细口试剂瓶中取用试剂的方法　取下瓶塞，左手拿住容器（如试管、量筒等），右手握住试剂瓶（试剂瓶的标签应向着手心），倒出所需量的试剂，如图 2-9(a) 所示。倒完后应将瓶口在容器内壁上靠一下（特别注意处理好“最后一滴试液”），再使瓶子竖直，以避免液滴沿试剂瓶外壁流下。

将液体从试剂瓶中倒入烧杯时，亦可用右手握试剂瓶，左手拿玻璃棒，使玻璃棒的下端斜靠在烧杯中，将瓶口靠在玻璃棒上，使液体沿着玻璃棒往下流，如图 2-9(b) 所示。

(2) 从滴瓶［图 2-9(c)］中取用少量试剂的方法　先提起滴管，使管口离开液面，用手指捏紧滴管上部的橡皮头排去空气，再把滴管伸入试剂瓶中吸取试剂。往试管中滴加试剂时，只能把滴管尖头放在试管口的上方滴加，如图 2-9(d) 所示，严禁将滴管伸入试管内。一个滴瓶上的滴管不能用来移取其他试剂瓶中的试剂，也不能用其他滴管伸入试剂瓶中去吸取试剂，以免污染试剂。

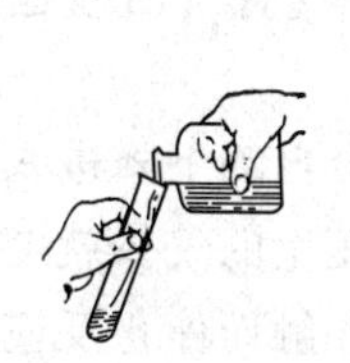
(a) 往试管倒取试剂

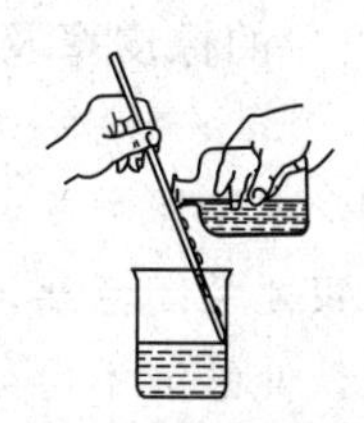
(b) 往烧杯倒入试剂

(c) 滴瓶

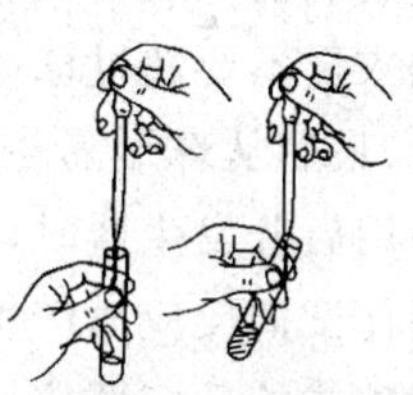

(d) 往试管滴加液体

图 2-9　液体试剂的取用

定量取用液体试剂时，根据要求可选用量筒或移液管等。

注意在取用试剂前，要核对标签，确认无误后才能取用。各种试剂瓶的瓶盖取下不能随意乱放，应倒立仰放在实验台上。取用试剂后要及时盖好瓶塞，注意不要盖错（滴瓶的滴管更不应放错），并将试剂瓶放回原处，以免影响他人使用。

取用试剂要注意节约，用多少取多少，多余的试剂不应倒回原试剂瓶内，有回收价值的，可放入回收瓶中。

取用易挥发的试剂，如浓 HCl、浓 HNO_3、溴等，应在通风橱中操作，防止污染室内空气。取用剧毒及强腐蚀性药品要注意安全，不要碰到手上以免发生伤害事故。

2.2.4　试剂的配制

根据配制试剂纯度和浓度的要求，选用不同级别的化学试剂并计算溶质的用量。配制饱和溶液时，所用溶质的量应稍多于计算量，加热使之溶解、冷却，待结晶析出后再用，这样可保证溶液饱和。

配制溶液如有较高的溶解热发生，则配制溶液的操作一定要在烧杯中进行。

溶液配制过程中，加热和搅拌可加速溶解，但搅拌不宜太剧烈，不能使搅拌棒触及烧杯壁。

配制易水解的盐溶液时，必须把试剂先溶解在相应的酸溶液［如 $SnCl_2$、$SbCl_3$、$Bi(NO_3)_3$ 等］或碱溶液（如 Na_2S 等）中以抑制水解。对于易氧化的低价金属盐类［如 $FeSO_4$、$SnCl_2$、$Hg_2(NO_3)_2$ 等］，不仅需要酸化溶液，而且应在该溶液中加入相应的纯金属，防止低价金属离子的氧化。

2.3　气体的制备、净化及气体钢瓶的使用

2.3.1　气体的制备

在实验室制备气体，可以根据所使用反应原料的状态及反应条件，选择不同的反应装置进行制备。

（1）启普发生器　它适用于块状或大颗粒的固体与液体试剂进行的反应，在不需要加热的条件下来制备气体（H_2、CO_2、H_2S 等气体的制备）。它主要由一个葫芦状的厚壁玻璃容器（底部扁平）和球型漏斗组成（如图 2-10 所示）。在启普发生器的下部有一个侧口（酸液出口），通常用磨口玻璃塞或橡皮塞塞紧（并用铁丝捆紧，防止压力增大而脱落）。发生器中部有一个气体出口，通过橡皮塞与带有玻璃活塞的导气管连接。使用前，先进行装配，将球形漏斗的磨口部位（与玻璃容器上口接触的部位）涂上一层薄薄的凡士林，插入容器中，转动几次使之接触严密（不致漏气）。在发生器中间圆球的底部与球形漏斗下部之间的间隙处，垫一些玻璃棉（或玻璃布）避免固体试剂落入下半球酸液中。从气体出口处加入块状固体试剂（加入量不要超过球体的 1/3），再装好气体出口的橡皮塞及活塞导气管（活塞也需涂凡士林），最后从球形漏斗加入适量酸液。

使用启普发生器时，可打开气体出口的活塞，由于压力差，酸液会自动下降进入中间球内与固体试剂反应而产生气体。要停止使用时，只要关闭活塞，继续发生的气体就会把酸液从中间球体的反应部位压回到下球及球型漏斗内，使酸液不再与固体接触而停止反应。以后要继续使用，只需再打开活塞即可，十分方便。产生气流的速度可通过调节气体出口的活塞来控制。

发生器中的酸液使用一段时间后会变稀，应重新更换。把下球侧口的塞子取下，倒掉废酸，重新塞好塞子，再从球形漏斗中加入新的酸液。若需要更换固体时，在酸与固体脱离接触的情况下，先用橡皮塞将球形漏斗的上口塞紧，再取下气体出口的塞子，将原来的固体残渣取出，更换新的（或补加）固体。

（2）烧瓶-恒压漏斗简易气体发生装置　如图 2-11 所示，当制备反应需要加热，或固体反应物是小颗粒或粉末状的情况（如制备 HCl、Cl_2、SO_2 等气体），就不能使用启普发生器，而应选用此简易发生器（此仪器也可用于块状或大颗粒固体发生气体）。它由烧瓶（或锥形瓶）与带有恒压装置的滴液漏斗组成（反应器与滴液漏斗酸液的上方用导管连接，使两处气体压力相等），反应过程中可使酸溶液靠自身的重力连续滴加到反应器中（也有成套的标准磨口仪器）。安装时将固体放在烧瓶中，酸液倒入漏斗里。使用时打开恒压漏斗的活塞，使酸液滴加到固体反应物上，产生气体。如反应过于缓慢，可微微加热。若加热一段时间后反应又变缓以至停止时，表明需要更换试剂。

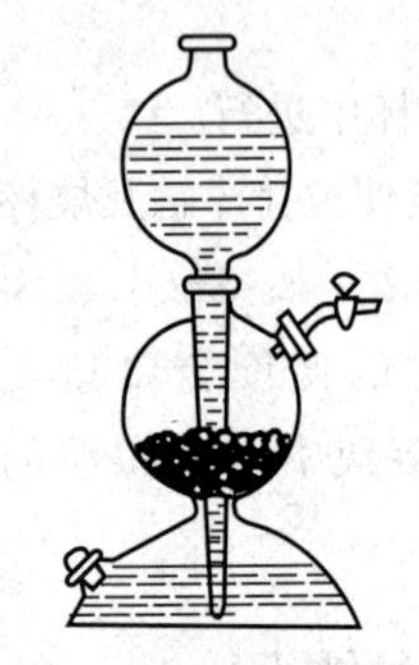

图 2-10　启普发生器

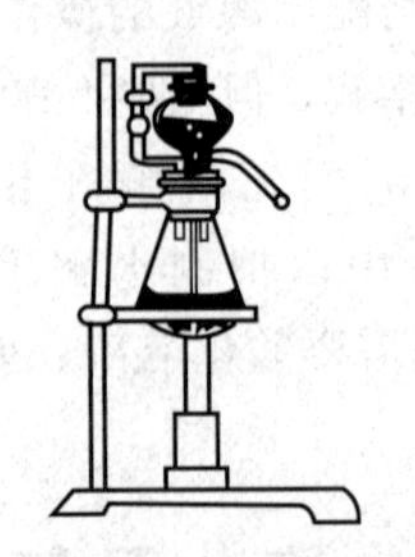

图 2-11　简易气体发生装置

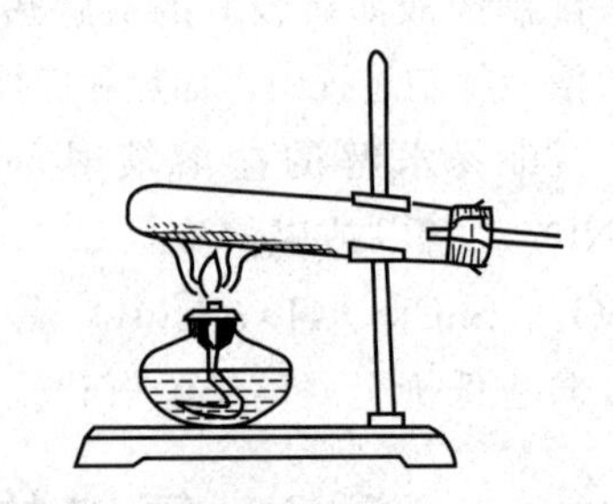

图 2-12　硬质玻璃试管制备气体装置

（3）硬质玻璃试管制备气体装置　适用于在加热的条件下，利用固体反应物制备气体（如制备 O_2、NH_3 等），如图 2-12 所示。操作时应注意先将大试管烘干，冷却后装入所需试剂，然后用铁夹固定在铁架台高度适宜的位置上。注意使管口稍向下倾斜（以免加热反应时，在管口冷凝的水滴倒流到灼热处，使试管炸裂）。装好橡皮塞及气体导管，点燃酒精灯，先用小火将试管均匀预热，再放到有试剂的部位加热进行反应，制备气体。

2.3.2 气体的收集

根据气体在水中溶解的情况，一般采取下列两种方法（图 2-13）收集。

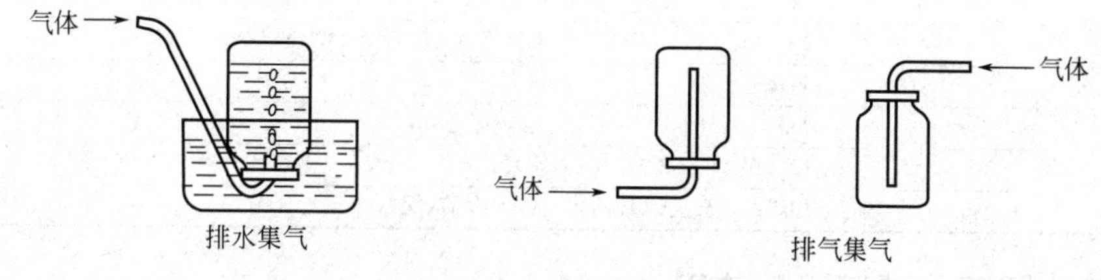

图 2-13 气体的收集

（1）排水集气法 适用于在水中溶解度很小的气体（如 H_2、O_2、N_2 等）的收集。操作时应注意集气瓶先装满水，不能留有气泡（避免混入空气）。如果制备反应需要加热，当气体收集满以后，应先从水中移出导气管再停止加热（以免水被倒吸）。

（2）排气集气法 易溶于水的气体，不能采用排水集气法，应该用排气集气法收集。比空气轻的气体（NH_3 等）可采用瓶口向下排气集气法。比空气重的气体（Cl_2、HCl、SO_2 等）可采用瓶口向上排气集气法。排气集气法操作时应注意导气管应尽量接近集气瓶的底部（尽量将空气排净）。密度与空气接近或在空气中易氧化的气体（如 NO 等）不宜用此方法收集。

2.3.3 气体的净化与干燥

在实验室通过化学反应制备的气体一般都带有水汽、酸雾等杂质，纯度达不到要求，应进行净化（亦称纯化、纯制）。通常选用某些液体或固体试剂，分别装在洗气瓶或吸收干燥塔（图 2-14）、U 形管等装置中。通过化学反应或者吸收、吸附等物理化学过程将其去除，达到净化的目的。

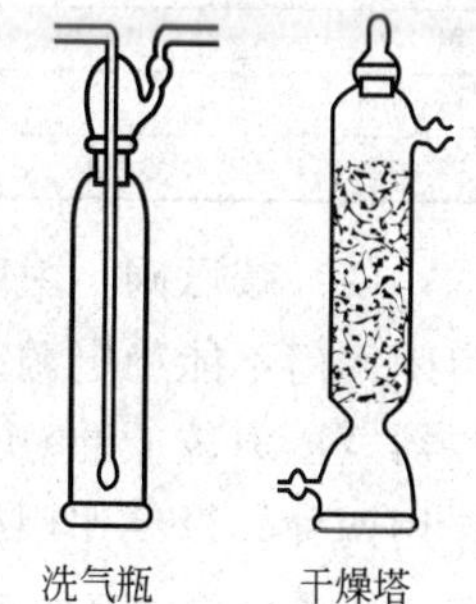

图 2-14 洗气瓶和干燥塔

由于制备气体本身的性质及所含杂质的不同，净化方法也有所不同。一般步骤是先除去杂质与酸雾，再将气体干燥。

酸雾可以用水或玻璃棉除去。去除气体杂质需要利用化学反应，对于还原性杂质，选择适当氧化性试剂去除，如 SO_2、H_2S、AsH_3 杂质，经过 $K_2Cr_2O_7$ 与 H_2SO_4 组成的铬酸溶液或 $KMnO_4$ 与 KOH 组成的碱性溶液洗涤而除掉。对于氧化性杂质，可选择适当的还原性试剂去除。像 O_2 杂质可通过灼热的还原 Cu 粉，或 $CrCl_2$ 的酸性溶液或 $Na_2S_2O_4$（保险粉）溶液后被除掉。对于酸性、碱性的气体杂质宜分别选用碱、不挥发性酸液除掉（如 CO_2 可用 NaOH，NH_3 可用稀 H_2SO_4 等）。此外，许多化学反应都可以用来去除气体杂质，如选择石灰水溶液去除 CO_2，用 KOH 溶液去除 Cl_2，用 $Pb(NO_3)_2$ 溶液去除 H_2S 等。

值得注意的是，选择去除气体杂质方法时，一定要考虑所制备气体本身的性质。例如制备的 N_2 和 H_2S 气体中虽然都含有 O_2 杂质，但去除的方法是不相同的。N_2 中的 O_2 可用灼热的还原 Cu 粉的方法去除，而 H_2S 中的 O_2 应选用 $CrCl_2$ 酸性溶液洗涤等方法来去除。气体净化的方法还有许多，可以根据需要查阅有关的实验手册，选择适宜的方法。

除掉气体杂质以后，还需要将气体干燥。不同性质的气体应根据其特性选择不同的干燥剂。如具有碱性的和还原性的气体（NH_3、H_2S 等），不能用浓 H_2SO_4 干燥。常用气体干燥剂见表 2-3。

表 2-3 常用气体干燥剂

干燥剂	适于干燥的气体
CaO、KOH	NH_3、胺类
碱石灰	NH_3、胺类、O_2、N_2（同时可除去气体中的 CO_2 和酸气）
无水 $CaCl_2$	H_2、O_2、N_2、HCl、CO_2、CO、SO_2、烷烃、烯烃、氯代烃、乙醚
$CaBr_2$	HBr
CaI_2	HI
H_2SO_4	O_2、N_2、Cl_2、CO_2、CO、烷烃
P_2O_5	O_2、N_2、H_2、CO_2、CO、SO_2、乙烯、烷烃

2.3.4 气体钢瓶、减压阀及使用

（1）气体钢瓶　气体钢瓶是储存压缩气体或液化气的高压容器。实验室中常用它直接获得各种气体。钢瓶［见图 2-15(a)］是用无缝合金钢或碳素钢管制成的圆柱形容器。器壁很厚，一般最高工作压力为 15MPa。钢瓶口内外壁均有螺纹，以连接钢瓶启闭阀门 3 和钢瓶帽 4。钢瓶底座 5 通常制成方形，便于钢瓶竖直立稳。瓶外还装有两个橡胶制的防震圈。钢瓶阀门侧面接头具有左旋或右旋的连接螺纹，可燃性气体为左旋，非可燃性及助燃气体为右旋。各种高压气体钢瓶外表都涂上特定颜色的油漆以及特定颜色标明气体名称的字样（见表 2-4）。

表 2-4 高压气体钢瓶颜色

气体名称及字样	钢瓶外表颜色	字样颜色	气体名称及字样	钢瓶外表颜色	字样颜色
氧	淡蓝	黑	氯	深绿	白
氢	淡绿	大红	二氧化碳	铝白	黑
氮	黑	黄	纯氩	银灰	深绿
压缩空气	黑	白	乙炔	白	大红
氨	淡黄	黑	石油气体	灰	大红

（2）减压阀　由于高压钢瓶内气体的压力一般很高，而使用压力往往比较低，单靠钢瓶启闭阀门不能稳定调节气体的放出量。为了降低压力并保持压力稳定，必须安装减压阀即减压器（压力较低的 CO_2、NH_3 可例外）。减压阀一般为弹簧式减压阀，它又分为正作用和反作用两种。以反作用减压阀［见图 2-15(b)］为例，当打开钢瓶阀门，进入的高压气体作用在减压活门 9，有使减压活门关闭的趋向。这是一种比较常用的减压阀。其高压部分通过进口与钢瓶连接。低压部分为气体出口，通往使用系统。高压表 6 测量的是钢瓶内储存气体的压力，低压表 10 显示的是气体出口的压力，其压力可通过调节螺杆的手柄 1 来控制。

使用时先打开钢瓶阀门，然后顺时针转动调节螺杆的手柄 1，它压缩弹簧垫块 3、弹簧 4，打开减压活门 9，进口的高压气体由高压气室经活门减压后进入低压室，再经出口通往工作系统。停止使用时，先关闭钢瓶阀门让余气排净，当高压、低压表均指“0”时，再逆时针转动手柄，使主弹簧恢复自由状态，减压阀被关闭。

各种气体的减压阀不能混用。安装时应特别注意减压阀与钢瓶螺纹的方向，不要搞反。

（3）钢瓶安全使用注意事项

① 钢瓶应存放在阴凉、干燥、远离热源的地方。钢瓶受热后，瓶内压力增大，易造成漏气甚至爆炸事故。钢瓶直立放置时要加以固定，搬运时要避免撞击及强烈震动。

② 氧气钢瓶要与可燃气体钢瓶分开存放，与明火距离不得小于 10m。氢气钢瓶最好放置在楼外专用小屋内，以确保安全。

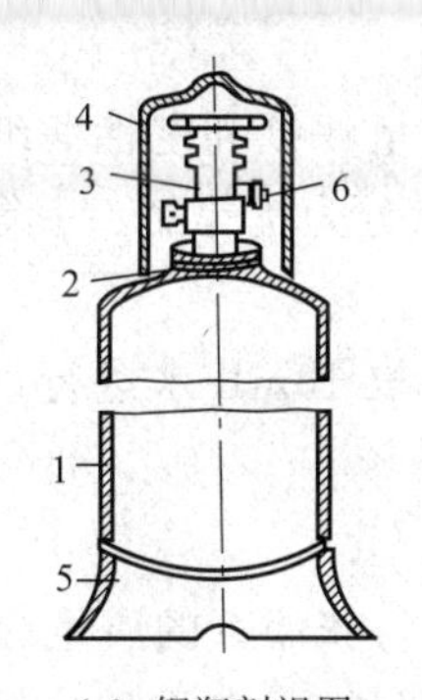

(a) 钢瓶剖视图

1—瓶体；2—钢瓶口；3—启闭阀门；
4—钢瓶帽；5—钢瓶底座；
6—侧面接头

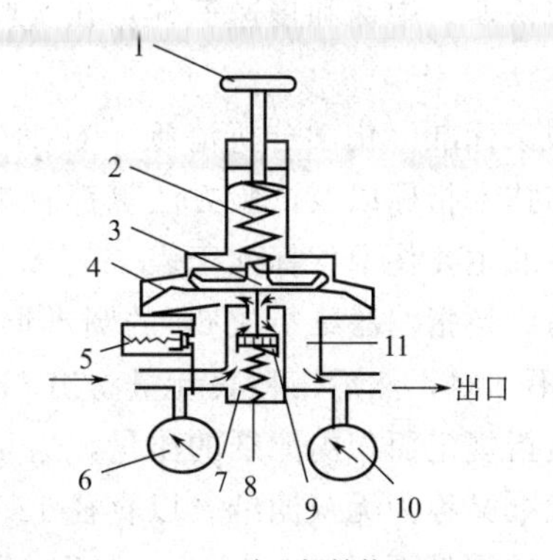

(b) 减压阀结构

1—手柄（调节螺杆）；2，8—压缩弹簧；3—弹簧垫块；
4—弹簧；5—安全阀；6—高压表；7—高压气室；
9—减压活门；10—低压表；11—低压气室

图 2-15　钢瓶剖视图及减压阀结构

③ 氧气钢瓶及其专用工具严禁与油类接触，要使用专门的氧气减压阀。

④ 钢瓶上的减压阀要专用，安装时扣要上紧。开启减压阀时，要站在钢瓶接口的侧面，以防被气流射伤。

⑤ 钢瓶内的气体不能全部用完，一定要保持 0.05MPa 以上的残余压力。可燃性气体应保留 0.2～0.3MPa，氢气应保留更高的压力，以防重新充气或以后使用时发生危险。

2.4　试纸与滤纸

2.4.1　用试纸检验溶液的酸碱性

常用 pH 试纸检验溶液的酸碱性。将小块试纸放在干燥清洁的点滴板上，再用玻璃棒蘸取待测的溶液，滴在试纸上，观察试纸的颜色变化（不能将试纸投入溶液中检验），将试纸呈现的颜色与标准色板对比，可以知道溶液的 pH（用过的试纸不能倒入水槽内）。

pH 试纸分为两类：一类是广泛 pH 试纸，其变色范围为 pH1～14，用来粗略地检验溶液的 pH 值；另一类是精密 pH 试纸，用于比较精确地检验溶液的 pH 值。精密试纸的种类很多，可以根据不同的需求选用。广泛 pH 试纸的变化为 1 个 pH 单位，而精密 pH 试纸变化小于 1 个 pH 单位。

2.4.2　用试纸检验气体

常用 pH 试纸或石蕊试纸检验反应所产生气体的酸碱性。用蒸馏水润湿试纸并黏附在干净玻璃棒的尖端，将试纸放在试管口的上方（不能接触试管），观察试纸颜色的变化。不同的试纸检验的气体不同。用 KI 淀粉试纸来检验 Cl_2，此试纸是用 KI 淀粉溶液浸泡在滤纸上，晾干后使用。用 $Pb(Ac)_2$ 试纸来检验 H_2S 气体，此试纸是用 $Pb(Ac)_2$ 溶液浸泡后晾干使用。生成的 H_2S 气体遇到试纸后，生成黑色 PbS 沉淀而使试纸呈黑褐色。用 $KMnO_4$ 试纸来检验 SO_2 气体。

2.4.3　滤纸

化学实验室中常用的有定量分析滤纸和定性分析滤纸两种，按过滤速度和分离性能的不同，又分为快速、中速和慢速三种。在实验过程中，应当根据沉淀的性质和数量，合理地选用滤纸。

我国国家标准《化学分析滤纸》（GB/T 1914—2017）对定量滤纸和定性滤纸产品的分类、型号和技术指标以及试验方法等都有规定。滤纸产品按质量分为优等品、一等品、合格品。优等品的主要技术指标列于表 2-5。

过滤速度是指把滤纸折成60°的圆锥形，将滤纸完全浸湿，取 15mL 水进行过滤，开始滤出 3mL 不计时，然后用秒表计量滤出 6mL 水所需要的时间。

定量是指规定面积内滤纸的质量，这是造纸工业术语。

定量滤纸又称为无灰滤纸。以直径 12.5cm 定量滤纸为例，每张滤纸的质量约 1g，在灼烧后其灰分的质量不超过 0.1mg（小于或等于常量分析天平的感量），在重量分析法中可以忽略不计。滤纸外形有圆形和方形两种。常用的圆形滤纸有（直径）7cm、9cm、11cm 等规格，滤纸盒上贴有滤速标签。方形滤纸都是定性滤纸，有 60cm×60cm、30cm×30cm 等规格。

表 2-5　定量和定性分析滤纸优等品的主要技术指标及规格

指标名称		快速	中速	慢速
过滤速度/s		≤35	>35～70	>70～140
型号	定性滤纸	101	102	103
	定量滤纸	201	202	203
分离性能(沉淀物)		合格		
湿耐破度/mmH_2O①		≥130	≥150	≥200
灰分	定性滤纸	≤0.11%		
	定量滤纸	≤0.009%		
定量/$g \cdot m^{-2}$		80.0±4.0		
圆形纸直径/cm		5.5、7、9、11、12.5、15、18、23、27		
方形纸尺寸/cm		60×60、30×30		

① $1mmH_2O=9.80665Pa$。

2.5　常见有机化学实验装置

有机化学反应、分离和提纯液体有机化合物，常用的有机实验装置有回流、蒸馏、搅拌及气体吸收装置等。

2.5.1　回流装置

很多有机化学反应需要在反应体系的溶剂或液体反应物的沸点附近进行，这时就要用回流装置，如图 2-16 所示。图 2-16(a) 是可以隔绝潮气的回流装置，如不需要防潮，可以去掉球形冷凝管顶端的干燥管，若回流中无不易冷却物放出，还可把气球套在冷凝管上口，来隔绝潮气的侵入；图 2-16(b) 为带有吸收反应中生成气体的回流装置，适用于回流时有水溶性气体（如氯化氢、溴化氢、二氧化硫等）产生的实验；图 2-16(c) 为回流时可以同时滴加液体的装置。加热前应先放入沸石，根据瓶内液体的沸腾温度，可选用水浴、油浴或石棉网直接加热等方式。在条件允许的情况下，一般不采用隔石棉网直接用明火加热的方式。回流的速率应控制在液体蒸气浸润不超过两个回流球为宜。

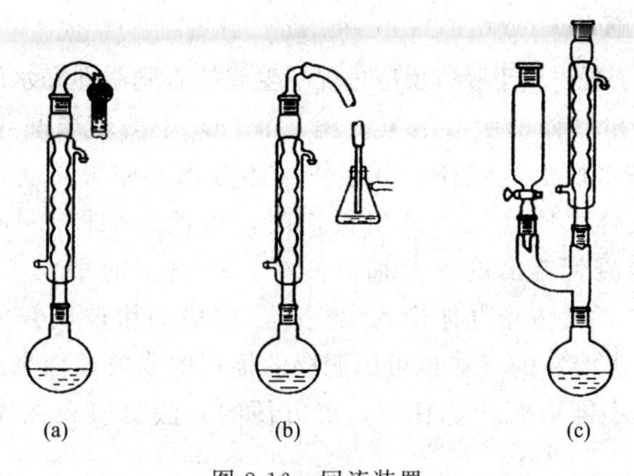

图 2-16　回流装置

2.5.2　蒸馏装置

蒸馏是分离两种以上沸点相差较大的非共沸液体和除去有机溶剂的常用方法。图 2-17 是几种常用的蒸馏装置，可用于不同要求的场合。图 2-17(a) 是常用的蒸馏装置。由于这种装置出口处与大气相通，可能逸出馏液蒸气，蒸馏易挥发的低沸点液体时，需将接引管的支管连上橡胶管，通向水槽或室外。支管口接上干燥管，可用作防潮的蒸馏。图 2-17(b) 是应用空气冷凝管的蒸馏装置，常用于蒸馏沸点在 140℃以上的液体。若使用直形冷凝管，由于液体蒸气温度较高而易导致冷凝管炸裂。图 2-17(c) 为蒸除较大量溶剂的装置，由于液体可自滴液漏斗中不断地加入既可调节滴入和蒸出的速度，又可避免使用较大的蒸馏瓶。

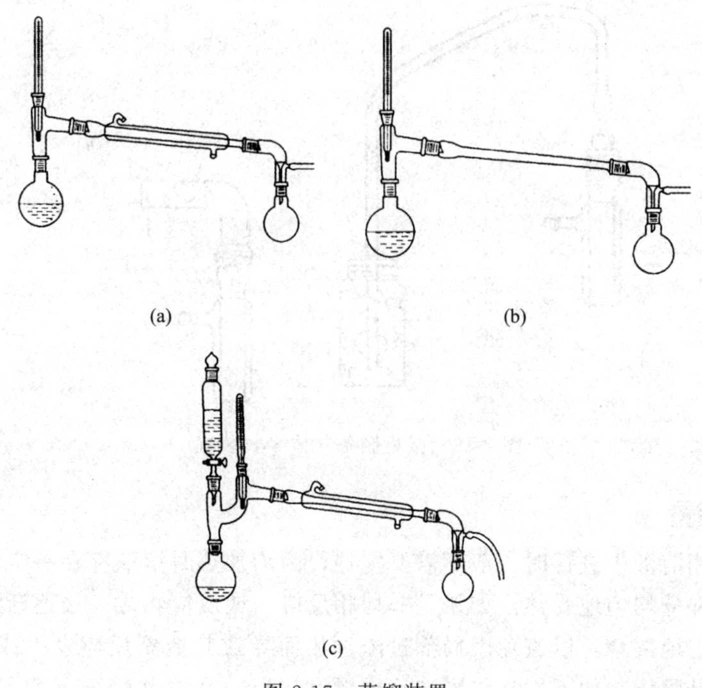

图 2-17　蒸馏装置

2.5.3 气体吸收装置

图 2-18 为气体吸收装置，用于吸收反应过程中生成的有刺激性和水溶性的气体。图 2-18 中的（a）和（b）可作少量气体的吸收装置。图 2-18(a) 中的玻璃漏斗应略微倾斜，使漏斗口一半在水中，一半在水面上。这样，既能使气体逸出，亦可防止水被倒吸至反应瓶中。若反应过程中有大量气体生成或气体逸出很快时，可使用如图 2-18(c) 所示的装置，水自上端流入（可利用冷凝管流出的水）抽滤瓶中，在恒定的平面上溢出。粗的玻璃管恰好伸入水面，被水封住，以防止气体逸入大气中。图中的粗玻璃管也可用 Y 形管代替。

微量制备反应中，水溶性的气体也可用润湿的棉花团或玻璃棉来进行吸收。通常将润湿的棉花团或玻璃棉置于小锥形瓶或烧杯中，更方便的方法是填充在连接冷凝管的干燥管中（见图 2-19）。

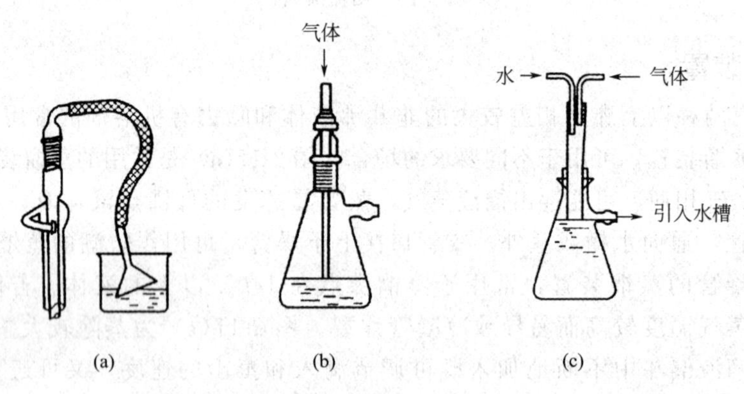

图 2-18　气体吸收装置

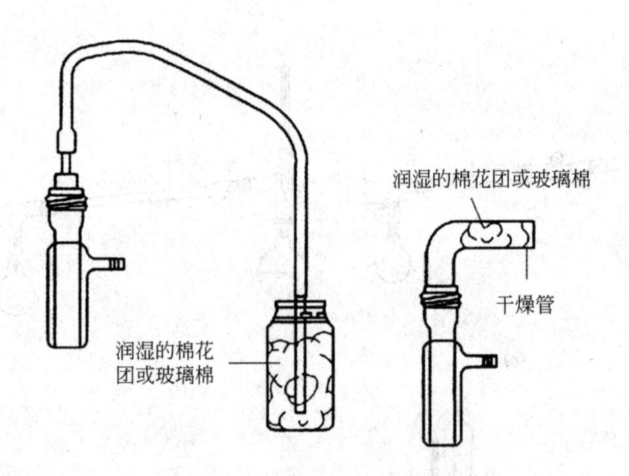

图 2-19　微量制备气体吸收装置

2.5.4 搅拌装置

当反应在均相溶液中进行时一般不需要搅拌，因为加热时溶液存在一定程度的对流，从而可保持液体各部分均匀地受热。如果是非均相反应，或反应物之一被逐渐滴加时，为了尽可能使其迅速均匀地混合，以避免因局部过浓过热而导致其他副反应发生或有机物的分解，或有时反应产物是固体，如不搅拌将影响反应顺利进行，在这些情况下均需进行搅拌操作。在许多合成实验中若使用搅拌装置不但可以较好地控制反应温度，同时也能缩短反应时间和提高产率。

(1) 电动搅拌 常用的电动搅拌装置见图 2-20。图 2-20(a) 是可同时进行搅拌、回流和自滴液漏斗加入液体的实验装置，还可同时测量反应的温度；图 2-20(b) 是简易密封的搅拌装置。

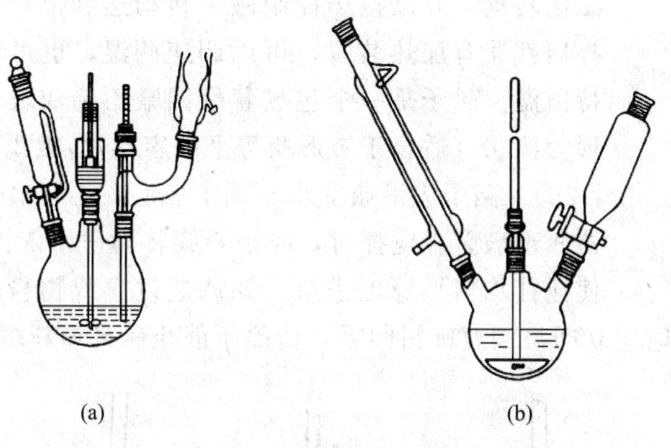

图 2-20 电动搅拌装置

简易密封装置见图 2-21。图 2-21(a) 外管是内径比搅拌棒略粗的玻璃管，上接标准磨口，取一段长约 2cm、内径必须与搅拌棒相适合、弹性较好的乳胶管，套于玻璃管上端，然后自玻璃管的下端插入搅拌棒。这样固定在玻璃管上端的乳胶套与搅拌棒紧密接触，可达到密封的效果。在搅拌棒和乳胶管之间滴入少量甘油，对搅拌棒可起润滑和密封作用。搅拌棒的上端用乳胶管与固定在搅拌器上的一短玻璃棒连接，下端接近三口瓶底部，离瓶底适当距离，不可相碰，且在搅拌时要避免搅拌棒与塞中的玻璃管相碰（见图 2-22）。这种简易密封装置在一般减压（1.33～1.6 kPa）时也可使用。图 2-21(b) 是液体磨口密封装置，常用的密封液体是水、液体石蜡、甘油等，由于汞蒸气毒性强，故尽可能避免用汞作密封液体。此外聚四氟乙烯壳体、橡胶“O”形圈密封的磨口玻璃仪器密封件和通水冷却的不锈钢制的磨口玻璃仪器密封件已在实验室中广泛使用，十分方便［见图 2-21(c)和(d)］。

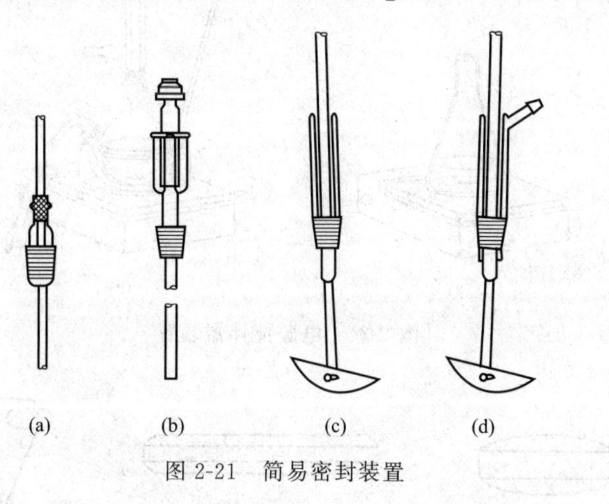

图 2-21 简易密封装置

搅拌所用的搅拌棒通常由玻璃棒制成，式样很多，常用的见图 2-23。其中 (a)、(b) 两种可以容易地用玻璃棒弯制；(c)、(d) 较难制，其优点是可以伸入狭颈的瓶中，且搅拌效果较好；(e) 为桨式搅拌棒，适用于两相不混溶的体系，其优点是搅拌平稳，搅拌效

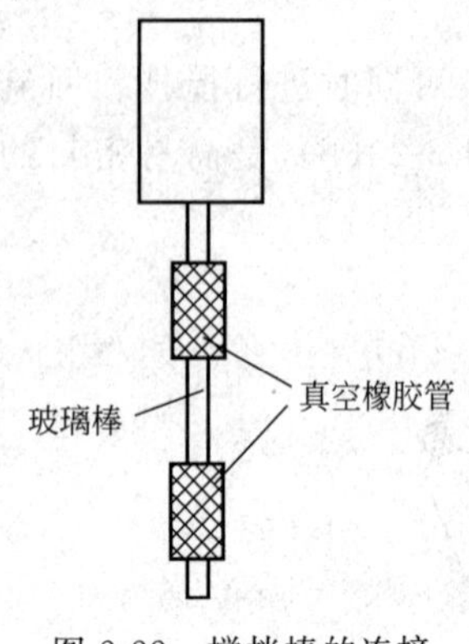

图 2-22　搅拌棒的连接

果好。

（2）电磁搅拌　又称磁力搅拌。当反应物料较少，不需要太高温度的情况下，电磁搅拌可代替电动搅拌，且易于密封，使用方便。电磁搅拌器的装置见图 2-24。电磁搅拌器是以电动机带动磁场转动，并以磁场控制磁子转动达到搅拌的目的。一般电磁搅拌器都兼有加热装置，可以调速调温，也可以按照设定的温度维持恒温。磁子是一个包裹着聚四氟乙烯或玻璃外壳的软铁棒，外形为棒状（适合于锥形瓶等平底容器）、橄榄状和旋齿状等（见图 2-25）。磁子应沿瓶壁小心置于瓶底，不可直接丢入，以免造成容器底部破裂。搅拌时，应小心旋转旋钮，依挡顺序缓慢调节转速，使搅拌均匀平稳地进行。如调速过急或物料过于黏稠，会使磁子跳动而撞击瓶壁，此时应立即将调速旋钮归零，待磁子静止后再重新缓缓开启。

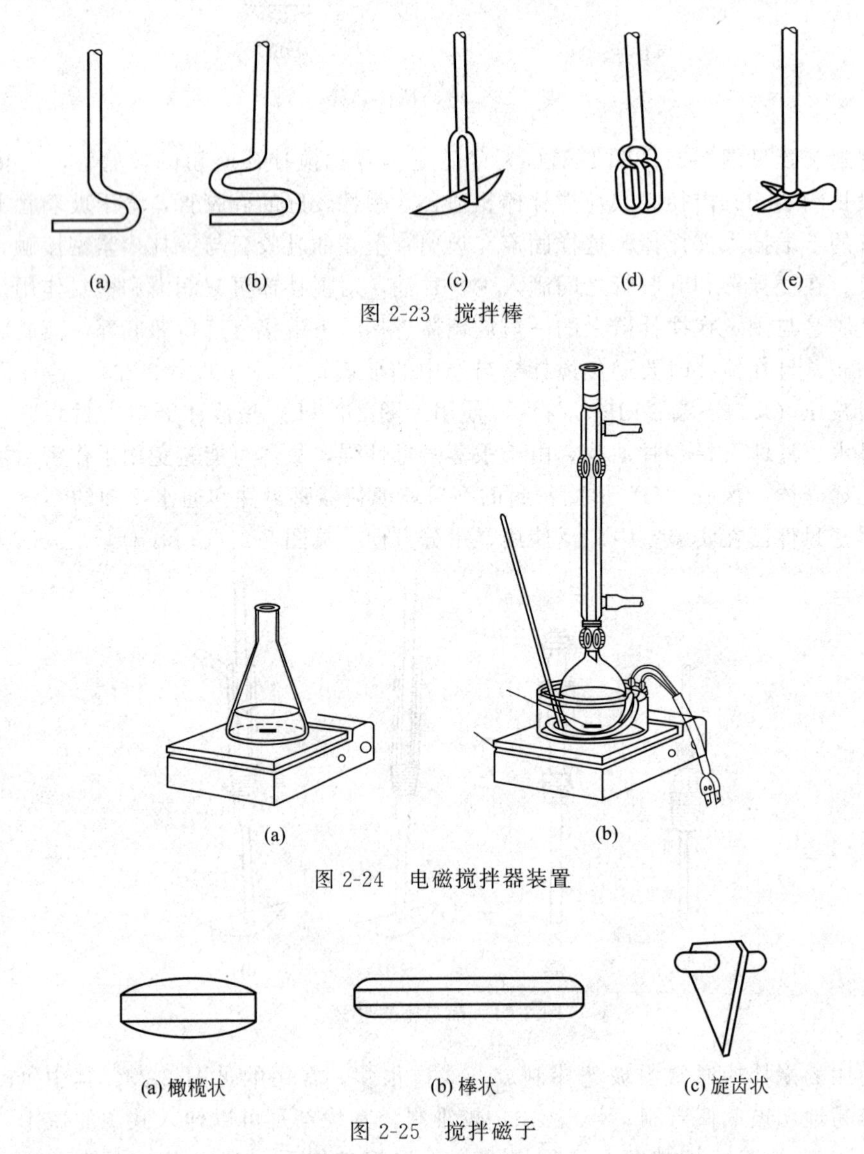

图 2-23　搅拌棒

图 2-24　电磁搅拌器装置

图 2-25　搅拌磁子

2.5.5 微量反应装置

图 2-26 和图 2-27 为微量蒸馏和反应装置，与常量和小量制备装置不同的是，用锥形反应器代替了圆底烧瓶或三口烧瓶，用微型蒸馏头代替了接收装置，用磁力搅拌代替了电动搅拌。

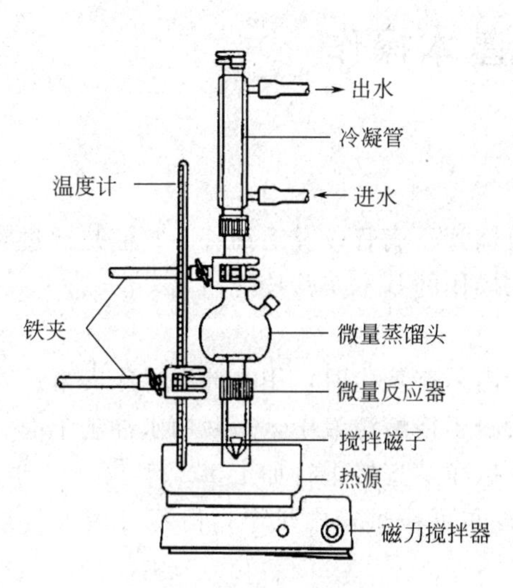

图 2-26 微量蒸馏装置图

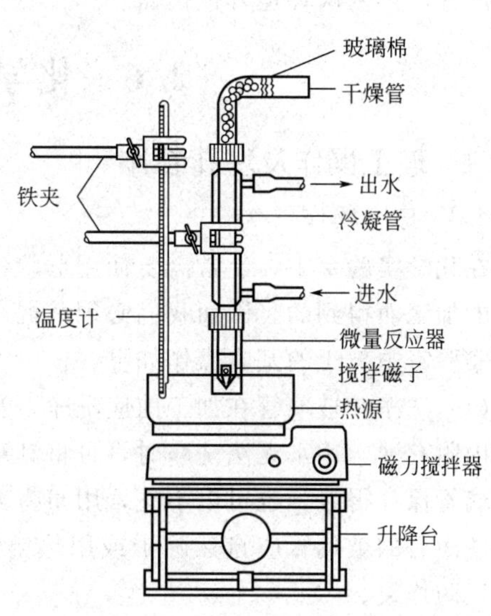

图 2-27 微量反应装置

2.5.6 仪器装置方法

有机化学实验常用的玻璃仪器装置，一般皆用铁夹将仪器依次固定于铁架上。铁夹的双钳应贴有橡胶、绒布等软性物质，或缠上石棉绳、布条等。若铁夹直接夹住玻璃仪器，则容易将仪器夹坏。

用铁夹夹玻璃器皿时，先用左手手指将双钳夹紧，再拧紧铁夹螺丝，待夹钳手指感到螺丝触到双钳时，即可停止旋动，做到夹物不松不紧。

以回流装置［图 2-16(a)］为例，装置仪器时先根据热源高低用铁夹夹住圆底烧瓶瓶颈，垂直固定于铁架上，铁架上搁一石棉网或热浴，烧瓶瓶底应距石棉网 1～2mm 为宜。铁架应正对实验台外面，不要歪斜。若铁架歪斜，重心不一致，将导致装置不稳。然后将球形冷凝管下端正对烧瓶用铁夹垂直固定于烧瓶上方，再放松铁夹，将冷凝管放下，使磨口塞紧后，再将铁夹稍旋紧，固定好冷凝管，使铁夹位于冷凝管中部偏上一些。用合适的橡胶管连接冷凝水，进水口在下方，出水口在上方。最后在冷凝管顶端装置干燥管。

总之，安装仪器应先下后上，从左到右，做到“稳”“妥”“端”“正”。“稳”即稳固牢靠；“妥”即小心使用铁夹，不要太松或太紧；“端”即端正美观，其装置的轴线应与实验台的边缘平行，横看一个面，纵看一条线，错落有序，给人以美的享受；“正”即要按照实验要求正确地选择仪器。

2.5.7 玻璃仪器的安装及拆卸

在有机化学实验室中，现在普遍采用标准磨口仪器，因此，组装起来非常方便，可利用较少的仪器组合成多种实验装置。安装各种仪器时，首先选定热源——电炉或电热套，依据热源的高度确定反应容器的位置，以此为基准，依次装配分馏柱、蒸馏头、直形冷凝管、接引管以及接收装置等。最后，安装好温度计，仪器用烧瓶夹和S夹固定在铁架台上。应注意保证磨口连接处严密，尽量使各处不产生应力。装配完毕的实验装置应该是：从正面看，反应容器、分馏柱与桌面垂直；从侧面看，所有仪器应处在同一平面上，做到横平竖直。

拆卸仪器装置时，按与安装时相反的顺序逐个拆除仪器。应注意首先移走接收瓶，再移走温度计，再依次移走其他仪器。

2.6 化学实验基本操作

2.6.1 玻工操作及塞孔制作

2.6.1.1 玻工操作

在化学实验室中，经常需要使用形状各异的玻璃管、滴管以及毛细管。它们是通过对玻璃管的加工而得到的。因而我们必须掌握一些玻工操作的基本实验技能。

实验室中玻工的基本操作如下：

（1）洗净　玻璃管在加工前应洗净。当玻璃管内积有灰尘时，用水冲洗干净即可。若玻璃管内附有油，用水无法洗净时，可将其割断然后浸于铬酸洗液中，最后用水冲洗干净。如果玻璃管保存得好，也可以不洗，用布将玻璃外管拭净，直接进行加工。

洗净后的玻璃管应自然晾干或用热空气吹干，亦可在烘箱中烘干，但不可用火直接烤干，以防炸裂。

（2）切割玻璃管的方法——锉刀切割　把玻璃管平放在桌子边缘，用锉刀的锋棱压在玻璃管要截断处，用力把锉刀向前推或向后拉，同时将玻璃管朝相反的方向转动，此时在玻璃管上刻下一条细直的印痕，其应与管轴垂直。应当注意，不要用锉刀来回拉锉，这样会锉伤锉刀并使锉痕加粗（见图2-28）。在刻好痕迹后，用两手的拇指抵住锉痕的背面，以弯折与拉力的合力将它折断（见图2-29）。为防止断口割伤皮肤、刺破胶皮管，可将断口处放在火焰的边缘，同时不断转动玻璃管，将其烧到微红熔光截面即可。注意不要烧得太久，以防止断口缩小。

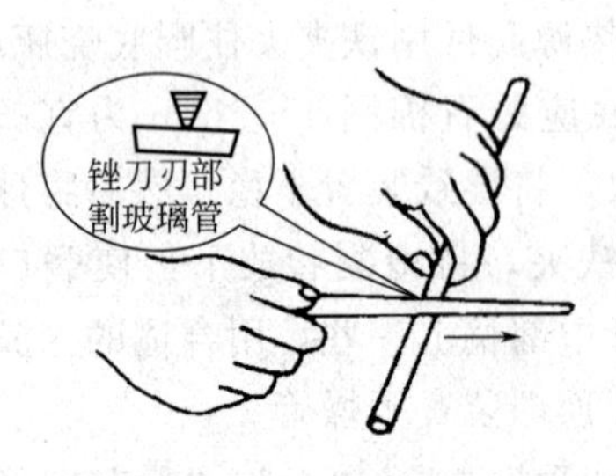

图2-28　切割玻璃管示意图

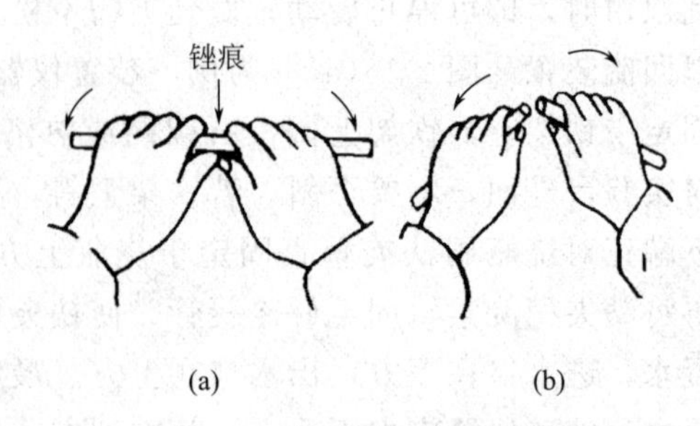

图2-29　折断玻璃管示意图

（3）拉制滴管　在实验室中，我们一般选择干净的管径为6～7mm玻璃管，截成约100～200mm一段，将玻璃管中部用氧化焰烧热，同时用双手等速地按同一方向慢慢地转动。当玻璃管变软后，将其向内挤，以增厚烧软处的管壁。当烧至暗红色时，移离火焰，趁热慢慢地拉制成适当直径的细管。拉制的细管与原管应处于同一轴线。稍冷后，放在石棉网上冷却。最后，用锉刀将细管截断，即可得到两只滴管。将滴管的细口处用小火焰烧平滑，另一端在氧化焰上烧成暗红色，马上拿出并立即将管口垂直压到瓷板或石棉网上，最后在石棉网上冷却后套上乳胶帽，如图 2-30 所示。

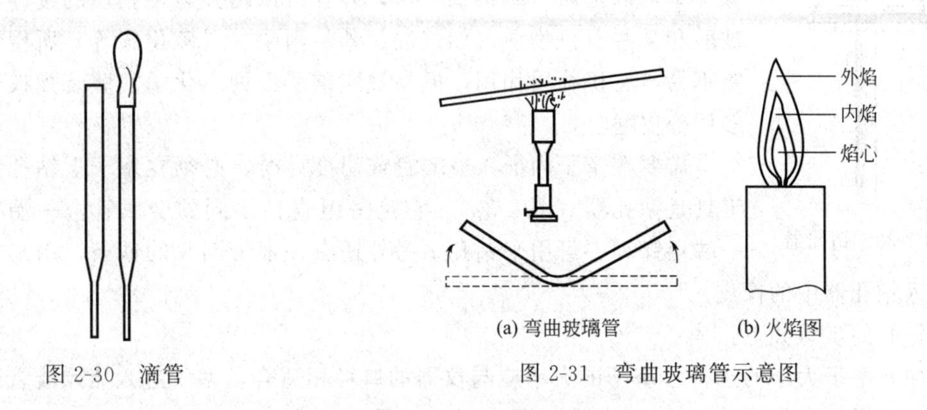

图 2-30　滴管

图 2-31　弯曲玻璃管示意图

（4）弯曲玻璃管　在实验室中，根据实验者的需要可将玻璃管弯成各种角度。

首先，将玻璃管在弱火焰中烤热，然后加大火焰，两手持玻璃管，将需要弯曲处在火焰外焰加热，同时缓慢旋转玻璃管，使之受热均匀。将玻璃管斜放于火焰中加热，也可增加其受热面积。如有条件亦可在灯管上套上扁灯头，亦称鱼尾灯头。当玻璃管受热发出黄红光且变软后，立即离开火焰，并轻轻顺势弯成所需的角度（图 2-31）。若所需的角度较小时，应分几次完成，以免一次弯得过多使弯曲部分发生瘪陷或纠结（图 2-32）。

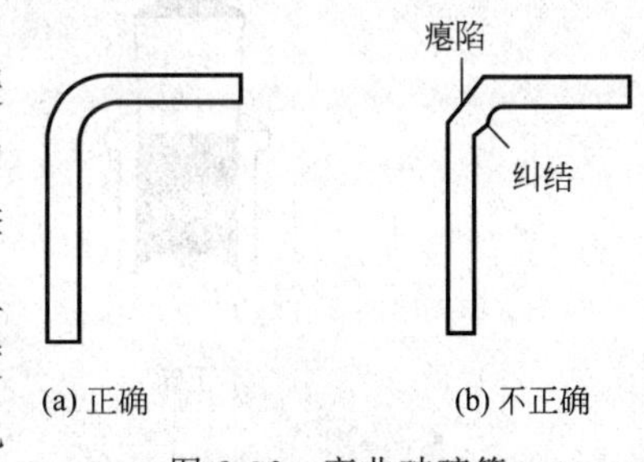

图 2-32　弯曲玻璃管

在分次弯管时，要注意各次的加热部位应稍有偏移，待弯过的玻璃管稍冷后再重新加热，并且每次弯曲应在同一平面上，以免玻璃管弯得歪扭。

在进行弯管操作时需注意以下几点：

① 玻璃管应受热均匀，否则不易弯曲并出现纠结和瘪陷现象。

② 玻璃管不应受热过度，否则出现厚薄不均以及瘪陷现象。

③ 加热玻璃管时，两手旋转速度应一致，否则会发生歪扭。

④ 不应在火焰中弯玻璃管。

⑤ 在加热玻璃管时，不要向外拉或向内推玻璃管，以免管径变得不均匀。

⑥ 弯好的玻璃管应放在石棉网上冷却，不可直接放在桌面上或铁架上。

（5）拉制熔点管　一般采用干净的 10mm 管径的薄玻璃管。依照拉制滴管的方法，拉成管径约为 1～1.2mm 的毛细管。冷却后截成 5cm 长，备用。

（6）拉制减压蒸馏用毛细管　应选用干净的厚壁玻璃管，拉制方法同熔点管相似。拉伸时动作要迅速。欲拉制细空毛细管，可采用两次拉制法。具体操作是：先按拉制滴管的方法拉成管径 1.5～2mm 的细管，稍冷却后截断。再将细管部分用小火焰加热烧软后，移离火焰，迅速拉伸。

2.6.1.2　塞子的钻孔

化学实验室常用的塞子有玻璃磨口塞、橡皮塞、塑料塞和软木塞。玻璃磨口塞能与带有磨口的瓶口很好地密合，密封性好。但不同瓶子的磨口塞不能任意调换，否则不能很好密

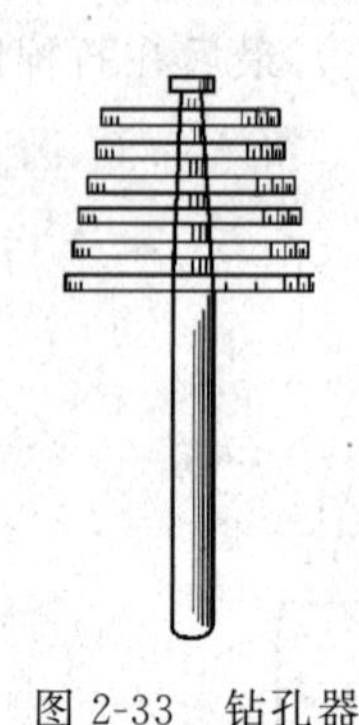

图 2-33　钻孔器

合，使用时最好用塑料绳系好。这种瓶子不适于装碱性物质。不用时洗净后应在塞与瓶口中间用纸条夹住，防止久置后塞与瓶口粘住打不开。橡皮塞可以把瓶子塞得很严密，并且可以耐强碱性物质的侵蚀，但它易被酸和某些有机物质（如汽油、苯、丙酮、二硫化碳等）所侵蚀。软木塞不易与有机物质作用，但易被酸碱所侵蚀。化学实验装配仪器时，现多用橡皮塞。

需要在塞子内插入玻璃管或温度计时，必须在塞子上钻孔。钻孔的工具是钻孔器（图 2-33）。它是一组直径不同的金属管，一端有柄，另一端很锋利，可用来钻孔。另外还有一根带圆头的铁条，用来捅出钻孔时嵌入钻孔器中的橡皮。

钻孔的步骤如下：

（1）塞子大小的选择　塞子的大小应与仪器的口径相适合，塞子进入瓶颈或管颈部分不能少于塞子本身高度的 1/2，也不能多于 2/3，如图 2-34 所示。

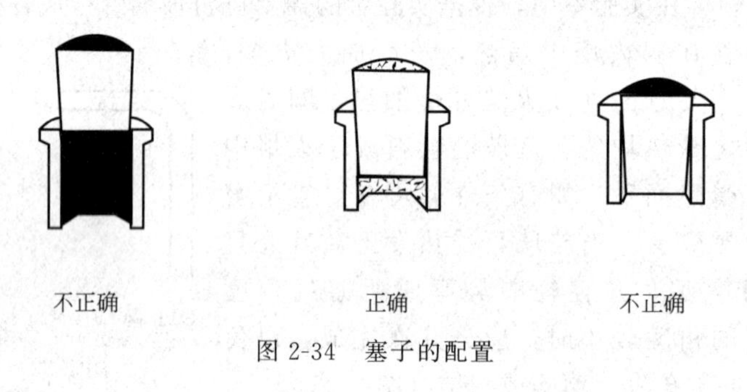

图 2-34　塞子的配置

（2）钻孔器的选择　选择一个比要插入橡皮塞的玻璃管口径略粗的钻孔器，因为橡皮塞有弹性，孔道钻成后会收缩使孔径变小。

（3）钻孔的方法　如图 2-35 所示，将塞子小的一端朝上，平放在桌面上的一块木板上（避免钻坏桌面），左手持塞，右手握住钻孔器的柄，并在钻孔器前端涂点甘油或水，将钻孔器按在选定的位置上，以顺时针的方向，一面旋转，一面用力向下压，向下钻动。钻孔器要垂直于塞子的面上，不能左右摆动，更不能倾斜，以免把孔钻斜。钻至约达塞子高度一半时，以逆时针的方向一面旋转，一面向上拉，拔出钻孔器。

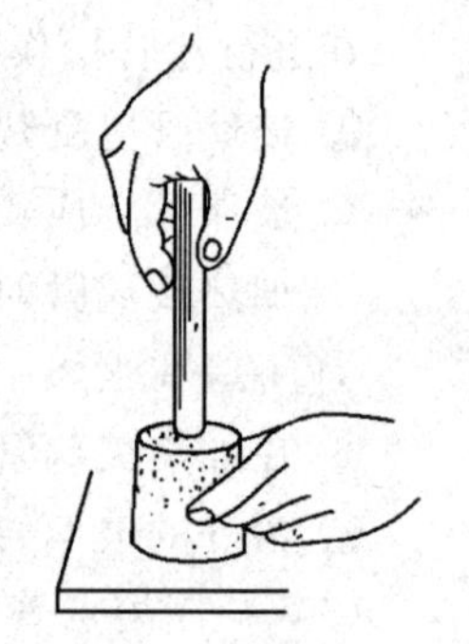

图 2-35　钻孔方法

以相同方法从塞子大的一端钻孔。注意对准小的那端的孔位。直到两端的圆孔贯穿为止。

拔出钻孔器，捅出钻孔器内嵌入的橡皮。

钻孔后，检查孔道是否合用，如果玻璃管可以毫不费力地插入圆塞孔，说明塞孔太大，塞孔和玻璃管之间不够严密，塞子不能使用；若塞孔稍小或不光滑时，可用圆锉修整。

（4）玻璃管插入橡皮塞的方法　用甘油或水把玻璃管的前端湿润后，按图 2-36(a) 所示，先用布包住玻璃管，然后手握玻璃管的前半部，把玻璃管慢慢旋入塞孔内合适的位置。如果用力过猛或者手离橡皮塞太远，可能会把玻璃管折断 [图 2-36(b)]、刺伤手掌，务必注意。

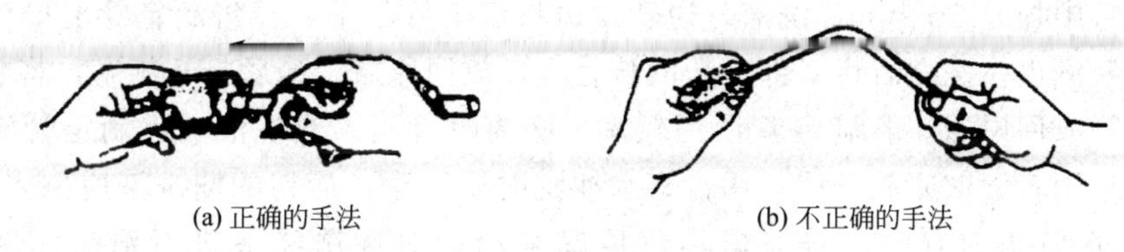

(a) 正确的手法　　　　(b) 不正确的手法

图 2-36　把玻璃管插入塞子的手法

2.6.2　玻璃量器及其使用

实验室中常用的玻璃量器（简称量器）有滴定管、移液管、容量瓶、量筒和量杯、微量进样器等。

量器按准确度分成 A、B 两种等级。A 级的准确度比 B 级一般高一倍。量器的级别标志，可用一等、二等，Ⅰ、Ⅱ或（1）、（2）等表示，无上述字样符号的量器，则表示是无级别的，如量筒、量杯等。

2.6.2.1　滴定管

滴定管是滴定时用来准确测量流出的操作溶液体积的量器（量出式仪器）。常量分析最常用的是容积为 50mL 的滴定管，其最小刻度是 0.1mL，因此读数可以估计到小数点后第二位。另外，还有容积为 10mL、5mL、2mL 和 1mL 的微量滴定管，最小刻度分别是 0.05mL 和 0.02mL，特别适用于电位滴定。

滴定管一般分为两种：一种是具塞酸式滴定管，另一种是无塞碱式滴定管。碱式滴定管的一端连接橡皮管或乳胶管，管内装有玻璃珠，以控制溶液的流出，橡皮管或乳胶管下面接一尖嘴玻管。酸式滴定管用来装酸性及氧化性溶液，但不适于装碱性溶液。碱式滴定管用来装碱性及无氧化性溶液。凡是能与乳胶管起反应的溶液，如高锰酸钾、碘和硝酸银等溶液，都不能装入碱式滴定管。

滴定管除无色的外，还有棕色的，用以装见光易分解的溶液，如 $AgNO_3$、$Na_2S_2O_3$、$KMnO_4$ 溶液等。

（1）酸式滴定管（简称酸管）的准备

① 使用前涂油　首先应检查旋塞与旋塞套是否配合紧密。如不密合，将会出现漏水现象。为了使旋塞转动灵活并克服漏水现象，需将旋塞涂油（如凡士林油等）。取下旋塞，用吸水纸将旋塞和旋塞套擦干，并注意勿使滴定管壁上的水再次进入旋塞套；用手指均匀地涂一薄层油脂于旋塞两头。注意不要将油脂涂在旋塞孔上、下两侧，以免旋转时堵塞旋塞孔。将旋塞插入旋塞套中时，旋塞孔应与滴定管平行，径直插入旋塞套，不要转动旋塞，这样可以避免将油脂挤到旋塞孔中去。然后，向同一方向旋转旋塞，直到旋塞和旋塞套上的油脂层全部透明为止。经上述处理后，旋塞应转动灵活，油脂层没有纹络。用自来水充满滴定管，将其放在滴定管架上静置约 2min，观察有无水滴漏下。然后将旋塞旋转 180°，再如前检查，如果漏水，应该重新涂油。若出口管尖端被油脂堵塞，可将它插入热水中温热片刻，然后打开旋塞，使管内的水突然流下（最好借助洗耳球挤压），将软化的油脂冲出。涂油后的滴定管应在旋塞小头末端套上一个小橡胶圈。套橡胶圈时要用手指顶住旋塞柄，防止其松动或脱落摔坏。

② 清洗　根据沾污的程度，可采用不同的清洗剂（如洁厕灵、铬酸洗液、草酸加硫酸溶液等）。新用的滴定管应充分清洗，可用铬酸洗液洗（注意：切勿溅到皮肤和衣物上）。在

无水的滴定管中加入5～10mL洗液，边转动边将滴定管放平，并将滴定管上口对着洗液瓶口，以防洗液洒出。洗净后将一部分洗液从管上口放回原瓶，最后打开旋塞，将剩余的洗液从下端出口管放回原瓶。若滴定管油污较多，必要时可用温热洗液加满滴定管浸泡一段时间。将洗液从滴定管彻底放净后，用自来水冲洗时要注意，最初的涮洗液应倒入废酸缸中，以免腐蚀下水管道。有时，需根据具体情况采用针对性洗涤液进行清洗。例如，装过 $KMnO_4$ 的滴定管内壁常有残存的二氧化锰，可用草酸加硫酸溶液进行清洗。用各种洗涤剂清洗后，都必须用自来水充分洗净，并将管外壁擦干，以便观察内壁是否挂水珠，然后用蒸馏水洗三次，最后，将管的外壁擦干。洗净的滴定管倒挂（防止落入灰尘）在滴定管架台上备用。长期不用的滴定管应将旋塞和旋塞套擦拭干净，并夹上薄纸后再保存，以防旋塞和旋塞套之间粘住而不易打开。

（2）碱式滴定管（简称碱管）的准备　使用前应检查乳胶管和玻璃球是否完好。若胶管已老化，玻璃球过大（不易操作）或过小（漏水），应予更换。对于50mL滴定管，应使用内径为6mm，外径为9mm的乳胶管和6～8mm直径的玻璃球。操作碱管的方法是：用手指捏挤玻璃球周围的乳胶管形成一条狭缝，使溶液流出并可控制流速。

碱管的洗涤方法与酸管相同。在需要用铬酸洗液洗涤时，需将玻璃球往上捏，使其紧贴在碱管的下端，防止洗液腐蚀乳胶管。在用自来水或蒸馏水清洗碱管时，应特别注意玻璃球下方死角处的清洗。为此，在捏乳胶管时应不断改变方位，使玻璃球的四周都洗到。

（3）滴定管中操作溶液的装入　装入操作溶液前，应将试剂瓶中的溶液摇匀，并将操作溶液直接倒入滴定管中，不得借助其他容器（如烧杯、漏斗等）转移。用左手前三指持滴定管上部无刻度处（不要整个手握住滴定管），并可稍微倾斜；右手拿住细口瓶往滴定管中倒溶液，让溶液慢慢沿滴定管内壁流下。

先用摇匀的操作溶液将滴定管润洗三次（第一次10mL，大部分溶液可由上口放出，第二、三次各5mL，可以从出口管放出）。应特别注意的是，一定要使操作溶液洗遍滴定管全部内壁，并使溶液接触管壁1～2min，以便涮洗掉原来的残留液。对于碱管，仍应注意玻璃球下方的洗涤。最后，将操作溶液倒入滴定管，直到充满至0刻度以上为止。

注意检查滴定管的出口管是否充满溶液，酸管出口管及旋塞是否透明（注意：有时旋塞孔中暗藏着的气泡，需要从出口管放出溶液时才能看见），碱管则需对光检查乳胶管内及出口管内是否有气泡或有未充满的地方。为排除酸管中的气泡，右手拿滴定管上部无刻度处，并使滴定管稍微倾斜，左手迅速打开旋塞使溶液冲出（放入烧杯）。若气泡仍未能排出，可用手握住滴定管，用力上下抖动滴定管。如仍不能使溶液充满出口管，可能是出口管未洗净，必须重洗。在使用碱管时，装满溶液后，应用左手拇指和食指拿住玻璃球所在部位并使乳胶管向上弯曲，出口管斜向上，然后在玻璃球部位往一旁轻轻捏橡皮管，使溶液从管口喷出（下面用烧杯承接溶液），再一边捏乳胶管一边把乳胶管放直，注意应在乳胶管放直后，再松开拇指和食指，否则出口管仍会有气泡（见图2-37），最后应将滴定管的外壁擦干。

（4）滴定管读数注意事项

① 装入或放出溶液后，必须等1～2min，使附着在内壁上的溶液流下来，再进行读数。如果放出溶液的速度较慢（例如，滴定到最后阶段，每次只加半滴溶液时），等0.5～1min方可读数。每次读数前要检查一下管壁是否挂水珠，管尖是否有气泡。

② 读数时用手拿滴定管上部无刻度处，使滴定管保持自由下垂。对于无色或浅色溶液，

应读取弯月面下缘最低点。读数时，视线在弯月面下线最低点处，且与液面成水平（见图2-38）；溶液颜色太深时，可读液面两侧的最高点。若为乳白板蓝线衬背滴定管，应当取蓝线上下两尖端相对点的位置读数。无论哪种读数方法，都应注意初读数与终读数采用同一标准。

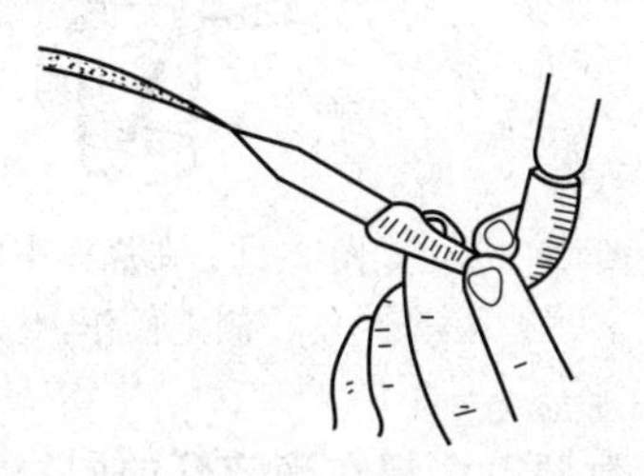
图 2-37 碱式滴定管排气泡方法

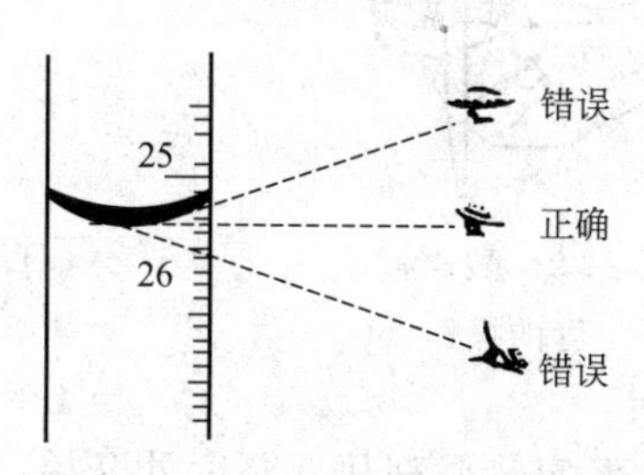

图 2-38 读数视线的位置

③ 读取初读数前，应将滴定管尖悬挂着的溶液除去。滴定至终点时应立刻关闭旋塞，并注意不要使滴定管中溶液有任何流出，否则终读数便包括流出的半滴溶液。因此，在读取终读数前，应注意检查出口管尖是否有溶液。

(5) 滴定管的操作方法　进行滴定时，应将滴定管垂直地夹在滴定管架上。

使用酸管时，左手无名指和小指向手心弯曲，轻轻地贴着出口管，用其余三指控制旋塞的转动（图 2-39）。但应注意不要向外拉旋塞，也不要使手心顶着旋塞末端而向前推动旋塞，以免使旋塞移位而造成漏水。一旦发生这种情况，应重新涂油。

使用碱管时，左手无名指及小指夹住出口管，拇指与食指在玻璃球所在部位往一旁（左右均可）捏乳胶管，使溶液从玻璃球旁空隙处流出。注意：不要用力捏玻璃球，也不能使玻璃球上下移动；不要捏到玻璃球下部的乳胶管，以免在管口处带入空气。

无论使用哪种滴定管，都不要用右手操作，右手用来摇动锥形瓶。每位学生都必须熟练掌握下面三种加液方法：逐滴连续滴加；只加一滴；使半滴（甚至 1/4 滴）悬而未落，再用洗瓶吹入锥形瓶。

(6) 滴定操作　滴定操作是定量分析的基本功，每位学生必须熟练掌握。滴定时以白瓷板作背景，用锥形瓶或烧杯承接滴定剂。

在锥形瓶中进行滴定时，用右手前三指拿住瓶颈，使瓶底离瓷板约 2～3cm。同时调节滴定管的高度，使滴定管的下端伸入瓶口约 1cm。左手按前述方法滴加溶液，右手运用腕力（注意，不是用胳膊晃动）摇动锥形瓶，边滴边摇（图 2-40）。

滴定操作中应注意：滴定时，左手不能离开旋塞任其自流。摇动锥形瓶时，应使溶液向同一方向，以滴定管口为圆心做圆周运动（左、右旋均可），但勿使瓶口触到滴定管，溶液绝不可溅出。开始时，滴定速度可稍快，但不要使溶液流成“水线”，应边摇边滴，让滴入的滴定剂充分接触试液。接近终点（局部出现指示剂颜色转变）时，应改为逐滴加入。每加一滴，都要注意观察液滴落点周围溶液颜色的变化。充分摇动后再继续滴加，最后每加半滴即摇动锥形瓶，直至溶液出现明显的颜色变化即停止滴定。加半滴溶液的方法如下：微微转动旋塞，使溶液悬挂在出口管嘴上，形成半滴，用锥形瓶内壁将其沾落，再用洗瓶以少量蒸馏水吹洗瓶壁。用碱管滴加半滴溶液时，应先松开拇指与食指，将悬挂的半滴溶液沾在锥形瓶内壁上，再放开无名指与小指。这样可以避免出口管尖出现气泡。

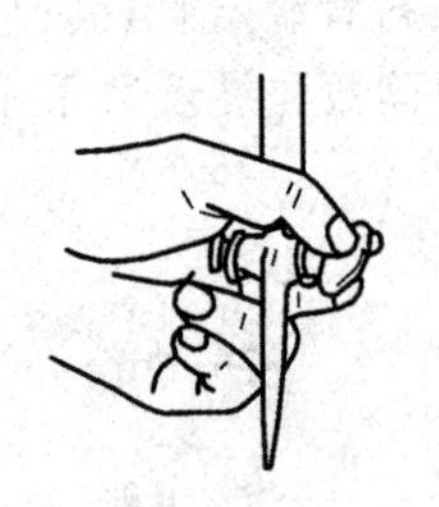

图 2-39　酸式滴定管的操作

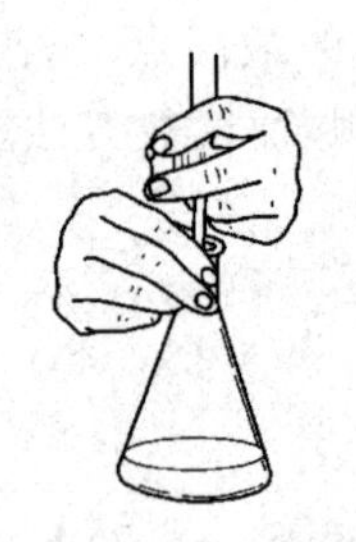

图 2-40　两手操作姿势

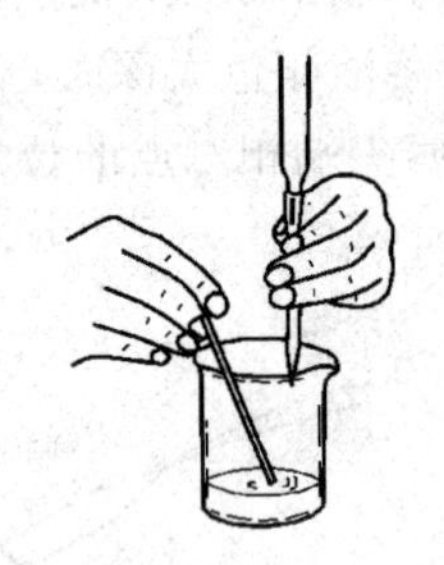

图 2-41　在烧杯中的滴定操作

每次滴定最好都从 0 刻度处开始，这样可使每次读数差不多都在滴定管的同一部位，可消除滴定管刻度不准确而引起的系统误差。

在烧杯中进行滴定时不能摇动烧杯，应将烧杯放在白瓷板上，调节滴定管的高度，使滴定管下端伸入烧杯中心的左后方处，但不要靠壁过近。右手持玻璃棒在右前方搅拌溶液（图 2-41）。在左手滴加溶液的同时，搅拌棒应进行圆周搅动，但不得接触烧杯壁和底部。当加半滴溶液时，用搅拌棒下端承接悬挂的半滴溶液，放入溶液中搅拌。滴定过程中，玻璃棒上沾有溶液，不能随便拿出。

滴定结束后，滴定管内剩余的溶液应弃去，不得将其倒回原试剂瓶中，以免沾污整瓶操作溶液。随即洗净滴定管，倒挂在滴定管架上备用。

2.6.2.2　移液管

移液管也是量出式仪器，一般用于准确量取一定体积的液体。移液管的种类较多。

无分度移液管的中腰膨大，上下两端细长，上端刻有环形标线，膨大部分标有它的容积和标定时的温度。将溶液吸入管内，使液面与标线相切，再放出，则放出的溶液体积就等于管上标示的容积。常用移液管的容积有 1mL、2mL、5mL、10mL、25mL、50mL 等多种。由于读数部分管径小，其准确性较高。

有分度移液管又叫吸量管，可以准确量取所需要的刻度范围内某一体积的溶液，但其准确度差一些。将溶液吸入，读取与液面相切的刻度（一般在零），然后将溶液放出至适当刻度，两刻度之差即为放出溶液的体积。

移液管在使用前应按下法洗到内壁不挂水珠：将移液管插入洗液中，用洗耳球将洗液慢慢吸至管容积 1/3 处，用食指按住管口，把管横过来淌洗，然后将洗液放回原瓶。如果内壁严重污染，则应把移液管放入盛有洗液的大量筒或高型玻璃缸中，浸泡 15min 到数小时，取出后用自来水及蒸馏水冲洗，用滤纸擦去管外壁的水。

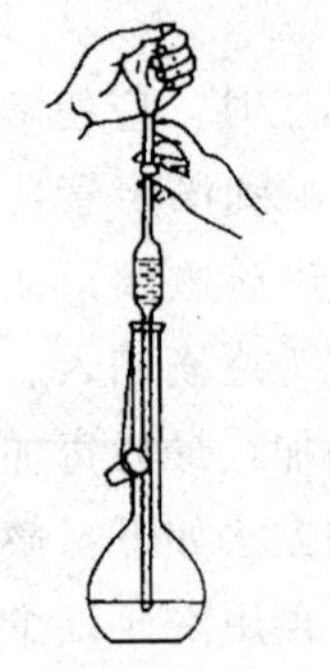

图 2-42　用洗耳球吸取溶液

移取溶液前，先用少量该溶液将移液管内壁洗 2～3 次，以保证转移的溶液浓度不变。然后把管口插入溶液中（在移液过程中，注意保持管口在液面之下，以防吸入空气），用洗耳球把溶液吸至稍高于刻度处（见图 2-42），迅速用食指按住管口。取出移液管，用滤纸擦干外壁，然后使管尖端靠着贮瓶口，用拇指和中指轻轻转动移液管，并减轻食指的压力，让溶液慢慢流出，同时平视刻度，到溶液弯月面下缘与刻度相切时，立即按紧食指。然后使准备接受溶液的容器倾斜成45°，将移液管移入容器中，使移液管垂直，管尖靠着容器内壁，放开食指，让溶液自由流出（见图2-43）。待溶液全部流出后，按规定再等15s，取出移液管。在使用非吹出式的移液管或无分度移液管时，切勿把残留在管尖的溶液吹出。移液管用毕应洗净，放在移液管架上。

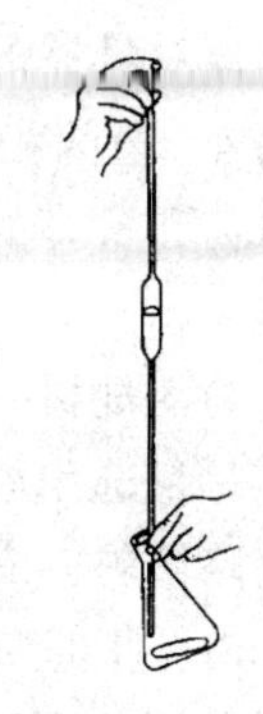

图2-43 移液管的使用

2.6.2.3 容量瓶

容量瓶是一种细颈梨形的平底瓶，具磨口玻璃塞或塑料塞，瓶颈上刻有标线。瓶上标有它的容积和标定时的温度。当液体充满至标线时，瓶内所装液体的体积和瓶上标示的容积相同（量入式仪器）。常用容量瓶有10mL、25mL、50mL、100mL、250mL、500mL、1000mL等多种规格，每种规格又有无色和棕色两种。容量瓶主要用来把精密称量的物质准确地配成一定容积的溶液，或将准确容积的浓溶液稀释成准确容积的稀溶液，这种过程通常称为定容。它常和移液管配合使用，可将某种物质溶液分成若干等份，用于进行平行测定。

容量瓶的洗涤原则和方法同酸管的洗涤。

如果要由固体配制准确浓度的溶液，通常将固体准确称量后放入烧杯中，加少量纯水（或适当溶剂）使它溶解，然后定量地转移到容量瓶中。转移时（见图2-44），用玻璃棒下端靠住瓶颈内壁，使溶液沿瓶壁流下。溶液流尽后，将烧杯轻轻顺玻璃棒上提，使附在玻璃棒、烧杯嘴之间的液滴回到烧杯中（切不可将烧杯随便拿开，以免有液滴从烧杯嘴外边流下而损失）。再用洗瓶挤出的水流冲洗烧杯数次，每次按上法将洗涤液完全转移到容量瓶中，然后用蒸馏水稀释（注意，先用水将颈壁处浓溶液冲下）。当水加至容积的2/3处时，旋摇容量瓶，使溶液混合（注意，不能倒转容量瓶）。在加水至接近标线时，可以用滴管加水至弯月面最低点恰好与标线相切。塞紧瓶塞，一手食指压住瓶塞，另一手的拇指、食指、中指托住瓶底，倒转容量瓶，使瓶内气泡上升到顶部，摇动数次，再倒过来，如此反复倒转摇动十余次，使瓶内溶液充分混合均匀（见图2-45）。为使容量瓶倒转时溶液不致漏出，瓶塞与瓶必须配套。

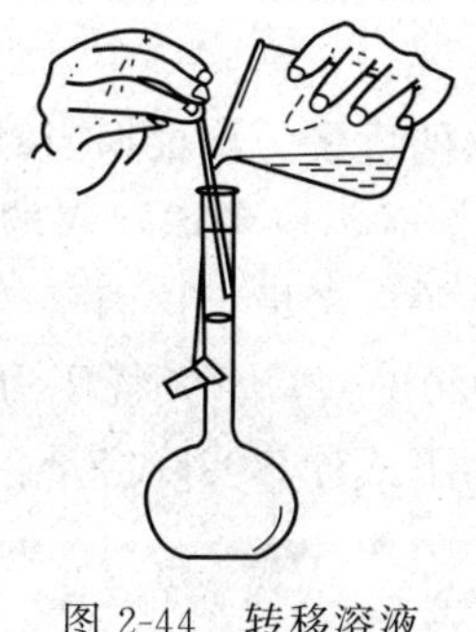

图2-44 转移溶液的操作

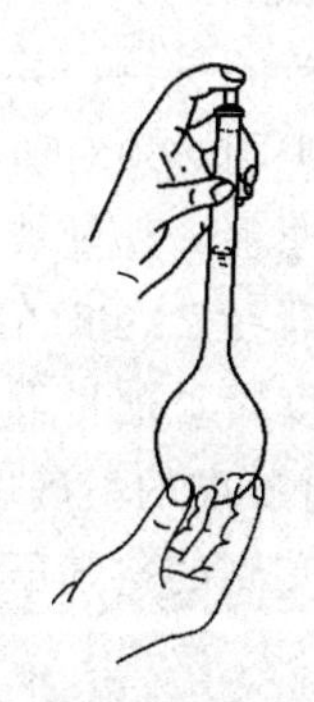

图2-45 检查漏水和混匀溶液的操作

不宜在容量瓶内长期存放溶液（尤其是碱性溶液）。如溶液需使用较长时间，应将它转移入试剂瓶中，该试剂瓶预先应经过干燥或用少量该溶液淌洗二三次。

温度对量器的容积有影响，使用时要注意溶液的温度、室温以及量器本身的温度。

2.6.2.4 量筒和量杯

量筒和量杯的精度低于上述几种量器，在实验室中常用来量取精度要求不高的溶液和蒸馏水。

量筒的规格一般以所能度量的最大容量表示。为了减少误差，实验中应根据所取溶液的体积，尽量选用能一次量取的最小规格的量筒。向量筒里注入液体时，应用左手拿住量筒，使量筒略倾斜，右手拿试剂瓶，使瓶口紧挨着量筒口，让液体缓缓流入。待注入的量比所需量稍少时，把量筒水平放在桌面上，改用胶头滴管逐滴加入，直至其弯月面与所需量的刻度相切。量杯的用法与量筒相似。

2.6.2.5 微量进样器

微量进样器（微量注射器），一般有 1μL、5μL、10μL、25μL、50μL、100μL 等规格，是进行微量分析，特别是色谱分析实验中必不可少的取样、进样工具。

微量进样器是精密量器，使用时应特别小心，否则会损坏其准确度。使用前要用丙酮等溶剂洗净，以免干扰样品分析；使用后应立即清洗，以免样品中的高沸点组分沾污进样器。一般常用下述溶液依次清洗：5%的 NaOH 水溶液、蒸馏水、丙酮、氯仿，最后用真空泵抽干，保存于盒内。

使用微量进样器应注意以下几点：

① 进样器极易被损坏，应轻拿轻放。要随时保持清洁，不用时应放入盒内，不要随便来回空抽进样器，以免损坏其与器壁的气密性而影响取样。

② 每次取样前先抽取少许样再排出，如此重复几次，以润洗进样器。

③ 取样时应多抽些试样于进样器内，并将针头朝上排出空气气泡，再将过量样品排出，保留需要的样品量。进样器内的气泡对体积定量影响很大，必须设法排除。将针头插入样品中，反复抽排几次即可，抽时慢些，排时快些。

④ 取好样后，用镜头纸将针头外所沾的样品小心擦掉，注意切勿使针头内的样品流失。

⑤ 色谱分析进样时，应以稳定的动作将进样器针头插入进样口，迅速进样后立即拔出(应注意用力不可过大，以免折弯进样器)，尽量保持每次针头内残留样品的体积一致。

2.6.2.6 量器的校准

目前我国生产的量器，其准确度可以满足一般实验室工作的要求，无需校准，但在要求较高的分析工作中则必须对所用量器进行校准。

（1）校准的原理　称量被校准的量器中量入或量出纯水的质量，再根据当时水温下水的密度计算出该量器在 20℃时的实际容量。由质量换算成容积时，应考虑：水的密度随温度变化而变化；温度对玻璃量器胀缩的影响；空气浮力的影响等。考虑上述因素的总校准值表见表 2-6。如果对校准的精确度要求很高，并且温度超出（20±5）℃、大气压力及湿度变化较大，则应根据实测的空气压力、温度求出空气密度，利用下式计算实际容量：

$$V_{20}=(I_{\mathrm{L}}-I_{\mathrm{E}})\frac{1-\rho_{\mathrm{A}}/\rho_{\mathrm{B}}}{\rho_{\mathrm{w}}-\rho_{\mathrm{A}}}[1-\gamma(t-20)]$$

式中，I_{L} 为盛水容器的天平读数，g；I_{E} 为空容器的天平读数，g；ρ_{w} 为温度 t 时纯水的密度，$\mathrm{g \cdot mL^{-1}}$；ρ_{A} 为空气密度，$\mathrm{g \cdot mL^{-1}}$；ρ_{B} 为砝码密度，$\mathrm{g \cdot mL^{-1}}$；γ 为量器材料的热膨胀系数，$℃^{-1}$；t 为校准时所用纯水的温度，℃。

表 2-6　纯水的表观密度 ρ_w

t/℃	ρ_w/g·mL^{-1}	t/℃	ρ_w/g·mL^{-1}	t/℃	ρ_w/g·mL^{-1}	t/℃	ρ_w/g·mL^{-1}
10	0.9984	16	0.9978	22	0.9968	28	0.9954
11	0.9983	17	0.9976	23	0.9966	29	0.9951
12	0.9982	18	0.9975	24	0.9963	30	0.9948
13	0.9981	19	0.9973	25	0.9961	31	0.9946
14	0.9980	20	0.9972	26	0.9959		
15	0.9979	21	0.9970	27	0.9956		

注：表观密度是指在一定的空气密度、温度下，一定材质的玻璃量器所容纳或释出单位体积的纯水于 20℃时与黄铜砝码平衡所需该砝码的质量。此表所列数据适用于在 1.2g·L^{-1}的空气密度下，用衡量法测定钠钙玻璃（制造玻璃量器一般都用这种软质玻璃，其热膨胀系数为 25×10^{-6}℃$^{-1}$）量器的实际容量。

温度变化对玻璃体积的影响很小，一般都可忽略。为了统一基准，国际标准和我国标准都规定以 20℃为标准温度。液体的体积受温度的影响比较大。水的热膨胀系数比玻璃大 10 倍左右，所以，在校准和使用量器时必须注意温度对液体密度或浓度的影响。

校准是技术性很强的工作，校准不当产生的误差可能超过量器本身固有的误差。因此，校准时必须正确地进行操作，校准次数不可少于 2 次，两次校准数据的偏差应不超过该量器容量允差的 1/4，并以其平均值为校准结果，尽量使校准误差减小。

实验室要具备以下条件：室温最好控制在（20±5)℃，而且温度变化速率不超过 1℃/h；有新制备的蒸馏水或去离子水；校准前，量器和纯水应在该室温下达到温度平衡；室内光线要均匀，墙壁最好是单一的浅色调；具有足够承载范围和称量空间的分析天平，其分度值应小于被校量器容量允差的 1/10；有分度值为 0.1℃的温度计和洁净的具塞锥形瓶。量入式量器校准前要进行干燥，可用电吹风吹干或用乙醇涮洗后晾干。干燥后再放到天平室平衡。

（2）滴定管的校准　洗净一支 50mL 的滴定管，注水至 0 标线以上约 5mm 处，用洁布擦干外壁，垂直挂于滴定架上。取一个洗净晾干的 50mL 具塞锥形瓶，在天平上称准至 0.001g。调节滴定管液面至 0.00mL。从滴定管中向锥形瓶中排水，当液面降至被校刻度线以上约 0.5mL 时，等待 15s。然后在 10s 内将液面调整至被校刻度线，随即用锥形瓶内壁靠下挂在尖嘴下的液滴，立即盖上瓶塞进行称量。测量水温后即可计算被校刻度线的实际容量，并求出校正值 ΔV。

按照每次 10mL 的容量间隔进行分段校准，每次都从滴定管的 0.00mL 标线开始，每支滴定管重复校准两次。

将温度计插入水中 5～10min（测量水温读数时不可将温度计的下端提出水面）。从表 2-6 中查出该温度下纯水的表观密度 ρ_w，并利用下式计算所测容量间隔的实际容量：

$$V=\frac{m_w}{\rho_w}$$

以滴定管被校刻度线的标称容量为横坐标，相应的校正值（两次测定的平均值）为纵坐标，绘出校正曲线。移液管和容量瓶的校准方法与此相似。

（3）移液管与容量瓶的相对校准　在分析化学实验中，经常利用容量瓶配制溶液，并用移液管取出其中的一部分进行测定，此时较为关心二者的容量是否为准确的整数倍关系。例如，称取一定量的试样，溶解后定容于 250mL 容量瓶中，用 25mL 移液管从中取出一份试液是否确为这份试样的 1/10，这就需要进行这两件量器的相对校准。此法简单，在实际工作中使用较多，但只有在这两件仪器配套使用时才有意义。

将 250mL 容量瓶洗净、晾干（可用几毫升乙醇淌洗内壁后倒挂在漏斗板上数小时），用 25mL 移液管准确吸取纯水 10 次至容量瓶中，若液面最低点不与标线的上边线相切、其间距超过 1mm，应重新做一标记（可使用透明胶带）。

2.6.3 冷却

有些反应由于中间体在室温下不够稳定，必须在低温下进行，如重氮化反应等；有的放热反应，产生大量的热，使反应难以控制，并引起易挥发化合物的损失，或导致有机物的分解及增加副反应，为了除去过剩的热量，也需要冷却。此外，为了减少固体化合物在溶剂中的溶解度，使其易于析出结晶，常需要冷却。

将反应物冷却的最简单的方法，就是将盛有反应物的容器浸入冷水中冷却。有些反应必须在低温下进行，这时最常用的冷却剂是冰或冰和水的混合物，后者由于能和器壁接触得更好，冷却的效果要比单用冰好。如果有水存在不妨碍反应的进行，也可以把冰块投入反应物中，这样可以更有效地保持低温。

若需要把反应混合物冷却到 0℃以下，可用食盐和碎冰的混合物，一份食盐与三份碎冰的混合物，温度可降至－5～－18℃，食盐投入冰内时碎冰易结块，故最好边加边搅拌。冰与六水合氯化钙结晶（$CaCl_2 \cdot 6H_2O$）的混合物，如 10 份六水合氯化钙结晶与 7～8 份碎冰均匀混合，可达到－20～－40℃。

液氨也是常用的冷却剂，温度可达－33℃。由于氨分子间的氢键，氨的挥发速率并不是很快。

将干冰（固体二氧化碳）与适当的有机溶剂混合时，可得到更低的温度，如与乙醇或丙酮的混合物可达到－78℃。

液氮可冷至－188℃，购买和使用都很方便，使用时注意不要被冻伤。

液氮和干冰（或干冰-丙酮溶液）应盛放于保温瓶（也称杜瓦瓶）或其他绝热较好的容器中，上口用铝箔覆盖，以减少挥发，防止降低制冷效率。如有机物需长时间保持低温，应使用电冰箱。置于冰箱内的容器需加盖塞子，贴好标签，以防水汽进入或有机物泄漏。

在使用温度低于－38℃的冷浴时不能用水银温度计，因水银在－38.87℃时会凝固，需用以乙醇、正戊烷等制成的低温温度计。因有机液体传热较差，这类温度计达到平衡的时间较水银温度计长。

2.6.4 干燥和干燥剂

干燥是除去固体、液体或气体内少量水分的方法，是有机实验中最普通、最常用的一项操作。制备实验中经常会遇到试剂、溶剂和产品的干燥问题。有机化合物在进行波谱分析或定性定量分析及物理常数的鉴定之前，都必须使它完全干燥，否则将影响结果的准确性。液体有机物蒸馏前先行干燥，可以使前馏分大大减少，提高纯度，有时是为了破坏某些有机物与水生成的共沸混合物。此外，许多有机反应需要在无水条件下进行，不但所用的试剂和溶剂需要干燥，而且要防止空气中的潮气侵入反应器。因此干燥在有机实验中具有十分重要的意义。

2.6.4.1 基本原理

干燥方法大致可分为物理法和化学法两种。

物理法有吸附、分馏、利用共沸蒸馏将水分带走等方法。近年还常用离子交换树脂和分筛等进行脱水干燥。离子交换树脂是一种不溶于水、酸、碱和有机物的高分子聚合物。如苯磺酸钾型阳离子交换树脂是由苯乙烯和二乙烯基苯共聚后经磺化、中和等处理后得到的细圆珠状粒子，内有很多空隙，可以吸附水分子。如果将其加热至150℃以上，被吸附的水分子又将释出。分子筛是多孔硅铝酸盐的晶体，晶体内部有许多孔径大小均一的孔道和占本身体积一半左右的许多孔穴，它允许小的分子“躲”进去，从而达到将不同大小的分子“筛分”的目的。例如，4A型分子筛是一种硅铝酸钠［$NaAl(SiO_3)_2$］，微孔的表观直径约为4.2Å（1Å$=10^{-10}$m），能吸附直径4Å的分子。5A型的是硅铝酸钙钠［$Na_2SiO_3 \cdot CaSiO_3 \cdot Al_2(SiO_3)_3$］，微孔表观直径为5Å，能吸附直径为5Å的分子（水分子的直径为3Å，最小的有机分子CH_4的直径为4.9Å）。吸附水分子后的分子筛可经加热至350℃以上进行解吸后重新使用。

化学法是以干燥剂来进行去水，其去水作用又可分为两类：①能与水可逆地结合生成水合物，如氯化钙、硫酸镁等；②与水发生不可逆的化学反应而生成一个新的化合物，如金属钠、五氧化二磷。目前实验室中应用最广泛的是第一类干燥剂。

应用干燥剂应注意几个问题：

① 因为是可逆反应，形成的水合物根据其组成在一定温度下保持恒定的蒸气压。如25℃时硫酸镁水合物平衡时的蒸气压为0.13kPa，与被干燥的液体和干燥剂的相对量无关。无论加入多少硫酸镁，在室温下所能达到的蒸气压不变，所以不可能将水完全除尽，故干燥剂的加入量要适当，一般为5%左右。

② 干燥剂只适用于干燥含有少量水的液体有机化合物，如果含大量水，必须在干燥前设法除去。

③ 温度升高使平衡向脱水方向移动，所以在蒸馏前，必须将干燥剂滤除。

④ 干燥剂形成水合物达到平衡需要一定时间，因此，加入干燥剂后，最少要放置1～2h或者更长时间。

2.6.4.2 液体有机化合物的干燥

（1）干燥剂的选择　液体有机化合物的干燥，通常是用干燥剂直接与其接触，因而所用的干燥剂必须不与该物质发生化学反应或催化作用，不溶解于该液体中。例如酸性物质不能用碱性干燥剂，而碱性物质则不能用酸性干燥剂。有的干燥剂能与某些被干燥的物质生成配合物，如氯化钙易与醇类、胺类形成配合物，因而不能用来干燥这些液体。强碱性干燥剂如氧化钙、氢氧化钠能催化某些醛类或酮类发生缩合、自动氧化等反应，也能使酯类或酰胺类发生水解反应。氢氧化钾（钠）还能显著地溶解于低级醇中。

在使用干燥剂时，还要考虑干燥剂的吸水容量和干燥效能。吸水容量是指单位质量干燥剂所吸收的水量；干燥效能是指达到平衡时液体干燥的程度。对于形成水合物的无机盐干燥剂，常用吸水后结晶水的蒸气压来表示其干燥效能。例如，硫酸钠形成10个结晶水的水合物，其吸水容量达1.25。氯化钙最多能形成6个结晶水的水合物，其吸水容量为0.97。两者在25℃时水蒸气压分别为0.26kPa及0.04kPa。因此，硫酸钠的吸水量较大，但干燥效能弱，而氯化钙的吸水量较小但干燥效能强。所以在干燥含水量较多而又不易干燥的（含有亲水性基团）化合物时，常先用吸水量较大的干燥剂，除去大部分水分，然后再用干燥效能强的干燥剂干燥。通常第二类干燥剂的干燥效能较第一类为高，但吸水量较小，所以都是用第一类干燥剂干燥后，再用第二类干燥剂除去残留的微量水分。只是在需要彻底干燥的情况下才使用第二类干燥剂。

此外，选择干燥剂还要考虑干燥速度和价格，常用干燥剂的性能与应用范围见表2-7。

表 2-7　常用干燥剂的性能与应用范围

干燥剂	吸水作用	吸水容量	干燥效能	干燥速度	应用范围
氯化钙	形成 $CaCl_2 \cdot nH_2O$ $n=1,2,4,6$	0.97 (按 $CaCl_2 \cdot 6H_2O$ 计)	中等	较快，但吸水后表面被薄层液体所盖，故放置时间要长些	能与醇、酚、胺、酰胺及某些醛、酮形成配合物，因而不能用来干燥这些化合物。工业品中可能含有氢氧化钙和碱或氧化钙，故不能用来干燥酸类
硫酸镁	形成 $MgSO_4 \cdot nH_2O$ $n=1,2,4,5,6,7$	1.05 (按 $MgSO_4 \cdot 7H_2O$ 计)	较弱	较快	中性，应用范围广，可代替 $CaCl_2$，并可用以干燥酯、醛、酮
硫酸钠	$Na_2SO_4 \cdot 10H_2O$	1.25	弱	缓慢	中性，一般用于有机液体的初步干燥
硫酸钙	$CaSO_4 \cdot H_2O$	0.06	强	快	中性，常与硫酸镁(钠)配合，作最后干燥之用
碳酸钾	$K_2CO_3 \cdot \frac{1}{2}H_2O$	0.2	较弱	慢	弱碱性，用于干燥醇、酮、酯、胺及杂环等碱性化合物，不适于酸、酚及其他酸性化合物
氢氧化钾(钠)	溶于水	—	中等	快	碱性，用于干燥胺、杂环等碱性化合物，不能用于干燥醇、酯、醛、酮、酸、酚等
金属钠	$Na+H_2O \longrightarrow NaOH+\frac{1}{2}H_2\uparrow$	—	强	快	限于干燥醚、烃类中痕量水分。用时切成小块或压成钠丝
氧化钙	$CaO+H_2O \longrightarrow Ca(OH)_2$	—	强	较快	适于干燥低级醇类
五氧化二磷	$P_2O_5+3H_2O \longrightarrow 2H_3PO_4$	—	强	快，但吸水后表面被黏浆液覆盖，操作不便	适于干燥醚、烃、卤代烃、腈等中的痕量水分。不适用于醇、酸、胺、酮等
分子筛	物理吸附	约 0.25	强	快	适用于各类有机化合物的干燥

(2) 干燥剂的用量　以最常用的乙醚和苯两种溶液作为例子。水在乙醚中的溶解度于室温时约为 1%～1.5%，如用无水氯化钙来干燥 100mL 含水的乙醚，假定无水氯化钙全部转变成为六水合物，这时的吸水容量是 0.97，即 1g 无水氯化钙大约可吸去 0.97g 水，因此无水氯化钙的理论用量至少要 1g。但实际上用量远较 1g 为多，这是因为萃取时，在乙醚层中的水分不可能完全分净，其中还有悬浮的微细水滴。另外达到高水合物需要的时间很长，往往不能达到它应有的吸水容量。因而干燥剂的实际用量是大大过量的。例如，100mL 含水乙醚常需用 7～10g 无水氯化钙。水在苯中的溶解度极小(约 0.05%)，理论上讲只需要很小量的干燥剂，由于上述的一些原因，实际用量还是比较多的，但可少于干燥乙醚时的用量。干燥其他的液体有机物时，可从溶解度手册查出水在其中的溶解度(若不能查到水的溶解度，则可从它在水中的溶解度来推测，难溶于水者，水在它里面的溶解度也不会大)，或根据它的结构(在极性有机物中水的溶解度较大，有机分子中若含有能与氧原子配位的基团时，水的溶解度亦大)来估计干燥剂的用量。一般对于含亲水性基团的化合物(如醇、醚、胺等)，所用的干燥剂要过量多些。由于干燥剂也能吸附一部分液体，所以要严格控制干燥

剂的用量。必要时，宁可先加入一些吸水量大的干燥剂干燥，过滤后再用干燥效能较强的干燥剂。一般干燥剂的用量为每 10mL 液体约需 0.5～1g，但由于液体中的水分含量不等，干燥剂的质量、颗粒大小和干燥时的温度等不同以及干燥剂也可能吸收一些副产物（如氯化钙吸收醇）等诸多原因，因此很难规定具体的数量。操作者应细心地积累这方面的经验，仔细观察被干燥的液体，如原先浑浊的液体加入干燥剂放置后，呈清澈透明状，表明干燥已基本合格。有时干燥后由浑浊变为澄清，并不一定说明它不含水分，澄清与否和水在该化合物中的溶解度有关。也可以观察干燥剂的形态，如放置后，大部分干燥剂棱角清楚分明，摇动时旋转并悬浮，表明用量已足够。

各类有机物常用的干燥剂见表 2-8。

表 2-8　各类有机物常用的干燥剂

化合物类型	干燥剂
烃	$CaCl_2$、P_2O_5
卤代烃	$CaCl_2$、$MgSO_4$、Na_2SO_4、P_2O_5
醇	K_2CO_3、$MgSO_4$、Na_2SO_4、CaO
醚	$CaCl_2$、P_2O_5
醛	$MgSO_4$、Na_2SO_4
酮	K_2CO_3、$CaCl_2$、$MgSO_4$、Na_2SO_4
酸、酚	$MgSO_4$、Na_2SO_4
酯	$MgSO_4$、$NaOH$、K_2CO_3
胺	KOH、$NaOH$、K_2CO_3、CaO
硝基化合物	$CaCl_2$、$MgSO_4$、Na_2SO_4

（3）实验操作　干燥前应将被干燥液体中的水分尽可能分离干净。宁可损失一些有机物，也不应有任何可见的水层。将该液体置于锥形瓶中，取适量的干燥剂小心加入液体中（见图 2-46）。干燥剂颗粒大小要适宜，太大时因表面积小吸水很慢，且干燥剂内部不起作用，太小时则因表面积太大不易过滤，吸附有机物甚多。加上塞子，振摇片刻。如果发现干燥剂附着瓶壁，互相黏结，通常是表示干燥剂不够，应继续添加；如果在有机液体中存在较多的水分，这时常常可能出现少量的水层（例如在用氯化钙干燥时），必须将此水层用分液漏斗分去或用吸管将水层吸去，再加入一些新的干燥剂，放置一段时间（至少 30min，最好放置过夜），并时时加以振摇。然后将已干燥的液体通过置有折叠滤纸或一小团脱脂棉的漏斗直接滤入烧瓶中（见图 2-47），进行蒸馏。对于某些干燥剂，如金属钠、生石灰、五氧化二磷等，由于它们和水反应后生成比较稳定的产物，有时可不必过滤而直接进行蒸馏。

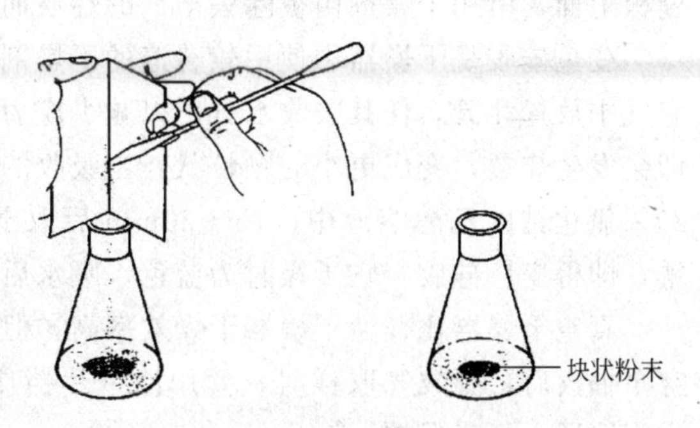

图 2-46　向溶液中加入干燥剂

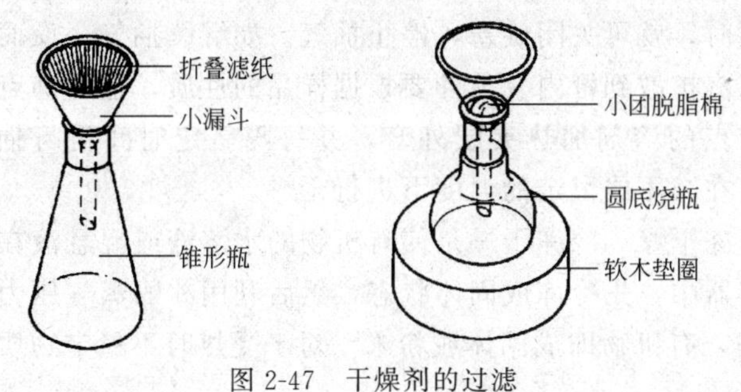

图 2-47　干燥剂的过滤

（4）共沸干燥法　许多溶剂能与水形成共沸混合物，共沸点低于溶剂本身沸点，因此当共沸混合物蒸完，剩下的就是无水溶剂。显然，这些溶剂不需要加干燥剂干燥。如工业乙醇通过简单蒸馏只能得到95.5%的乙醇。即使用最好的分馏柱，也无法得到无水乙醇。为了将乙醇中的水分完全除去，可在乙醇中加入适量苯进行共沸蒸馏。先蒸出的是苯-水-乙醇共沸混合物（沸点65℃），然后是苯-乙醇混合物（沸点68℃），残余物继续蒸出即为无水乙醇。

共沸干燥法也可用来除去反应时生成的水。如羧酸与乙醇的酯化过程中，为了提高酯的产率，可加入苯，使反应所生成的水-苯-乙醇形成三元共沸混合物而蒸馏出来。

2.6.4.3 固体物质的干燥

（1）晾干　将待干燥的固体放在表面皿上或培养皿中，尽量平铺成一薄层，再用滤纸或培养皿覆盖上，以免灰尘沾污，然后在室温下放置直到干燥为止。这对于低沸点溶剂的除去是既经济又方便的方法。

（2）红外灯干燥　固体中如含有不易挥发的溶剂时，为了加速烘烤，常用红外灯烘烤。干燥的温度应低于晶体的熔点，干燥时旁边可放一支温度计，以便控制温度。要随时翻动固体，防止结块。但对于常压下易升华或热稳定性差的结晶不能用红外灯干燥。红外灯可用可调变压器来调节温度，使用时温度不要调得过高，严防水滴溅在灯泡上而发生炸裂。

（3）烘箱干燥　烘箱用来干燥无腐蚀、无挥发性、加热不分解的物品，切忌将挥发、易燃、易爆物放在烘箱内烘烤，以免发生危险。

（4）干燥器干燥　普通干燥器一般适用于保存易潮解或升华的样品。但干燥效率不高，所费时间较长。干燥剂通常放在多孔瓷板下面，待干燥的样品用表面皿或培养皿装盛，置于瓷板上面，所用干燥剂由被除去溶剂的性质而定。

变色硅胶是干燥器中使用较普遍的干燥剂，其制备方法是：将无色硅胶平铺在盘中，在空气中放置几天，任其吸收水分，以减少应力。如果部分干燥的硅胶有内应力，浸入溶液中即会发生炸裂，变成更小的颗粒状。当吸收的水分使它的质量增加了原质量的1/5时，浸入20%氯化钴的乙醇溶液中，15～30min后取出晾干，再置于250～300℃的烘箱中活化至恒重，即得变色硅胶。它干燥时为蓝色，吸水后变成红色，烘干后可再使用。

真空干燥器比普通干燥器干燥效率高，但这种干燥器不适用于易升华物质的干燥。用真空泵抽气后，要放气取样时，要用滤纸片挡住入口，防止冲散样品。放对于空气敏感的物质，可通入氮气保护。

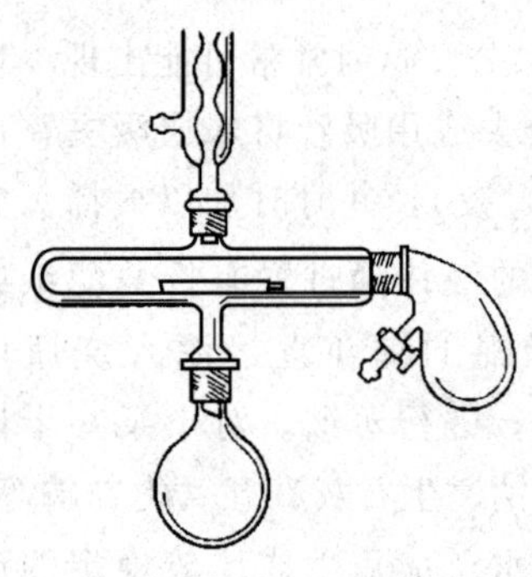
图 2-48　真空恒温干燥器

干燥枪，又称真空恒温干燥器（见图2-48），干燥效率很高，可除去结晶水或结晶醇，常常用于元素定量分析样品的干燥。使用时将装有样品的小试管或小舟放入夹层内，曲颈瓶内放置五氧化二磷，并混杂一些玻璃棉。用水泵（或油泵）抽到一定真空度时，就可关闭旋塞，停止抽气。如继续抽气，反而有可能使水汽扩散到枪内。另外要根据样品的性质，选用沸点低于样品熔点的溶剂加热夹层外套，并每隔一定时间再行抽气，使样品在减压或恒定的温度下进行干燥。

（5）冷冻干燥　冷冻干燥是使有机物的水溶液或混悬液在高真空的容器中，先冷冻成固体状态，然后利用冰的蒸气压力较高的性质，使水分从冰冻的体系中升华，有机物即成固体或粉末。对于受热时不稳定物质的干燥，该方法特别适用。

2.6.4.4 气体的干燥

有气体参加反应时，常常将气体发生器或钢瓶中气体通过干燥剂干燥。固体干燥剂一般装在干燥管、干燥塔或大的U形管内，液体干燥剂则装在各种形式的洗气瓶内。要根据被干燥气体的性质、用量、潮湿程度以及反应条件，选择不同的干燥剂和仪器，干燥气体常用的干燥剂见表2-9。

表 2-9 用于气体干燥的常用干燥剂

干 燥 剂	可干燥的气体
CaO、碱石灰、NaOH、KOH	NH_3 类
无水 $CaCl_2$	H_2、O_2、N_2、HCl、CO_2、CO、SO_2、烷烃、烯烃、氯代烃、乙醚
P_2O_5	低级烷烃、醚、烯烃、卤代烃
浓 H_2SO_4	H_2、N_2、CO_2、Cl_2、HCl、烷烃
$CaBr_2$、$ZnBr_2$	HBr

用无水氯化钙干燥气体时，切勿用细粉末，以免吸潮后结块堵塞。如用浓硫酸干燥，酸的用量要适当，并控制好通入气体的速度。为了防止发生倒吸，在洗气瓶与反应瓶之间应连接安全瓶。

用干燥塔进行干燥时，为了防止干燥剂在干燥过程中结块，那些不能保持其固有形态的干燥剂（如五氧化二磷）应与载体（如石棉绳、玻璃纤维、浮石等）混合使用。低沸点的气体可通过冷阱将其中的水或其他可凝性杂质冷冻而除去，从而获得干燥的气体。固体二氧化碳与甲醇组成的体系或液态空气都可作为冷却阱的冷冻液。

为了防止大气中的水汽侵入，有特殊干燥要求的开口反应装置可加干燥管，进行空气的干燥。

2.6.5 重量分析的基本操作

2.6.5.1 沉淀的制备

准备好干净的烧杯，杯的底部与内壁不应有纹痕。配上合适的玻璃棒与表面皿，按下列规程进行沉淀操作：

① 准确称量一定量的试样，处理成为溶液。以过量10%～50%的比例计算出沉淀剂的实际用量。

② 制备晶形沉淀时，为了获得颗粒粗大的晶形沉淀，应将试样溶液适当地稀释并加热。左手拿滴管慢慢地滴加沉淀剂，滴管口要接近液面，以免溶液溅出。右手拿搅拌棒，边滴边充分地搅拌，防止沉淀剂局部过浓。

③ 对于非晶形沉淀，要用浓的沉淀剂，快速加入热的试液中，同时搅拌，这样就容易得到紧密的沉淀。

④ 加完沉淀剂后，检查沉淀是否完全。为此，将溶液放置片刻，待溶液完全清晰透明时，用滴管滴加一滴沉淀剂，观察滴落处是否出现浑浊。如出现浑浊，则补加沉淀剂，直至再加一滴不出现浑浊为止，再盖上表面皿。注意：玻璃棒要一直放在烧杯内，直至沉淀、过滤、洗涤结束后才能取出。

⑤ 沉淀操作结束后，对晶形沉淀，可放置过夜，或将沉淀连同溶液加热一定时间，进行陈化，再过滤。对非晶形沉淀，只需静置数分钟，让沉淀下沉即可过滤，不必放置陈化。

2.6.5.2 沉淀的过滤和洗涤

沉淀的过滤和洗涤必须连续进行，不能间隔，否则沉淀干涸就无法洗净。对于需要灼烧称重的沉淀，应使用无灰定量滤纸（灼烧后灰分的质量可忽略不计）过滤；需要烘干称重的沉淀，应采用微孔玻璃坩埚过滤。一般可采用滤纸。

（1）滤纸的选择　定量滤纸又称无灰滤纸（每张灰分在 0.1mg 以下或准确已知）。由沉淀量和沉淀的性质决定选用大小和致密程度不同的快速、中速和慢速滤纸。晶形沉淀多用致密滤纸过滤，蓬松的无定形沉淀要用较大的疏松的滤纸。由滤纸的大小选择合适的漏斗，放入的滤纸应比漏斗沿低约 0.5～1cm。

（2）滤纸的折叠和安放　如图 2-49 所示：先将滤纸沿直径对折成半圆［见图 2-49(a)］，再根据漏斗的角度的大小折叠［可大于 90°，见图 2-49(b)］。折好的滤纸，一个半边为三层，另一个半边为单层，为使滤纸三层部分紧贴漏斗内壁，可将滤纸的上角撕下［见图 2-49(c)］，并留作擦拭沉淀用。滤纸放入漏斗后，一手按住滤纸三层一边，一手用洗瓶将滤纸润湿。用手指堵住漏斗下口，稍稍掀起滤纸的一边，向滤纸和漏斗之间的缝隙注水，直到漏斗颈及锥体的一部分被水充满，轻压滤纸排除气泡，然后缓缓放松下面堵住漏斗口的手，同时用手指轻按滤纸，使之下沉并贴紧漏斗无气泡，此时水柱则可形成。如果滤纸中的水流尽后水柱不能保持，说明滤纸与漏斗没有完全密合，应进一步按紧滤纸，或者换滤纸重做一次水柱。在过滤和洗涤过程中，借水柱的抽吸作用可使滤速明显加快。注意：在做水柱的过程中，切勿用力按压滤纸，以免使滤纸变薄或破裂而在过滤时造成穿滤。将准备好的漏斗放在漏斗架上之后，下面放一干净烧杯承接滤液，以备发生穿滤时进行补救。漏斗颈靠近杯壁（为了防止水柱消失，不要靠紧），滤液沿壁流下可避免冲溅。漏斗位置的高低，以过滤过程中漏斗的流液口不接触滤液为宜。

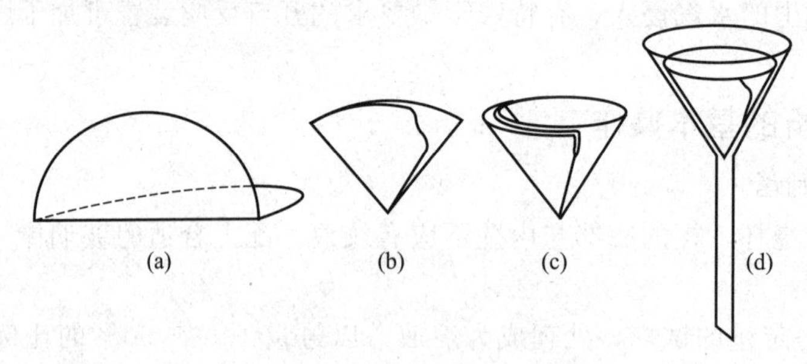

图 2-49　滤纸的折叠和安放

图 2-50　倾泻法

（3）沉淀的常压过滤和洗涤　过滤和洗涤沉淀一般是用倾泻法，见图 2-50。倾泻时，溶液应沿着一支玻璃棒（立于滤纸三层的上方）流入漏斗中，玻璃棒勿接触滤纸。拿起盛沉淀的烧杯，使杯嘴贴着玻璃棒，缓慢地将烧杯倾斜，尽量不搅起沉淀，将上层清液缓慢地沿玻璃棒倾入漏斗中。注意液面高度应低于滤纸 2～3mm，以免少量沉淀因毛细作用超过滤纸上缘，造成损失。停止倾倒时要使烧杯沿玻璃棒上提 1～2cm，同时，逐渐扶正烧杯，再离开玻璃棒。此过程中应保持玻璃棒直立不动，绝不能让杯嘴离开玻璃棒，以防液滴沿烧杯嘴外壁流失。烧杯离开玻璃棒后，将玻璃棒放回烧杯，但勿靠在杯嘴处。

用洗瓶或滴管加水或洗涤液，从上到下旋转冲洗杯壁，每次用 15mL 左右，然后用搅拌棒搅起沉淀以充分洗涤，再将烧杯斜放在白瓷砖边缘，使沉淀下沉并集中在烧杯一侧（图 2-51），这样易将上层清液倒出。澄清后再按前述方法过滤清液。洗涤的次数要视沉淀的性质及杂质的含量而定。一般晶形沉淀洗 2～3 次，非晶形沉淀洗 5～6 次。洗涤应遵循“少量多次”的原则，即总体积相同的洗涤液应尽可能分多次洗涤，每次用量要少，而且每次加入洗涤液前应使前一次的洗涤液尽量流尽。

（4）沉淀的转移及滤纸上沉淀的洗涤　为了把沉淀全部转移到滤纸上，先用洗涤液将沉淀搅起，将悬浮液转移到滤纸上，这一步不能使沉淀损失。然后用洗瓶水冲下杯壁和玻璃棒上的沉淀，再行转移。这样操作几次基本上就可以把沉淀完全转移至漏斗中。剩下极少量的沉淀，可以将烧杯向下倾斜着拿在漏斗上方，烧杯嘴向着漏斗，将玻璃棒横架在烧杯口上，下端对着滤纸三层部位，用洗瓶的水从上到下冲洗杯壁（图 2-52），边冲边流入漏斗，注意防止漏斗中滤液充满。加热陈化过程往往会使一些细小沉淀沾在烧杯壁上而用水冲不下来，可用折叠滤纸时撕下的纸角，将其放入烧杯壁的中上部位，用水润湿后先擦拭玻璃棒上的沉淀，再用玻璃棒按住此纸片自上而下旋转着擦壁上和杯底的沉淀，然后将此纸片放入漏斗中。

在滤纸上洗涤沉淀，主要目的是洗去杂质和残留液，并将沾在滤纸上部的沉淀冲洗至下部。使洗瓶中的水从滤纸的多层边缘开始冲洗，螺旋式地往下移动，最后到多层部分停止（图 2-53）。洗涤沉淀时，要注意遵循“少量多次”的原则。这样既可将沉淀洗净，又尽可能地降低沉淀的溶解损失。还需注意的是，过滤与洗涤必须相继进行，不能间断，否则沉淀干涸了就无法洗净。洗涤数次以后，用洁净的表面皿接取约 1mL 滤液，选择灵敏的定性反应来检验沉淀是否洗净（注意，接取滤液时勿使漏斗下端触及下面烧杯中的滤液）。

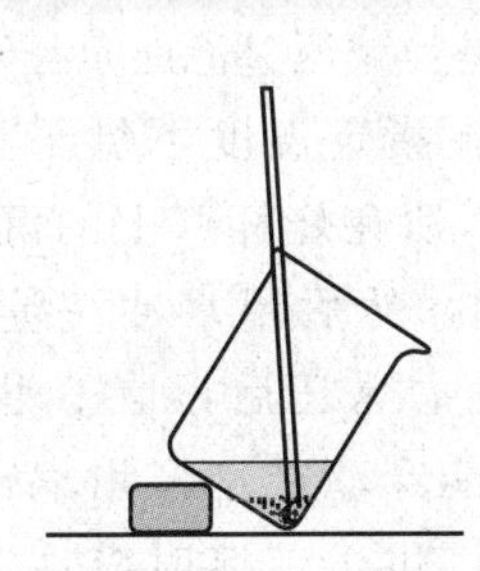
图 2-51　沉淀的倾泻

图 2-52　沉淀转移操作

图 2-53　在滤纸上洗涤沉淀

此外，还常对沉淀进行减压过滤，具体操作见 3.1.2 内容。

2.6.5.3　沉淀的灼烧和恒重

（1）坩埚的准备　先将坩埚用自来水洗去污物，再于热盐酸中浸泡 10min 以上。依次用自来水和蒸馏水涮洗干净，放在洁净的表面皿上，置于电热恒温干燥箱中烘干。烘干后的坩埚只能用坩埚钳放在干净的表面皿、白瓷板或泥三角上，以免弄脏。使用坩埚时必须预先在与灼烧沉淀时相同的条件下将空坩埚灼烧至恒重（因为灼烧会引起坩埚瓷釉组分的铁发生氧化而增重，某些其他组分被烧失而减重）。灼热的坩埚放进干燥器后，先不要完全盖严，留一小缝（约 2mm 宽即可，切不可留缝太大），让膨胀的气体逸出，约 1min 后盖严。在冷却过程中可开启两次干燥器盖。坩埚应在天平室内冷却到室温。空坩埚与有沉淀的坩埚，每次进行冷却的条件必须基本相同。灼烧过的坩埚冷却到室温后易吸潮，必须快速称量。然后按上述方法再灼烧、冷却、称量，直到恒重（连续两次称得质量之差在0.4mg以内）。

（2）沉淀的包裹　沉淀全部转移到滤纸上后，用搅拌棒将滤纸三层部分挑起两处，然后用洗净的拇指和食指从翘起的滤纸下将其取出。手指不要接触沉淀，包裹沉淀时不应把滤纸完全打开。若是晶形沉淀，应包得稍紧些，但不能用手指挤压沉淀。最后用不接触沉淀的那部分滤纸将漏斗内壁轻轻擦一下，把滤纸包的三层部分朝上放入已恒重的坩埚中。若包裹胶状蓬松的沉淀，可在漏斗中用搅拌棒将滤纸周边向内折，把锥体的开口封住，然后取出，倒过来尖朝上放入坩埚中。

（3）沉淀的灼烧　将放有沉淀的坩埚倾斜地架在泥三角上，其埚底枕在泥三角的一个横边上，然后把坩埚盖半掩着倚于坩埚口，这样会使火焰热气反射，有利于滤纸的烘干和炭化。先用小火来回扫过坩埚，使其均匀而缓慢地受热，以避免坩埚因骤热而破裂。然后将天然气灯置于坩埚盖中心之下，利用反射焰将滤纸和沉淀烘干（要防止加热太猛引起沉淀的迸溅）。当滤纸被烘干后即开始冒烟，这时要防止着火，否则微小的沉淀颗粒可能飞溅损失。如果着火，立即用坩埚钳把坩埚盖轻轻盖住，火焰就会熄灭（千万不能用嘴去吹）。

滤纸全部炭化以后，掀起坩埚盖，放在白瓷板上，将天然气灯置于坩埚底部，逐渐加强火力，并使氧化焰包住坩埚，烧至红热，以便把炭完全烧掉，这一过程叫作灰化。炭黑基本消失，沉淀现出本色以后，稍稍转动坩埚，使沉淀在坩埚底轻轻翻动，借此可把沉淀各部分烧透，把包裹住的滤纸残片烧光，并把坩埚壁上的炭黑烧掉。把坩埚直立，用强火灼烧一定时间后停火。让坩埚在泥三角上稍冷（30s），再放到干燥器中冷却，称量。称量方法基本上与称空坩埚时相同，要求连续两次称量的结果相差在0.4mg以内为恒重。

（4）使用玻璃坩埚的操作　对于一些可以进行烘干的沉淀，应该用玻璃坩埚进行过滤。沉淀的过滤、洗涤和转移的操作与用滤纸过滤基本相同。所不同的是：减压过滤时负压不必很大，水泵或电动循环水泵均可。先由抽滤法将玻璃坩埚洗净，在指定温度下烘干至恒重。过滤时应先减压后倾倒溶液，操作要一直在抽滤情况下进行。沾在烧杯壁上的沉淀，不可用滤纸去擦，只能用淀帚（即玻璃棒下端套一段乳胶管）扫，然后用水冲洗淀帚，继续将烧杯中的沉淀冲洗至坩埚中。停止过滤时应先从安全瓶放气，常压后再取下坩埚，关闭水泵。细微并呈现浆状的沉淀不能用玻璃坩埚过滤，因其可能穿滤或堵塞坩埚砂板的细孔。装有沉淀的坩埚应在与空坩埚相同的条件下烘干至恒重。烘干沉淀时应注意烘箱温度的控制，一般应保持在指定温度的±5℃范围内。注意：防止烘箱内有污物对玻璃坩埚造成沾污。

2.6.6 化合物物理常数测定

2.6.6.1 有机物熔点测定及温度计校正

（1）基本原理　熔点是在一个大气压下固体化合物固相与液相平衡时的温度。这时固相和液相的蒸气压相等。每种纯固体有机物，一般都有一个固定的熔点，即在一定压力下，从初熔到全熔（这一范围称为熔程），温度不超过0.5～1℃。当化合物中混有杂质时，熔程加长，熔点降低。当测得一未知物的熔点同已知某物质熔点相同或相近时，可将该已知物与未知物混合，测量混合物的熔点，至少要按1∶9、1∶1、9∶1这三种比例混合。若它们是相同化合物，则熔点值不降低；若是不同的化合物，则熔程加长，熔点值下降（少数情况下熔点值上升）。

因此，熔点测定常用于鉴定固体有机物并作为检验该化合物纯度的一个指标。

（2）测定熔点的方法

① 毛细管法　熔点管是内径1～2mm，长4～5cm一端封闭的毛细管。

首先把试样装入熔点管中。将干燥的粉末状试样在表面皿上堆成小堆，将熔点管的开口端插入试样中，装取少量粉末。然后把熔点管放入桌面竖立的玻璃管（管长30cm左右）内，让熔点管在桌面上自由落下（熔点管的下落方向必须与桌面垂直，否则熔点管极易折断），使样品粉末紧密堆积在毛细管底部。这样重复取样品几次。为使测定结果准确，样品一定要研得极细，填充要均匀且紧密。

这里简单介绍用提勒（Thiele）管（又称b形管）测定熔点的方法，如图2-54所示。

载热体又称为浴液，可根据所测物质的熔点选择。一般用液体石蜡、硫酸、硅油等。

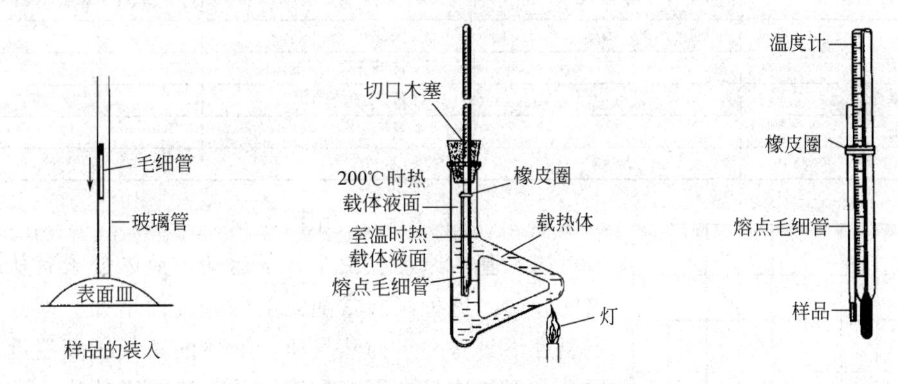

图2-54　毛细管法测定熔点的装置

毛细管中的样品应位于温度计水银球的中部，可用橡皮圈捆好贴实（橡皮圈不要浸入浴液中），用有缺口的木塞作支撑套入温度计放到提勒管中，并使水银球处在提勒管的两岔口之间。

在图2-54所示位置加热。载热体被加热后在管内呈对流循环，使温度变化比较均匀。

在测定已知熔点的样品时，可先以较快速度加热，在距离熔点15～20℃时，应以每分钟1～2℃的速度加热，直到测出熔程。在测定未知熔点的样品时，应先粗测熔点范围，再如上述方法细测。测定时，应观察和记录样品开始塌落并有液相产生时（初熔）和固体完全消失时（全溶）的温度读数，所得数据即为该物质的熔程。还要观察和记录在加热过程中是否有萎缩、变色、发泡、升华及炭化等现象，以供分析参考。

熔点测定至少要有两次重复数据，每次要用新毛细管重新装入样品。

② 显微熔点仪测定熔点(微量熔点测定法)　这类仪器型号较多，但共同特点是使用样品量少（2～3颗小结晶），可观察晶体在加热过程中的变化情况，能测量25～300℃样品的熔点，其具体操作为：在干净且干燥的载玻片上放微量晶粒并盖一片载玻片，放在加热台上。调节反光镜、物镜和目镜，使显微镜焦点对准样品，开启加热器，先快速后慢速加热，温度快升至熔点时，控制温度上升的速度为每分钟1～2℃，当样品结晶棱角开始变圆时，表示熔化已开始，结晶形状完全消失表示熔化已完成。可以看到样品变化的全过程，如结晶的失水、多晶的变化及分解。测毕停止加热，稍冷，用镊子拿走载玻片，将铝板盖放在加热台上，可快速冷却，以便再次测试或收存仪器。在使用这种仪器前必须仔细阅读使用指南，严格按操作规程进行。

③ 温度计校正　为了进行准确测量，一般从市场购来的温度计，在使用前需对其进行校正。校正温度计的方法有如下两种：

a. 比较法。选一支标准温度计与要进行校正的温度计在同一条件下测定温度。比较其所指示的温度值。

b. 定点法。选择数种已知准确熔点的标准样品（表 2-10），测定它们的熔点，以观察到的熔点（t_2）为纵坐标，以此熔点（t_2）与准确熔点（t_1）之差（Δt）作横坐标，如图 2-55 所示，从图中求得校正后的正确温度误差值，例如测得的温度为 100℃，则校正后应为 101.3℃。

表 2-10　一些标准样品的熔点

样品名称	熔点/℃	样品名称	熔点/℃
水-冰	0	水杨酸	159
对二氯苯	53	D-甘露醇	168
对二硝基苯	174	对苯二酚	173～174
邻苯二酚	105	尿素	132
苯甲酸	122	蒽	216

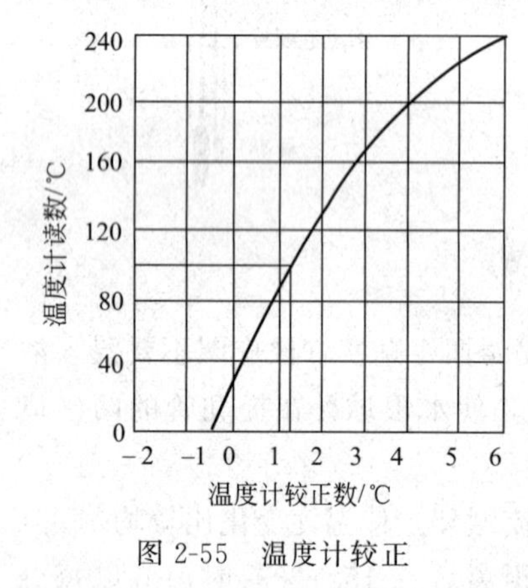

图 2-55　温度计较正

2.6.6.2 有机物沸点测定

（1）基本原理　由于分子运动，液体分子有从表面逸出的倾向。这种倾向常随温度的升高而增大。即液体在一定温度下具有一定的蒸气压，液体的蒸气压随温度升高而增大，而与体系中存在的液体及蒸气的绝对量无关。

从图 2-56 中可以看出，将液体加热时，其蒸气压随温度升高而不断增大。当液体的蒸气压增大至与外界施加给液面的总压力（通常是大气压力）相等时，就有大量气泡不断地从液体内部逸出，即液体沸腾。这时的温度称为该液体的沸点，显然液体的沸点与外界压力有关。外界压力不同，同一液体的沸点会发生变化。不过通常所说的沸点是指外界压力为一个大气压时的液体沸腾温度。

在一定压力下，纯的液体有机物具有固定的沸点。但当液体不纯时，则沸点有一个温度稳定范围，常称为沸程。

（2）沸点的测定方法　一般用于测定沸点的方法有两种：

① 常量法。即用蒸馏法来测定液体的沸点。

② 微量法。即利用沸点测定管来测定液体的沸点。沸点测定管由内管（长 4～5cm，内径 1mm）和外管（长 7～8cm，内径 5～4mm）两部分组成。内外管均为一端封闭的耐热毛细管，如图 2-57 所示。

测定方法：向外管中加入 2～3 滴被测液体，把内管口朝下插入液体中。装好温度计，置于浴液中进行加热（浴液与 b 形管测熔点的相似）。随着温度升高，管内的气体分子动能增大，表现出蒸气压增大。随着不断加热，液体分子的汽化加快，可以看到内管中有小气泡冒出。当温度达到比沸点稍高时就有一连串的气泡快速逸出，此时停止加热，使浴温自行下降。随着温度的下降，气泡逸出的速度渐渐减慢。在气泡不再冒出而液体刚刚要进入内管的瞬间（毛细管内蒸气压与外界相等时），此时的温度即为该液体的沸点，测定时加热要慢，外管中的液体量要足够多。重复操作几次，误差应小于1℃。

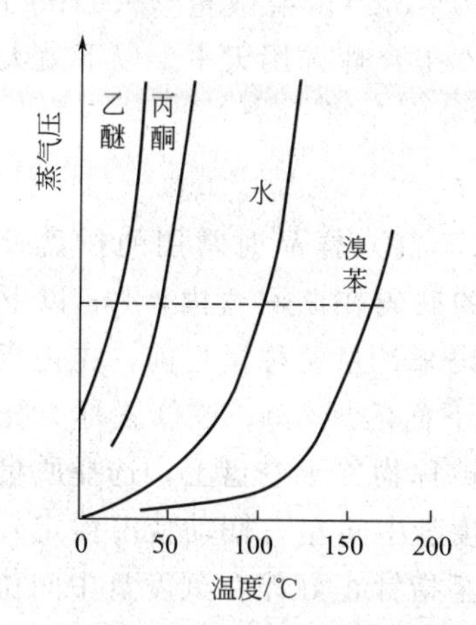

图 2-56　温度与蒸气压关系图

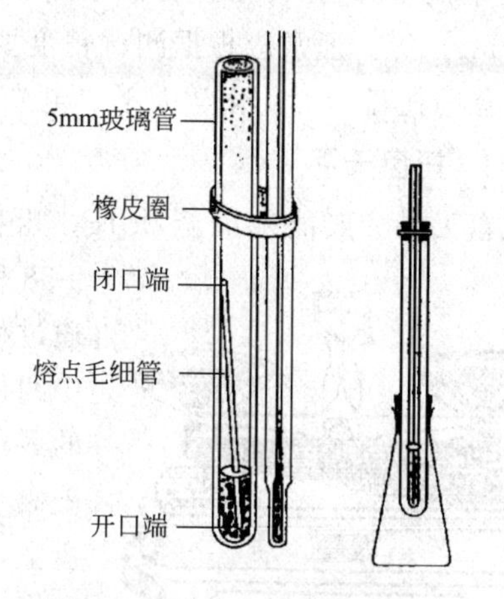

图 2-57　微量法测定沸点装置

2.6.6.3 比重计法测定溶液的相对密度

（1）比重计的基本原理　比重计利用阿基米德原理：漂浮的固体所受到的浮力等于它排开液体的重力；不同密度的等质量液体，相对密度越大的体积越小。所以相对密度越大，比重计浸入液体中的体积越小，比重计下沉的高度就越少。在低密度的液体，如煤油、汽油和酒精中，比重计将下沉得更深；在高密度的液体，如盐水、牛奶和酸中，比重计将下沉得浅些。

比重计通常用玻璃制作，上部是细长的玻璃管，玻璃管上标有刻度，下部较粗，里面放了汞或铅等重物，使它能够竖直地漂浮在液面上。测量时，将待测液体倒入一个较高的容器，再将比重计放入液体中。比重计下沉到一定高度后呈漂浮状态，能稳定地浮在液体中。当它受到任何摇动时，能自动地恢复成垂直的静止位置。此时液面的位置在玻璃管上所对应的刻度就是该液体的相对密度。

（2）使用方法

① 使用前必须将比重计清洗擦干。

② 经过清洗处理干净的比重计，手不能拿在分度的刻度线部分，必须用食指和拇指轻轻捏住顶端，并注意不能横拿，应垂直拿，以防折断。

③ 必须将盛放待测液体的容器清洗干净，以免影响读数。

④ 需要充分搅拌液体，待气泡消除后再将比重计轻轻漂浮于液体中。

⑤ 要看清比重计读数方法，除比重计内的小标志上标明“凹液面上沿读数”外，其他一律用“凹液面下沿”读数。

⑥ 液体温度与比重计标准温度不符时，其读数应予以校正。

⑦ 如发现分度值位置移动、玻璃破损、表面有污迹而无法擦净时，应立即停止使用。

2.7　常用测量仪器

2.7.1　称量仪器的使用

化学实验室中最常用的称量仪器是天平。天平的种类很多，根据天平的平衡原理，可分为杠杆式天平和电磁力式天平等；根据天平的使用目的，可分为分析天平和其他专用天平；根据天平的分度值大小，分析天平又可分为常量（0.1mg）、半微量（0.01mg）、微量（0.001mg）等。通常应根据测试精度要求和实验室条件来合理选用天平。以下就大学实验室中常见的托盘天平、化学天平、电光天平、电子天平等作介绍。

2.7.1.1 托盘天平

托盘天平一般能称准至0.1g。粗称（准确度要求不高）样品时常用的托盘天平如图2-58所示。10g以上的砝码在砝码盒内，10g以下的质量通过移动标尺上的游码来计量。称量之前，先把指针调至中间位置（调节托盘下面的螺丝），该位置称为托盘天平的零点。称量时，将被称物置于左盘上，选择质量合适的砝码（根据指针在刻度盘中间左右摆动情况而定）放在右盘上，再用游码调节至指针正好停在刻度盘中间位置，这时指针所停的位置为天平的停点（零点与停点之间允许偏差1小格以内）。读取此时的砝码加游码的质量，即为被称物的质量。托盘天平能迅速称量物体的质量，但准确度不高。

图2-58 托盘天平

注意事项：称量完毕时应将游码拨到“0”位处，砝码放回盒内。

2.7.1.2 化学天平

化学天平一般能称准至0.01g。普通化学天平如图2-59所示。使用前应先根据水准器6检查天平是否处于水平状态，调节天平水平状态，可用水平螺旋脚12（此步一般由实验室做），然后再检查天平横梁是否处于正常位置。

要启动天平横梁1，可用左手轻轻旋动升降旋钮11，指针4即来回摆动。如果天平正常，摆动是平稳的，且在标尺5两侧摆动刻度大致相等，停止摆动时指针应处于零点。否则，应在教师指导下调节平衡螺母7使天平平衡。调节时必须先将升降旋钮关闭，使天平休止。旋动调节螺母要小心谨慎，一次只微调一点，不可操之过急。

称量时应将砝码放在天平右侧托盘上，被称物放在左侧。可以粗略地估计一下被称物的质量，先加较大砝码，置于天平盘的中央，如砝码太重，休止天平后再换小一点的砝码，直至天平横梁启动后指针两边摆动刻度相差小于一格为止。称量必须准确至0.01g。称量完毕，关闭升降旋钮，使天平休止后取出被称物。

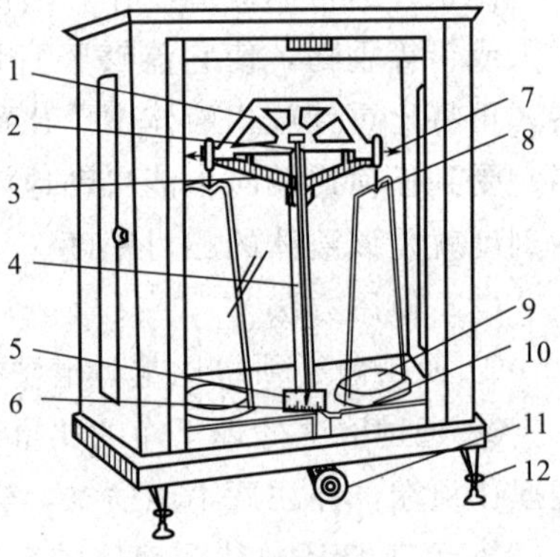

图2-59 普通化学天平

1—横梁；2—刀垫；3—支架；4—指针；5—标尺；6—水准器；7—平衡螺母；8—挂钩；9—秤盘；10—托盘；11—升降旋钮；12—水平螺旋脚

注意事项：天平处于休止状态时，方可调节螺母、夹取砝码或拿取称量物。加减砝码未平衡时，要轻轻启动天平，只要判断出指针偏转趋势即可，不要全打开。

2.7.1.3 电光天平

电光天平通常称作分析天平，能称准至0.1mg。根据加码方式的不同，分为半机械加码电光天平（图2-60）和全机械加码电光天平（图2-61）两种。

（1）构造

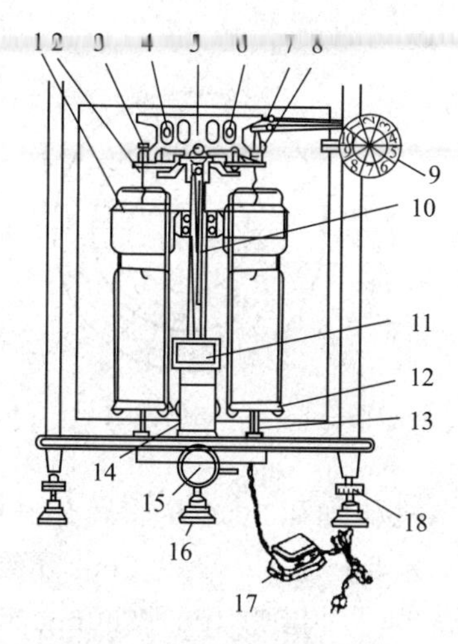

图 2-60　半机械加码电光天平

1—阻尼器；2—挂钩；3—吊耳；4，6—平衡螺丝；5—天平梁；7—环码钩；8—环码；9—指数盘；10—指针；11—投影屏；12—秤盘；13—盘托；14—光源；15—旋钮（升降枢）；16—垫脚；17—变压器；18—螺旋脚

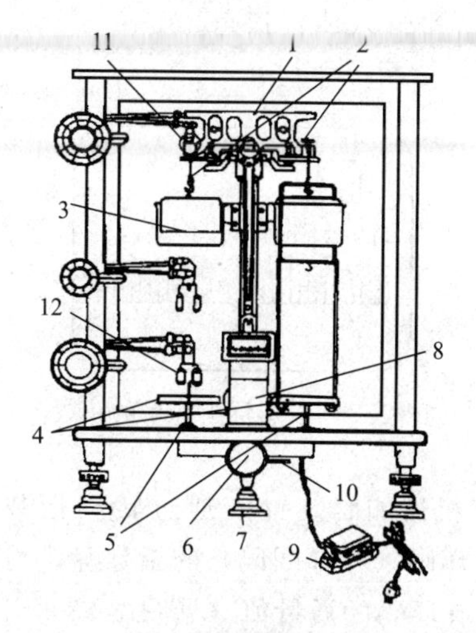

图 2-61　全机械加码电光天平

1—天平梁；2—吊耳；3—阻尼内筒；4—秤盘；5—盘托；6—旋钮（升降枢）；7—垫脚；8—光源；9—变压器；10—微动调节杆；11—环码（毫克组）；12—砝码（克组）

① 天平梁　天平横梁由铝铜合金制成。三个玛瑙刀等距离安装在梁上，中间的刀口向下，是天平横梁的支点，称为支点刀，用来支承天平梁；左右两边的刀口向上，支承着两个秤盘，称为承重刀。这三个刀口的棱边完全平行且位于同一平面上。梁的两端装有零点调节螺丝，用来调整横梁的平衡位置（即粗调零点），梁的中间装有垂直的指针，指示天平的平衡位置。支点刀的后上方装有重心调节螺丝，用以调整天平的灵敏度。

② 立柱　立柱安装在天平底板上正中位置。柱的中部装有空气阻尼器的外筒，柱的顶部中央嵌有一块玛瑙平板与支点刀口相接触。柱的上部两侧装有能升降的托梁架，关闭天平时它托住天平梁，使刀口与玛瑙平板脱离接触，以减少磨损。玛瑙刀口的角度和锋刃的完整程度直接影响天平的灵敏度和精密度，因此，要特别注意保护刀口。一定要将天平梁托起使刀口悬空后，才可以加减砝码和物体。决不允许在启动天平的状态下触动天平。

③ 悬挂系统　在横梁的左右两端各悬挂一个吊耳，它的平板下面嵌有光面玛瑙，分别与力点和重点的刀口相接触，使吊耳钩上悬挂的阻尼器内筒及秤盘能自由摆动。阻尼器内筒是套入固定在立柱上的外筒中，两筒间隙均匀，没有摩擦，开启天平后，内筒能自由上下移动，由于筒内空气阻力的作用使天平横梁很快停摆而达到平衡。挂在吊耳钩上的两个秤盘，左盘放被称物，右盘放砝码。

④ 光学读数装置　投影屏固定在支柱的前方，光源通过光学系统将指针下端缩微标尺上的分度线放大，再反射到投影屏上。投影屏是一块毛玻璃片，从屏上可看到缩微标尺的投影，可以直接读出 0.1～10mg 以内的数值（见图 2-62）。偏转一大格相当于 1mg，偏转一小格相当于 0.1mg。天平箱下的投影屏调节杆可将投影屏在小范围内左右移动，用于细调天平零点。

⑤ 天平升降旋钮　位于天平底板正中央，它连接托梁架、盘托和光源。开启升降旋钮，光源接通，投影屏上显示标尺的投影，天平进入工作状态；关闭升降钮，光源切断，投影屏

黑暗，天平进入休止状态。

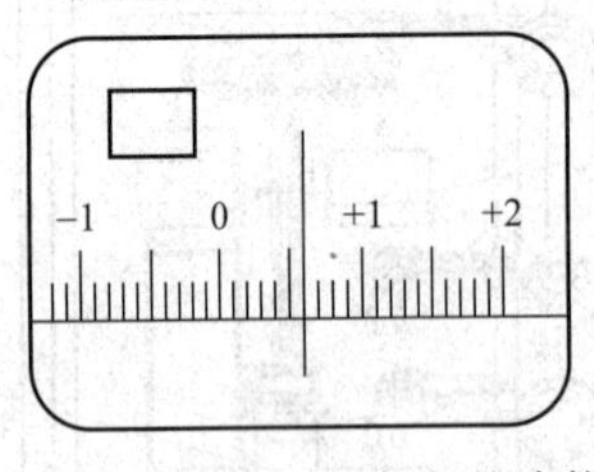

图 2-62　投影屏上标尺的读数

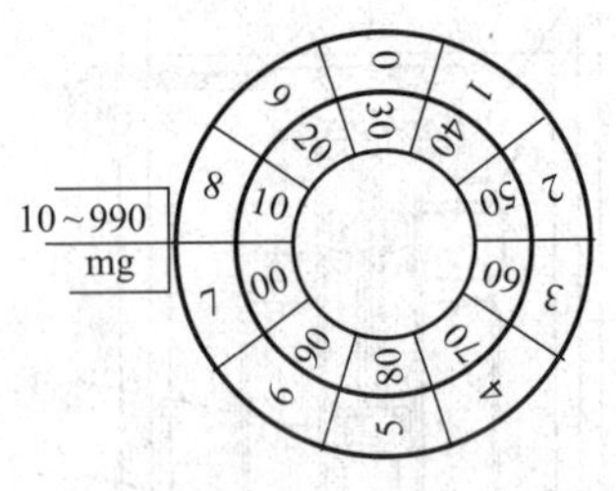

图 2-63　环码的读数

⑥ 机械加码装置　通过转动指数盘加减砝码。半机械加码电光天平只有一组 10～990mg 环码（亦称圈码）的指数盘，可使天平梁右端承受架上加重 10～990mg 环码。指数盘上刻有环码的质量值（见图 2-63），内层为 10～90mg 组，外层为 100～900mg 组。质量大于 1g 以上的砝码，可从与天平配套的砝码盒中取用，即要手工操作夹取砝码。而全机械加码电光天平的砝码全部通过指数盘加减，位于天平的左边，有三级加码指数盘，分别与三组悬挂的砝码相连，三组砝码的质量分别为 10～90g、1～9g 和 10～990mg，因此被称物应放在右边秤盘上。

⑦ 外框　天平安装在一个玻璃框内，使天平防尘、防潮并在稳定气流中称量。取放被称物或砝码时只开左右侧门，前门为维修和调整天平时用。框下为大理石底座，底座下有三个支脚，后面一个支脚固定不动，前面两个支脚可以上下调节，通过观察天平内的水平仪，调节天平至水平状态。

（2）半机械加码电光天平的使用方法

① 调节零点　接通电源，打开升降旋钮，观察投影屏上的刻线是否与标尺上的零点重合。如不重合，可拨动投影屏调节杆来调整，使两者完全重合。如零点偏离较大，则需要调节横梁上的平衡螺丝（这一操作由教师指导进行），动作要轻缓，每次只微调一点，至基本调好后再用投影屏调节杆细调零点。

② 称量　将称量物放在左秤盘上中央位置，估计称量物的大致质量，在右秤盘上加砝码至克位。半开天平，观察标尺移动方向或指针倾斜方向（若砝码加多了，则标尺的投影向右移，指针向左倾斜）判断所加砝码是否合适以便调整。克组砝码调整后，再依次调整百毫克组和十毫克组环码。为减小环码加减次数，从中间值（500mg 或 50mg）开始加减环码，调定至 10mg 位。10mg 以内，再从投影屏指示的分度读出。平衡后，投影屏上的标线与标尺上某一读数重合，读取称量物的质量为克组砝码数、指数盘刻度数及投影屏上的读数之和（例如：质量为 10g＋0.23g＋0.00149g＝10.23149g）。

（3）注意事项

① 天平应安置在稳固的水平台面上，始终保持天平清洁和干燥，天平箱内要备有干燥硅胶（注意及时更换）。称量前需用软毛刷清扫天平，检查各部位是否处于正常位置，天平是否水平，环码指数盘是否在零位，环码有无脱位，吊耳是否错位等。然后调节天平的零点。

② 称量过程中要特别注意保护刀口，启动升降旋钮时，必须缓慢均匀，避免天平摆动过于剧烈；增减砝码或取放物体时，必须将天平梁托起，使天平休止。不能在天平未休止的状态下进行上述操作，这是保护天平刀口的关键，每位学生必须严格遵守此项规定。

③ 取放砝码应用镊子夹取，不得用手直接拿，以免弄脏砝码。砝码只能放在天平盘上或砝码盒内，不能随便乱放。读取砝码盒空位的砝码质量并记录在实验报告上，取出托盘中砝码放回盒内原位时校对一次读数。

④ 使用指数盘加减环码时，应一挡一挡地轻轻转动，不可太用劲，以免环码相互碰撞脱落或缠绕在一起。如果有学生发现无法找到某称量物的质量，是由环码掉落在梁上或两个环码搅在一起所造成的，必须及时解决，否则会产生严重错误。

⑤ 不能称量过冷或过热的物体，以免引起天平梁热胀冷缩，造成天平两臂不等。另外，冷热空气对流也使称量的结果不准确。热的物体必须放在干燥器内冷却至室温后再进行称量。药品不能直接放在天平盘上称量，应根据情况放在表面皿、称量纸上或小烧杯内。吸湿性强、易挥发或有腐蚀性的药品（如氢氧化钠）必须放在密闭容器内迅速称量。称量过程中不能开启天平前门取放物体和砝码，应分别使用天平两边的侧门。称量时，一定要关好侧门以防气流影响读数的稳定性。

⑥ 在同一实验中，所有的称量要使用同一架天平，可减少称量的系统误差。称量物和砝码要放在秤盘的中央，避免秤盘左右摆动。称量物不能超过最大载重（分析天平的最大载重通常为100～200g），否则易损坏天平。

⑦ 称量完毕必须检查：升降旋钮是否已关闭，砝码盒内砝码是否齐全，称量物是否已取出，指数盘是否已恢复到零位，两个侧门是否已关好。然后罩上天平罩，在使用登记本上签字，经教师检查合格后方可离开天平室。教师检查完所有天平之后，要拉闸断电。

2.7.1.4 电子天平

电子天平是高精度电子测量仪器，称量准确而迅速。电子天平型号很多，其外形如图2-64所示，显示屏和控制板如图2-65所示。

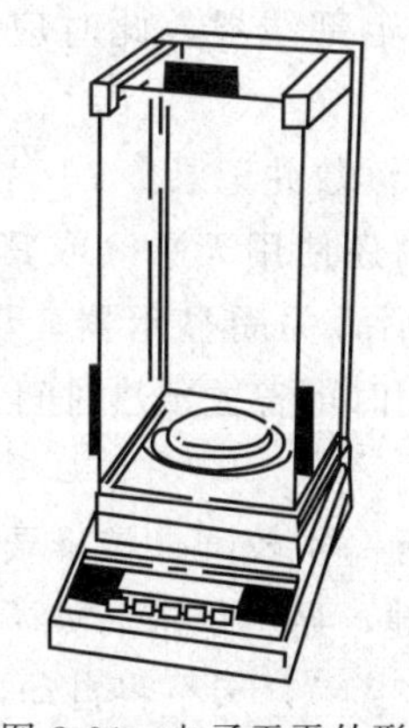

图 2-64 电子天平外形

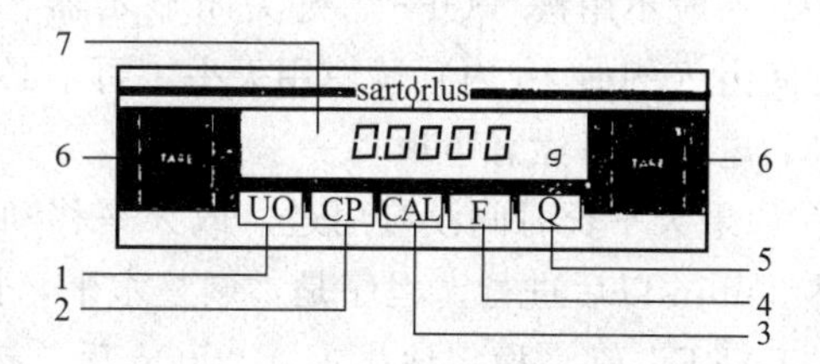

图 2-65 电子天平显示屏及控制板

1—开/关键；2—清除键（CP）；
3—校准/调整键（CAL）；4—功能键（F）；
5—打印键；6—除皮/调零键（TARE）；7—质量显示屏

（1）电子天平的工作原理　电子天平是采用电磁力平衡的原理，应用现代电子技术设计而成。它是将秤盘与通电线圈相连接，置于磁场中，当被称物置于秤盘后，因重力向下，线圈上就会产生一个电磁力，与重力大小相等、方向相反。这时传感器输出电信号，经整流放大，改变线圈上的电流，直至线圈回位，其电流强度与被称物体的重力成正比。而这个重力正是物质的质量所产生的，由此产生的电信号通过模拟系统后，将被称物品的质量显示出来。其数学模型可以用公式来表示：

$$F=BLI\sin\theta=G$$

式中，F 为电磁力；G 为重力；B 为磁感应强度；L 为受力导线的长度；I 为流过导线的电流；θ 为通电导体与磁场的夹角。由公式可知，F 的大小与 B、L、I 及 $\sin\theta$ 成正比。由于 B、L、θ 在一定条件下为常量，因此，F 的大小与 I 呈对应关系。

造成称量误差的因素，仅有极小的可能性来自天平质量的缺陷，很大一部分还是来自电子天平的日常使用和维护。

(2) 电子天平的使用操作步骤

① 接通电源，打开电源开关，预热约 30min。

② 天平自检：天平开启后稍待片刻，天平显示 0.0000g，天平自检完毕即可称量。天平不必每次自检，可定期自检，若经过搬动后，则需要自检。一般电子天平设有自检功能，应按使用说明书进行。

③ 调整零点：按“TARE”键或开关键，待天平显示 0.0000g 即可。

④ 称量：将被称物质预先放置使与天平室温度一致，按开关键，显示为零后，开启天平侧门，将被称物置于载物盘正中央，待数字稳定即显示器左下角的“0”标志消失后，即可读出称量物的质量值。放入被称物时应戴手套或用带橡皮套的镊子夹取，不应直接用手拿取。

⑤ 去皮称量：按“TARE”键清零，置容器于秤盘上，天平显示容器质量，再按“TARE”键，显示零，即去除皮重。再置称量物于容器中，或将称量物（粉末状物或液体）逐步加入容器中直至达到所需质量，待显示器左下角“0”消失，这时显示的是称量物的净质量。将秤盘上的所有物品拿开后，天平显示负值，按“TARE”键，天平显示 0.0000g。若称量过程中秤盘上的总质量超过最大载荷时，天平仅显示上部线段，此时应立即减小载荷。

⑥ 读数：天平自动显示被称物质的质量，等稳定后，即可读数并记录。

⑦ 关闭天平，进行使用登记。称量结束后，若较短时间内还使用天平（或其他人还使用天平）一般不用按“OFF”键关闭显示器。实验全部结束后，关闭显示器，切断电源。若短时间内（例如 2h 内）还使用天平，可不必切断电源，再用时可省去预热时间。

(3) 电子天平注意事项

① 如果天平长时间没有用过，或天平移动过位置，应进行一次校准。校准要在天平通电预热 30min 以后进行。程序是：调整水平，按下“开/关”键，显示稳定后如不为零则按一下“TARE”键，稳定地显示 0.0000g 后，按一下校准键“CAL”，天平将自动进行校准，屏幕显示出“CAL”，表示正在进行校准。10 s 左右，“CAL”消失，表示校准完毕，应显示出 0.0000g，如果显示不正好为零，可按一下“TARE”键，然后即可进行称量。

② 电子天平的体积较小，质量较轻，容易被碰移动而造成水平改变，影响称量结果的准确性。所以应特别注意使用时动作要轻缓，防止开门及放置被称物时动作过重。并应时常检查水平是否改变，注意及时调整水平。

③ 要避免可能影响天平示值变动性的各种因素如：空气对流、温度波动、容器不够干燥等。热的物体必须放在干燥器内冷却至室温后再进行称量。药品不能直接放在天平盘上称量。

2.7.1.5 试样的称取方法

用分析天平称取试样，一般采取两次称量法，即试样的质量是由两次称量之差而得出。如果分析天平能称准至 0.0001g，两次称量最大可能误差为 0.0002g，若称量物的质量大于 0.2g，则称量的相对误差小于 0.1%。因为两次称量中都可能包含着相同的天平误差（如零点误差）和砝码误差（尽量使用相同的砝码），当两次称量值相减时，误差可以大部分抵消，使称量结果准确可靠。常用的两次称量法有固定质量称量法和差减称量法。

（1）固定质量称量法　此法又称增量法，用于准确称取称量某一固定质量的试剂（如基准物质）或试样。这种称量操作的速度很慢，适于称量不易吸潮、在空气中能稳定存在的粉末状或小颗粒（最小颗粒应小于 0.1mg，以便容易调节其质量）的样品，如金属、矿石、合金等。

将器皿（表面皿或硫酸纸或称量瓶）放入天平秤盘上，称出其质量为 m_1。小心地将盛有试样的牛角勺伸向器皿中心上方约 2～3cm 处，勺的另一端顶在掌心上，用拇指、中指及掌心拿稳牛角勺，并以食指轻弹勺柄，将试样慢慢地抖入器皿中（见图 2-66），称出其质量为 m_2。则 $m_2 - m_1$ 即为称取的试样的质量。若使用电子天平，可以将器皿放入秤盘后按"TARE"键回零，则加入试样后的读数即为试样的质量。

固定质量称量法应注意：在称量固体试剂时，若不慎加入试剂超过指定质量，用牛角匙取出多余试剂。重复上述操作，直至试剂质量符合指定要求为止。严格要求时，取出的多余试剂应弃去，不要放回原试剂瓶中。操作时不能将试剂散落于天平盘等容器以外的地方，称好的试剂必须定量地由表面皿等容器直接转入接收容器，此即所谓"定量转移"。

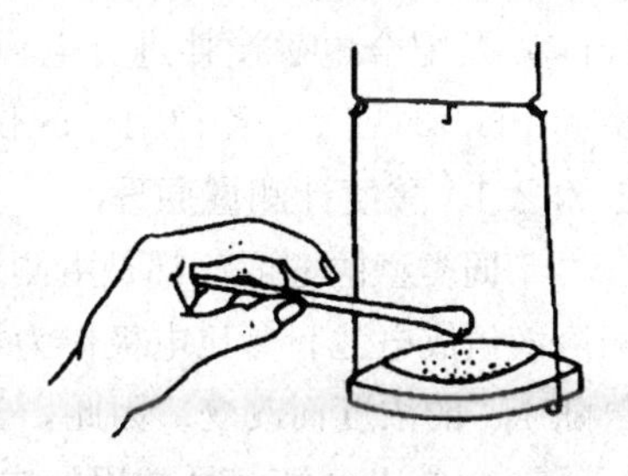

图 2-66　固定质量称量法

（2）差减称量法　又称递减称量法，此法用于称量一定质量范围的样品或试剂。在称量过程中样品易吸水、易氧化或易与 CO_2 等反应时，可选择此法。由于称取试样的质量是由两次称量之差求得，故也称差减法。

用减量法称量试样时，试样应装在称量瓶内。称量瓶是具有磨口玻璃塞的器皿（见图 2-67），有高型和低型两种。高型称量瓶常用来放置在称量过程中容易吸收水分和 CO_2 的试样；低型称量瓶常用来测定试样水分。使用前必须洗净烘干，冷却到室温后，放入称量物。洗净烘干后的称量瓶不能直接用手拿取，以免沾污称量瓶而造成称量误差。可戴干净手套或用叠成二三层的干净纸条套在称量瓶上拿取（见图 2-68）。

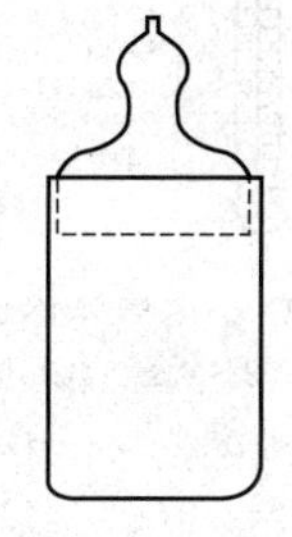

图 2-67　称量瓶

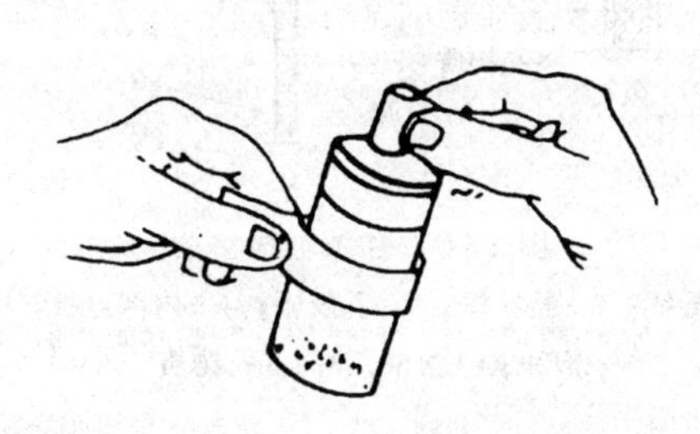

图 2-68　用纸条裹着拿取称量瓶及盖

称取试样时，先将盛有样品的称量瓶置于天平盘上准确称量。然后，用左手以纸条（防止手上的油污沾到称量瓶壁上）套住称量瓶，将它从天平盘上取下，举在要放试样的容器（烧杯或锥形瓶）上方，右手用小纸片夹住瓶盖柄，打开瓶盖，将称量瓶一边慢慢地向下倾斜，一边用瓶盖轻轻敲击瓶口，使试样慢慢落入容器内，注意不要撒在容器外，如图 2-69 所示。当倾出的试样接近所要称取的质量时，将称量瓶慢慢竖起，再用称量瓶盖轻轻敲一下瓶口侧面，使沾在瓶口上的试样落入瓶内，再盖好瓶盖。然后将称量瓶放回天平盘上称量，两次称得质量之差即为试样的质量。按上述方法可连续称取几份试样。

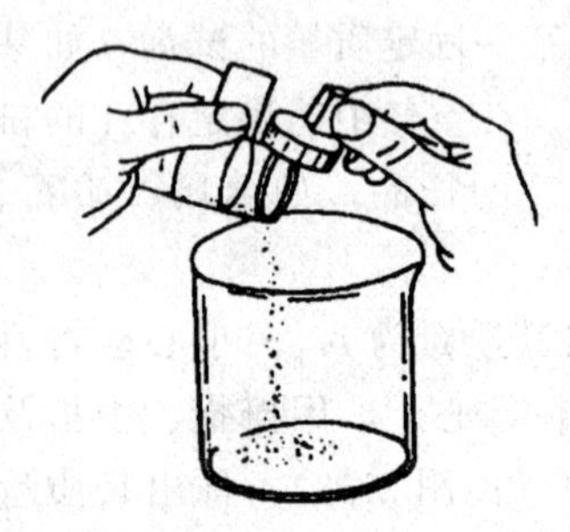

图 2-69　试样敲击的方法

使用电子天平的去皮功能，可使差减法称量更加快捷。将称量瓶放在电子天平的秤盘上，显示稳定后，按一下“TARE”键使显示为零，然后取出称量瓶向容器中敲出一定量样品，再将称量瓶放在天平上称量，如果所示质量（不管“－”号）达到要求，即可记录称量结果。如果需要连续称量第二份试样，则再按一下“TARE”键使显示为零，重复上述操作即可。

2.7.2　酸度计

酸度计（又称 pH 计）是一种通过测量电势差的方法来测定溶液 pH 值的仪器，除可以测量溶液的 pH 值外，还可以测量氧化还原电对的电极电势值（mV）及配合电磁搅拌进行电位滴定等。实验室常用的酸度计有 25 型、pHS-2 型、pHS-2C 型和 pHS-3 型等，各种型号的仪器结构虽有不同，但基本原理相同。

2.7.2.1　酸度计测量原理

不同类型的酸度计都是由测量电极、参比电极和精密电位计三部分组成。两个电极插入待测溶液组成电池，参比电极作为标准电极提供标准电极电势，测量电极（指示电极）的电极电势随 H^+ 的浓度而改变。因此，当溶液中的 H^+ 浓度变化时，电动势就会发生相应变化。

（1）参比电极　最常用的参比电极是甘汞电极，组成可用下式表示：

$$Hg|Hg_2Cl_2|Cl^-(a)$$

其电极反应是：

$$Hg_2Cl_2+2e^- \rightleftharpoons 2Hg+2Cl^-$$

甘汞电极的结构见图 2-70。

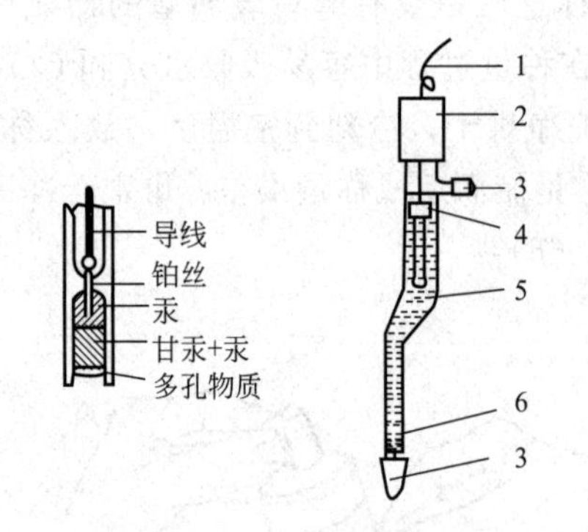

图 2-70　甘汞电极

1—导线；2—绝缘体；3—乳胶帽；4—内部电极；5—饱和 KCl 溶液；6—多孔物质

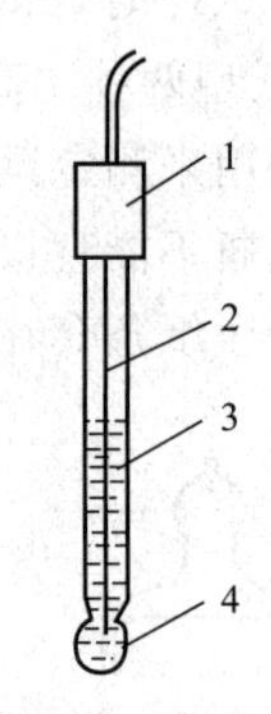

图 2-71　玻璃电极

1—绝缘套；2—Ag/AgCl 电极；3—内部缓冲溶液；4—玻璃膜

在电极玻璃管内装有一定浓度的 KCl 溶液（例如饱和 KCl 溶液），溶液中还装有一作为内部电极的玻璃管，此管内封接一根铂丝插入汞中，汞下面是汞与甘汞混合的糊状物，底端有多孔物质与外部 KCl 溶液相通。甘汞电极下端也是用多孔玻璃砂芯与被测溶液隔开，但能使离子传递。

甘汞电极的电极电势与电极中的KCl浓度和温度有关：

$$\varphi(Hg_2Cl_2/Hg)=\varphi^{\ominus}(Hg_2Cl_2/Hg)-\frac{RT}{F}\ln a(Cl^-)$$

在25℃，电极内为饱和KCl溶液时（称为饱和甘汞电极），甘汞电极的电极电势值为0.2415V。当温度为t（℃）时，可用下式计算该电极的电极电势（V）：

$$\varphi(Hg_2Cl_2/Hg)=0.2415-7.6\times10^{-4}(t-25)$$

此值不受待测溶液的酸度影响，不管被测溶液的pH值如何，它均保持恒定值。

（2）玻璃电极　酸度计中的测量电极一般使用玻璃电极，其结构如图2-71所示。玻璃电极外壳是用高阻玻璃制成，其下端是由特殊玻璃薄膜制成的玻璃球泡（膜厚约为0.1mm），称为电极膜，它对H^+有敏感作用，是决定电极性能的最重要组成部分。玻璃球内装有$0.1mol \cdot L^{-1}$ HCl内参比溶液，溶液中插有一支Ag/AgCl内参比电极。将玻璃电极插入待测溶液中，便组成下述电极：

$$Ag|AgCl(s)|0.1mol \cdot L^{-1}\ HCl|\text{玻璃膜}|\text{待测溶液}$$

玻璃膜把两个不同H^+浓度的溶液隔开，在玻璃-溶液接触界面之间产生一定电势差。由于玻璃电极中内参比电极的电势是恒定的，所以，在玻璃-溶液接触面之间形成的电势差，就只与待测溶液的pH值有关。25℃时：

$$\varphi(\text{玻璃})=\varphi^{\ominus}(\text{玻璃})-0.0592pH$$

玻璃电极只有浸泡在水溶液中才能显示测量电极的作用，所以在使用前必须先将玻璃电极在蒸馏水中浸泡24h，测量完毕后仍需浸泡在蒸馏水中。长期不用时，应将玻璃电极放入盒内。

玻璃电极使用方便，可以测定有色的、浑浊的或胶体溶液的pH值。测定时不受溶液中氧化剂或还原剂的影响。所用试剂量少，而且测定操作并不对试液造成破坏，测定后溶液仍可照常使用。但是，电极头部球泡非常薄，容易破损，使用时要特别小心。如果测强碱性溶液的pH值，测定时要快速操作，用完后立即用水洗涤玻璃球泡，以免玻璃薄膜被强碱腐蚀。长时间存放容易老化出现裂纹，因此需要定期维护。

（3）pH值测定原理　将测量电极（玻璃电极）与参比电极（饱和甘汞电极）同时浸入待测溶液中组成电池，用精密电位计测该电池的电动势。在25℃时：

$$\begin{aligned}E&=\varphi(\text{正})-\varphi(\text{负})=\varphi(\text{甘汞})-\varphi(\text{玻璃})\\&=\varphi(\text{甘汞})-\varphi^{\ominus}(\text{玻璃})+0.0592pH\end{aligned}$$

故pH就可以算出。

对于给定的玻璃电极，$\varphi^{\ominus}$(玻璃）值是一定的，它可以由测定一个已知pH值的标准缓冲溶液的电动势而求得。因此，只要测出待测溶液的电动势E，就可以计算出该溶液的pH值。为了省去计算过程，酸度计把测得的电动势直接用pH值刻度表示出来，因而在酸度计上可以直接读出溶液的pH值。

2.7.2.2　酸度计使用方法

（1）25型酸度计　25型酸度计构造如图2-72所示。

① 机械调零　在接通电源前，检查电流计指针是否指示在零点（pH=7处），如果不在零点，可用电表上的机械调零螺丝13调到pH=7处。

② 预热　接通220V交流电源，打开电源开关，指示灯亮，预热20min左右。

③ 仪器的校正

a. 将温度补偿器调节到测定时溶液的温度；

b. 将“pH-mV”开关5转到pH挡（如欲测电动势时拨到mV挡）；

c. 将量程选择开关6调到欲测溶液的pH值范围内（0～7或7～14）；

d. 调节零点调节器2，使指针指在pH=7处；

e. 接好玻璃电极和甘汞电极，插入与待测溶液pH值接近的标准缓冲溶液中（需提前配制好），按下读数开关4，调节定位调节器3至指针指到该标准缓冲溶液的pH值处，然后放开读数开关，指针应回到pH=7处。

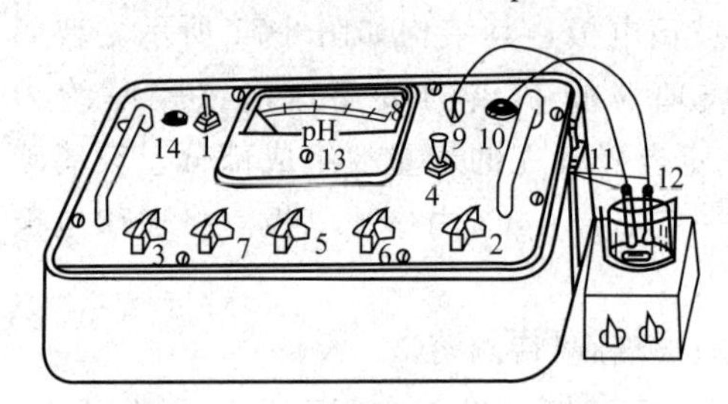

图2-72　25型酸度计结构示意

1—电源开关；2—零点调节器；3—定位调节器；4—读数开关；5—pH-mV开关；6—量程选择开关；7—温度补偿器；8—指示电表；9—甘汞电极接线柱；10—玻璃电极插孔；11，12——电极夹；13—机械调零螺丝；14—指示灯

重复d、e操作，使零点和定位均稳定在所要求的值为止。这时仪器已校正好，在测定过程中，零点调节器和定位调节器不能再动。

④ pH值的测定　取出电极，蒸馏水冲洗几次后用滤纸吸干，再将电极插入待测溶液中，将待测溶液按水平方向轻轻摇动（或开启电磁搅拌器），按下读数开关，此时指针所指示的读数，即为所测溶液的pH值。测完pH值后，应立即放开读数开关，否则指示电表的指针易损坏。

整个实验完毕后，将量程开关拨至“0”处，取出电极，把甘汞电极套好橡皮帽放回盒内，将玻璃电极浸在蒸馏水中，关闭仪器的电源开关。

⑤ 电动势（mV）的测定　将“pH-mV”开关转至mV挡，25型酸度计就成为一台高阻抗输入毫伏计，可测量电池的电动势。此时温度补偿器7和定位调节器3均不起作用。测量电动势的步骤如下：

a. 机械调零及预热过程与测pH值相同。

b. 把待测电池的正负极分别接在25型酸度计的甘汞电极接线柱9、玻璃电极插孔10上（如果被测电极导线不适合玻璃电极插孔10，可在插孔内插入一个“接续器”，把导线接在“接续器”的接线柱上）。为了增加指示读数的稳定性，一般主要考虑组成电池的两个电极的内阻，而不管它是正极还是负极，应把内阻比较高的电极接入玻璃电极插孔10，内阻比较低的电极接到甘汞电极接线柱9上。常用的电极中，玻璃电极的内阻最高，甘汞电极次之，金属电极最低。

c. 如果被测电池的电极符号与甘汞电极接线柱9、玻璃电极插孔10上面所注符号相同，则“pH-mV”开关5应指在“+mV”位置，相反时，应指在“-mV”处。量程选择开关6指向“0～7”处，表示电动势为0～700mV。

d. 调节零点调节器使电流计指针在“0mV”处（pH=7处），按下读数开关，电流计即指示出被测电池的电动势。

e. 若被测电动势大于700mV，把量程开关扳至7～14处，此时指针所指范围为700～1400mV。当选择“7～14”量程挡时，必须按以下步骤操作：先将量程选择开关扳至零，再按下读数开关，然后把量程选择开关再扳至“7～14”处进行读数。复原（或调换溶液）时，需先把量程开关扳至零，然后再放开读数开关。

f. 测毕，将仪器复原。

（2）pHS-2 型酸度计　pHS-2 型酸度计的结构如图 2-73 所示。测 pH 值时，使用方法如下。

① 校正

a. 按下 pH 键，左上角指示灯亮，预热数分钟后进行校正。

b. 将温度补偿器调节到被测溶液的温度值。

c. 将 pH-mV 分挡开关扳至刻度“6”位置，调节零点调节器，使指针指示在 pH=1 处。

d. 将 pH-mV 分挡开关扳至校正位置，调节校正调节器，使指针在满刻度处。

e. 重复 c、d 步操作，使其均稳定在要求值为止。

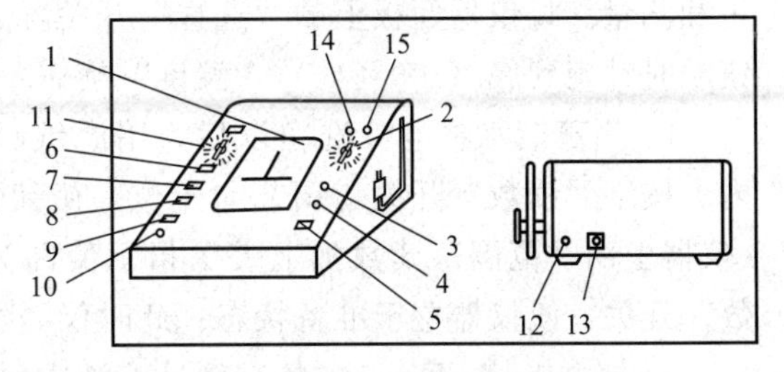

图 2-73　pHS-2 型酸度计结构示意

1—指示表；2—pH-mV 分挡开关；3—校正调节器；4—定位调节器；5—读数开关；6—电源按键；7—pH 按键；8—+mV 按键；9—-mV 按键；10—零点调节器；11—温度补偿器；12—保险丝；13—电源插座；14—甘汞电极接线柱；15—玻璃电极插孔

② 定位

a. 取与待测溶液的 pH 值相接近的标准缓冲溶液，插入电极，按下读数开关，调节定位调节器，使指针指示在该标准缓冲溶液的 pH 值处（等于分挡开关上的指示值加上指示表上的指示值）。

b. 重复调节定位调节器达稳定值后，放开读数开关。

③ 测量　将电极用蒸馏水冲洗后用滤纸吸干，插入待测溶液中，摇动烧杯，按下读数开关，调节分挡开关至读出指示值。如指针低于左面刻度线，应减小分挡开关值；如超出右面刻度值，应增大分挡开关值。

注意每次读数后，应立即放开读数开关。

（3）pHS-2C 型酸度计　pHS-2C 型酸度计是用玻璃电极法测量溶液 pH 值的一种测量仪器，如图 2-74 所示。仪器除测量酸碱度之外也可配以各种规格电极测量电极电势。由于仪器采用高性能的高输入阻抗的集成运算放大器，因此仪器具有稳定可靠、使用方便等特点。使用方法如下：

① 安装电极　把电极杆装在机箱上，如电极杆不够长可以把接杆旋上。将复合电极插在塑料电极夹上。把此电极夹装在电极杆上，将短路插头拔去，把复合电极插头插入电极插口内。在测量时，请把电极上近电极帽的加液口橡胶管下移使小口外露，以保持电极内 KCl 溶液的液位差。在不用时，橡胶管上移将加液口套住。

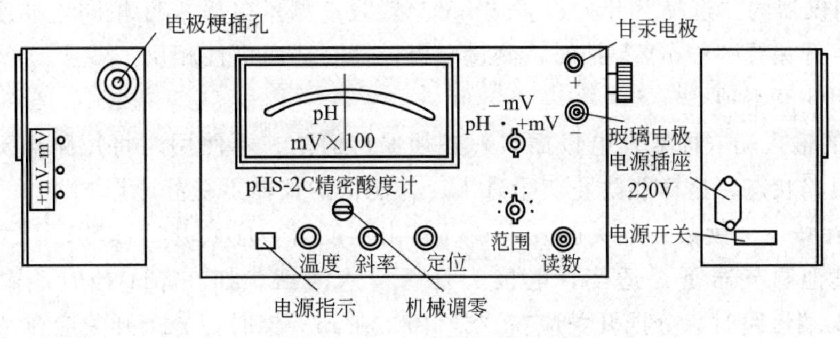

图 2-74　pHS-2C 型酸度计面板示意

② 校正（两点校正方法）　由于每支玻璃电极的零电位、转换系数与理论值有差别，而且各不相同。因此，如要进行 pH 值测量，必须要对电极进行 pH 校正，其操作过程如下：

a. 开启仪器电源开关。如果精密测量 pH 值，应在打开电源预热 30min 后进行仪器校正和测量。将仪器面板上的“选择”开关置“pH”挡，“范围”开关置“6”挡，“斜率”旋钮顺时针旋到底（100%处），“温度”旋钮置于标准缓冲溶液的温度。

b. 用蒸馏水将电极洗净以后，用滤纸吸干。放入盛有 pH＝7 的标准缓冲溶液的烧杯内。按下“读数”开关，调节“定位”旋钮，使仪器指示值为此溶液温度下的标准 pH 值（仪器上的“范围”读数加上表头指示值即为仪器 pH 指示值），在标定结束后，放开“读数”开关，使仪器置于准备状态。此时仪器指针在中间位置。

c. 把电极从 pH＝7 的标准缓冲溶液中取出，冲洗干净，用滤纸吸干。根据要测样品溶液是酸性（pH＜7）或碱性（pH＞7）来选择 pH＝4 或 pH＝9 的标准缓冲溶液，并把仪器的“范围”置“4”挡（此时为 pH＝4 的标准缓冲溶液）或置“8”挡（此时为 pH＝9 的标准缓冲溶液），按下“读数”开关，调节“斜率”旋钮，使仪器指示值为该标准缓冲溶液在此溶液温度下的 pH 值，然后放开“读数”开关。

d. 按 b 的方法再测 pH＝7 的标准缓冲溶液，但注意此时应将“斜率”旋钮维持不动，在按 c 操作后的位置不变。如仪器的指示值与标准缓冲溶液的出值误差符合精度要求，即可以进行样品测量。否则可调节“定位”旋钮至消除此误差，然后再按 c 顺序操作。

两种标准缓冲溶液的温度必须相同，以获得最佳 pH 校正效果。

③ pH 值测量　进行样品溶液的 pH 值测量时，在仪器已进行 pH 校正以后，绝对不能再旋动“定位”“斜率”旋钮，否则必须重新进行仪器 pH 校正。其测定方法同 pHS-2 型仪器。

④ 电极电势的测量

a. 测量电极插头芯线接“－”，参比电极连线接“＋”。复合电极插头芯线为测量电极，外层为参比电极，在仪器内参比电极接线柱已与电极插口外层相接，不必另连线。如测量电极的极性和插座极性相同时，则仪器的“选择”置“＋mV”挡。否则，仪器的“选择”置“－mV”挡。

b. 将电极放入被测溶液，按“读数”开关。如仪器的“选择”置“＋mV”时，当表针打出右面刻度时，则增加“范围”开关值，反之，则减少“范围”开关值，直至表针在表面刻度上。如仪器的“选择”置“－mV”时，当表针打出右面刻度时，减少“范围”开关值。反之，则增加“范围”开关值。

c. 将仪器的“范围”开关值，加上表针指示值，其和再乘以 100，即得电极电势值，单位为 mV。当仪器的“选择”开关置“＋mV”挡时，测量电极极性相同于插座极性；当仪器的“选择”开关置“－mV”挡时，测量电极极性与插座极性相反。

（4）使用注意事项

① 仪器的输入端（即复合电极插口）必须保持清洁，不使用时将短路插头插入，使仪器输入处于短路状态，这样能防止灰尘进入，并能保护仪器不受静电影响。

② 仪器在按下“读数”开关时发现指针打出刻度时，应放开“读数”开关，检查分挡开关位置及其他调节器是否适当，电极头是否浸入溶液。如在 pH 挡时，输入信号近于 pH＝7 或输入端短路时，分挡开关应在“6”挡。在 mV 挡时，分挡开关应在“0”mV。

③ 调节“温度”旋钮时用力宜轻，以防止移动紧固螺丝的位置，影响测定的准确度。

④ 当按下读数开关，调节“定位”旋钮达不到标准缓冲溶液的 pH 值时，说明电极的不对称电势很大（大于±1pH 值），或被测缓冲溶液 pH 值不正确，应调换电极或溶液重试。

2.7.3 722S 型分光光度计

2.7.3.1 测量原理

分光光度法测定的理论依据是朗伯-比耳定律：当一束平行单色光通过单一均匀的、非散射的吸光物质溶液时，溶液的吸光度与溶液浓度和液层厚度的乘积成正比。如果固定比色皿厚度测定有色溶液的吸光度，则溶液的吸光度与浓度之间有简单的线性关系，可根据相对测量的原理，用标准曲线法进行定量分析。

722S 型分光光度计是一种新型分光光度法通用仪器，能在波长 340～1000nm（波长精度±2nm）范围内进行透过率、吸光度和浓度直读测定，广泛应用于医学、临床检验、生物化学、石油化工、环保监测、质量控制等部门。仪器的外形见图 2-75。

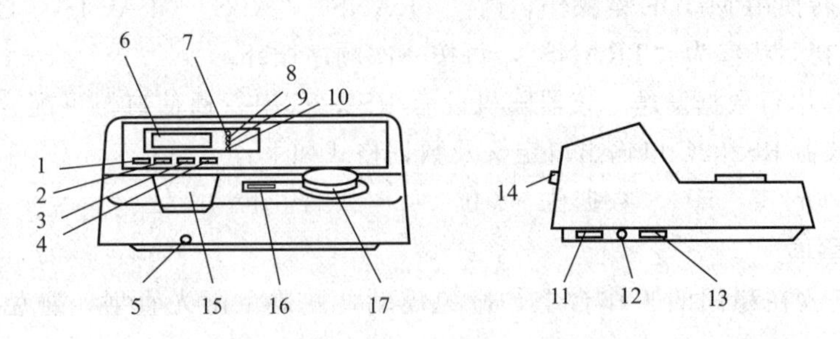

图 2-75 722S 型可见分光光度计外形

1—100%T 键；2—0%T 键；3—功能键（FUNC）；4—模式转换键（MODE）；5—试样槽架拉杆；
6—显示窗（4 位 LED 数字）；7—TRANS 指示灯；8—ABS 指示灯；9—FACT 指示灯；
10—CONC 指示灯；11—电源插座；12—熔丝座；13—总开关；
14—RS232C 串行接口插座；15—样品室；16—波长指示窗；17—波长调节钮

2.7.3.2 使用方法

（1）预热　仪器开机后灯及电子部分需热平衡，故开机预热 30min 后才能进行测定工作（如紧急应用时请注意随时调零，调 100%T）。

（2）调零　为校正基本读数标尺两端（配合 100%T 调节），进入正确测试状态，在开机预热 30min 后，打开试样盖（关闭光门），然后按“0%T”键，即能自动调零。

（3）调整 100%T　为校正基本读数标尺两端（配合调零），进入正确测试状态，一般在调零后应加按一次“100%T”调整，以使仪器内部自动增益到位。调零后，将用作背景的空白样品置入样品室光路中，盖下试样盖（同时打开光门），按下“100%T”键即能自动调整 100%T（一次有误差时可加按一次）。注意：调整 100%T 时整机自动增益系统重调可能影响 0%T，调整后请检查 0%T，如有变化可重调零一次。

（4）调整波长　使用仪器上唯一的旋钮（图 2-75 中 17），即可方便地调整仪器当前测试波长，具体波长由旋钮左侧的显示窗（图 2-75 中 16）显示，读出波长时目光应垂直观察。

（5）改变试样槽位置让不同样品进入光路　仪器标准配置中试样槽架是四位置的，用仪器前面的试样槽拉杆来改变，打开样品室盖以便观察样品槽中的样品位置。最靠近测试者的为“0”位置，依次为“1”“2”“3”位置。对应拉杆推向最内为“0”位置，依次向外拉出相应为“1”“2”“3”位置，当拉杆到位时有定位感，到位时请前后轻轻推动一下以确保定位正确。

（6）确定滤光片位置　本仪器备有滤光片（用以减少杂散光，提高 340～380nm 波段光度准确性)，位于样品室内部左侧，用一拨杆来改变位置。当测试波长于340～380nm波段内做高精度测试时可将拨杆推向前（见机内印字指示）。通常不使用此滤光片，可将拨杆置于400～1000nm位置。注意：如在380～1000nm波段测试时，误将拨杆置于340～380nm波段，则仪器将出现不正常现象（如噪声增加，不能调整100%T等）。

(7) 改变标尺　本仪器设有四种标尺。

TRANS（透射比）：用于透明液体和透明固体测量；

ABS（吸光度）：用于采用标准曲线法或绝对吸收法定量分析；

FACT（浓度因子）：用于在浓度因子法浓度直读时设定浓度因子；

CONC（浓度直读）：用于标样法浓度直读时，进行浓度设定和读出。

各标尺间的转换用MODE键操作，由“TRANS”“ABS”“FACT”“CONC”指示灯分别指示，开机初始状态为“TRANS”，每按一次顺序循环。

(8) RS232C串行数据发送　仪器随机设有RS232C串行通信口，可配合串行打印机或PC机使用，本仪器RS232C口输出口定义及数据格式如下：

波特率　2400p/3　　数据位　8位　　停止位　1位

2.7.3.3　注意事项

① 仪器要安放在稳固的工作台上，避免震动，并避免阳光直射，避免灰尘及腐蚀性气体。

② 仪器在日常维护中注意防尘，仪器表面宜用温水擦拭，请勿使用酒精、丙酮等有机溶剂。

③ 比色皿每次使用后应用石油醚清洗，并用镜头纸轻拭干净，存于比色皿盒中备用。

2.7.4　电导仪和电导率仪

电解质溶液的电导或电导率的测量目前多采用电导仪或电导率仪进行。它的特点是测量范围广，快速直读及操作方便，如配接自动平衡记录仪还可对电导和电导率的测量进行自动记录。电导仪与电导率仪的基本原理大致相同，下面简述DDS-11型电导仪与DDS-11A型电导率仪构造原理及使用方法。

2.7.4.1　电导(率)仪测量原理

图2-76中，稳压器输出一个稳定的直流电压，供给振荡器和放大器。E为振荡器产生的标准电压；R_x为电导池的等效电阻；R_m为标准电阻器；由R_x和R_m串联组成一电阻分压回路，根据欧姆定律，其电流强度为：

$$I_x=\frac{E}{R_x+R_m} \tag{2-1}$$

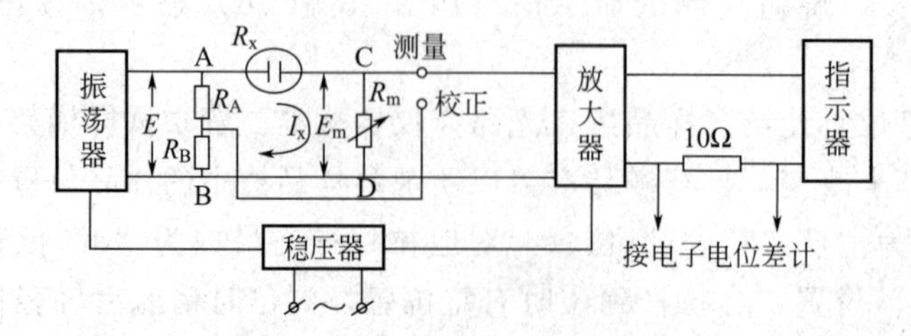

图2-76　DDS-11型电导仪测量原理图

因电导池与负载是串联的，故通过负载（标准电阻器）R_m 的电流强度亦为 I_x，即：

$$I_x = E_m / R_m \tag{2-2}$$

式中，E_m 为负载电阻两端的电压降。将上面两式联解，得：

$$E_m = \frac{R_m}{R_m + R_x} E \tag{2-3}$$

式中，R_x 为电导池两极间溶液的电阻，其倒数即为电导（$1/R_x = G$）。令 E、R_m 为定值，由上式得：

$$E_m = f(1/R_x) = f(G) \tag{2-4}$$

即 E_m 为 G 的函数。当 G 变化时 E_m 也相应地发生变化，E_m 信号通过放大器线性放大后，由电导仪表头直接指示出来，因此，通过 E_m 的测量就能测出被测溶液的电导值。当测量溶液电导率时，因电导：

$$G = k(A_s / l)$$

故

$$k = G(l / A_s)$$

式中，A_s 为电极的面积；l 为电极间距离，对一定的电极为常数。故式(2-3) 可改写成：

$$E_m = \frac{R_m}{R_m + \frac{l}{kA_s}} E \tag{2-5}$$

因为 E、R_m、l、A_s 均为定值，故 E_m 只是 k 的函数，即 $E_m = f(k)$，同样通过 E_m 的测量就相应从指示器读出被测溶液的电导率 k。DDS-11A 型电导率仪测定的原理与 DDS-11 电导仪测定的原理基本一致。

2.7.4.2 电导 (率) 仪使用方法

(1) DDS-11 型电导仪的操作方法　DDS-11 型电导仪的面板如图 2-77 所示。

为了测量准确及仪表安全，需按以下各点进行操作：

① 通电前检查电表的表针是否指零，如不指零可调整螺丝 10。

② 将电导仪的电源插头插入电源插座。开启面板上电源开关，指示灯亮后预热 3min 即可工作。

③ 连接电极引线。被测液为低电导（5μS 以下）时，用光亮的铂电极；被测液电导在 5～150μS 时，用铂黑电极。

④ 将范围选择器 5 旋至所需的测量范围（如不知被测量值的大小，应先调至最大量程的位置，以免过载将表针打弯，甚至损坏仪器），以后逐挡改变到所需量程。

⑤ 将校正、测量换挡开关 4 旋至“校正”，调整校正调节器 6，使指针停在指示电表 8 中的倒立红三角处。

⑥ 将校正、测量换挡开关 4 旋至“测量”，将指示电表 8 中的读数乘以范围选择器 5 上的倍率，即得被测溶液的电导值。

⑦ 每测一个数据之前须先将校正、测量换挡开关 4 旋

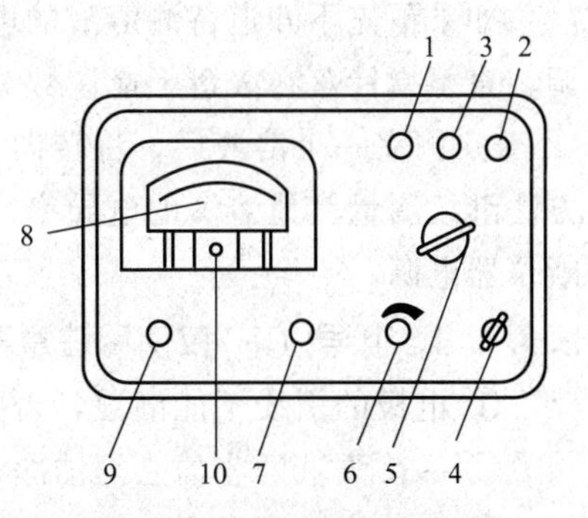

图 2-77　DDS-11 型电导仪面板图

1，2—电极接线柱；3—电极屏蔽线接线柱；4—校正、测量换挡开关；5—范围选择器；6—校正调节器；7—电源开关；8—指示电表；9—指示灯；10—调整螺丝

至“校正”位置，检查指针是否仍然停留在倒立红三角处，如有偏移，需加调整。

⑧ 测定过程中，如指针摆动难以读数时，要寻找、排除干扰源（如恒温槽中搅拌电动机造成的震动等）。

（2）DDS-11A 型电导率仪的操作　其面板图如 2-78 所示。

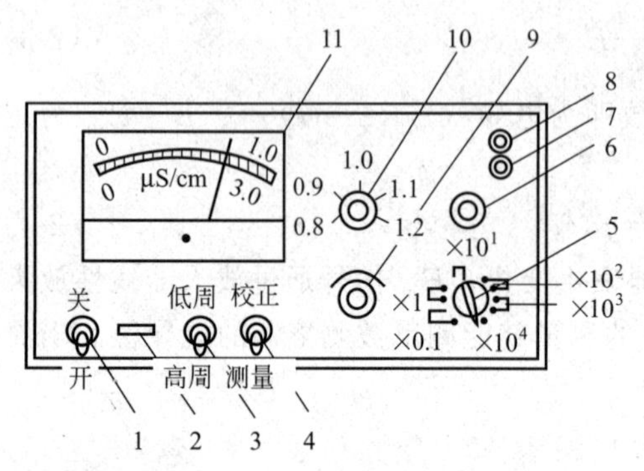

图 2-78　DDS-11A 型电导率仪的面板图

1—电源开关；2—指示灯；3—高周、低周开关；4—校正、测量开关；5—量程选择开关；6—电容补偿调节器；7—电极插口；8—10MV 输出插口；9—校正调节器；10—电极常数调节器；11—表头

①、②操作同 DDS-11 型电导仪。

③ 根据被测溶液电导率大小选用电极。当被测溶液电导率低于 $10\mu S \cdot cm^{-1}$ 时，使用光亮铂电极。当被测液电导率大于 $10\mu S \cdot cm^{-1}$ 时，则选用铂黑电极。将电极用蒸馏水冲洗后插入待测液中，要求电极的铂片全部浸没在被测液中。

④ 根据电极上所标的电导池常数 A_s/l 的数值，将电导池常数调节旋钮旋至该常数的位置。

⑤ 根据使用量程范围（溶液的电导率）选择高周波或低周波下测量。若使用量程小于 $300\mu S \cdot cm^{-1}$ 时，将高、低周波旋钮旋往低周波。而在 10^{-1}～$300\mu S \cdot cm^{-1}$ 范围时，将高、低波旋钮转向高周波。高周波信号频率是 100Hz，低周波的信号频率为 140Hz。

⑥ 将转向校正、测量开关 4 拨至校正位置，而后调节校正调节器使指示表中指针刚好指在满刻度位置。

⑦ 然后将转向校正、测量开关 4 拨向测量位置，就能测量被测液电导率。将表头指针的所指数乘以量程开关所指的倍数的倍率，即为待测液的电导率（读数时注意红点对红线、黑点对黑线）。

如果预先不知道待测溶液的电导率大小，应先将量程开关旋至最大测量挡，然后逐挡下调，直至指针落在表盘上能读数为止。

⑧ 测完一个溶液后，将转向开关拨回“校正”位置，取出电极。更换电极后可按上述方法继续测量其他溶液的电导率。整个实验结束后，取下电极，用蒸馏水洗后放回盒内，切断仪器电源。

2.7.4.3　电导（率）仪使用注意事项

① 电极的引线不能潮湿，否则所测数据不准。

② 盛待测液的容器必须洁净，无离子污染。

③ 对纯水的测量应迅速，否则电导率会很快升高。

2.7.5　阿贝折光仪

（1）基本原理　阿贝折光仪是测定有机物折射率的仪器。折射率是有机物最重要的物理常数之一。它不仅作为物质纯度标志，还可用来鉴定未知物。液态物质的折射率随着入射光波长和浓度的不同而变化，通常温度上升 1℃，液态化合物折射率下降 $(3.5\sim5.5)\times10^{-4}$。因此，折射率（$n$）的表示需注明光的波长和测定温度，以 n_D^t 表示。

折射率与浓度也有关，可用于溶液浓度的测定。一般而言，溶液的浓度愈大，折射率也愈大。但不是所有溶液的折射率都随浓度显著地变化，只有当溶质与溶剂各自的折射率有较大差异时，折射率与溶液浓度之间的变化关系才明显，否则误差很大。

折射率法测溶液的浓度有直接测定法（用于糖溶液的测定）、工作曲线法和折射率因素法，这里采用工作曲线法。

工作曲线法的测定原理是：测定一系列已知浓度溶液的折射率，绘制折射率-浓度曲线（一般为直线），测出待测溶液的折射率，从工作曲线上查出相应的浓度。

（2）仪器构造及工作原理

① 光学原理　光在液态介质中与空气中的传播速度不同。光在空气中的传播速度与在被测定的介质中速度之比称为折射率。

$$n=v_{空气}/v_{液体}$$

单色光从各向同性的介质 m 进入各向异性介质 M 时，若光线传播方向不垂直于两介质的界面，就会发生折射现象（见图 2-79）。

当温度、压力和光的波长一定时，根据斯涅尔(Snell) 折射定律入射角 α 和折射角 β 有如下关系：

$$\frac{\sin\alpha}{\sin\beta}=\frac{n_{M}}{n_{m}}$$

式中，n_{m}，n_{M} 分别为两种介质的折射率。若介质 m 为真空，$n_{真}=1$，则：

$$\sin\alpha_{真}/\sin\beta=n_{M}/n_{真}=n$$

式中，n 称为绝对折射率。

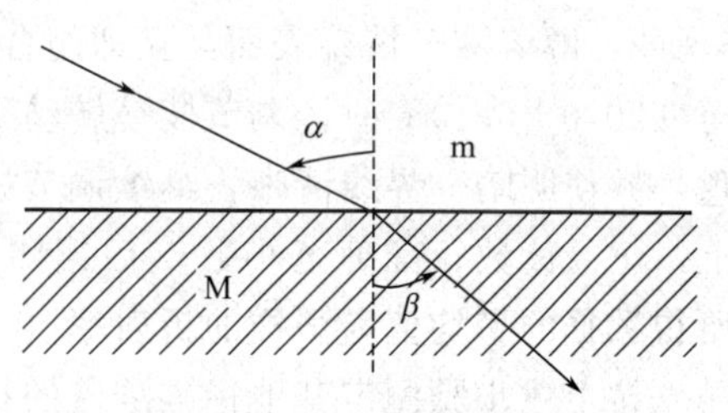

图 2-79　光在不同介质中的折射

② 阿贝折光仪的构造　阿贝折光仪的主要组成部分是两块直角棱镜，上面一块是光滑的，下面一块是可以开启的辅助棱镜，其斜面是磨砂的。阿贝折光仪的构造见图 2-80。左边一个镜筒是读数显微镜，右边一个镜筒是测量望远镜，用来观察折射情况，筒内装有消色散棱镜。液体样品夹在辅助棱镜与测量棱镜之间，展开形成一薄层，光由光源经反射镜至辅助棱镜，入射两个棱镜之间的样品液层，然后再射到测量棱镜光滑的表面上，由于它的折射率很高，一部分光可以再经折射进入空气而达到测量望远镜，另一部分则发生全反射。调节螺旋以使测量镜中的视野呈明暗相间，即使得半明半暗的界线恰好落在“+”字的交点上，记下读数。如此重复五次。

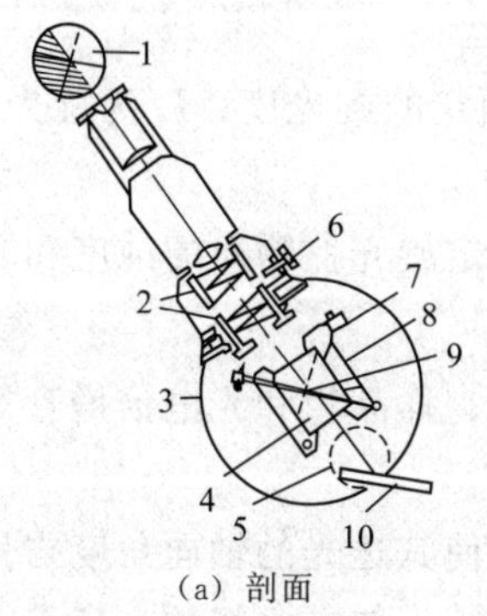

（a）剖面

1—测量望远镜中的视场；2—消色散棱镜；3—刻度盘；4—辅助棱镜；5—转动手柄；6—消色散手柄；7—温度计；8—测量棱镜；9—转轴；10—反射镜

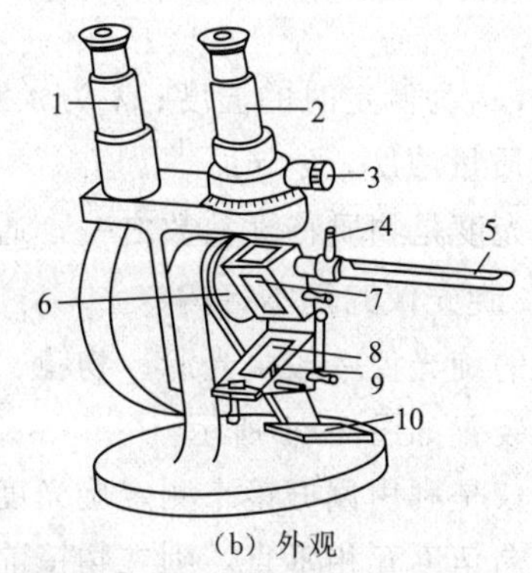

（b）外观

1—读数显微镜；2—测量望远镜；3—消色散手柄；4—恒温水入口；5—温度计；6—转轴；7—测量棱镜；8—辅助棱镜；9—加液槽；10—反射镜

图 2-80　阿贝折光仪的构造

为使用方便，阿贝折光仪可仅使用日光为光源。当日光通过棱镜时，不同波长光的折射率不同，会产生散射，使临界模糊。为此在测量望远镜的镜筒下面设计了一套消色散棱镜，旋转消色散手柄，即可消除色散现象。

（3）实验步骤

① 清洗阿贝折光仪棱镜表面　将阿贝折光仪置于光线充足的位置（但要避免阳光直射），与恒温水浴连接，将阿贝折光仪棱镜的温度调到（20.0±0.1)℃，分开两面棱镜，用滴液管滴加少量丙酮清洗镜面，必要时用镜头纸轻轻吸干镜面（切勿用滤纸）。

② 校正　用吸管向棱镜表面加入数滴约20℃的二次蒸馏水，立即闭合棱镜并旋紧。待棱镜温度计读数恢复至（20.0±0.1)℃时，调整棱镜转动手柄至读数盘读数为1.3333（纯水的 n_D^{20}），观察视场明暗分界线，转动消色散手柄和示值调节螺钉，使明暗分界线恰好落在“+”字线的交叉点上，校正完毕。

③ 测定乙醇标准溶液系列的折射率　分开两面棱镜，用丙酮清洗镜面。然后滴入数滴5%的乙醇溶液于棱镜表面，立即闭合棱镜并旋紧，使试样均匀，无气泡并充满视场。恒温至（20.0±0.1)℃时，调节棱镜转动手柄，使视场分为黑白两部分，转动消色散手柄消除彩色，并使明暗分界线清晰，继续调节棱镜转动手柄，使明暗分界线落在“+”字形的交叉点上，记录读数，准确至小数点后第四位，重复测定三次，读数间的差数不得大于0.0003。所得数据的平均值为试样的折射率。

按上述步骤测定其他标准溶液的折射率。

④ 注释　物质的折射率随温度升高而降低。高于20℃时测得的 n_D 要加上校正值，否则要减去校正值，校正值近似为 $0.00045℃^{-1}$。例如，文献记载硝基苯的 $n_D^{20}=1.5529$，而在25℃时测定的值是1.5506，其温度较正方法为 $n_D^{20}=1.5506+0.00045\times5\approx1.5529$。

2.7.6 旋光仪

某些有机化合物因具有手性，能使偏振光振动平面旋转。使偏振光振动向左旋转的物质称为左旋性物质，使偏振光振动向右旋转的物质称为右旋性物质。

一种化合物的旋光度和旋光方向可用它的比旋光度来表示。物质的旋光度与测定时所用物质的浓度、溶剂、温度、旋光管长度和所用光源的波长等都有关系。溶液的比旋光度为：

$$[\alpha]_\lambda^t=\frac{\alpha}{Lc}$$

式中，t 为测定时的温度；λ 为光源的光波长；α 为测定的旋光度；L 为旋光管的长度，dm；c 为质量浓度，$g\cdot mL^{-1}$。

比旋光度是物质特性常数之一，通过比旋光度可以测定旋光性物质的纯度和含量。

2.7.6.1 旋光仪的基本结构

普通的旋光仪一般由光源、物镜、偏振镜、磁旋线圈、样品管和光电倍增管等组成。仪器的基本装置如图2-81所示。

旋光仪是利用偏振镜来测定旋光度的。如调节偏振镜使其透光的轴向角度与另一偏振镜的透光轴向角度互相垂直，则在物镜前观察到的视场呈黑暗，如在之间放一盛满旋光物质的样品管，则由于物质的旋光作用，原来由偏振镜出来的偏振光转过一个角度，窗口不呈黑暗，此时必须将偏振镜也相应旋转一个角度，这样窗口又恢复黑暗。因此偏振镜由第一次黑暗到第二次黑暗的角度差，即为被测物质的旋光度。

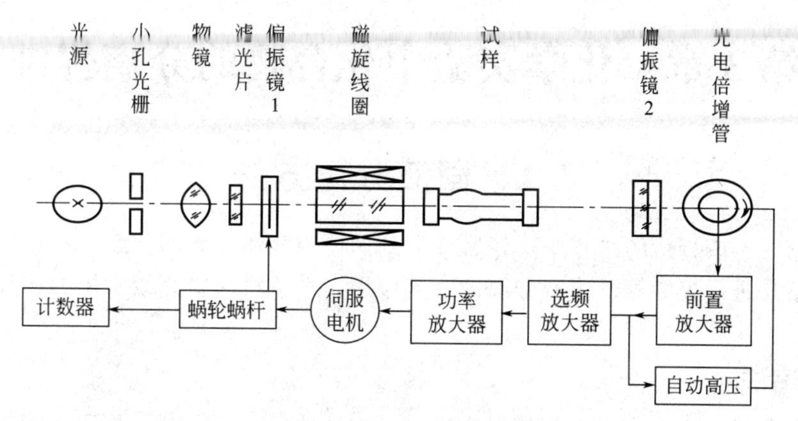

图 2-81　旋光仪结构示意图

2.7.6.2　旋光仪的操作方法

① 将仪器电源接入 220V 交流电源（要求使用交流电子稳压器），并将接地脚可靠接地。

② 打开电源开关。这时钠光灯应启亮，需经 5min 钠光灯预热，使之发光稳定。

③ 打开电源开关。若光源开关扳上后，钠光灯熄灭，则再将光源开关上下重复扳动一两次，使钠光灯在直流下点亮为正常。

④ 打开测量开关，这时数码管应有数字显示。

⑤ 将装有蒸馏水或其他空白溶剂的试管放入样品室，盖上箱盖，待示数稳定后，按清零按钮。试管中若有气泡，应先让气泡浮在凸颈处。通光面两端的雾状水滴，应用软布揩干。试管螺帽不宜旋得过紧，以免产生应力，影响读数。试管安放时应注意标记的位置和方向。

⑥ 取出试管，将待测样品注入试管，按相同的位置和方向放入样品室内，盖好箱盖。仪器数显窗将显示出该样品的旋光度。

⑦ 逐次按下复测按钮，重复读几次数，取平均值作为样品的测定结果。

⑧ 若样品超过测量范围，仪器在±45°处来回振荡。此时，取出试管，仪器即自动转回零位。

⑨ 仪器使用完毕后，应依次关闭测量、光源、电源开关。

⑩ 钠灯在直流供电系统出现故障不能使用时，仪器也可在钠灯交流供电的情况下测试，但仪器的性能可能略有降低。

⑪ 当放入小角度样品（小于 0.5°）时，示数可能变化，这时只要按复测按钮，就会出现新的数字。

第3章 化学实验中化合物的分离提纯

3.1 固液分离方法

在化合物制备或分析的过程中，经常要遇到固体与液体的分离问题。利用沉淀法进行重量分析、重结晶进行提纯等是固液分离的直接应用。本节将简要介绍常用的三种固液分离方法的基本操作。

3.1.1 倾泻法

倾泻法亦称倾析法。当沉淀的相对密度较大或晶体颗粒较大时，静置后能较快沉降至容器底部，可用倾泻法进行分离和洗涤。

图 3-1 倾泻法

如图 3-1 所示，倾泻法的操作是将玻璃棒横放在烧杯嘴，使上层清液沿着玻璃棒缓慢倾入另一烧杯内，使沉淀与溶液分离。如需洗涤时应充分搅拌后，再沉降，重复以上操作 2～3 遍，即可把沉淀洗净。

3.1.2 过滤法

过滤是使沉淀和溶液的混合物通过过滤器（如滤纸），沉淀留在滤纸上（称为滤饼），而溶液通过过滤器进入容器中，称作滤液。这是一种固液分离最常用的操作方法。常用的过滤方法有常压过滤、减压过滤和热过滤。

（1）常压过滤　此种方法是最为简便和常用的，使用玻璃漏斗和滤纸进行过滤。当沉淀物为胶体或细小晶体时，用此方法过滤较好，但缺点为过滤速度较慢。详细操作方法见 2.6.5.2。

（2）减压过滤（抽滤或真空过滤）　此方法可加速过滤，能使沉淀抽得较干燥。但需注意不宜用于过滤颗粒太小的沉淀和胶体沉淀。颗粒太小的沉淀易在滤纸上形成一层密实的沉淀，溶液不易透过，使抽滤速度减慢；而胶体沉淀易穿透滤纸，因此都达不到加速过滤的目的。

减压过滤装置如图 3-2 所示。布氏漏斗是瓷质平底漏斗，中间为具有许多小孔的瓷板，以便于滤液通过滤纸从小孔流出。以橡皮塞将布氏漏斗与吸滤瓶相连接，安装时布氏漏斗下端斜口正对吸滤瓶支管，用耐压橡皮管把吸滤瓶与安全瓶连接上（为防止倒吸，在吸滤瓶和真空泵之间装一个安全瓶），再与真空泵相连。因为真空泵能使吸滤瓶内减压，造成吸滤瓶内与布氏漏斗液面上的压力差，所以过滤速度较快。

过滤前，先剪好一张圆形滤纸，滤纸应比漏斗内径略小（但要能盖严漏斗小孔）。过滤时将剪好的滤纸放在布氏漏斗中，用少量水润湿滤纸，打开真空泵，减压使滤纸与漏斗贴紧，然后开始抽滤。先用倾泻法将溶液沿玻璃棒倒入漏斗中，加入量不要超过漏斗容量的 2/3，最后将沉淀转移至布氏漏斗中。待抽至无液滴滴下时，停止抽滤。这时应先拔下连接吸滤瓶和真空泵的橡皮管，再关闭抽气系统，防止倒吸。取下漏斗倒扣在滤纸或表面皿上，用吸耳球吹漏斗下口，使滤纸和沉淀脱离漏斗，滤液则从吸滤瓶上口倾出，不能从支管倒出。

如沉淀需洗涤，在停止抽气后，用尽可能少量干净的溶剂洗涤晶体，减少溶解损失。应边加溶剂，边用玻璃棒轻轻翻动，至所有晶体都被溶剂浸润为止（翻动时注意不要使滤纸松动），再进行抽气，一般洗涤1～2遍即可。

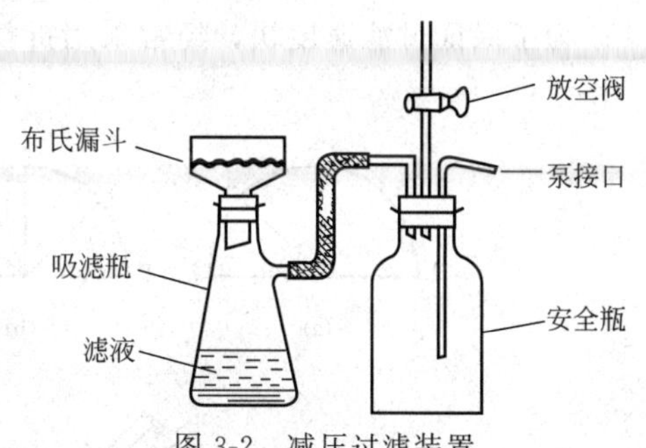

图 3-2 减压过滤装置

如过滤的溶液有强酸性或强氧化性，为了避免溶液与滤纸作用，应采用玻璃砂芯漏斗（图3-3）。由于碱易与玻璃作用，所以玻璃砂芯漏斗不宜过滤强碱性溶液。过滤时，不能引入杂质，不能用瓶盖挤压沉淀，其他操作要求基本如上述步骤。

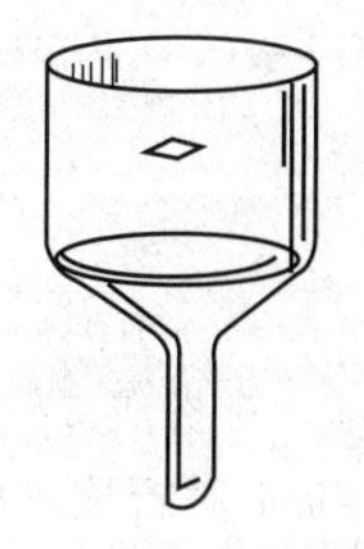
图 3-3 玻璃砂芯漏斗

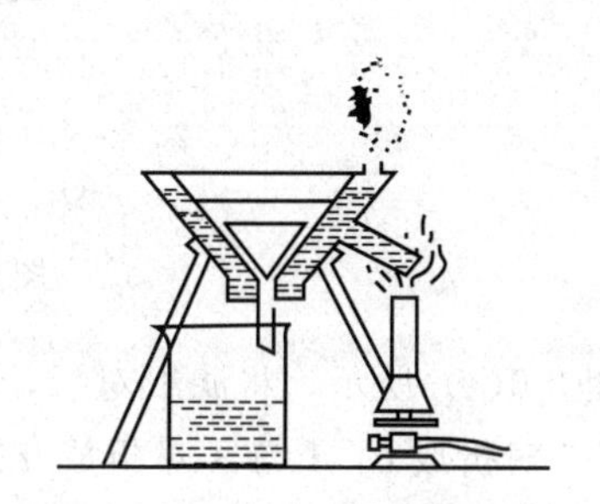
图 3-4 热过滤装置

（3）热过滤　如果在室温下溶液中的溶质便能结晶析出，而在实验中不希望发生此种现象，这时就要趁热过滤。为了尽量减少过滤过程中晶体的损失，操作时应做到：仪器热、溶液热、动作快。为了做到"仪器热"，应事先将所用仪器用烘箱或气流烘干器加热待用，并在过滤的同时加热仪器。热过滤有两种方法，即常压热过滤（重力过滤）和减压过滤（抽滤）。

图3-4中的热过滤装置是由铜质夹套和普通玻璃漏斗组成的。铜质夹套里可装水，用煤气灯（或加热装置）加热，等夹套内的水温升到所需温度便可以过滤热溶液。过滤操作与常压过滤相同。热过滤法选用的玻璃漏斗，其颈的外露部分要短，以防由于滤液冷却而析出结晶。

还可以用蒸汽或加热器，由下部加热承接滤液的容器，以产生的溶剂蒸气使漏斗保持热滤温度，如图3-5所示。

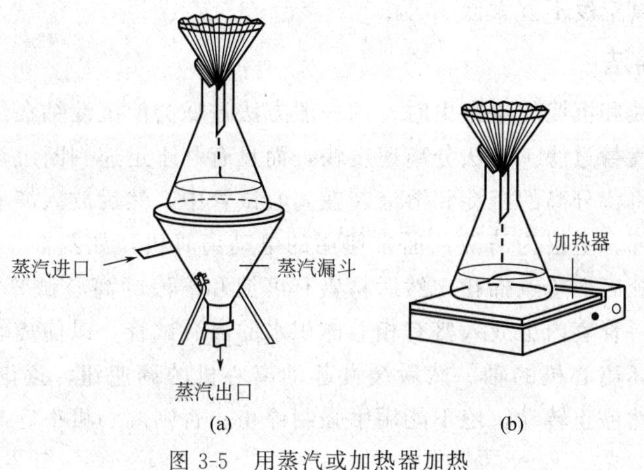

图 3-5 用蒸汽或加热器加热

为了保证过滤速度快，经常采用折叠滤纸，滤纸的折叠方法如图 3-6 所示。

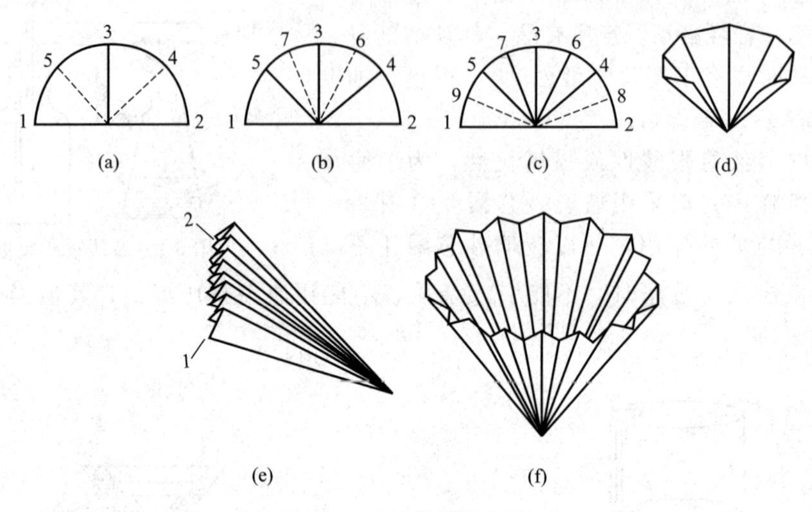

图 3-6 滤纸的折叠方法

如图 3-6(a) 所示，将滤纸对折，将 2 与 3 对折成 4，1 与 3 对折成 5；如图 3-6(b) 所示，2 与 5 对折成 6，1 与 4 对折成 7；如图 3-6(c) 所示，2 与 4 对折成 8，1 与 5 对折成 9。这时，折好的滤纸边全部向外，角全部向里，如图 3-6(d) 所示；再将滤纸反方向折叠，相邻的两条边对折即可得到图 3-6(e) 的形状；展开后可以得到一个完好的折叠滤纸，如图 3-6(f) 所示。在折叠过程中应注意：所有折叠方向要一致，滤纸中央圆心部位不要用力折，以免破裂。

热过滤时动作要快，以免液体或仪器冷却后，晶体过早地在漏斗中析出，如发生此现象，应用少量热溶剂洗涤，使晶体溶解进入滤液中。如果晶体在漏斗中析出太多，应重新加热溶解再进行热过滤。

减压热过滤的优点是过滤快，缺点是当用沸点低的溶剂时，因减压会使热溶剂蒸发或沸腾，导致溶液浓度变大，晶体过早析出。

抽滤时，滤纸的大小应与布氏漏斗底部恰好一样，先用热溶剂将滤纸润湿，抽真空使滤纸与漏斗底部贴紧。然后迅速将热溶液倒入布氏漏斗中，在液体抽干之前漏斗应始终保持有液体存在，此时，真空度不宜太低。

3.1.3 离心分离法

当被分离的溶液和沉淀的量很少时，用一般方法过滤会使沉淀粘在滤纸上难以取下，此时可用离心分离法代替过滤。该法分离速度快，而且有利于迅速判断沉淀是否完全。

离心分离法是将待分离的沉淀和溶液装在离心试管中，然后放入离心机中高速旋转，使沉淀集中在试管底部，上层为清液。通常使用的电动离心机，如图 3-7 所示。离心操作时，应先将离心机的管套底部垫点棉花，然后将盛有沉淀和溶液的离心试管放入离心机管套内。在与之相对称的另一管套内也放入盛有相等体积水的离心试管，以使离心机在旋转时内臂保持平衡，否则易损坏离心机的轴。然后缓慢起动离心机的调速钮，逐渐加速。当停止离心时，应使离心机自然停止转动，绝不能用手强制停止。否则离心机很容易损坏，而且容易发生危险。

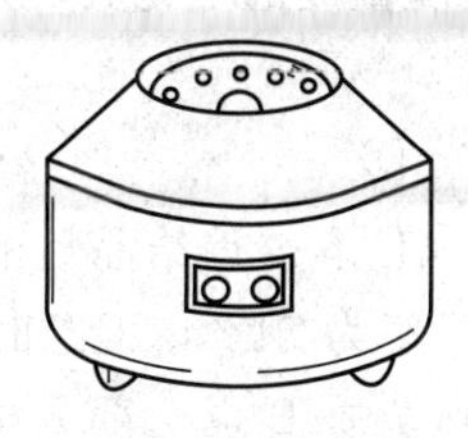

图 3-7　电动离心机

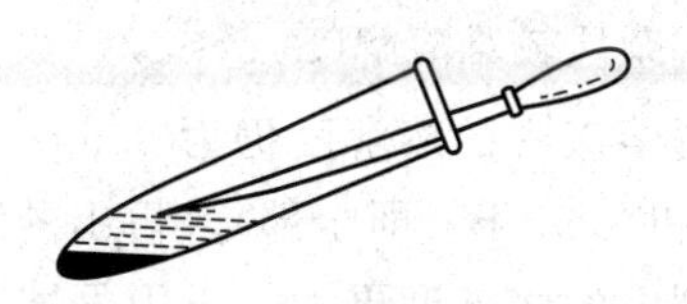

图 3-8　用滴管吸取上层清液

电动离心机如有噪声或机身震动很大时，应立即关闭电源，检查和排除故障后再使用。由于离心作用，沉淀紧密聚集于离心试管底部的尖端，溶液则变澄清。离心分离后，用滴管轻轻吸取上层清液，使之与沉淀分离（不能将滴管末端接触沉淀，见图 3-8）。如需洗涤沉淀时，可将洗涤液滴入试管，用搅拌棒充分搅拌后，再进行离心分离。如此反复洗涤 2～3 遍即可。如果检验是否洗净，其方法是将一滴洗涤液放在点滴板上，加入适当试剂，检查是否还存在应分离出去的离子，决定是否还要进行洗涤。分离溶液用的胶帽滴管和玻璃棒，用后要立即用蒸馏水洗净，置于另一盛有蒸馏水的烧杯中待用。

3.2　固体化合物的提纯方法

经过反应所合成的有机化合物，一般总是与许多其他物质（其中包括未反应的原料、副产物、溶剂及催化剂等）共存于最后的产物中，因此在进行有机制备时，常需要从复杂的混合物中分离出所需要的物质。随着近代有机合成的发展，分离提纯的技术和手段愈来愈显示出它的重要性。对化学工作者来说，熟练地掌握各种分离和提纯的操作技术是十分重要的。重结晶和升华是实验室常用的固体化合物的提纯方法。

3.2.1　重结晶

重结晶是提纯固体化合物的一种重要方法，它适用于产品与杂质溶解性差别较大，产品中杂质含量小于 5%的体系。

3.2.1.1　基本原理

固体有机化合物在溶剂中的溶解度与温度有密切关系。一般是温度升高，溶解度增大。若将固体溶解在热的溶剂中达到饱和，冷却时由于溶解度降低，溶液变成过饱和而析出结晶。利用溶剂对被提纯物质及杂质的溶解度不同，可以使被提纯物质从过饱和溶液中析出，而让杂质全部或大部分仍留在溶液中（若杂质在溶剂中的溶解度极小，则配成饱和溶液后过滤除去），从而达到提纯目的。选择合适的溶剂是重结晶操作中的关键。

假设一固体混合物由 9.5g 被提纯物质 A 和 0.5g 杂质 B 组成，选择一溶剂进行重结晶，室温时 A、B 在此溶剂中的溶解度分别为 S_A 和 S_B，通常存在着下列情况。

（1）杂质较易溶解（$S_A<S_B$）　设室温下 $S_B=2.5g\cdot(100mL)^{-1}$，$S_A=0.5g\cdot(100mL)^{-1}$。如果 A 在沸腾溶剂中的溶解度为 $9.5g\cdot(100mL)^{-1}$，则使用 100mL 溶剂即可使混合物在沸腾时全溶。将此滤液冷却至室温时可析出 A 9g（不考虑操作上的损失），而 B 仍留在母液中。A 损失很少，产物的回收率达到 94%。如果 A 在沸腾溶剂中的溶解度更大，例如是 $47.5g\cdot(100mL)^{-1}$，则只要使用 20mL 溶剂即可使混合物在沸腾时全溶，这时滤液可以析出 A 9.4g，B 仍可留在母液中，产物回收率可高达 99%。由此可见，如果杂质在冷时的溶

解度大而产物在冷时的溶解度小，或溶剂对产物的溶解性能随温度的变化大，这两方面都有利于提高回收率。

(2) 杂质较难溶解($S_A>S_B$)　设室温下 $S_B=0.5g\cdot(100mL)^{-1}$，$S_A=2.5g\cdot(100mL)^{-1}$。A在沸腾溶液中的溶解度仍为 $9.5g\cdot(100mL)^{-1}$，则在 100mL 溶剂重结晶后的母液中含有 2.5g A 和 0.5g B（即全部），析出的结晶 A 7g，产物的回收率为 74%。但这时，即使 A 在沸腾溶剂中的溶解度更大，使用的溶剂也不能再少了，否则杂质 B 也会部分析出，就须再次重结晶，如果混合物中的杂质含量很多，则重结晶的溶剂量就要增加，或者重结晶的次数要增加，致使操作过程冗长，回收率极大地降低。

(3) 两者溶解度相等（$S_A=S_B$）　设室温下溶解度皆为 $2.5g\cdot(100mL)^{-1}$。若也用 100mL 溶剂重结晶，仍可得到纯 A 7g。但如果这时杂质含量很多，则用重结晶分离产物就比较困难。在 A 和 B 含量相等时，重结晶法就不能用来分离产物了。

从上述讨论中可以看出，在任何情况下，杂质含量过多都是不利的（杂质太多还能影响结晶速率，甚至妨碍结晶的生成）。一般重结晶只适用于纯化杂质含量在 5%以下的固体有机混合物。所以从反应粗产物直接重结晶是不适宜的，必须先采用其他方法初步提纯，例如萃取、水蒸气蒸馏、减压蒸馏等，然后再用重结晶提纯。

3.2.1.2　溶剂的选择

(1) 单一溶剂的选择　根据“相似相溶”原理，通常极性化合物易溶于极性溶剂中，非极性化合物易溶于非极性溶剂中。借助于文献可以查出常用化合物在溶剂中的溶解度。在选择时应注意以下几点：

① 所选择的溶剂应不与被纯化物发生化学反应。

② 被纯化物在溶剂中的溶解度随温度变化越大越好，即在温度高时，溶解度越大越好，在温度低时溶解度越小越好，这样才能保证有较高的回收率。

③ 杂质在溶剂中要么溶解度很大，冷却时不会随晶体析出，仍然留在母液（溶剂）中，过滤时与母液一起去除；要么溶解度很小，在加热时不被溶解，在热过滤时将其去除。

④ 所用溶剂沸点不宜太高，应易挥发，易与晶体分离。一般溶剂的沸点应低于产物的熔点。

⑤ 所选溶剂还应具有毒性小，操作比较安全，价格低廉等优点。

最后一点往往被人们所忽视，像苯、氯仿、二噁烷、吡啶等，已经被证明或怀疑具有致癌或诱发性的毒性，故应尽可能避免使用，实在无法代替时，也应在通风橱内进行操作。在多数情况下，甲苯是一个好的苯的替代物。乙酸乙酯或甲基叔丁基醚有时也可以替代二噁烷。

如果在文献中找不出合适的溶剂，应通过实验方法选择溶剂。其方法是：取 0.1g 的产物放入一支试管中，滴入 1mL 溶剂，振荡一下观察产物是否溶解，若不加热很快溶解，说明产物在此溶剂中的溶解度太大，不适合作此产物重结晶的溶剂；若加热至沸腾还不溶解，可补加溶剂，当溶剂用量超过 4mL 产物仍不溶解时，说明此溶剂也不适宜。如所选择的溶剂能在 1～4mL 溶剂沸腾的情况下使产物全部溶解，并在冷却后能析出较多的晶体，说明此溶剂适合作为此产物重结晶的溶剂。实验中应同时选用几种溶剂进行比较。表 3-1 列出了常用的重结晶溶剂。有时很难选择到一种较为理想的单一溶剂，这时应考虑选择混合溶剂。

表 3-1　常用重结晶溶剂及其性质

溶剂	沸点/℃	冰点/℃	与水的混溶性	极性	介电常数(ε)	易燃性	毒性
乙醚	34.6	−116	−	中等	4.3	++++	−
丙酮	56	−95	+	中等	20.7	+++	−
石油醚	60～90	—	−	非极性	2.0	++++	−
氯仿	61	−63	−	中等	48	0	高
甲醇	65	−98	+	极性	32.6	++	高
己烷	69	−94	−	非极性	1.9	++++	−
乙酸乙酯	77	−84	−	中等	6.0	++	−
乙醇	78.5	−117	+	极性	24.3	++	−
水	100	0		高极性	80	0	−
甲苯	110.6	−95	−	非极性	2.4	++	高
冰醋酸	118	16	+	中等	6.15	+	−

（2）混合溶剂的选择　混合溶剂一般由两种能以任何比例混溶的溶剂组成。其中一种溶剂对产物的溶解度较大，称为良溶剂；另一种溶剂则对产物溶解度很小，称为不良溶剂。操作时先将产物溶于沸腾或接近沸腾的良溶剂中，滤掉不溶杂质或经脱色后的活性炭，趁热在滤液中滴加不良溶剂，至滤液变浑浊为止，再加热或滴加良溶剂，使滤液转变为清亮，放置冷却，使结晶全部析出。如果冷却后析出油状物，需要调整两溶剂的比例，再进行实验，或另换一对溶剂。有时也可以将两种溶剂按比例预先混合好，再进行重结晶。常用的混合溶剂有：乙醇-丙酮、乙酸乙酯-己烷、乙醇-石油醚、甲醇-二氯甲烷、乙醇-水、甲醇-乙醚、丙酮-水、甲醇-水、氯仿-石油醚、乙醚-己烷（或石油醚）。

3.2.1.3　操作方法

重结晶操作过程为：饱和溶液的制备→脱色→热过滤→冷却结晶→抽滤→晶体的干燥。

（1）饱和溶液的制备　这是重结晶操作过程的关键步骤。其目的是用溶剂充分分散产物和杂质，以利于分离提纯。一般用锥形瓶或圆底烧瓶来溶解固体。若溶剂易燃或有毒时，应装回流冷凝器。加入沸石和已称量好的粗产品，先加少量溶剂，然后加热使溶液沸腾或接近沸腾，边滴加溶剂边观察固体溶解情况，使固体刚好全部溶解，停止滴加溶剂，记录溶剂用量。再加入20%左右的过量溶剂，主要是为了避免溶剂挥发和热过滤时因温度降低，使晶体过早地在滤纸上析出而造成产品损失。溶剂用量不宜太多，太多会造成结晶析出太少或根本析不出来，此时，应将多余的溶剂蒸发掉，再冷却结晶。有时，总有少量固体不能溶解，应将热溶液倒出或过滤，在剩余物中再加入溶剂，观察是否能溶解，如加热后慢慢溶解，说明此产品需要加热较长时间才能全部溶解。如仍不溶解，则视为杂质去除。

（2）脱色　粗产品中常有一些有色杂质不能被溶剂去除，因此，需要用脱色剂进行脱色。最常用的脱色剂是活性炭，它是一种多孔物质，可以吸附色素和树脂状杂质，但同时它也可以吸附产品，因此加入量不宜太多，一般为粗产品质量的5%。具体方法：待上述热的饱和溶液稍冷却后，加入适量的活性炭摇动，使其均匀分布在溶液中。加热煮沸5～10min即可。注意千万不能在沸腾的溶液中加入活性炭，否则会引起暴沸，使溶液冲出容器造成产品损失。

（3）热过滤　其目的是去除不溶性杂质及活性炭。详细操作方法见3.1.2内容。

（4）冷却结晶　冷却结晶是使产物重新形成晶体的过程。其目的是进一步与溶解在溶剂中的杂质分离。将上述热的饱和溶液冷却后，晶体可以析出，当冷却条件不同时，晶体析出的情况也不同。为了得到形状好、纯度高的晶体，在结晶析出的过程中应注意以下几点：

① 应在室温下慢慢冷却至有固体出现时，再用冷水或冰进行冷却，这样可以保证晶体形状好，颗粒大小均匀，晶体内不含杂质和溶剂。否则，当冷却太快时会使晶体颗粒太小，晶体表面易从液体中吸附更多的杂质，加大洗涤的困难。当冷却太慢时，晶体颗粒有时太大（超过 2mm），会将溶液夹带在里边，给干燥带来一定的困难。因此，控制好冷却速度是晶体析出的关键。

② 在冷却结晶过程中，不宜剧烈摇动或搅拌，这样会造成晶体颗粒太小。当晶体粒超过 2mm 时，可稍微摇动或搅拌几下，使晶体颗粒大小趋于平均。

③ 有时滤液已冷，但晶体还未出现，可用玻璃棒摩擦瓶壁促使晶体形成。或取少量溶液，使溶剂挥发得到晶体，将该晶体作为晶种加入原溶液中，液体中一旦有了晶种或晶核，晶体将会逐渐析出。晶种的加入量不宜过多，而且加入后不要搅动，以免晶体析出太快，影响产品的纯度。

④ 有时从溶液中析出的是油状物，此时，更深一步的冷却可以使油状物成为晶体析出，但含杂质较多。应重新加热溶解，然后慢慢冷却，当油状物析出时，剧烈搅拌可使油状物在均匀分散的条件下固化，如还是不能固化，则需要更换溶剂或改变溶剂用量，再进行结晶。

（5）抽滤（真空过滤） 抽滤的目的是将留在溶剂（母液）中的可溶性杂质与晶体（产品）彻底分离。其优点是：过滤和洗涤速度快，固体与液体分离得比较完全，固体容易干燥。

抽滤装置采用减压过滤装置。具体操作与减压热过滤大致相同，所不同的是仪器和液体都应该是冷的，所收集的是固体而不是液体。在晶体抽滤过程中应注意以下几点：

① 在转移瓶中的残留晶体时，应用母液转移，不能用新的溶剂转移，以防溶剂将晶体溶解，造成产品损失。用母液转移的次数和每次母液的用量都不宜太多，一般 2～3 次即可。

② 晶体全部转移至漏斗中后，为了将固体中的母液尽量抽干，用玻璃钉或瓶塞挤压晶体。当母液抽干后，将安全瓶上的放空阀打开，用玻璃棒或不锈钢小勺将晶体松动，滴入几滴冷的溶剂进行洗涤，然后将放空阀关闭。将溶剂抽干同时进行挤压。这样反复 2～3 次，将晶体吸附的杂质洗干净。晶体抽滤洗涤后，将其倒入表面皿或培养皿中进行干燥。

（6）晶体的干燥 重结晶后的产物须干燥后才可测熔点。在进行定性、定量分析以及波谱分析之前也必须将其干燥，以免影响鉴定。计算产率也必须用干燥样品质量。固体样品干燥的方法见 2.6.4.3 内容。

重结晶的要点：不少学生重结晶时，回收产物的量比希望得到的少，这是由以下原因造成的：①溶解时加入了过多的溶剂；②脱色时加入了过多的活性炭；③热过滤时动作太慢导致结晶在滤纸上析出；④结晶尚未完全时进行抽滤。注意以上几点，通常可以提高回收率。

3.2.1.4 微量物质的重结晶

微量（20～200mg）物质重结晶，最关键的是避免不必要的转移。一种方法是在小离心管中进行。热溶液制备后，即进行离心，使不溶的杂质沉于管底，用吸管将上清液移至另一支小离心管中，任其结晶。也可在自制的胶头滴管的细颈部放入少许脱脂棉作为热溶液的过滤器（见图 3-9）。使用前，可用少量所应用的溶剂洗涤脱脂棉，以除去短小纤维，用另一滴管将待过滤的热溶液移入这一滴管中，接上橡胶滴头。用力一压，热溶液或澄清溶液从滴管流至一小离心试管中。通常一次挤压还不能把液体全部挤出，可在胶头上扎一小孔，挤压时将小孔压住，然后放手，让空气进入。再次挤压，即可完全挤出。

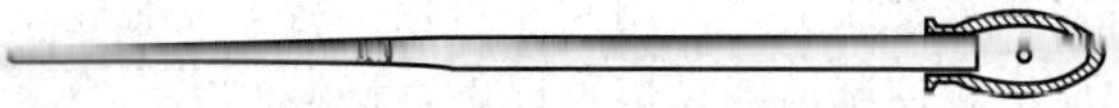

图 3-9 滴管过滤装置

应用离心法除去杂质或利用普通滴管滤除杂质，热溶液的浓度应制备得稍稀些，使在操作过程中不至于立即析出结晶。如澄清热溶液太稀，以致冷却后不易析出结晶时，可稍浓缩些，再行冷却，任其结晶。晶体与母液分离可用离心法，一般以 2000～3000r/min 速度离心即可，晶体坚实地沉淀于离心管底部，然后将母液吸出。晶体若需洗涤，则可加入少量合适的冷溶剂，用细玻璃棒搅匀后，再离心，再吸除附着于晶体表面的母液，可用滤纸条吸除（图 3-10），再缓慢小心地真空干燥。

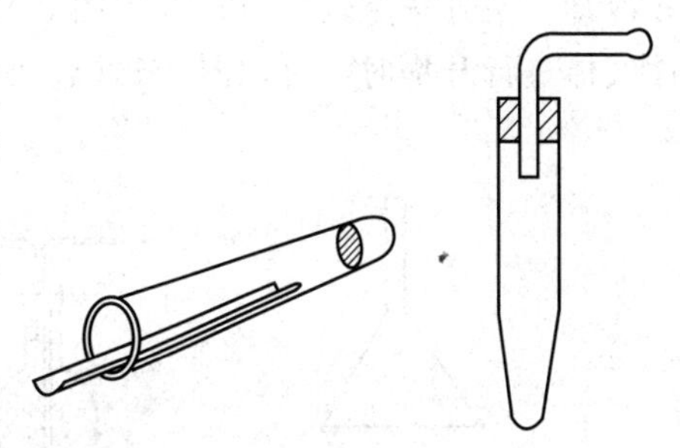
图 3-10 利用离心管分离微量液体

思考题

（1）简述重结晶过程及各步骤的目的。

（2）加活性炭脱色应注意哪些问题？

（3）母液浓缩后所得到的晶体为什么比第一次得到的晶体纯度要差？

（4）使用有毒或易燃溶剂重结晶时应注意哪些问题？

3.2.2 升华

升华是固体化合物提纯的又一种手段。由于不是所有固体都具有升华性质，因此，它只适用于以下情况：①被提纯的固体化合物具有较高的蒸气压，在低于熔点时，就可以产生足够的蒸气，使固体不经过熔融状态直接变为气体，从而达到分离的目的；② 固体化合物中杂质的蒸气压较低，有利于分离。

升华的操作比重结晶要简便，纯化后产品的纯度较高。但是产品损失较大，时间较长，不适合大量产品的提纯。

3.2.2.1 基本原理

升华是利用固体混合物的蒸气压或挥发度不同，将不纯净的固体化合物在熔点温度以下加热，利用产物蒸气压高，杂质蒸气压低的特点，使产物不经液体过程而直接气化，遇冷后固化，而杂质则不发生这个过程，达到分离固体混合物的目的。

一般来说，具有对称结构的非极性化合物，其电子云密度分布比较均匀，偶极矩较小，晶体内部静电引力小。因此，这种固体都具有蒸气压高的性质。

与液体化合物的沸点相似，当固体化合物的蒸气压与外界所施加给固体化合物表面压力相等时，该固体化合物开始升华，此时的温度为该固体化合物的升华点。在常压下不易升华的物质，可利用减压进行升华。

3.2.2.2 升华操作

（1）常压升华 常用的常压升华装置如图 3-11 所示。图 3-11(a) 是实验室常用的常压升华装置。将被升华的固体化合物烘干，放入蒸发皿中，铺匀。取一大小合适的锥形漏斗，将颈口处用少量棉花堵住，以免蒸气外逸，造成产品损失。选一张略大于漏斗底口的滤纸，在滤纸上扎一些小孔后盖在蒸发皿上，再用漏斗盖住。将蒸发皿放在沙浴上，用电炉或煤气灯加热，在加热过程中应注意控制温度在熔点以下，慢慢升华。当蒸气开始通过滤纸上升至漏斗中时，可以看到滤纸和漏斗壁上有晶体出现。如晶体不能及时析出，可在漏斗外面用湿布冷却。当升华量较大时，可用图 3-11(b) 所示装置分批进行升华。当需要通入空气或惰性气体进行升华时，可用图 3-11(c) 所示装置。

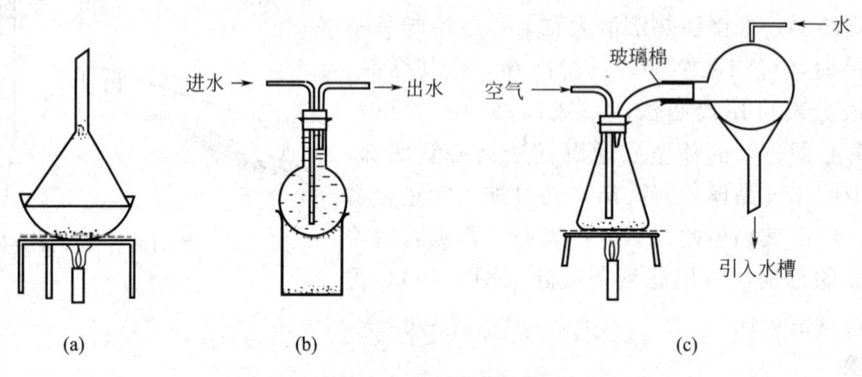

图 3-11 常压升华装置

(2) 减压升华 减压升华的装置如图 3-12 所示。将样品放入吸滤管（或瓶）中，在吸滤管中放入指形冷凝器，接通冷凝水，抽气口与水泵连接好，打开水泵，关闭安全瓶上的放空阀，进行抽气。将此装置放入电热套或水浴中加热，使固体在一定压力下升华。冷凝后的固体将凝聚在指形冷凝器的底部。

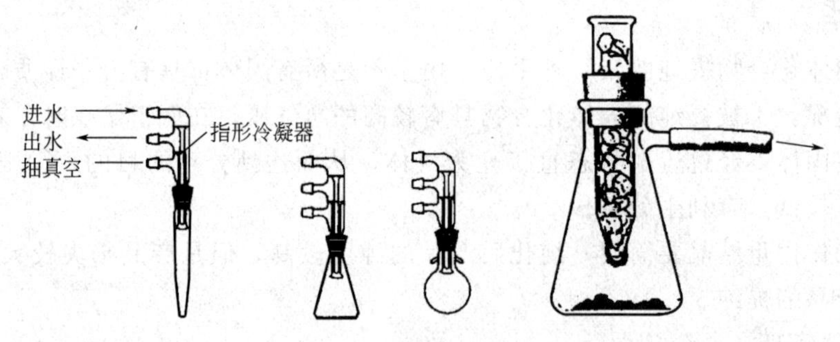

图 3-12 减压升华装置

3.2.2.3 注意事项

① 升华温度一定要控制在固体化合物熔点以下。

② 被升华的固体化合物一定要干燥，如有溶剂将会影响升华后固体的凝结。

③ 滤纸上的孔应尽量大一些，以便蒸气上升时顺利通过滤纸，在滤纸的上面和漏斗中结晶，否则将会影响晶体的析出。

④ 减压升华时，停止抽滤时一定要先打开安全瓶上的放空阀，再关泵。否则循环泵内的水会倒吸进入吸滤管中，造成实验失败。

3.3 液体有机化合物的分离及提纯

在生产和实验中，经常会遇到两种以上组分的均相分离问题。例如某物料经过化学反应以后，产生一个既有生成物又有反应物及副产物的液体混合物。为了得到纯的生成物，若反应后的混合物是均相的，时常采用蒸馏（或精馏）的方法将它们分离。

3.3.1 理想溶液的蒸馏原理

设有 A、B 两组分组成的混合物，且为理想溶液。所谓理想溶液是指液体中不同组分的分子间作用力和相同组分分子间作用力完全相等的溶液。因此，理想溶液中各组分的挥发度不受其他组分存在的影响，如大部分烃类、苯-甲苯及甲醇-乙醇等可视为理想溶液。只有理想溶液才严格服从拉乌尔（Raoult）定律，但是大部分有机溶液只是具有近似理想溶液的性质。

对于理想溶液，拉乌尔定律指出：在一定温度下，溶液上方蒸气中任意组分的分压等于纯组分在该温度下的饱和蒸气压乘以它在溶液中的摩尔分数，即

$$p_A = p_A^\circ x_A \qquad p_B = p_B^\circ x_B = p_B^\circ (1 - x_A)$$

式中，p_A，p_B 为溶液上方组分 A、B 的平衡分压；p_A°，p_B° 为纯组分 A、B 的饱和蒸气压；x_A，x_B 为溶液中组分 A、B 的摩尔分数。

当溶液沸腾时，各组分蒸气压之和应等于系统压力 p，即：

$$p = p_A + p_B$$

根据道尔顿分压定律，气相中每一组分的蒸气压与它在气相中的摩尔分数成正比，即：

$$y_A = \frac{p_A}{p} = \frac{p_A}{p_A + p_B}$$

$$y_B = \frac{p_B}{p} = \frac{p_B}{p_A + p_B}$$

式中，y_A，y_B 为气相中组分 A、B 的摩尔分数。

由上面几式可以得到下式：

$$\frac{y_A}{y_B} = \frac{p_A}{p_B} = \frac{p_A^\circ x_A}{p_B^\circ x_B}$$

由此可以看出，气相中的摩尔分数 y_A、y_B 受液相组分的影响。

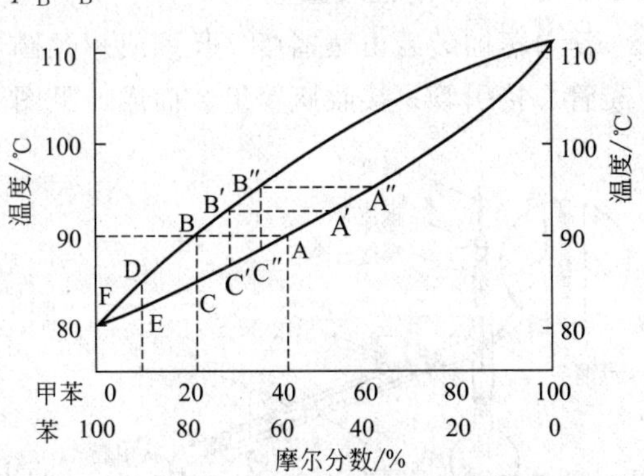

图 3-13　二元理想溶液的气-液平衡相图

图 3-13 给出了二元理想溶液的气-液平衡相图。它是根据一定压力条件下，溶液的气、液相组成与温度的关系绘制而成的。下面一条曲线为饱和液体线（也称为泡点线），它表示液相组成与泡点温度（即加热溶液至产生第一个气泡时的温度）的关系。上面的曲线为饱和蒸气线（也称为露点线），它表示气相组成与露点温度（即冷却气体至产生第一个液滴时的温度）的关系，它是由拉乌尔定律计算得到的。两条曲线构成了三个区域：饱和液体线以下为液体尚未沸腾的液相区；饱和蒸气线以上为液体全部汽化为过热蒸气的过热蒸气区；两条曲线之间为气-液两相共存区。

从图 3-13 中可以看出，在同一温度下，气相组成中易挥发物质的含量总高于液相组成中易挥发物质的含量。

利用相对挥发度 α 可以判断某种混合物是否能用蒸馏的方法分离及分离的难易程度。对于理想溶液：

$$\alpha = p_A / p_B$$

该式表明，理想溶液中组分的相对挥发度等于同温度下两纯组分的饱和蒸气压之比。由于 p_A° 及 p_B° 随温度变化的趋势相同，因而两者的比值变化不大，故一般可将 α 视为常数。若 $\alpha > 1$，$p_A^\circ > p_B^\circ$，表示组分 A 比组分 B 容易挥发，α 越大，分离越容易；若 $\alpha = 1$，$p_A^\circ = p_B^\circ$，说明气相组成等于液相组成，用一般的分离方法不能将该混合物分离。

蒸馏操作中最简单的是简单蒸馏，其分离能力较强。而在工业上广泛采用精密分馏，简称精馏。蒸馏操作可按被分离物料的组分数，分为双组分蒸馏和多组分蒸馏；又可按操作压力分为常压蒸馏和减压蒸馏。

3.3.2 简单蒸馏

通过简单蒸馏可以将两种或两种以上挥发度不同的液体分离，这两种液体的沸点应相差 30℃以上。

3.3.2.1 基本原理

液体混合物之所以能用蒸馏的方法加以分离，是因为组成混合液的各组分具有不同的挥发度。例如，在常压下苯的沸点为 80.1℃，而甲苯的沸点为 110.6℃。若将苯和甲苯的混合液在蒸馏瓶内加热至沸腾，溶液部分被汽化。此时，溶液上方蒸气的组成与液相的组成不同，沸点低的苯在蒸气相中的含量增多，而在液相中的含量减少。因而，若部分汽化的蒸气全部冷凝，就得到易挥发组分含量比蒸馏瓶内残留溶液中所含易挥发组分含量高的冷凝液，从而达到分离的目的。同样，若将混合蒸气部分冷凝，正如部分汽化一样，则蒸气中易挥发组分增多。这里强调的是部分汽化和部分冷凝，若将混合液或混合蒸气全部冷凝或全部汽化，则不言而喻，所得到的混合蒸气或混合液的组成不变。综上所述，蒸馏就是将液体混合物加热至沸腾，使液体汽化，然后，蒸气通过冷凝变为液体，使液体混合物分离，从而达到提纯目的的过程。

3.3.2.2 简单蒸馏装置

简单蒸馏装置由蒸馏瓶（长颈或短颈圆底烧瓶）、蒸馏头、温度计套管、温度计、直形冷凝管、接引管、接收瓶等组装而成，见图 3-14。

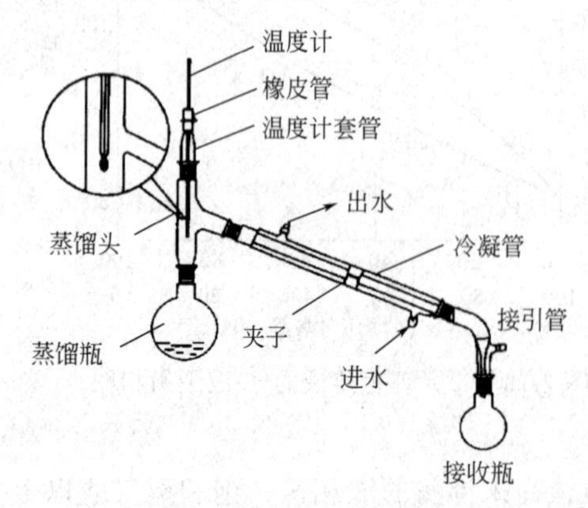

图 3-14 常量简单蒸馏装置

在装配过程中应注意：

① 为了保证温度测量的准确性，温度计水银球应放置在如图 3-14 所示的位置，即温度计水银球上限与蒸馏头支管下限在一水平线上。

② 任何蒸馏或回流装置均不能密封，否则，当液体蒸气压增大时，轻者蒸气冲开连接口，使液体冲出蒸馏瓶，重者会发生装置爆炸而引起火灾。

③ 安装仪器时，应首先确定仪器的高度，一般在铁架台下放一块 2cm 厚的石棉板，将加热器放在板上，再将蒸馏瓶放置于加热器中间，瓶底离加热器 1～2cm。然后，按自下而上、从左至右的顺序组装。仪器组装应做到横平竖直，铁夹台一律整齐地放置于仪器后面。

3.3.2.3 简单蒸馏操作

（1）加料　做任何实验都应先组装仪器后再加原料。加液体原料时，取下温度计和温度计套管，在蒸馏头上口放一个长颈漏斗，注意长颈漏斗下口处的斜面应超过蒸馏头支管，慢慢地将液体倒入蒸馏瓶中。

(2) 加沸石　为了防止液体暴沸，加入 2～3 粒沸石。沸石为多孔性物质，刚加入液体中时小孔内有许多气泡，它可以形成汽化中心。如加热中断，再加热时应重新加入新沸石，因原来沸石上的小孔已被液体充满，不能再起汽化中心的作用。同理，分馏和回流时也要加沸石。

(3) 加热　在加热前，应检查仪器装配是否正确，原料、沸石是否加好，冷凝水是否通入，一切无误后再开始加热。刚开始加热时，加热火力可略高一些，一旦液体沸腾，水银球部位出现液滴，开始控制加热火力，以蒸馏速度 1～2 滴/s 为宜。蒸馏时，温度计水银球上应始终保持有液滴存在，如没有液滴说明可能有两种情况：一是温度低于沸点，体系内气、液两相没有达到平衡，此时应将加热火力调高；二是温度过高，出现过热现象，此时，温度已超过沸点，应将加热火力调低。

(4) 馏分的收集　温度达到收集馏分温度时，应取下接收前馏组分的容器，换一个经过称量干燥的容器来接收馏分，即产物。当温度超过沸程范围，停止接收。沸程越小，蒸出的物质纯度越高。

(5) 停止蒸馏　馏分蒸完后，如不需要接收第二组分，可停止蒸馏。应先停止加热，关掉电源，取下加热器。待稍冷却后馏出物不再继续流出时，取下接收瓶保存好产物，关掉冷却水，按先易后难顺序拆除仪器并加以清洗。

3.3.2.4　注意事项

① 蒸馏前应根据待蒸馏液体的体积，选择合适的蒸馏瓶。一般被蒸馏的液体占蒸馏瓶容积的 2/3 为宜，蒸馏瓶越大产品损失越多。

② 在加热开始后发现没加沸石，应停止加热，待稍冷却后再加入沸石。千万不要在沸腾或接近沸腾的溶液中加入沸石，以免在加入沸石的过程中发生暴沸。

③ 对于沸点较低又易燃的液体，如乙醚，应用水浴加热，而且蒸馏速度不能太快，以保证蒸气全部冷凝。如果室温较高，接收瓶应放在冷水中冷却，在接引管支口处连接一根橡胶管，将未被冷凝的蒸气导入流动的水中带走。

④ 蒸馏时不能将液体蒸干，以免蒸馏瓶破裂及发生其他意外事故。

⑤ 在蒸馏沸点高于 140℃的液体时，应用空气冷凝管。主要原因是温度高时，如用水作为冷却介质，冷凝管内外温差增大，而使冷凝管接口处局部骤然遇冷容易断裂。

思考题

(1) 试利用平衡相图叙述简单蒸馏原理。

(2) 为什么蒸馏系统不能密闭?

(3) 什么情况下接收的为前馏分、馏分和馏尾?

(4) 为什么蒸馏时不能将液体蒸干?

(5) 蒸馏时，温度计水银球上有无液滴意味着什么?

(6) 为什么进行蒸馏、分馏和回流时要加入沸石? 其作用是什么?

(7) 拆、装仪器的程序是怎样的?

(8) 一般简单蒸馏的速度多少为宜?

3.3.3　简单分馏

简单分馏主要用于分离两种或两种以上沸点相近且混溶的有机溶液。分馏在实验室和工业生产中广泛应用，工程上常称为精馏。

3.3.3.1 基本原理

简单蒸馏只能使液体混合物得到初步的分离。为了获得高纯度的产品，理论上可以采用多次部分汽化和多次部分冷凝的方法，即将简单蒸馏得到的馏出液，再次部分汽化和冷凝，以得到纯度更高的馏出液。而将简单蒸馏剩余的混合液再次部分汽化，则得到易挥发组分更低、难挥发组分更高的混合液。只要上面这一过程足够多，就可以将两种沸点相差很近的有机溶液分离成纯度很高的易挥发组分和难挥发组分的两种产品。简言之，分馏即为反复多次简单蒸馏的组合。在实验室常采用分馏来实现，而工业上采用精馏塔。

3.3.3.2 分馏装置

分馏装置与简单蒸馏装置类似，不同之处是在蒸馏瓶与蒸馏头之间加了一根分馏柱，如图 3-15 所示。分馏柱的种类很多，实验室常用韦氏分馏柱。半微量实验一般用填料柱，即在一根玻璃管内填上惰性材料，如玻璃、陶瓷或螺旋形、马鞍形等各种形状的金属小片。

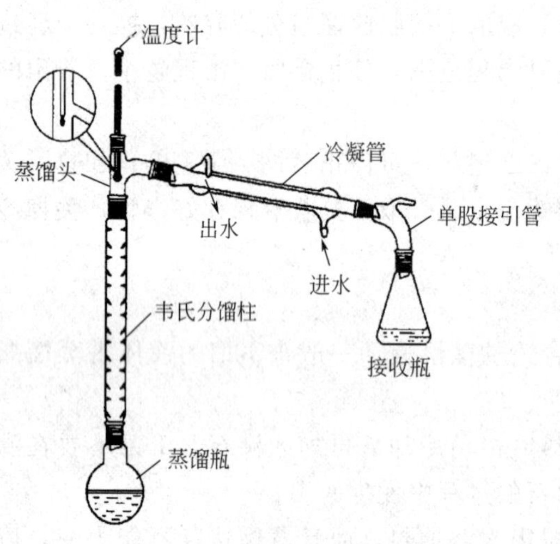

图 3-15 简单分馏装置图

3.3.3.3 分馏过程及操作注意事项

当液体混合物沸腾时，混合物蒸气进入分馏柱（可以是填料塔，也可以是板式塔），蒸气沿柱身上升，通过柱身进行热交换，在柱内进行反复多次的冷凝—汽化—再冷凝—再汽化过程，以保证达到柱顶的蒸气为纯的易挥发组分，而蒸馏瓶中的液体为难挥发组分，从而高效率地将混合物分离。分馏柱沿柱身存在着动态平衡，不同高度段存在着温度梯度和浓度梯度，此过程是一个热和质的传递过程。

为了得到良好的分馏效果，应注意以下几点。

① 在分馏过程中，不论使用哪种分馏柱，都应防止回流液体在柱内聚集，否则会减少液体和蒸气接触面积，或者使上升的蒸气将液体冲入冷凝管中，达不到分离的目的。

为了避免这种情况的发生，需在分馏柱外面包一定厚度的保温材料，以保证柱内具有一定的温度梯度，防止蒸气在柱内冷凝太快。当使用填充柱时，填料往往装得太紧或不均匀，造成柱内液体聚集，这时需要重新装柱。

② 对分馏来说，在柱内保持一定的温度梯度是极为重要的。在理想情况下，柱底的温度与蒸馏瓶内液体沸腾时的温度接近。柱内自下而上温度不断降低，直至柱顶接近易挥发组分的沸点。一般情况下，柱内温度梯度的保持是通过调节馏出液速度来实现的，若加热速度快，蒸出速度也快，会使柱内温度梯度变小，影响分离效果。若加热速度慢，蒸出速度也慢，会使柱身被流下来的冷凝液阻塞，这种现象称为液泛。为了避免上述情况出现，可以通过控制回流比来实现。所谓回流比，是指冷凝液流回蒸馏瓶的速度与柱顶蒸气通过冷凝管流出速度的比值。回流比越大，分离效果越好。回流比的大小根据物系和操作情况而定，一般回流比控制在 4：1，即冷凝液流回蒸馏瓶为每秒 4 滴，往顶馏出液为每秒 1 滴。

③ 液泛能使柱身及填料完全被液体浸润，在分离开始时，可以人为地利用液泛将液体均匀地分布在填料表面，充分发挥填料本身的效率，这种情况叫作预液泛。一般分馏时，先

将火力调得稍大些，一旦液体沸腾就应注意将火力调小，当蒸气冲到柱顶还未达到温度计水银球部位时，通过控制火力使蒸气保证在柱顶全回流，这样维持 5min。再将火力调至合适的位置，此时，应控制好柱顶温度，使馏出液以每两三秒 1 滴的速度平稳流出。

思考题

（1）为什么分馏时柱身的保温十分重要？

（2）为什么分馏时加热要平稳并控制好回流比？

（3）分馏与简单蒸馏有什么区别？

（4）如果改变温度计水银球的位置，测量的温度会有何变化？

（5）为什么加热速度快，会使柱内温度梯度变小？

（6）为什么加热速度慢，会出现液泛现象？

（7）进行预液泛的目的是什么？

3.3.4 减压蒸馏

减压蒸馏适用于在常压下沸点较高及常压蒸馏时易发生分解、氧化、聚合等反应的热敏性有机化合物的分离提纯。一般把低于一个大气压的气态空间称为真空，因此，减压蒸馏也称为真空蒸馏。

3.3.4.1 基本原理

液体的沸点与外界施加于液体表面的压力有关，随着外界施加于液体表面压力的降低，液体沸点下降。沸点与压力的关系可近似地用下式表示：

$$\lg p=\frac{A+B}{T}$$

式中，p 为液体表面的蒸气压；T 为溶液沸腾时的热力学温度；A、B 为常数。

如果用 $\lg p$ 为纵坐标，$1/T$ 为横坐标，可近似得到一条直线。从二元组分已知的压力和温度，可算出 A 和 B 的数值，再将所选择的压力带入上式即可求出液体在这个压力下的沸点。表 3-2 给出了部分有机化合物在不同压力下的沸点。

表 3-2 部分有机化合物压力与沸点的关系

压力/Pa	沸点/℃					
	水	氟苯	苯甲醛	水杨酸乙酯	甘油	蒽
101325(760mmHg)	100	132	179	234	290	354
6665(50mmHg)	38	54	95	139	204	225
3999(30mmHg)	30	43	84	127	192	207
3332(25mmHg)	26	39	79	124	188	201
2666(20mmHg)	22	34.5	75	119	182	194
1999(15mmHg)	17.5	29	69	113	175	186
1333(10mmHg)	11	22	62	105	167	175
666(5mmHg)	1	10	50	95	156	159

实际上许多物质的沸点变化是由分子在液体中的缔合程度决定的。因此，在实际操作中经常使用图 3-16 来估计某种化合物在某一压力下的沸点。

图 3-16 使用方法：分别在两条线上找出两个已知点，用一把小尺子将两点连接成一条直线，并与第三线相交，其交点便是要求的数值。例如，水在 760mmHg（1mmHg＝133.322Pa）时沸点为 100℃，若求 20mmHg 时的沸点，可先在 B 线上找到 100℃这一点，

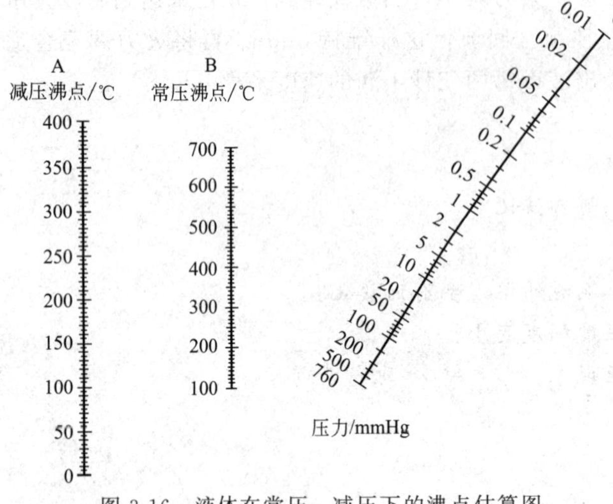

图 3-16 液体在常压、减压下的沸点估算图

再在 C 线上找到 20mmHg，将两点连成一条直线并延伸至 A 线与之相交，其交点便是 20mmHg 时水的沸点（22℃）。利用此图也可以反过来估计常压下的沸点和减压时要求的压力。

压力对沸点的影响还可以做如下估算：

① 从大气压降至 25mmHg（3332Pa）时，高沸点（250～300℃）化合物的沸点随之下降 100～125℃左右。

② 当气压在 25mmHg（3332Pa）以下时，压力每降低一半，沸点下降 10℃。

对于具体某个化合物减压到一定程度后其沸点是多少，可以查阅有关资料，但更重要的是通过实验来确定。

3.3.4.2 减压蒸馏装置

减压蒸馏装置由蒸馏瓶、克氏蒸馏头（或用 Y 形管与蒸馏头组成）、直形冷凝管、真空尾接管、接收瓶、安全瓶、压力计和油泵（或循环水泵）组成，见图 3-17。

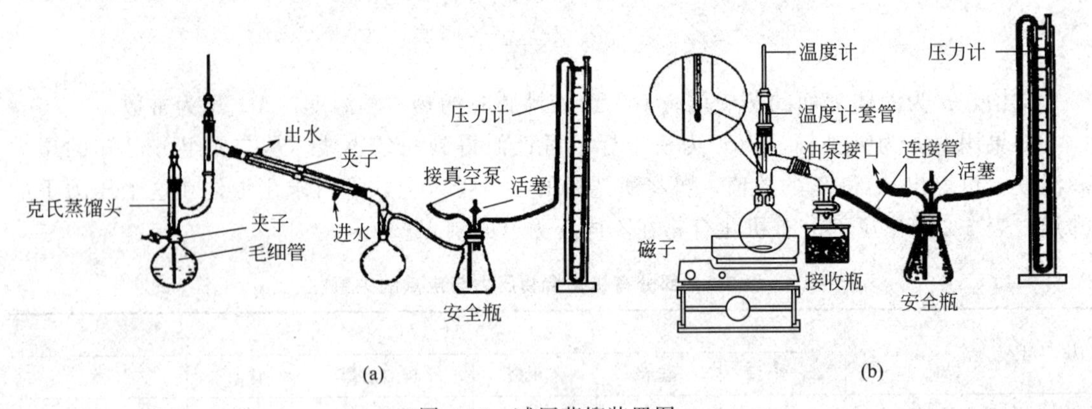

图 3-17 减压蒸馏装置图

在克氏蒸馏头的直口处插一根毛细管，直至蒸馏瓶底部，距底部距离越短越好，但又要保证毛细管有一定的出气量。毛细管的作用是在抽真空时，将微量气体抽进反应体系中，起到搅拌和汽化中心的作用，防止液体暴沸。因为在减压条件下沸石已不能起汽化中心的作用。在毛细管上端加一节乳胶管并用螺旋夹夹住，可以调节进气量。

真空尾接管上的支口与安全瓶连接，安全瓶的作用不仅是防止压力下降或停泵时油（或水）倒吸流入接收瓶中造成产品污染，而且还可以防止物料进入减压系统。安全瓶连接着泵和压力计（如果使用循环水泵，泵本身带有压力表）。

3.3.4.3 减压蒸馏操作步骤

① 减压蒸馏时，蒸馏瓶和接收瓶均不能使用不耐压的平底仪器（如锥形瓶、平底烧瓶等）和薄壁或有破损的仪器，以防由于装置内处于真空状态，外部压力过大而引起

爆炸。

② 减压蒸馏的关键是装置密封性要好，因此在安装仪器时，应在磨口接头处涂抹少量凡士林，以保证装置密封和润滑。温度计一般用一小段乳胶管固定在温度计套管上，根据温度计的粗细来选择乳胶管内径，乳胶管内径略小于温度计直径较好。

③ 仪器装好后，应空试系统是否密封。

a. 泵打开后，将安全瓶上的放空阀关闭，拧紧毛细管上的螺旋夹，待压力稳定后，观察压力计（表）上的读数是否到了最小或是否达到所要求的真空度。如果没有，说明系统内漏气，应进行检查。

b. 检查方法：首先将真空尾接管与安全瓶连接处的橡胶管折起来用手捏紧，观察压力计（表）的变化，如果压力马上下降，说明装置内有漏气点，应进一步检查装置，排除漏气点；如果压力不变，说明自安全瓶以后的系统漏气，应依次检查安全瓶和泵，并加以排除或请指导老师帮助排除。

c. 漏气点排除后，应再重新空试，直至压力稳定并且达到所要求的真空度时，方可进行下面的操作。

④ 减压蒸馏时，加入待蒸馏液体的量不能超过蒸馏瓶容积的1/2。待压力稳定后，蒸馏瓶内液体中有连续平稳的小气泡通过。如果气泡太大已冲入克氏蒸馏头的支管，则可能有两种情况：一是进气量太大，二是真空度太低。此时，应调节毛细管上的螺旋夹使其平稳过气。由于减压蒸馏时一般液体在较低的温度下就可以蒸出，因此，加热不要太快。当馏头蒸完后转动真空尾接管（一般用双头尾接管，当要接收多组馏分时可采用多头尾接管），开始接收馏分，蒸馏速度控制在每秒1～2滴。在压力稳定及化合物较纯时，沸程应控制在1～2℃范围内。

⑤ 停止蒸馏时，应先将加热器撤走，打开毛细管上的螺旋夹，待稍冷却后，慢慢地打开安全瓶上的放空阀，使压力计（表）恢复到零的位置，再关泵。否则由于系统中压力低，会发生油或水倒吸回安全瓶或冷阱的现象。

⑥ 为了保护油泵系统和泵中的油，在使用油泵进行减压蒸馏前，应将低沸点的物质先用简单蒸馏的方法去除，必要时可先用水泵进行减压蒸馏。加热温度以产品不分解为准。

思考题

（1）简述减压蒸馏的过程。

（2）为什么减压蒸馏时，必须先抽真空后加热？

（3）请估计苯甲醛、苯胺、苯乙酮在1333Pa（10mmHg）下的沸点。

3.3.5 分水操作

在进行某些可逆平衡反应时，为了使正向反应进行到底，常常将产物之一不断从反应混合物体系中除去，而采用回流分水装置。

3.3.5.1 基本原理

回流分水装置与回流装置的不同之处在于回流冷凝管的下端连有一个分水装置。回流液经分水器后，可以将密度不同且互不相溶的两种液体分开，密度小的液体在上层，可以流回反应器中，密度大的液体可从反应体系中分离出来。由于在多数情况下它们都用来分水，故分别称为回流分水装置和分水器。

分水操作主要用于共沸物的分离。共沸物是指在一定压力下，混合体具有相同的沸点的物质。该沸点比纯物质的沸点更低或更高。在共沸混合物中加入第三组分，该组分与原共沸混合物中的一种或两种组分形成沸点比原来组分和原来共沸物沸点更低的、新的具有最低共沸点的共沸物，使组分间的相对挥发度增大，易于用蒸馏的方法分离。这种蒸馏方法称为共沸蒸馏，加入的第三组分称为恒沸剂或夹带剂。工业上常用苯作为恒沸剂进行共沸精馏制取无水酒精。常用的夹带剂有苯、甲苯、二甲苯、三氯甲烷、四氯化碳等。

3.3.5.2 回流分水装置

图 3-18 是实验室常用的共沸蒸馏装置。它是在蒸馏瓶与回流冷凝管之间增加了一根分水器。

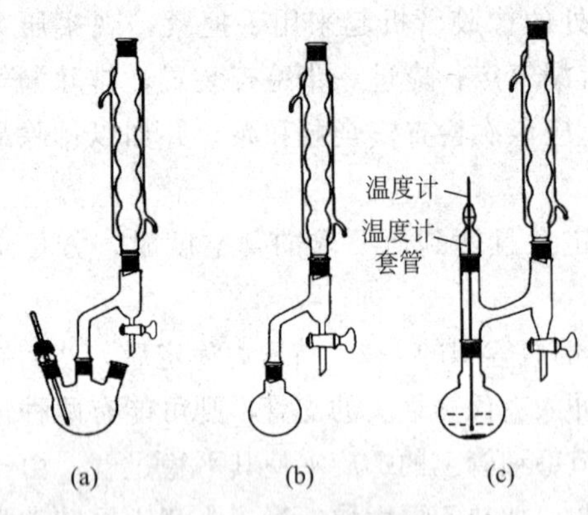

图 3-18 共沸蒸馏装置

3.3.6 水蒸气蒸馏

水蒸气蒸馏主要用于蒸馏与水互不混溶，不反应，并且具有一定挥发性［一般在近 100℃时，蒸气压不少于 666Pa（5mmHg）］的有机化合物。水蒸气蒸馏广泛用于在常压蒸馏时达到沸点后易分解物质的提纯和从天然原料中分离出液体和固体产物。

3.3.6.1 基本原理

当对一个互不混溶的挥发性混合物进行蒸馏时，在一定温度下，每种液体将显示其各自的蒸气压，而不被另一种液体所影响，它们各自的分压只与各自纯物质的饱和蒸气压有关，即 $p_A=p_A^\circ$，$p_B=p_B^\circ$，而与各组分的摩尔分数无关，其总压为各分压之和，即：

$$p_{总}=p_A+p_B=p_A^\circ+p_B^\circ$$

由此我们可以看出，混合物的沸点将比其中任何单一组分的沸点都低。在常压下用水蒸气（或水）作为其中的一相，能在低于 100℃的情况下将高沸点组分与水一起蒸出来。综上所述，一个由不混溶液体组成的混合物将在比它的任何单一组分（作为纯化合物时）的沸点都要低的温度下沸腾，用水蒸气（或水）充当这种不相混溶液组分之一所进行的蒸馏操作称为水蒸气蒸馏。

3.3.6.2 水蒸气蒸馏装置

水蒸气蒸馏装置由水蒸气发生器和简单蒸馏装置组成，图 3-19 给出了实验室常用的水蒸气蒸馏装置。当用直接法进行水蒸气蒸馏时，用简单蒸馏或分馏装置即可。

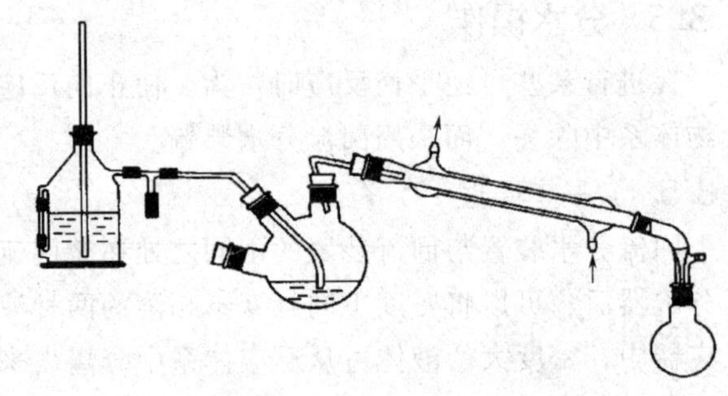

图 3-19 水蒸气蒸馏装置

水蒸气发生器在装置的侧面安装一个水位计，以便观察发生器内水位，一般水位最高不要超过 2/3，最低不要低于 1/3。在发生器的上边安装一根长的玻璃管，将此管插入发生器底部，距底部距离约 1～2cm，可用来调节体系内部的压力并可防止系统发生堵塞时出现危险。水蒸气出口管与冷阱连接。冷阱是一支玻璃三通管，它的一端与发生器连接，另一端与蒸馏瓶连接，下口接一段软的橡皮管，用螺旋夹夹住，以便调节蒸气量。水蒸气发生器与蒸馏系统连接时管路越短越好，否则水蒸气冷凝后会降低蒸馏瓶内温度，影响蒸馏效果。

3.3.6.3 操作步骤

① 蒸馏瓶可选圆底烧瓶，也可用三口瓶。被蒸馏液体的体积不应超过蒸馏瓶容积的1/3。将混合液加入蒸馏瓶后，打开冷阱上的螺旋夹。开始加热水蒸气发生器，使水沸腾。当有蒸汽从冷阱下面喷出时，将螺旋夹拧紧，使蒸汽进入蒸馏系统。调节进汽量，保证混合液体蒸气在冷凝管中全部冷凝下来。

② 在蒸馏过程中，若在插入水蒸气发生器中的玻璃管内，蒸汽突然上升至几乎喷出时，说明蒸馏系统内压增高，可能系统内发生堵塞，应立刻打开螺旋夹，移走热源，停止蒸馏，待故障排除后方可继续蒸馏。当蒸馏瓶内的压力大于水蒸气发生器内的压力时，将发生液体倒吸现象，此时，应打开螺旋夹或对蒸馏瓶进行保温，加快蒸馏速度。

③ 当流出液不再浑浊时，用表面皿取少量流出液，在日光或灯光下观察是否有油珠状物质，如果没有，可停止蒸馏。

④ 停止蒸馏时先打开冷阱上的螺旋夹，移走热源，待稍冷却后，将水蒸气发生器与蒸馏系统断开。收集馏出物或残液（有时残液是产物），最后拆除仪器。

3.4 萃　　取

萃取是实验室常用的一种分离提纯的方法。洗涤也是萃取的一种方法，利用此法可将有机化合物中杂质去除。按萃取两相的不同，萃取可分为液-液萃取、液-固萃取、气-液萃取。在此，我们重点介绍液-液萃取。

3.4.1 液-液萃取

液-液萃取又称为溶剂萃取，它是分离液体混合物的重要方法之一。

3.4.1.1 基本原理

在欲分离的液体混合物中加入一种与其不溶或部分互溶的液体溶剂，形成两相系统，利用液体混合物中各组分在两相中的溶解度和分配系数的不同，易溶组分较多地进入溶剂相，从而实现混合液的分离。

简单萃取过程为：将萃取剂加入混合液中，使其互相混合，因溶质在两相间的分配未达到平衡，而溶质在萃取剂中的平衡浓度高于其在原溶液中的浓度，于是溶质从混合液向萃取剂中扩散，使溶质与混合液中的其他组分分离，因此，萃取是两相间的传质过程。

溶质 A 在两相间的平衡关系还可以用平衡常数 K 来表示：

$$K=c_A/c_B$$

式中，c_A 为溶质在萃取剂中的浓度；c_B 为溶质在原溶液中的浓度。

对于液-液萃取，K 常称为分配系数，可将其近似地看作溶质在萃取剂和原溶液中溶解度之比。

用萃取法分离混合液时，混合液中的溶质既可以是挥发性物质，也可以是非挥发性物质（如无机盐类）。

3.4.1.2 萃取过程的分离效果及萃取剂的选择

萃取过程的分离效果主要表现为被分离物质的萃取率和分离纯度。萃取率为萃取液中被提取的溶质与原溶液中的溶质的量之比。萃取率越高，表示萃取过程的分离效果越好。

影响分离效果的主要因素包括：被萃取的物质在萃取剂与原溶液两相之间的平衡关系，在萃取过程中两相之间的接触情况。这些因素都与萃取次数和萃取剂的选择有关。利用分配定律，可算出经过 n 次萃取后在原溶液中溶质的剩余量：

$$W_n = W_0 \left(\frac{KV}{KV+S} \right)^n$$

式中，W_n 为经 n 次萃取后溶质在原溶液中的剩余量；W_0 为萃取前化合物的总量；K 为分配系数；V 为原溶液的体积；S 为萃取剂的用量。

当用一定量溶剂萃取时，希望原溶液中的剩余量越少越好。因为 $\frac{KV}{KV+S}$ 总是小于 1，所以 n 越大，W_n 就越小，也就是说将全部萃取剂分为多次萃取比一次全部用完萃取效果要好。例如：在 100mL 水中含有 4g 正丁酸的溶液，在 15℃时用 100mL 苯萃取，设已知在 15℃时正丁酸在水和苯中的分配系数 $K=1/3$，下面计算用 100mL 苯一次萃取和将 100mL 苯分三次萃取的结果。

一次萃取后正丁酸在水中的剩余量为：

$$W_1 = 4 \times \left[\frac{1}{3} \times 100 / \left(\frac{1}{3} \times 100 + 100 \right) \right] = 1.00(\mathrm{g})$$

分三次萃取后正丁酸在水中的剩余量为：

$$W_3 = 4 \times \left[\frac{1}{3} \times 100 / \left(\frac{1}{3} \times 100 + 100 \right) \right]^3 = 0.5(\mathrm{g})$$

从上面的计算可以看出，用 100mL 苯一次萃取可以提出 3.0g 的正丁酸，占总量的 75%，分三次萃取后可提出 3.5g，占总量的 87.5%。当萃取剂总量不变时，萃取次数增加，每次用萃取剂的量就要减小。当 $n>5$ 时，n 和 S 这两种因素的影响几乎抵消。再增加萃取次数，$W_n/(W_n+1)$ 的变化很小。所以一般同体积溶剂分为 3～5 次萃取即可。但是，上式只适用于萃取剂与原溶液不互溶的情况，对于萃取剂与原溶液部分互溶的情况，只能给出近似的预测结果。

溶剂对萃取分离效果的影响很大，选择时应注意考虑以下几个方面：

（1）分配系数　被分离物质在萃取剂与原溶液两相间的平衡关系是选择萃取剂首先应考虑的问题。分配系数 K 的大小对萃取过程有着重要的影响，分配系数 K 大，表示被萃取组分在萃取相的组成高，萃取剂用量少，溶质容易被萃取出来。

（2）密度　在液-液萃取中两相间应保持一定的密度差，以利于两相的分层。

（3）界面张力　萃取体系的界面张力较大时，细小的液滴比较容易聚结，有利于两相的分离。但是界面张力过大，液体不易分散，难以使两相很好地混合；界面张力过小时，液体易分散，但是易产生乳化现象使两相难以分离。因此，应从界面张力对两相混合与分层的影响来综合考虑，一般不宜选择界面张力过小的萃取剂。常用体系界面张力的数值可在文献中找到。

（4）黏度　萃取剂黏度低，有利于两相的混合与分层，因而应选择黏度低的萃取剂。

（5）其他　萃取剂应具有良好的化学稳定性，不易分解和聚合，一般选择低沸点溶剂，萃取剂容易与溶质分离和回收。毒性、易燃易爆性、价格等都应加以考虑。

一般选择萃取剂时，难溶于水的物质用石油醚作萃取剂，较易溶于水的物质用苯或乙醚作萃取剂，易溶于水的物质用乙酸乙酯或类似的物质作萃取剂。常用的萃取剂有乙醚、苯、四氯化碳、石油醚、氯仿、二氯甲烷、乙酸乙酯等。

3.4.1.3 操作方法

萃取常用的仪器是分液漏斗。使用前应先检查下口活塞和上口塞子是否有漏液现象。在活塞处涂少量凡士林，旋转几圈将凡士林涂均匀。在分液漏斗中加入一定量的水，将上口塞子盖好，上下摇动分液漏斗中的水，检查是否漏水。确定不漏后再使用。

将待萃取的原溶液倒入分液漏斗中，再加入萃取剂（如果是洗涤应先将水溶液分离后，再加入洗涤溶液），将塞子塞紧，用右手的拇指和中指拿住分液漏斗，食指压住上口塞子，左手的食指和中指夹住下口管，同时，食指和拇指控制活塞。然后将漏斗平放，前后摇动或做圆周运动，使液体振动起来，两相充分接触。在振动过程中应注意不断放气，以免萃取或洗涤时，内部压力过大，造成漏斗的塞子被顶开，使液体喷出，严重时会引起漏斗爆炸，造成伤人事故。放气时，将漏斗的下口向上倾斜，使液体集中在下面，用控制活塞的拇指和食指打开活塞放气，注意不要对着人，一般振动两三次就放一次气。经几次摇动放气后，将漏斗放在铁架台的铁圈上，将塞子上的小槽对准漏斗上的通气孔，静止 3～5min。待液体分层后将下层液体由下口放出，放入一个干燥好的锥形瓶中；上层液体由上口倒出。若需多次萃取，则萃余相再加入新萃取剂继续萃取。萃取完后，合并萃取相，加入干燥剂进行干燥。干燥后，先将低沸点的物质和萃取剂用简单蒸馏的方法蒸出，然后视产品的性质选择合适的纯化手段。

在萃取操作中应注意以下几个问题：

① 分液漏斗中的液体不宜太多，以免摇动时影响液体接触而使萃取效果下降。

② 液体分层后，上层液体由上口倒出，下层液体经由下口活塞放出，以免污染产品。

③ 在溶液呈碱性时，常产生乳化现象。有时由于存在少量轻质沉淀、两液相密度接近、两液相部分互溶等，都会引起分层不明显或不分层。此时，静止时间应长一些，或加入一些食盐，增加两相的密度差，使絮状物溶于水中，迫使有机物溶于萃取剂中；或加入几滴酸、碱、醇等，以破坏乳化现象。如上法不能将絮状物破坏，在分液时，应将絮状物与萃余相（水层）一起放出。

④ 液体分层后应正确判断萃取相（有机相）和萃余相（水相），一般根据两相的密度来确定，密度大的在下面，密度小的在上面。如果一时判断不清，应将两相分别保存起来，待弄清后，再弃掉不要的液体。

3.4.2 液-固萃取

液-固萃取的原理与液-液萃取类似。常用的方法有浸取法和连续提取法。

（1）浸取法　常见的浸取法就如熬中药，将溶剂加入被萃取的固体物质中加热，使易溶于萃取剂的物质提取出来，然后再进行分离纯化。当使用有机溶剂作萃取剂时，应使用回流装置。

（2）连续提取法　一般使用索氏（Soxhlet）提取器来进行，如图 3-20 所示。将固体物质研细，放入滤纸筒内，上下开口处应扎紧，以防固体洒出。将其放入提取器的提取筒中。滤纸筒不宜太紧，以加大液体和固体的接触面积；但是也不能太松，否则不好装入提取筒中。滤纸筒的高度不要超过虹吸管顶部。从提取筒上口加入溶剂，当发生虹吸时，液

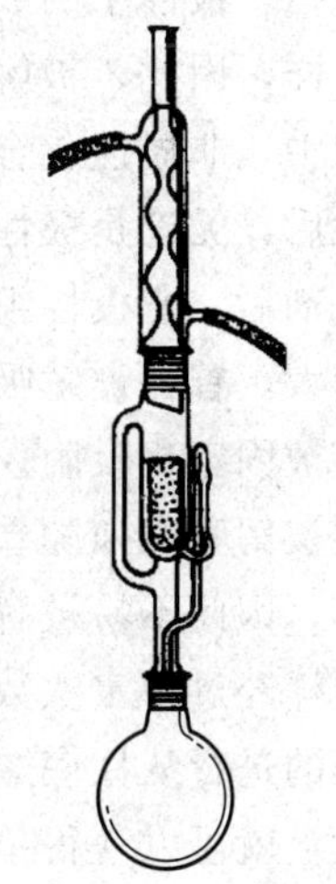

图 3-20　索氏提取器

体流入蒸馏瓶中，再补加过量溶剂（根据提取时间和溶剂的挥发程度而定）。装上冷凝管，通入冷却水，加入沸石后开始加热。液体沸腾后开始回流，液体在提取筒中蓄积，使固体浸入液体中。当液面超过虹吸管顶部时，蓄积的液体带着从固体中提取出来的易溶物质流入蒸馏瓶中。如此循环往复，可几乎将固体中易溶物质全部提取到液体中来。提取过程结束后，将仪器拆除，对提取液进行分离。

在提取过程中应注意调节温度，因为随着提取过程的进行，蒸馏瓶内的液体中的溶质不断增多，当从固体物质中提取出来的溶质较多时，温度过高会使溶质在瓶壁上结垢或炭化。当物质受热易分解和萃取剂沸点较高时，不宜使用此方法。

3.5 色谱分离技术

前边我们介绍了蒸馏、萃取、重结晶和升华等有机化合物的提纯方法。然而，经常遇到化合物的物化性质十分相近的情况，用以上的几种方法均不能得到较好的分离，此时，用色谱分离技术可以得到满意的结果。随着科技的快速发展，色谱分离技术应用越来越广泛，已发展成为分离、纯化和鉴定有机化合物的重要实验技术。

按分离原理，可分为吸附色谱、分配色谱、离子交换色谱和排阻色谱等；按操作条件，又可分为柱色谱、薄层色谱、纸色谱；按两相所处状态，分为气相色谱和高压液相色谱等。

3.5.1 柱色谱

3.5.1.1 基本原理

柱色谱一般有吸附色谱和分配色谱两种。实验室中最常用的是吸附色谱。其原理是利用混合物中各组分在不相混溶的两相（即流动相和固定相）中吸附和解吸的能力不同，也可以说在两相中的分配不同，当混合物随流动相流过固定相时，发生了反复多次的吸附和解吸过程，从而使混合物分离成两种或多种单一的纯组分。

为了进一步理解色谱实验原理，我们对柱色谱的分离过程作一简单介绍。常用的吸附剂有氧化铝、硅胶等。将已溶解的样品加入已装好的色谱柱中，然后，用洗脱剂（流动相）进行淋洗。样品中各组分在吸附剂（固定相）上的吸附能力不同，一般来说，极性大的吸附能力强，极性小的吸附能力相对弱一些。当用洗脱剂淋洗时，各组分在洗脱剂中的溶解度也不一样，因此，被解吸的能力也就不同。根据“相似相溶”原理，极性化合物易溶于极性洗脱剂中，非极性化合物易溶于非极性洗脱剂中。一般是先用非极性洗脱剂进行淋洗。当样品加入后，无论是极性组分还是非极性组分均被固定相吸附（其作用力为范德华力），当加入洗脱剂后，非极性组分由于在固定相（吸附剂）中吸附能力弱，而在流动相（洗脱剂）中溶解度大，首先被解吸出来，被解吸出来的非极性组分随着流动相向下移动与新的吸附剂接触再次被固定相吸附。随着洗脱剂向下流动，被吸附的非极性组分再次与新的洗脱剂接触，并再次被解吸出来随着流动相向下流动。而极性组分由于吸附能力强，且在洗脱剂中溶解度又小，因此不易被解吸出来，随流动相移动的速度比非极性组分要慢得多（或根本不移动）。这样经过一定次数的吸附和解吸后，各组分在色谱柱中形成了一段一段的色带，随着洗脱过程的进行从柱底端流出。每一段色带代表一个组分，分别收集不同的色带，再将洗脱剂蒸发，就可以获得单一的纯净物质。图 3-21 给出了色谱分离过程。

3.5.1.2 吸附剂

选择合适的吸附剂作为固定相对于柱色谱来说是非常重要的。常用的吸附剂有硅胶、氧

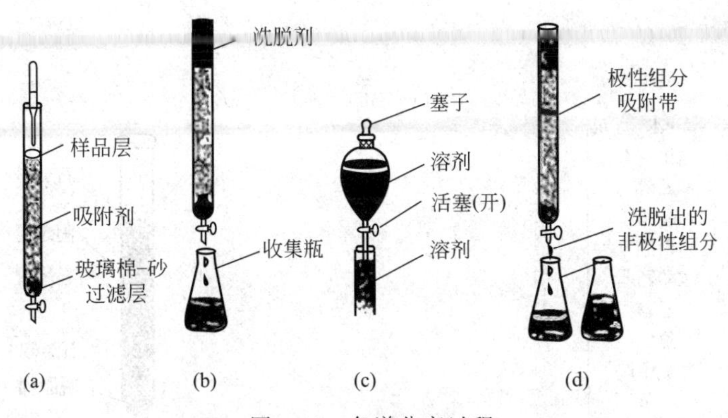

图 3-21 色谱分离过程

化铝、氧化镁、碳酸钙和活性炭等。实验室一般使用氧化铝或硅胶，在这两种吸附剂中氧化铝的极性更大一些，它是一种高活性和强吸附的极性物质。通常市售的氧化铝分为中性、酸性和碱性三种。酸性氧化铝适用于分离酸性有机物质；碱性氧化铝适用于分离碱性有机物质，如生物碱和烃类化合物；中性氧化铝应用最为广泛，适用于中性物质的分离，如醛、酮、酯、酸等类有机物质。市售的硅胶略带酸性。

由于样品被吸附到吸附剂表面上，因此颗粒大小均匀、比表面积大的吸附剂分离效率最佳。比表面积越大，组分在流动相和固定相之间达到平衡就越快，色带就越窄。通常使用的吸附剂颗粒大小以 100～150 目为宜。

吸附剂的活性取决于吸附剂的含水量，含水量越高，活性越低，吸附剂的吸附能力越弱；反之则吸附能力强。吸附剂的含水量和活性等级关系如表 3-3 所示。

表 3-3 吸附剂的含水量和活性等级关系

活性等级	Ⅰ	Ⅱ	Ⅲ	Ⅳ	Ⅴ
氧化铝含水量/%	0	3	6	10	15
硅胶含水量/%	0	5	15	25	38

一般常用的是Ⅱ和Ⅲ级吸附剂，Ⅰ级吸附性太强，而且易吸水，Ⅴ级吸附性太弱。

3.5.1.3 洗脱剂

在柱色谱分离中，洗脱剂的选择也是一个重要的因素。一般洗脱剂的选择是通过薄层色谱实验来确定的。具体方法：先用少量溶解好（或提取出来）的样品，在已制备好的薄层板上点样（具体方法见薄层色谱），用少量展开剂展开，观察各组分点在薄层板上的位置，并计算 R_f 值。哪种展开剂能将样品中各组分完全分开，即可作为柱色谱的洗脱剂。有时，单纯一种展开剂达不到所要求的分离效果，可考虑选用混合展开剂。

选择洗脱剂的另一个原则是：洗脱剂的极性不能大于样品中各组分的极性。否则会由于洗脱剂在固定相上被吸附，迫使样品一直保留在流动相中。在这种情况下，组分在柱中移动得非常快，很少有机会建立起分离所要达到的化学平衡，影响分离效果。

另外，所选择的洗脱剂必须能够将样品中各组分溶解，但不能同组分竞争与固定相的吸附。如果被分离的样品不溶于洗脱剂，那么各组分可能会牢固地吸附在固定相上，而不随流动相移动或移动很慢。

不同的洗脱剂使给定的样品沿着固定相的相对移动能力，称为洗脱能力。洗脱能力顺序如图 3-22 所示。

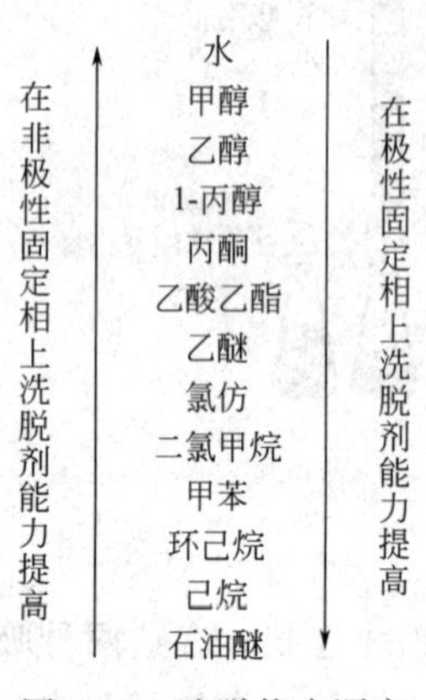

图 3-22 洗脱能力顺序

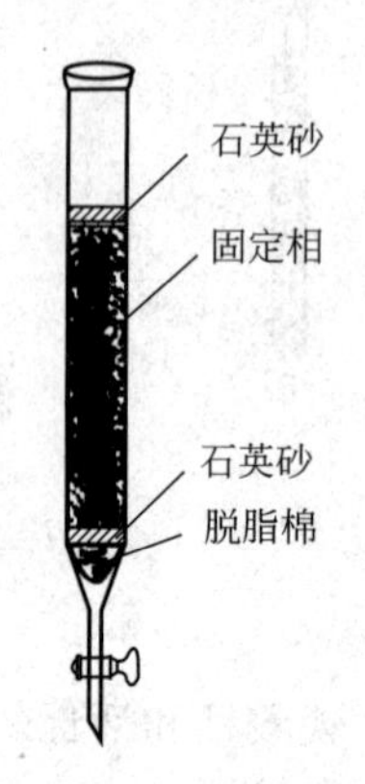

图 3-23 柱色谱装置图

3.5.1.4 柱色谱装置

色谱柱是一根带有下旋塞或无下旋塞的玻璃管，如图 3-23 所示。一般来说，吸附剂的质量应是待分离物质质量的 25～30 倍，所用柱的高度和直径比应为 8∶1。表 3-4 给出了样品质量、吸附剂质量、柱高和直径之间的关系，实验者可根据实际情况参照选择。

表 3-4 样品和吸附剂质量与色谱柱高和直径的关系

样品质量/g	吸附剂质量/g	色谱柱直径/cm	色谱柱高度/cm
0.01	0.3	3.5	30
0.10	3.0	7.5	60
1.00	30.0	16.0	130
10.00	300.0	35.0	280

3.5.1.5 操作方法

（1）装柱　装柱前应先将色谱柱洗干净，进行干燥。在柱底铺一小块脱脂棉，再铺约 0.5cm 厚的石英砂，然后进行装柱。装柱分为湿法装柱和干法装柱两种，下面分别加以介绍。

① 湿法装柱　将吸附剂（氧化铝或硅胶）用极性最低的洗脱剂调成糊状。在柱内先加入约 3/4 柱高的洗脱剂，再将调好的糊状物边用洗耳球敲打边倒入柱中，同时，打开下旋活塞，在色谱柱下面放一个干净并且干燥的锥形瓶或烧杯，接收洗脱剂。当装入的吸附剂有一定高度时，洗脱剂下流速度变慢，待所用吸附剂全部装完后，用流下来的洗脱剂转移残留的吸附剂，并将柱内壁残留的吸附剂淋洗下来。在此过程中，应不断敲打色谱柱，以使色谱柱填充均匀且没有气泡。柱子填充完后，在吸附剂上端覆盖一层约 0.5cm 厚的石英砂。覆盖石英砂的目的是：a. 使样品均匀地流入吸附剂表面；b. 当加入洗脱剂时，它可以防止吸附剂表面被破坏。在整个装柱过程中，柱内洗脱剂的高度始终不能低于吸附剂最上端，否则柱内会出现裂痕和气泡。

② 干法装柱　在色谱柱上端放一个干燥的漏斗，将吸附剂倒入漏斗中，使其成为一细流连续不断地装入柱中，并用洗耳球轻轻敲打色谱柱柱身，使其填充均匀，再加入洗脱剂湿润。也可以先加入 3/4 的洗脱剂，然后再倒入干的吸附剂。因为硅胶和氧化铝的溶剂化作用易使柱内形成缝隙，所以这两种吸附剂不宜使用干法装柱。

（2）样品的加入及色谱带的展开　液体样品可以直接加入色谱柱中，如浓度低可浓缩后再进行分离。固体样品应先用最少量的溶剂溶解后再加入柱中。在加入样品时，应先将柱内洗脱剂排至稍低于石英砂表面后停止排液，用滴管沿柱内壁把样品一次加完。在加入样品时，应注意滴管尽量向下靠近石英砂表面。样品加完后，打开下旋活塞，使液体样品进入石英砂层后，再加入少量的洗脱剂将壁上的样品洗下来，待这部分液体进入石英砂层后，再加入洗脱剂进行淋洗，直至所有色带被展开。

色谱带的展开过程也就是样品的分离过程。在此过程中应注意：

① 洗脱剂应连续平稳地加入，不能中断。样品量少时，可用滴管加入。样品量大时，用滴液漏斗作储存洗脱剂的容器，控制好滴加速度，可得到更好的效果。

② 在洗脱过程中，应先使用极性最小的洗脱剂淋洗，然后逐渐加大洗脱剂的极性，使洗脱剂的极性在柱中形成梯度，以形成不同的色带环。也可以分步进行淋洗，即将极性小的组分分离出来后，再改变极性分出极性较大的组分。

③ 在洗脱过程中，样品在柱内的下移速度不能太快，但是也不能太慢（甚至过夜），因为吸附表面活性较大，时间太长会造成某些成分被破坏，使色谱扩散，影响分离效果。通常流出速度为每分钟 5～10 滴，若洗脱剂下移速度太慢，可适当加压或用水泵减压。

④ 当色谱带出现拖尾时，可适当提高洗脱剂极性。

（3）样品中各组分的收集　当样品中各组分带有颜色时，可根据不同的色带用锥形瓶分别进行收集，然后分别将洗脱剂蒸除得到纯组分。但是大多数有机物质是无色的，可采用等分收集的方法，即将收集瓶编好号，根据使用吸附剂的量和样品分离情况来进行收集，一般用 50g 吸附剂，每份洗脱剂的收集体积约为 50mL。如果洗脱剂的极性增加或样品中组分的结构相近时，每份收集量应适当减小。将每份收集液浓缩后，以残留在烧瓶中物质的质量为纵坐标，收集瓶的编号为横坐标绘制曲线图，来确定样品中的组分数。还可以在吸附剂中加入磷光体指示剂用紫外线照射来确定。一般用薄层色谱进行监控是最为有效的方法。

思考题

（1）吸附色谱法的基本原理是什么？

（2）样品在柱内的下移速度为什么不能太快？如果太快会有什么后果？

3.5.2 薄层色谱

3.5.2.1 实验原理

薄层色谱简称 TLC（thin layer chromatography），是另外一种液-固吸附色谱的形式，与柱色谱原理和分离过程相似，吸附剂的性质和洗脱剂的相对洗脱能力，在柱色谱中适用的同样适用于 TLC 中。与柱色谱不同的是，TLC 中的流动相沿着薄板上的吸附剂向上移动，而柱色谱中的流动相则沿着吸附剂向下移动。另外，薄层色谱最大的优点是：需要的样品量少，展开速度快，分离效率高。TLC 常用于有机化合物的鉴定与分离，如通过与已知结构的化合物相比较，可鉴定有机混合物的组成。在有机合成反应中可以利用薄层色谱对反应进行监控。在柱色谱分离中，经常利用薄层色谱来确定其分离条件和监控分离的进程。薄层色谱不仅可以分离少量样品（几微克），而且也可以分离较大量的样品（可达 500mg），特别适用于挥发性较低，或在高温下易发生变化而不能用气相色谱进行分离的化合物。

在 TLC 中所用的吸附剂颗粒比柱色谱中用的要小得多，一般为 260 目以上。当颗粒太大时，表面积小，吸附量少，样品随展开剂移动速度快，斑点扩散较大，分离效果不好；当颗粒太小时，样品随展开剂移动速度慢，斑点不集中，效果也不好。

薄层色谱所用的硅胶情况是：硅胶 H 不含黏结剂；硅胶 G（Gypsum 的缩写）含黏结剂（煅石膏）；硅胶 GF254 含有黏结剂和荧光剂，可在波长 254nm 紫外光下发出荧光；硅胶 HF254 只含荧光剂。同样，氧化铝也分为氧化铝 G、氧化铝 GF254 及氧化铝 HF254。氧化铝的极性比硅胶大，可用于分离极性小的化合物。

黏结剂除煅石膏外，还可用淀粉、聚乙烯醇和羧甲基纤维素钠（CMC）。使用时，一般配成百分之几的水溶液。如羧甲基纤维素钠的质量分数一般为 0.5%～1%，最好是 0.7%。淀粉的质量分数为 5%。加黏结剂的薄板称为硬板，不加黏结剂的薄板称为软板。

3.5.2.2 操作方法

（1）薄层板的制备　薄板的制备方法有两种，一种是干法制板，另一种是湿法制板。

干法制板常用氧化铝作吸附剂，将氧化铝倒在玻璃上，取直径均匀的一根玻璃棒，将两端用胶布缠好，在玻璃板上滚压，把吸附剂均匀地铺在玻璃板上。这种方法操作简便，展开快，但是样品展开点易扩散，制成的薄板不易保存。

实验室最常用的是湿法制板。取 2g 硅胶 G，加入 5～7mL 0.7%的羧甲基纤维素钠水溶液，调成糊状。将糊状硅胶均匀地倒在三块载玻片上，先用玻璃棒铺平，然后用手轻轻震动至平。大量铺板或铺较大板时，也可使用涂布器。

薄层板制备的好与坏直接影响色谱分离的效果，在制备过程中应注意：

① 铺板时，尽可能将吸附剂铺均匀，不能有气泡或颗粒等。

② 铺板时，吸附剂的厚度不能太厚也不能太薄，太厚展开时会出现拖尾，太薄样品分不开，一般厚度为 0.5～1mm。

③ 湿板铺好后，应放在比较平的地方晾干，然后转移至试管架上慢慢地自然干燥，千万不要快速干燥，否则薄层板会出现裂痕。

（2）薄层板的活化　薄层板经过自然干燥后，再放入烘箱中活化，进一步除去水分。不同的吸附剂及配方，需要不同的活化条件。例如：硅胶一般在烘箱中逐渐升温，在 105～110℃下，加热 30min；氧化铝在 200～220℃下烘干 4h 可得到活性为Ⅱ级的薄层板，在 150～160℃下烘干 4h 可得到活性为Ⅲ～Ⅳ级的薄层板。含水量与活性的关系见表 3-3。当分离某些易吸附的化合物时，可不用活化。

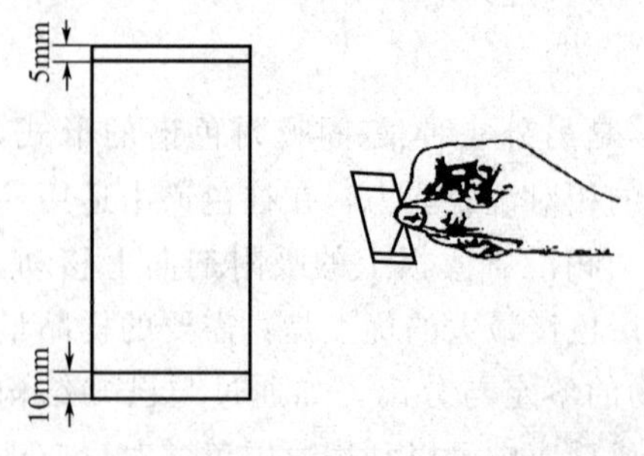

图 3-24　薄层板及薄层板的点样方法

（3）点样　将样品用易挥发溶剂配成 1%～5%的溶液。在距薄层板的一端 10mm 处，用铅笔轻轻地画一条横线作为点样时的起点线，在距薄层板的另一端 5mm 处，再画一条横线作为展开剂向上爬行的终点线（划线时不能将薄层板表面破坏），如图 3-24 所示。

用内径小于 1mm 干净并且干燥的毛细管吸取少量的样品，轻轻触及薄层板的起点线（即点样），然后立即抬起，待溶剂挥发后，再触及第二次。这样点 3～5 次即可，如果样品浓度低可多点几次。在点样时应做到“少量多次”，即每次点的样品量要少一些，点的次数可以多一些，这样可以保证样品点既有足够的浓度点又小。点好样品的薄层板待溶剂挥发后再放入展开缸中进行展开。

（4）展开　在此过程中，选择合适的展开剂是至关重要的。一般展开剂的选择与柱色谱中洗脱剂的选择类似，即极性化合物选择极性展开剂，非极性化合物选择非极性展开剂。当一种展开剂不能将样品分离时，可选用混合展开剂。常见溶剂的极性及在硅胶板上的展开能力，按如下顺序增强：

戊烷、四氯化碳、苯、氯仿、二氯甲烷、乙醚、乙酸乙酯、丙酮、乙醇、甲醇

$\xrightarrow{\text{极性及展开能力增加}}$

一般展开能力与溶剂的极性成正比。混合展开剂的选择请参考柱色谱中洗脱剂的选择。

展开时，在展开缸中加入配好的展开剂，将薄层板点有样品的一端放入展开剂中（注意展开剂液面的高度应低于样品斑点），如图 3-25(a) 所示。在展开过程中，样品斑点随着展开剂向上迁移，当展开剂前沿至薄层板上边的终点线时，立刻取出薄层板。将薄层板上分开的样品点用铅笔圈好，计算比移值 R_f。

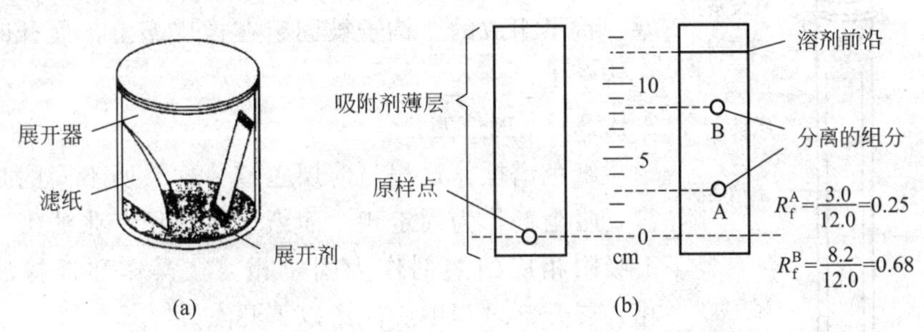

图 3-25　某组分薄层色谱展开过程及 R_f 值的计算

（5）比移值 R_f 的计算　某种化合物在薄层板上上升的高度与展开剂上升高度的比值称为该化合物的比移值，常用 R_f 来表示：

$$R_f=\frac{\text{样品中某组分移动离开原点的距离}}{\text{展开剂前沿距原点中心的距离}}$$

图 3-25(b) 给出了某化合物的展开过程及 R_f 值。对于一种化合物，当展开条件相同时，R_f 值是一个常数。因此，可用 R_f 作为定性分析的依据。但是，由于影响 R_f 值的因素较多，如展开剂、吸附剂、薄层板的厚度、温度等均能影响此值，因此同一化合物的 R_f 值与文献值会相差很大。在实验中我们常采用的方法是，在一块板上同时点一个已知物和一个未知物，进行展开，通过计算 R_f 值来确定是否为同一化合物。

（6）显色　样品展开后，如果本身带有颜色，可直接看到斑点的位置。但是，大多数有机化合物是无色的，因此，就存在显色的问题。常用的显色方法有：

① 显色剂法　常用的显色剂有碘和三氯化铁水溶液等。许多有机化合物能与碘生成棕色或黄色的配合物。利用这一性质，在一密闭容器中（一般用展开缸即可）放几粒碘，将展开并干燥的薄层板放入其中，稍稍加热，让碘升华，当样品与碘蒸气反应后，薄层板上的样品点处即可显示出黄色或棕色斑点，取出薄层板用铅笔将点圈好即可。除饱和烃和卤代烃外，均可采用此方法。三氯化铁溶液可用于带有酚羟基化合物的显色。

② 紫外光显色法　用硅胶 GF254 制成的薄层板，由于加入了荧光剂，在 254nm 波长的紫外灯下，可观察到暗色斑点，此斑点就是样品点。

以上这些显色方法在柱色谱和纸色谱中同样适用。

思考题

（1）为什么展开剂的液面要低于样品斑点？如果液面高于斑点会出现什么后果？

（2）制备薄层板时，厚度对样品展开有什么影响？

3.5.3 纸色谱

纸色谱属于分配色谱的一种。它的分离作用不是靠滤纸的吸附作用，而是以滤纸作为惰性载体，以吸附在滤纸上的水或有机溶剂作为固定相，流动相是被水饱和过的有机溶剂（展开剂）。利用样品中各组分在两相中分配系数的不同达到分离的目的。

纸色谱和薄层色谱一样，主要用于分离和鉴定有机化合物。纸色谱多用于多官能团或高极性化合物（如糖、氨基酸等）的分离。它的优点是操作简单，价格便宜，所得到的色谱图可以长期保存。缺点是展开时间较长，因为在展开过程中，溶剂的上升速度随着高度的增加而减慢。

3.5.3.1 纸色谱的装置

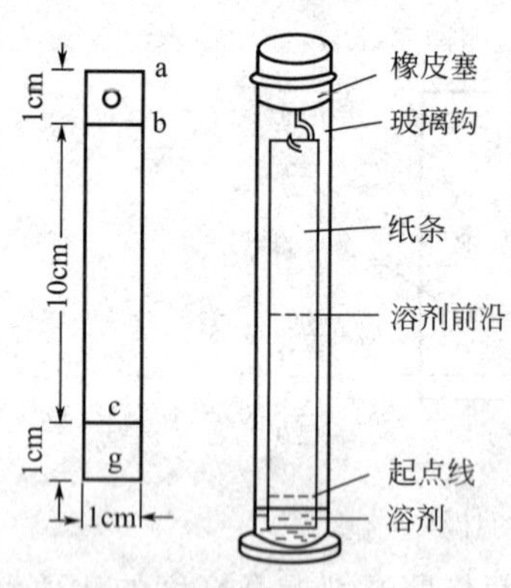

图 3-26 纸色谱装置

图 3-26 给出了纸色谱装置，此装置是由展开缸、橡皮塞、钩子组成的。钩子被固定在橡皮塞上，展开时将滤纸挂在钩子上。

3.5.3.2 操作方法

纸色谱操作过程与薄层色谱一样，所不同的是薄层色谱需要吸附剂作为固定相，而纸色谱只用一张滤纸，或在滤纸上吸附相应的溶剂作为固定相。在操作和选择滤纸、固定相、展开剂过程中应注意以下几点。

① 所选用滤纸应薄厚均匀，无折痕，滤纸纤维松紧适宜。通常做定性实验时，可采用国产 1 号展开滤纸，滤纸大小可自行选择，一般为 3cm×20cm、5cm×30cm、8cm×50cm 等。

② 在展开过程中，将滤纸挂在展开缸内，展开剂液面高度不能超过样品点的高度。

③ 流动相（展开剂）与固定相的选择，根据被分离物质性质而定。一般规律如下：

a. 对于易溶于水的化合物，可直接以吸附在滤纸上的水作为固定相（即直接用滤纸），以能与水混溶的有机溶剂作流动相，如低级醇类。

b. 对于难溶于水的极性化合物，应选择非水极性溶剂作为固定相，如甲酰胺、*N*,*N*-二甲基甲酰胺等；以不能与固定相相混溶的非极性化合物作为流动相，如环己烷、苯、四氯化碳、三氯甲烷等。

c. 对于不溶于水的非极性化合物，应以非极性溶剂作为固定相，如液体石蜡等；以极性溶剂作为流动相，如水、含水的乙醇、含水的酸等。

当一种溶剂不能将样品全部展开时，可选择混合溶剂。常用的混合溶剂有：正丁醇-水，一般用饱和的正丁醇；正丁醇-醋酸-水，可按 4∶1∶5 的比例配制，混合均匀，充分振荡，放置分层后，取出上层溶液作为展开剂。

3.5.4 离子交换色谱

离子交换色谱法是目前最重要和应用最广泛的化学分离方法之一。它既可用来分离所有的无机离子，也能用于许多结构复杂、性质相似的有机化合物的分离。就其可适用的分离规模而言，它不仅能适应工业生产中大规模分离的要求，而且也可用于实验室超微量物质的分析。抗生素、氨基酸、肽类、生物碱、核酸和稀土元素的分离，纯水的制备，溶液的脱色等均可利用离子交换色谱来进行。

3.5.4.1 基本原理

任何离子交换剂，就其化学结构而言，都可以分为两部分。一部分称为骨架，这是具有立体网状结构的高分子聚合物；另一部分是连接在骨架上的离子交换功能团。离子交换功能团对于离子交换剂的交换性质起着决定性的作用。它主要分为阳离子交换功能团、阴离子交换功能团、螯合型离子交换功能团等。故离子交换剂通常也按照其功能类型区分为阳离子交换剂、阴离子交换剂、螯合型离子交换剂等。

离子交换树脂的骨架，目前最常用的是苯乙烯和二乙烯苯的共聚物。它是通过苯乙烯和二乙烯苯的单体经共聚反应合成的。

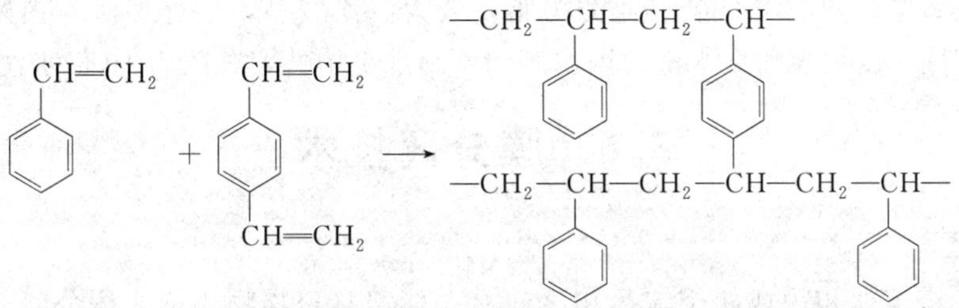

$$CH{=}CH_2 \quad + \quad CH{=}CH_2 \quad CH{=}CH_2 \longrightarrow -CH_2-CH-CH_2-CH- \quad -CH_2-CH-CH_2-CH-CH_2-CH-$$

从上述合成过程可见，二乙烯苯的加入，致使长链的聚苯乙烯构成了立体网状结构，所以二乙烯苯又称为交联剂，它在树脂内的百分含量通常称为交联度。树脂的交联度的大小会直接影响骨架网状结构的紧密程度和孔径大小，并且与交换树脂的物理化学性质有密切的关系，常用树脂的交联度为 4～10。

离子交换原理可用下列反应式表示：

$$RSO_3^- H^+ + Na^+ Cl^- \longrightarrow RSO_3^- Na^+ + H^+ Cl^-$$

$$RN^+ R_3 OH^- + Na^+ Cl^- \longrightarrow RN^+ R_3 Cl^- + Na^+ OH^-$$

式中，R 代表离子交换树脂的骨架。

NaCl 溶液通过磺酸型阳离子交换树脂时，Na^+ 保留在树脂上，H^+、Cl^- 流出。NaCl 溶液通过季铵型阴离子交换树脂时，Cl^- 保留在树脂上，Na^+、OH^- 流出。

离子交换色谱通常是把离子交换树脂装入柱子中进行的。当一种盐溶液通过离子交换柱时，它连续不断地遇到树脂，溶液中的离子就会被树脂上的离子交换。不同离子交换的完全程度取决于树脂对离子相对亲和力的大小和柱子的长度。所以离子交换色谱实质上是离子交换技术与色谱技术的一种结合。

3.5.4.2 离子交换树脂的类型和预处理

（1）强酸性阳离子交换树脂　最常见的是带有磺酸基交换功能团的树脂。这种树脂对酸碱及各种溶剂都较稳定。国产 732、强酸 1、强酸 010 等属强酸性阳离子交换树脂。

一般树脂在合成时都混有一些可溶性小分子有机物和铁、钙等杂质，所以使用前必须除去。可先将树脂在蒸馏水中浸泡 1～2 天，使之充分膨胀后装入交换柱中，装柱要均匀，不能有气泡滞留，树脂上面要保持有一薄层水覆盖。

新的强酸性阳离子交换树脂为钠型，可先用树脂体积 20 倍的 $2mol \cdot L^{-1}$ HCl 交换使之转为氢型，再用水洗至中性，接着用 10 倍于树脂体积的 $1mol \cdot L^{-1}$ NaOH 进行交换，使之恢复为钠型，再用蒸馏水洗至流出液不含 Na^+ 为止。再用同样方式，按 HCl—NaOH—HCl 次序处理，最后成为氢型，每次均用蒸馏水洗至中性即可备用。

（2）弱酸性阳离子交换树脂　最常见的是丙烯酸型弱酸性阳离子交换树脂。例如较弱酸

110、122、724 等。一般为氢型，先用 1mol·L^{-1}NaOH（10 倍量）交换为钠型，用 10 倍水洗后洗出液显碱性，再依 HCl—NaOH—HCl 次序同样处理，最后恢复氢型，用蒸馏水洗至中性备用。

（3）强碱性阴离子交换树脂　这类树脂也是由苯乙烯-二乙烯苯共聚合后，将季铵基等活性基团引入制成。例如 711、717、强碱 201 等均为强碱性阴离子交换树脂。一般为氯型，先用 1mol·L^{-1}NaOH（20 倍量）处理，使呈羟离子型，用 10 倍水洗，再用 1mol·L^{-1}HCl（10 倍量）处理，使羟离子型转变为氯型，水洗至中性备用。

（4）弱碱性阴离子交换树脂　带有—NH_2、—$NHCH_3$ 等交换基团。常用的是苯乙烯型、丙烯酰胺型等，如 701、702。此类树脂一般为游离胺型，预处理法与强碱性阴离子交换树脂大致相同，变为氯型后水洗时因水解而不易洗至中性，一般用 10 倍水洗即可。

3.6　膜分离技术

3.6.1　概述

如果在一个流体相内或两个流体相之间有一薄层凝聚相物质把流体分隔开来成为两部分，则这一薄层物质就是膜。这里所谓的凝聚相物质可以是固态的，也可以是液态或气态的。膜本身可以是均匀的一相，也可以是由两相以上的凝聚态物质所构成的复合体。

膜也可以是具有选择性分离功能的材料。利用固相膜或液相膜的选择性透过作用而分离气体或液体混合物的方法就是膜分离。膜分离技术则是指以压力为推动力，依靠膜的选择性透过作用进行物质的分离、纯化与浓缩的一种技术。它与传统过滤的不同在于，膜可以在分子范围内进行分离，并且这种过程是一种物理过程，不需发生相的变化和添加助剂。膜的孔径一般为微米级，依据其孔径的不同（或称为截留分子量），可将膜分为微滤膜、超滤膜、纳滤膜和反渗透膜；根据材料的不同，可分为无机膜和有机膜。无机膜主要有微滤级别的膜，分为陶瓷膜和金属膜。有机膜是由高分子材料做成的，如醋酸纤维素、芳香族聚酰胺、聚醚砜、含氟聚合物等。

膜分离技术在 20 世纪初出现，20 世纪 60 年代后迅速崛起。膜分离技术由于兼有分离、浓缩、纯化和精制的功能，又有高效、节能、环保、分子级过滤及过滤过程简单、易于控制等特征，因此，目前已广泛应用于食品、医药、生物、环保、化工、冶金、能源、石油、水处理、电子、仿生等领域，产生了巨大的经济效益和社会效益，已成为当今分离科学中最重要的手段之一。

3.6.2　膜分离技术的发展史和现状

膜在大自然中，特别是在生物体内是广泛存在的，但我们人类对它的认识、利用、模拟直至现在人工合成的历史过程却是漫长而曲折的。我国膜科学技术的发展是从 1958 年研究离子交换膜开始的。20 世纪 60 年代进入开创阶段。1965 年着手反渗透的探索，1967 年开始的全国海水淡化会战，大大促进了我国膜科技的发展。20 世纪 70 年代进入开发阶段。这一时期，微滤、电渗析、反渗透和超滤等各种膜和组器件都相继研究开发出来，20 世纪 80 年代跨入了推广应用阶段。20 世纪 80 年代又是气体分离和其他新膜开发阶段。

随着我国膜科学技术的发展，相应的学术、技术团体也相继成立。他们的成立为规范膜行业的标准、促进膜行业的发展起着举足轻重的作用。半个世纪以来，膜分离完成了从实验室到大规模工业应用的转变，成为一项高效节能的新型分离技术。差不多每十年就有一项新的膜过程在工业上得到应用。

由于膜分离技术本身具有的优越性能，膜过程现在已经得到世界各国的普遍重视。在能源紧张、资源短缺、生态环境恶化的今天，产业界和科技界把膜过程视为21世纪工业技术改造中的一项极为重要的新技术。曾有专家指出：谁掌握了膜技术谁就掌握了化学工业的明天。

我国膜分离技术，主要源自膜的三大应用：海水淡化、污水再生利用以及净化水。1999年，全球膜分离产业总产值达到200亿美元，中国膜分离产业的总产值约为28亿元人民币，仅占全球总产值的1.7%。2012年，全球膜分离产业总产值达到450亿美元左右，同年我国膜分离市场总产值515亿元人民币，占全球总产值的10%以上，总产值占比大幅增加。根据前瞻产业研究院发布的《中国膜产业市场前瞻与投资战略规划分析报告》统计数据，中国膜分离产业总产值由2009年的227亿元，增长至2018年的2348亿元。预计到2025年，膜分离产业总产值预计将达到3853亿元。目前，这一潜力巨大的新兴行业正在蓬勃发展，为众多的企业带来了较为显著的经济效益、社会效益、环境效益，同时也为科学家企业家提出了新的挑战。

3.6.3 膜分离材料分类

膜的种类繁多，大致可以按以下几方面对膜进行分类：

① 根据膜的材质，从相态上可分为固体膜和液体膜。

② 从材料来源上，可分为天然膜和合成膜，合成膜又分为无机材料膜和有机高分子膜。

③ 根据膜的结构，可分为多孔膜和致密膜。

④ 按膜断面的物理形态，固体膜又可分为对称膜、不对称膜和复合膜。对称膜又称均质膜。不对称膜具有极薄的表面活性层（或致密层）和其下部的多孔支撑层。复合膜通常是用两种不同的膜材料分别制成表面活性层和多孔支撑层。

⑤ 根据膜的功能，可分为离子交换膜、渗析膜、微孔过滤膜、超过滤膜、反渗透膜、渗透汽化膜和气体渗透膜等。

⑥ 根据固体膜的形状，可分为平板膜、管式膜、中空纤维膜以及具有垂直于膜表面的圆柱形孔的核径蚀刻膜，简称核孔膜等。

其中高分子膜材料和无机膜材料是分离膜材料中应用最为广泛的两种分离膜材料。高分子膜材料包括：醋酸纤维素类、聚砜类、聚酰胺类、聚酯类、聚烯烃类、含硅聚合物、含氟聚合物和甲壳素类，具体分类如表3-5所示。无机膜材料具体包括金属膜、固体电解质膜等。高分子膜材料主要用于四种常用膜分离技术中，而无机膜材料主要用于无菌空气的制备。

表3-5 高分子膜材料的种类

种　类	具体分类
纤维素衍生物类	再生纤维素,硝酸纤维素,二醋酸纤维素,三醋酸纤维素,乙基纤维素,其他纤维素衍生物
聚砜类	双酚A型聚砜,聚芳醚酚,酚酞型聚醚酚,聚醚酮
聚酰胺类	脂肪族聚酰胺,聚砜酰胺,芳香族聚酰胺,交联芳香聚酰胺
聚酰亚胺类	脂肪族二酸聚酰亚胺,全芳香聚酰亚胺,含氟聚酰亚胺
聚酯类	涤纶,聚对苯二甲酸丁二醇酯,聚碳酸酯
聚烯烃类	聚乙烯,聚丙烯,聚4-甲基-1-戊烯
乙烯类聚合物	聚丙烯腈,聚乙烯醇,聚氯乙烯,聚偏氯乙烯
含硅聚合物	聚二甲基硅氧烷,聚三甲基硅氧烷
含氟聚合物	聚四氟乙烯,聚偏氟乙烯
甲壳素类	无

3.6.4 膜分离的优点

膜分离技术与传统分离技术相比具有下列特点：

① 在常温下进行。分离过程中有效成分损失极少，特别适用于热敏性物质，如抗生素等药物、果汁、酶、蛋白的分离与浓缩。

② 无相态变化。分离过程保持物质原有的热力学状态，能耗极低，其费用约为蒸发浓缩或冷冻浓缩的1/8～1/3。

③ 无化学变化。膜分离是典型的物理分离过程，不使用化学试剂和添加剂，产品不受污染，选择性好。可在分子级别内进行物质分离，具有普通滤材无法取代的卓越性能。

④ 适应性强。处理规模可根据具体实验规模而定，可以连续也可以间隙进行，工艺简单，操作方便，易于自动化。

3.6.5 膜分离技术分类

(1) 微滤　指利用孔径大于0.02μm直到10μm的多孔膜来过滤含有微粒、胶体或菌体的溶液，将其从溶液中除去。鉴于微孔滤膜的分离特征，微孔滤膜的应用范围主要是从气相和液相中截留微粒、细菌以及其他污染物，以达到净化、分离、浓缩的目的。具体涉及领域主要有：医药工业、食品工业（明胶、葡萄酒、白酒、果汁、牛奶等）、高纯水、城市污水、工业废水、饮用水、生物技术、生物发酵等。目前的销售额在各类膜中占据首位。

(2) 超滤　指利用孔径为1～100nm的超滤膜来过滤含有大分子或微细粒子的溶液，使大分子或微细粒子从溶液中分离的过程。早期的工业超滤应用于废水和污水处理。随着超滤技术的发展，如今超滤技术已经涉及食品加工、饮料工业、医药工业、生物制剂、中药制剂、临床医学、印染废水、食品工业废水处理、资源回收、环境工程等众多领域。

(3) 纳滤

① 纳米级孔径。纳滤膜是介于反渗透膜和超滤膜之间的一种膜，其表层孔径处于纳米级范围（10^{-9}m），因而其分离对象主要为粒径1nm左右的物质，特别适合于分子量为数百至1000的物质的分离。

② 纳滤过程操作压力低。反渗透过程所需操作压力很高，一般在几兆帕甚至几十兆帕之间，而纳滤过程所需操作压力一般低于1.0MPa，故也有“低压反渗透”之称。

③ 纳滤膜具有较好的耐压密性和较强的抗污染能力。由于纳滤膜多为复合膜及荷电膜，因而其耐压密性和抗污染能力强。

④ 荷电纳滤膜能根据离子的大小及电价的高低对低价离子和高价离子进行分离。纳滤的主要应用领域涉及：食品工业、植物深加工、饮料工业、农产品深加工、生物医药、生物发酵、精细化工、环保工业等。

(4) 反渗透　利用反渗透膜只能选择性地透过溶剂的性质，对溶液施加压力，克服溶剂的渗透压，使溶剂通过反渗透膜而从溶液中分离出来的过程。由于反渗透分离技术的先进、高效和节能的特点，在国民经济各个部门都得到了广泛的应用，主要应用于水处理和热敏感性物质的浓缩，主要应用领域包括：食品工业，植物（农产品）深加工，生物医药，生物发酵，制备饮用水、纯水、超纯水，海水、苦咸水淡化，电力、电子、半导体工业用水，医药行业工艺用水，制剂用水，注射用水，无菌无热源纯水，化工及其他工业的工艺用水、锅炉用水、洗涤用水及冷却用水等。海水和苦咸水的淡化是其最主要的应用。

上述4种膜分离技术的基本特征见表3-6。

表 3-6　4 种常用膜分离技术的基本特征

项目	膜结构	操作压力	分离机理	适用范围	技术特点	不足
微滤(MF)	对称微孔膜 0.02～10μm	0.05～0.3MPa	筛分	含微粒或菌体溶液的消毒、澄清和细胞收集	设备简单，操作方便，通水量大，工作压力低，制水率高	有机污染物的分离效果较差
超滤(UF)	不对称微孔膜 0.001～0.1μm	0.05～0.5MPa	筛分	含生物大分子物质、小分子有机物或细菌、病毒等微生物溶液的分离	与微滤技术相似	与微滤技术相似
纳滤(NF)	带皮层不对称膜复合膜 1～50nm	0.5～1.0MPa	优先吸附、表面电位	高硬度和有机物溶液的脱盐处理	可对原水部分脱盐和软化，用于优质饮用水生产	常以微滤或超滤作预处理，工作压力较高，有一定的制水率
反渗透(RO)	带皮层不对称膜复合膜＜1nm	1～10MPa	优先吸附、溶解扩散	海水和苦咸水的淡化，制备纯水	几乎可去除水中一切杂质，包括各种悬浮物、胶体、溶解性有机物、无机盐、细菌、微生物等	工作压力高；制水率低；能耗大

(5) 电渗析　基于离子交换膜能选择性地使阴离子或阳离子通过的性质，在直流电场的作用下使阴阳离子分别透过相应的膜以达到从溶液中分离电解质的目的。目前主要用于水溶液中除去电解质（如盐水的淡化等）、电解质与非电解质的分离和膜电解等。

(6) 其他　除了以上几种常用的膜分离过程，另外还有控制释放、膜传感器以及膜法气体分离等分离技术。

3.6.6 常用膜分离技术的基本原理

3.6.6.1 超滤

超滤技术是应用孔径为 1.0～20.0nm 或更大的超滤膜来过滤含有大分子或微细粒子的溶液，使大分子或微细粒子从溶液中分离的过程。超滤的推动力是液压差，在溶液侧加压，使溶剂透过膜而得到分离，一般用于液相分离，也可用于气相分离，比如空气中细菌与微粒的去除。

超滤技术利用的是一种压力活性膜，在外界推动力（压力）作用下截留水中胶体、颗粒和分子量相对较高的物质，而水和小的溶质颗粒透过膜，达到分离目的。通过膜表面的微孔筛选，可截留分子量为 1×10^4～3×10^4 的物质。当被处理水借助于外界压力的作用以一定的流速通过膜表面时，水分子和分子量小于 300 的溶质透过膜，而大于膜孔的微粒、大分子、胶体、细菌、病毒和原生动物等由于筛分作用被截留，从而使水得到净化（图 3-27）。截留物通过浓水排放、反冲洗和化学冲洗等方法而去除。也就是说，当水通过超滤膜后，可将水中含有的大部分胶体物质除去，同时可去除大量的有机物等，是一种高效的水净化处理技术。超滤膜主要分为以下几种结构：管式、中空纤维、卷式（图 3-28）。

在超滤过程中，由于被截留的杂质在膜表面上不断积累，会产生浓差极化现象，当膜面溶质浓度达到某一极限时即生成凝胶层，使膜的透水量急剧下降。此时若增加操作压力，只能增加溶质在凝胶层上的积聚，使胶层厚度增加，进一步阻碍流体的流动。因此，增大膜界面附近的流速，以减薄凝胶层厚度，是保证流体在透过膜时流动畅通的主要办法。由于存在上述过程，超滤的应用受到一定程度的限制。因此科学家还需通过试验进行研究，以确定最

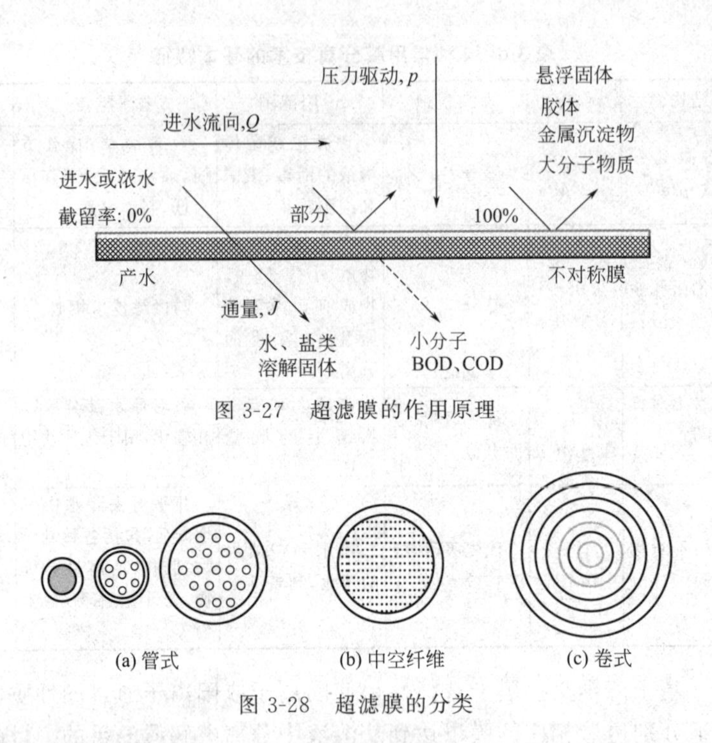

图 3-27 超滤膜的作用原理

图 3-28 超滤膜的分类

佳的工艺和运行条件，最大限度地减轻浓差极化的影响，使超滤成为一种可靠的反渗透预处理方法。

3.6.6.2 反渗透

人类发现渗透现象已有 250 多年历史，但反渗透作为一项新型的膜分离技术最早是以 1953 年美国 C. E. Reid 教授在佛罗里达大学首先发现醋酸纤维素类具有良好的半透性为标志。同年，反渗透研究在 Reid 的建议下被列入美国国家计划。20 世纪 70 年代初，反渗透法开始作为经济实用的海水和苦咸水的淡化技术进入实用和装置的研制阶段。80 年代初，全芳香族聚酰胺复合膜及其卷式元件问世，高脱盐全芳香族聚酰胺复合膜实现工业化。90 年代中期，超低压高脱盐全芳香族聚酰胺复合膜也开始进入市场，为反渗透技术的进一步发展开辟了广阔的前景。反渗透目前已成为海水和苦咸水淡化最经济的技术，已成为超纯水和纯水制备的优选技术。另外，反渗透技术在各种料液的分离、纯化和浓缩，锅炉水的软化，废液的再生回用，以及对微生物、细菌和病毒进行分离控制等方面都发挥着应有的作用。

反渗透基本原理是利用反渗透膜（半透膜）的选择性透过作用，以膜两侧静压差为推动力，克服溶剂的渗透压，沿与溶液自然渗透方向相反的方向进行渗透，使溶剂通过反渗透膜而实现对液体混合物进行分离（图 3-29）。其过程必须满足两个条件：一是有一种高选择性和高透过率（一般是透水）的选择性透过膜；二是操作压力必须高于溶液的渗透压。反渗透同纳滤、超滤、微滤一样均属于压力驱动型膜分离技术。其操作压差一般为 1.5～10.5MPa，截留组分为 $(1\sim10)\times10^{-10}$m 小分子溶质。合理先进的制膜工艺和最优的工艺参数是制作优良性能分离膜的重要保证。目前工艺应用的反渗透膜可分三类：高压海水脱盐反渗透膜、低压苦咸水脱盐反渗透膜及超低压反渗透膜。

反渗透膜一般用高分子材料制成。表面微孔的直径一般在 0.5～10nm 之间，透过性大小与膜本身的化学结构有关。有的高分子材料对盐的排斥性好，而水的透过速度并不好。有的高分子材料化学结构具有较多亲水基团，因而水的透过速度相对较快。因此一种满意的反

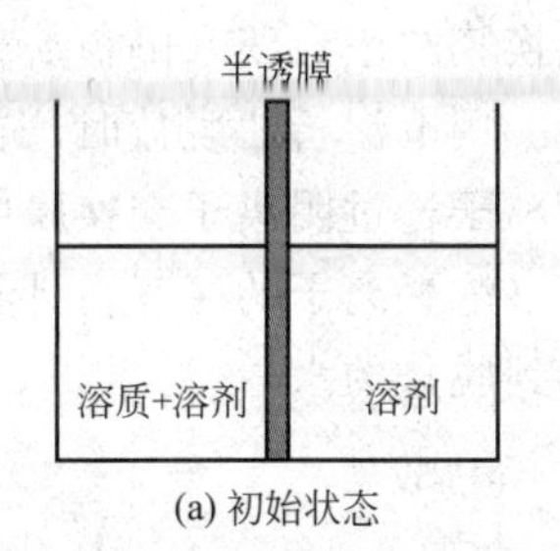

(a) 初始状态

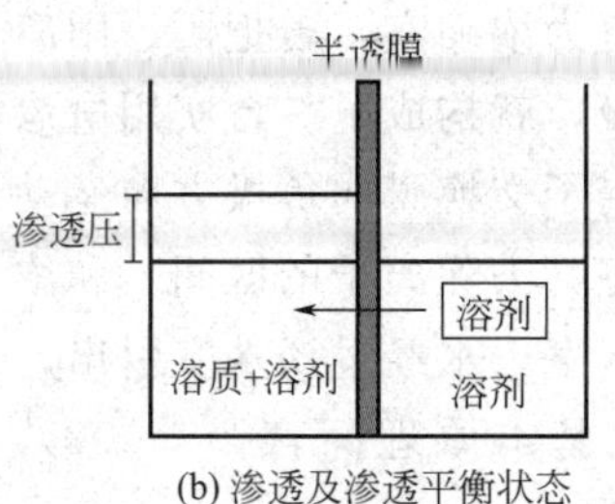

(b) 渗透及渗透平衡状态

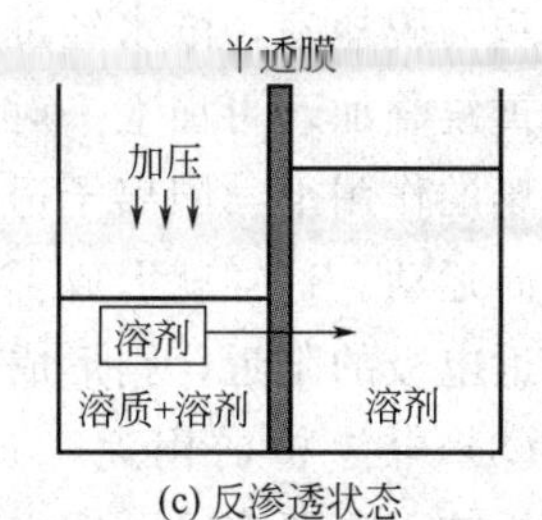

(c) 反渗透状态

图 3-29　反渗透膜工作原理

渗透膜应具有适当的渗透量或脱盐率。典型的反渗透膜有醋酸纤维素膜、芳香族聚酰胺膜及复合膜等。醋酸纤维素膜是目前研究得最多的反渗透或超滤膜材料。在纤维素分子中引入不同酯基后，可得到具有不同亲水性和反应官能团的纤维素衍生物；芳香族聚酰胺膜具有良好的透水性、较高的脱盐率、优良的机械强度和高温稳定性，能在 pH 值 3～11 宽范围内应用，但对氯有高敏感性；复合膜是将超薄皮层经不同方法附载在微孔支撑体上制成膜，并分别使超薄脱盐层和多孔支撑层最佳化。复合膜能够克服醋酸纤维素类反渗透膜有易压实的过渡层、通量下降率大、应用 pH 范围较窄、不耐生物降解等缺点，同时也能解决芳香聚酰胺膜对氯很敏感的问题。

反渗透膜应具有以下特征：

① 在高流速下应具有高效脱盐率。

② 具有较高机械强度和使用寿命。

③ 能在较低操作压力下发挥功能。

④ 能耐受化学或生化作用的影响。

⑤ 受 pH 值、温度等因素影响较小。

⑥ 制膜原料来源容易，加工简便，成本低廉。

复合膜从结构上来说，属于非对称膜的一种。它的制法是将极薄的皮层刮制在一种预先制好的微细多孔支撑层上。复合膜的多孔支撑体实质是超滤膜，目前几乎都采用聚砜超滤膜。复合膜的制作可通过选择单体、控制工艺条件的交联度等，来获得高脱除率和高通量的脱盐超薄层，其 pH 值应用范围宽、化学稳定性好、耐生物降解，可满足特定的要求。

当前使用的膜材料主要为三醋酸纤维素和芳香聚酰胺类。其组件又可分为中空纤维式、卷式、板框式和管式。可用于分离、浓缩、纯化等化工单元操作，主要用于纯水制备和水处理行业中。

3.6.6.3　电渗析

（1）电渗析的发展与现状　电渗析是膜分离技术的一种，它是在直流电场作用下，以电位差为推动力，利用离子交换膜的选择透过性，把电解质从溶液中分离出来，从而实现溶液的淡化、浓缩、精制或纯化的目的。在水处理方面，这项技术首先用于苦咸水淡化，而后逐渐扩大到海水淡化及制取饮用水和工业纯水的给水处理中，并且在锂金属废水处理、放射性废水处理等工业废水处理中均已得到应用，目前已成为一种重要的膜法水处理方法，愈来愈受到重视。

（2）电渗析的原理　电渗析过程最基本的工作单元称为膜对。一个膜对构成一个脱盐室和一个浓缩室。一台实用电渗析器由数百个膜对组成，如图 3-30 所示。电渗析器的主要部件为阴、阳离子交换膜，隔板与电极三部分。隔板构成的隔室为液流经过的通道。淡水经过的隔室为脱盐室，浓水经过的隔室为浓缩室。若把阴、阳离子交换膜与浓、淡水隔板交替排列，重复叠加，再加上一对端电极，就构成了一台实用电渗析器。用电渗析法脱盐时，在外界电场的作用下，阳离子透过阳离子交换膜向负极方向运动，阴离子透过阴离子交换膜向正极方向运动。这样就形成了淡水室（去除离子的区间）和浓水室（浓聚离子的区间）。同时，在靠近电极的附近，则形成了极水室。水经过淡水室引出，便得到脱盐的水。

（3）电渗析的用途　就过程基本原理而言，电渗析技术主要有以下四方面的用途。

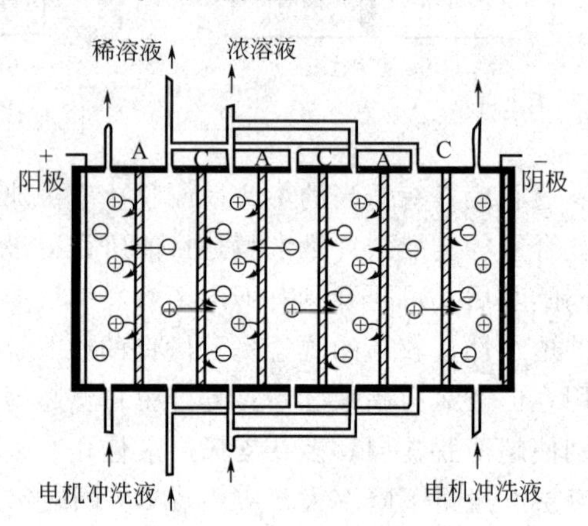

图 3-30　电渗析原理

① 从电解质溶液中分离出部分离子，使电解质溶液的浓度降低。如海水、苦咸水淡化制取饮用水与工业用水；工业用初级纯水的制备；废水处理等。特别是苦咸水淡化，是目前电渗析技术最成熟、应用最广泛的领域。

② 把溶液中部分电解质离子转移到另一溶液系统中去，并使其浓度增高。海水浓缩制盐是这方面成功应用的典型例子。又如化工产品的精制、工业废液中有用成分的回收等也属于这方面的应用。

③ 从有机溶液中去除电解质离子。目前主要用于食品和医药工业。在乳清脱盐、糖类脱盐和氨基酸精制中应用得比较成功。

④ 电解质溶液中同电性具有不同电荷的离子的分离和同电性同电荷离子的分离。使用只允许一价离子透过的离子交换膜浓缩海水制盐，是前者工业化应用的实例；后者因无实用的膜，处于开发研究阶段，如卤水中锂的分离已研究多年。

第2部分　基础化学实验

第4章　化学基本操作实验

实验1　仪器的认领、洗涤和干燥，化学实验室规则及要求

【实验目的】

1. 了解并熟悉无机化学实验室规则和要求。

2. 领取无机化学实验常用仪器并熟悉其名称、规格，了解使用注意事项。

3. 学习并练习常用仪器的洗涤和干燥方法。

【基本操作】

无机化学实验仪器多数是玻璃制品。要想得到准确的实验结果，所用的仪器必须干净，有些实验还要求是干燥的，所以需对玻璃仪器进行洗涤和干燥。

玻璃仪器的洗涤方法参见2.1.2。

玻璃仪器的干燥方法参见2.1.2。

【实验内容】

1. 学习了解无机化学实验室规则和要求

2. 认领仪器

按仪器单逐个认领无机化学实验中常用仪器。

3. 洗涤仪器

用水和洗涤剂将认领的仪器洗涤干净，抽取两件交教师检查。将洗净的仪器合理地放于柜中。

4. 干燥仪器

将仪器用自然晾干的方法放于柜中。

烤干两支试管交给老师检查。

实验2　灯的使用，玻璃管的简单加工及仪器的简单装配

【实验目的】

1. 了解酒精灯和酒精喷灯的构造并掌握正确的使用方法。

2. 学会截、弯、拉、熔烧玻璃管的操作。

3. 练习塞子钻孔的基本操作。

4. 通过对醋酸铬(Ⅱ)水合物制备装置的装配，初步练习实验过程中对所需实验装置进行简单装配。

【基本操作】

1. 加热工具及其使用

(1) 酒精灯

加热温度通常在400～500℃。酒精灯的使用方法参见基本操作2.1.3。

注意事项：用漏斗将作燃料的酒精加入酒精灯壶内；将火柴从侧面靠近点燃；酒精少于1/3灯壶时则需补充，但不能多于2/3。切忌燃着时用漏斗补灌酒精。燃烧时火焰不发嘶嘶声，使用火焰上部加热。

(2) 煤气灯

加热温度通常在800～1000℃(使用方法略)。

(3) 座式酒精喷灯

加热温度通常在900～1200℃。座式酒精喷灯的使用方法参见2.1.3。

2. 玻璃管加工操作

参见2.6.1玻工操作及塞孔制作。

3. 扩管和滴管头制作

在拉管操作步骤之后，将未拉细的另一端玻璃管口以40°角斜插入火焰中加热，并不断转动。待管口灼烧至红热后，用金属锉刀柄斜放入管口内迅速而均匀地旋转，将其管口扩开。另一扩口的方法是将未拉细的另一端玻璃管口放在氧化焰中熔化使其变软，待管口烧至稍软化后，将玻璃管口垂直放在石棉网上，轻轻向下按一下，将其管口扩开(图1)。冷却后，安上胶头即成滴管。

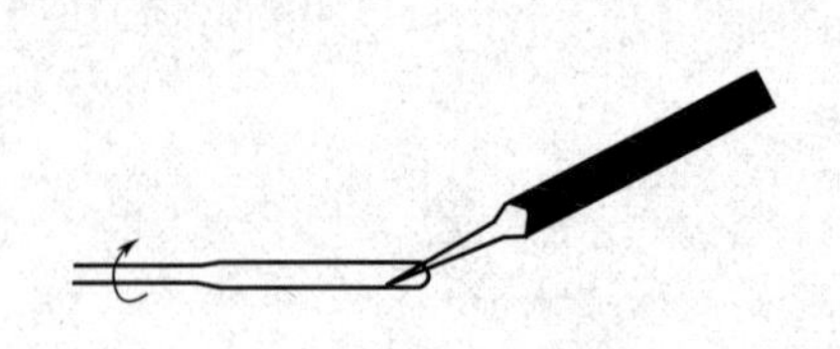
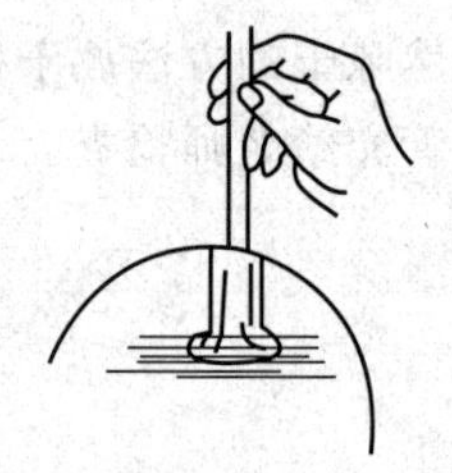

图1　扩管的操作手法

4. 塞子的钻孔

塞子钻孔操作参见2.6.1玻工操作及塞孔制作。

【仪器和试剂】

仪器：酒精灯、酒精喷灯、石棉网、锉刀、打孔器。

液体试剂：工业酒精。

材料：火柴、玻璃管、玻璃棒、胶帽、胶管、橡皮塞。

【实验内容】

1. 酒精喷灯的使用

① 观察酒精喷灯的各部分结构。

② 正确点燃酒精喷灯，观察火焰颜色。

③ 正确关闭酒精喷灯。

2. 玻璃管的简单加工

① 练习玻璃管和玻璃棒的截断、熔光、弯曲和拉管（拉细）。

② 按老师要求制作两根90°弯管，一根120°弯管为后续实验做准备。制作3～4支搅拌棒，其中一支拉细成小头搅拌棒（离心试管中搅拌用），还有一支制成长约15cm的搅拌棒。制作2～4支滴管，要求自滴管中每滴出20～25滴水的体积约等于1mL。（注意熔烧滴管小口时要注意稍微烧一下即可，否则尖嘴会收缩，甚至封住。滴管的一端截面烧熔后，立即垂直地在石棉网上轻轻地压一下，使管口变宽。冷却后套上橡皮帽，即制成滴管。）

3. 塞子的钻孔

① 练习塞子的钻孔操作。

② 结合后续实验装配仪器的要求选取一橡皮塞，并钻出两个合适的孔径，为后续实验备用。

4. 简单仪器装配练习［醋酸铬(Ⅱ)水合物的制备装置］

制备醋酸铬(Ⅱ)水合物必须在封闭体系中利用金属锌作还原剂，将三价铬还原为二价铬，再与醋酸钠溶液作用制得醋酸铬(Ⅱ)水合物（具体实验原理参见实验32）。

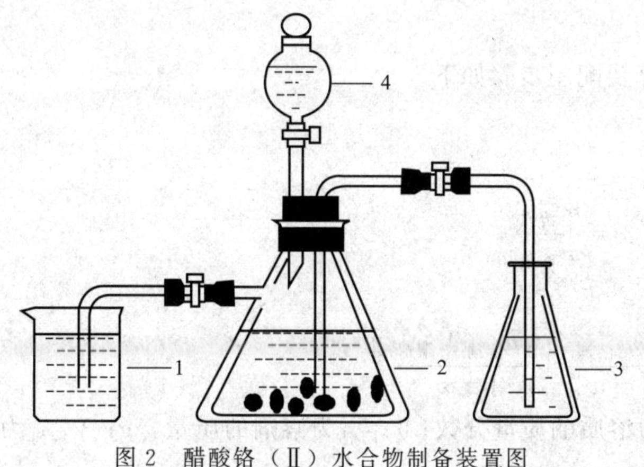

图2　醋酸铬（Ⅱ）水合物制备装置图

1—水封；2—抽滤瓶内装Zn粒、$CrCl_3$和去氧水；3—锥形瓶内装醋酸钠水溶液；4—滴液漏斗内装浓盐酸

在无氧气条件下制备易被氧化的不稳定化合物对制备装置的密闭性要求较高，如何装配出密闭性能好的实验装置是实验成败的关键。

利用本实验中前面弯好的三根弯管，钻好两个适合孔的塞子，按照图2进行装配练习，并检查装置的气密性。(思考如何检查?)

【注意事项】

1. 切割玻璃管、玻璃棒时要防止受伤。

2. 使用酒精喷灯前，必须先准备一块湿抹布备用。

3. 灼热的玻璃管、玻璃棒，要按先后顺序放在石棉网上冷却，切不可直接放在实验台上，防止烧焦台面；未冷却之前，不要用手接触，防止烫伤。

4. 钻孔时不要钻坏桌面，同时防止受伤。

【思考题】

1. 熄灭酒精灯和熄灭酒精喷灯有何不同，为什么？

2. 不正常的火焰有几种，若实验中出现不正常火焰，如何处理？当把玻璃管插入已打好孔的塞子中时，要注意什么问题？

实验3　溶液的配制

【实验目的】

1. 学习比重计、移液管、容量瓶的使用方法。

2. 掌握溶液的质量分数、质量摩尔浓度、物质的量浓度等一般配制方法和基本操作。

3. 了解特殊溶液的配制。

【实验原理】

在化学实验中，常常需要配制各种溶液来满足不同实验的要求。如果实验对溶液浓度的准确性要求不高，一般利用托盘天平、量筒、带刻度烧杯等低准确度的仪器配制溶液就能满足需要。如果实验对溶液浓度的准确性要求较高，如定量分析实验，这就须使用分析天平、移液管、容量瓶等高准确度的仪器配制溶液。对于易水解的物质，在配制其溶液时还要考虑先以相应的酸溶解易水解的物质，再加水稀释。无论是粗配还是准确配制一定体积、一定浓度的溶液，首先要计算所需试剂的用量，包括固体试剂的质量或液体试剂的体积，然后再进行配制。

不同浓度的溶液在配制时的具体计算及配制步骤如下。

1. 由固体试剂配制溶液

(1) 配制一定质量分数的溶液

因为

$$w=\frac{m_{溶质}}{m_{溶液}}$$

所以

$$m_{溶质}=\frac{wm_{溶剂}}{1-w}=\frac{w\rho_{溶剂}V_{溶剂}}{1-w}$$

式中，$m_{溶质}$为溶质的质量，g；w 为溶质的质量分数；$m_{溶剂}$为溶剂的质量，g；$V_{溶剂}$为溶剂的体积，mL；$\rho_{溶剂}$为溶剂的密度，3.98℃时，水的密度$\rho_{水}=1.0000\text{g}\cdot\text{mL}^{-1}$。

根据计算出的配制一定质量分数的溶液所需固体试剂质量，用托盘天平称取，倒入烧杯，用量筒取所需蒸馏水也倒入烧杯，搅动，使固体完全溶解即得所需溶液，将溶液倒入试剂瓶中，贴上标签备用。

(2) 配制一定质量摩尔浓度的溶液

$$m_{溶质}=\frac{Mbm_{溶剂}}{1000}=\frac{Mb\rho_{溶剂}V_{溶剂}}{1000}$$

式中，b 为溶质的质量摩尔浓度，$\text{mol}\cdot\text{kg}^{-1}$；$M$ 为固体试剂摩尔质量，$\text{g}\cdot\text{mol}^{-1}$。其他符号说明同前，配制方法同上。

(3) 配制一定物质的量浓度的溶液

$$m_{溶质}=cVM$$

式中，c 为溶质的物质的量浓度，$\text{mol}\cdot\text{L}^{-1}$；$V$ 为溶液体积，L；M 为溶质的摩尔质量，$\text{g}\cdot\text{mol}^{-1}$。

配制方法：

① 粗略配制　算出配制一定体积溶液所需固体试剂质量，用托盘天平称取所需固体试剂，倒入带刻度烧杯中，加入少量蒸馏水搅动使固体完全溶解后，用蒸馏水稀释至刻度，即

得所需的溶液，然后将溶液移入试剂瓶中，贴上标签备用

② 准确配制　先算出配制给定体积准确浓度溶液所需固体试剂的用量，并在分析天平上准确称出它的质量，放在干净烧杯中，加适量蒸馏水使其完全溶解。将溶液转移到容量瓶(与所配溶液体积相应的)中，用少量蒸馏水洗涤烧杯2～3次，冲洗液也移入容量瓶中，再加蒸馏水至标线处，盖上塞子，将溶液摇匀即成所配溶液，然后将溶液移入试剂瓶中，贴上标签，备用。

2. 由液体(或浓溶液)试剂配制溶液

(1) 配制一定质量分数的溶液

① 混合两种已知浓度的溶液。配制所需浓度溶液的计算方法是：把所需的溶液浓度放在两条直线交叉点上(即中间位置)，已知溶液浓度放在两条直线的左端(较大的在上，较小的在下)。然后每条直线上两个数字相减，差额写在同一直线另一端(右边的上、下)，这样就得到所需的已知浓度溶液的质量份数。

如由85%和40%的溶液混合，制备60%的溶液：

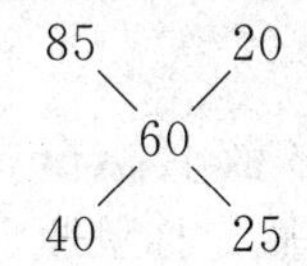

需取用20份的85%溶液和25份的40%的溶液混合。

② 用溶剂稀释原液制成所需浓度的溶液，在计算时只需将左下角较小的浓度写成零表示是纯溶剂即可。

如用水把35%的水溶液稀释成25%的溶液：

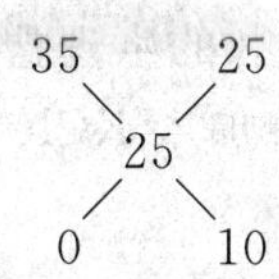

取25份35%的水溶液兑10份的水，就得到25%的溶液。

配制时应先加水或稀溶液，然后加浓溶液。搅动均匀，将溶液转移到试剂瓶中，贴上标签，备用。

(2) 配制一定物质的量浓度的溶液

① 计算

a. 由已知物质的量浓度溶液稀释

$$V_{原}=\frac{c_{新}V_{新}}{c_{原}}$$

式中，$c_{新}$ 为稀释后溶液的物质的量浓度；$V_{新}$ 为稀释后溶液体积；$c_{原}$ 为原溶液的物质的量浓度；$V_{原}$ 为取原溶液的体积。

b. 由已知质量分数溶液配制

$$c_{原}=\frac{\rho w}{M}\times1000，V_{原}=\frac{c_{新}V_{新}}{c_{原}}$$

式中，M 为溶质的摩尔质量；ρ 为液体试剂(或浓溶液)的密度。

② 配制方法

a. 粗略配制　在使用浓硫酸溶液配制稀硫酸时，需要通过测定得到的相对密度查表得

出其确切的质量分数。先用比重计测量液体（或浓溶液）试剂的相对密度，从有关表中查出其相应的质量分数，算出配制一定物质的量浓度的溶液所需液体（或浓溶液）用量，用量筒量取所需的液体（或浓溶液），倒入装有少量水的有刻度烧杯中混合，如果溶液放热，需冷却至室温后，再用水稀释至刻度。搅动使其均匀，然后移入试剂瓶中，贴上标签备用。

b. 准确配制　当用较浓的准确浓度的溶液配制较稀准确浓度的溶液时，先计算，然后用处理好的移液管吸取所需溶液注入给定体积的洁净的容量瓶中，再加蒸馏水至标线处，摇匀后，倒入试剂瓶，贴上标签备用。

【基本操作】

1. 容量瓶的使用，参见 2.6.2.3。
2. 移液管的使用，参见 2.6.2.2。
3. 比重计的使用，参见 2.6.6.3。
4. 托盘天平及分析天平的使用，参见 2.7.1。
5. 试剂的取用，参见 2.2.3。
6. 试剂的配制，参见 2.2.4。

【仪器和试剂】

仪器：烧杯（50mL、100mL）、移液管（5mL、10mL、50mL）、容量瓶（50mL、100mL）、比重计、量筒（50mL）、试剂瓶、称量瓶、托盘天平、分析天平等。

固体试剂：$CuSO_4 \cdot 5H_2O$、NaCl、KCl、$CaCl_2$、$NaHCO_3$、$SnCl_2 \cdot 2H_2O$。

液体试剂：浓硫酸、醋酸（$2.00mol \cdot L^{-1}$）、浓盐酸。

【实验内容】

① 用硫酸铜晶体粗略配制 50mL $0.2mol \cdot L^{-1}$ 的 $CuSO_4$ 溶液。

② 准确配制 100mL 质量分数为 0.90% 的生理盐水。按 NaCl∶KCl∶$CaCl_2$∶$NaHCO_3$ = 45∶2.1∶1.2∶1 的比例，在 NaCl 溶液中加入 KCl、$CaCl_2$、$NaHCO_3$，定容后即得 0.90% 生理盐水。

③ 粗略配制 50mL $3mol \cdot L^{-1}$ H_2SO_4 溶液。

④ 由已知准确浓度为 $2.00mol \cdot L^{-1}$ HAc 溶液配制 50mL $0.200mol \cdot L^{-1}$ HAc 溶液。

⑤ 配制 50mL $0.1mol \cdot L^{-1}$ $SnCl_2$ 溶液。

【思考题】

1. 配制硫酸溶液时烧杯中先加水还是先加酸，为什么？
2. 在配制 $SnCl_2$ 溶液时，如何防止水解？
3. 用容量瓶配制溶液时，要不要把容量瓶干燥？要不要用被稀释溶液润洗三遍，为什么？
4. 怎样洗涤移液管？水洗净后的移液管在使用前还要用所取的溶液来洗涤，为什么？
5. 某同学在配制硫酸铜溶液时，用分析天平称取硫酸铜晶体，用量筒取水配成溶液，此操作对否？为什么？

【附注】

1. 浓硫酸的相对密度与质量分数对照表

d_4^{20}	1.8144	1.8195	1.8240	1.8279	1.8312	1.8337	1.8355	1.8364	1.8361
x/%	90	91	92	93	94	95	96	97	98

注：此数据摘自顾庆超等编《化学用表》（江苏科技出版社，1979）。

若在相对密度表上找不到与所测相对密度对应的质量分数，只提供了相近数值，则其可由上下两个限值来求得。例如：测得 H_2SO_4 相对密度为1.126。从化学用表可知：

相对密度	1.120	1.130
质量分数/%	17.01	18.31

计算：

① 求出对照表数据中相对密度及质量分数的差：

$$\begin{array}{r} 1.130 \\ -1.120 \\ \hline 0.010 \end{array} \qquad \begin{array}{r} 18.31\% \\ -17.01\% \\ \hline 1.30\% \end{array}$$

② 求出比重计所测定数值与表中最低值之间的差：

$$1.126-1.120=0.006$$

③ 写出比例式：

$$\frac{0.010}{1.30\%}=\frac{0.006}{w}$$

$$w=\frac{1.30\% \times 0.006}{0.010}=0.78\%$$

④ 将所求数值和表上所给最低的质量分数的数值相加：

$$17.01\%+0.78\%=17.79\%$$

2. 配制准确浓度溶液的固体试剂必须是组成与化学式完全符合，而且摩尔质量大的高纯物质。在保存和称量时其组成和质量稳定不变，即通常说的基准物质。

3. 在配制溶液时，除注意准确度外，还要考虑试剂在水中的溶解性、热稳定性、挥发性、水解性等因素的影响。某些特殊试剂溶液的配制方法请看本书附录部分。

实验 4　分析天平称量练习

【实验目的】

1. 了解电子分析天平的构造、工作原理，并熟悉其使用规则。

2. 学会测定空载时天平灵敏度和天平变动性。

3. 初步掌握固定质量称量和差减称量的方法。

4. 了解在称量中对有效数字的运用。

【实验原理】

分析天平的工作原理，参见 2.7.1.4。

【基本操作】

1. 电子天平的使用操作，参见 2.7.1.4。

2. 试样的称取方法，参见 2.7.1.5。

【仪器和试剂】

仪器：METTLER TOLEDO AL 104 型（或其他型号）电子分析天平、50mL 烧杯、称量瓶、表面皿（或硫酸纸）等。

试样：铅字块（或打上号码的铝片）1 枚、$K_2Cr_2O_7$（河沙或风干研细的土壤）。

【实验内容】

1. 测定天平零点

2. 固定质量称量

称量时先在分析天平上称出干净且干燥的表面皿（或硫酸纸）的准确质量 w_1，往表面皿（或硫酸纸）中加入略少于固定质量的试样，再轻轻震动药匙使试样慢慢撒入器皿中，直至其达应称质量平衡点，称得其质量 w_2。w_2-w_1 即为称取样品的质量 w。用此法连续称出 3 份试样，每份（0.5000±0.0002)g，将称量结果记录于表 1 中。

3. 差减法称量

将试样放于称量瓶中，置于天平盘上称量读数为 m_1，取出称量瓶，倾出试样至接近所需要的质量，再用称量瓶盖轻敲瓶口上部，使在瓶口的试样落在称量瓶中，然后盖好瓶盖将称量瓶放回天平盘上，称出其质量 m_2。若倾出试样质量不足，则继续按上法倾出后，再称得称量瓶质量。m_1-m_2 即为称取试样的质量 m。按上述方法连续递减，称取 0.3～0.4g 试样 3 份于小烧杯中，将称量结果记录于表 2 中。有时一次很难得到合乎质量范围要求的试样，可重复上述称量操作 1～2 次。实验结束后，按表 1 记录数据，并进行讨论。

表 1　固定质量称量

记录项目	称量次数		
	Ⅰ	Ⅱ	Ⅲ
表面皿质量 w_1/g			
加入试样后表面皿质量 w_2/g			
试样质量 w/g			

表 2　差减法称量

记录项目	称量次数		
	Ⅰ	Ⅱ	Ⅲ
称量瓶＋试样质量 m_1/g			
倾出试样后称量瓶＋试样质量 m_2/g			
试样质量 m/g			

【注意事项】

1. 电子分析天平不要放置在空调器下的边台上。搬动过的天平必须经过水平校正，并对计量性能检查无误后方可使用。

2. 开启或关闭天平的动作要轻缓仔细。

3. 称量时，尽量不开前门、顶门，应使用侧门，开关门时动作应轻缓。

4. 称取吸湿性、挥发性、腐蚀性药品时应尽量快速，注意不要将被称物洒落在天平盘或底板上，称完后被称物及时带离天平。

5. 同一个实验应在同一天平上称量，以免产生系统误差。

6. 电子分析天平不能称量有磁性或带静电的物体。

【思考题】

1. 天平开机后是否即可直接进行称量?

2. 使用电子分析天平称量的物体越重是否对天平的损害越大?

3. 电子分析天平显示的最小分度值是否为该天平所能称量的最小值?

【附注】

1. 电子分析天平应按计量部门规定定期校正，并由专人保管，负责维护保养。

2. 保持天平内部清洁，必要时用软毛刷或绸布抹净或用无水乙醇擦净。

3. 天平内应放置变色硅胶并及时更换。

4. 称量物不得超过天平的最大载荷。

5. 天平搬动时要轻拿轻放。

实验 5　滴定分析基本操作练习

【实验目的】

1. 初步掌握滴定管、容量瓶、移液管的使用方法。

2. 练习滴定操作和观察酸碱滴定终点的颜色变化。

【实验原理】

0.1mol·L^{-1} HCl 溶液（强酸）和 0.1mol·L^{-1}NaOH(强碱）相互滴定时，化学计量点时的 pH 为 7.0，滴定的 pH 突跃范围为 4.3～9.7，选用在突跃范围内变色的指示剂，可保证测定有足够的准确度。甲基橙(简写为 MO）的 pH 变色区域是 3.1(红)～4.4(黄)，酚酞(简写为 PP）的 pH 变色区域是 8.0(无色)～9.6（红)。在指示剂不变的情况下，一定浓度的 HCl 溶液和 NaOH 溶液相互滴定时，所消耗的体积比 V_{HCl}/V_{NaOH} 应是一定的，改变被滴定溶液的体积，此体积比应基本不变。借此，可以检验滴定操作技术和判断终点的能力。

【基本操作】

玻璃量器及其使用参见 2.6.2。

【仪器和试剂】

仪器：50mL 酸式滴定管、50mL 碱式滴定管、25mL 移液管、250mL 容量瓶、250mL 锥形瓶、10mL 量筒、100mL 量筒、250mL 烧杯、500mL 试剂瓶、洗耳球等。

试剂：NaOH 固体、浓盐酸（d=1.16)、0.2%酚酞指示剂、0.2%甲基橙指示剂。

【实验内容】

1. 练习滴定管、容量瓶和移液管的使用方法

① 清洗酸式滴定管、碱式滴定管、容量瓶和移液管。

② 练习酸式滴定管旋塞涂凡士林的方法和碱式滴定管除气泡的方法；练习酸式滴定管和碱式滴定管的滴定操作，以及控制液滴大小和滴定速度的操作。

③ 以去离子水作为实验液体，练习用移液管移取液体，放入容量瓶中，以及自烧杯转移液体至容量瓶的操作。

2. 溶液配制

① 0.1mol·L^{-1} HCl 的配制：用洁净的量筒量取浓盐酸 4～4.5mL，倒入 500mL 试剂瓶中，用去离子水稀释至 500mL，摇匀。

② 0.1mol·L^{-1}NaOH 的配制：在台式天平上称取固体 NaOH 2.5～3g 于烧杯中，用不含 CO_2 的去离子水迅速冲洗一次，弃去冲洗液，再重复一次。将冲洗好的 NaOH 用 50mL 去离子水溶解，转入 500mL 试剂瓶中，再加 450mL 去离子水，摇匀。

3. 酸碱滴定终点颜色变化的观察

(1) 以甲基橙为指示剂

用移液管移取 25.00mL 0.1mol·L^{-1}NaOH 溶液于 250mL 锥形瓶中，加入 1～2 滴甲基橙指示剂，用 0.1mol·L^{-1}HCl 溶液滴定，滴定时要不停地摇动锥形瓶，使其沿水平面做圆周运动。开始滴定时，速度可稍快，滴定剂一滴紧跟一滴地滴入（但不要连成线），滴速为 10mL/min，即每秒 3～4 滴左右；当接近化学计量点时，应逐滴或半滴加入酸溶液，每加入一滴或半酸液都要把溶液摇匀，直到加入半滴 HCl 溶液后，溶液由黄色变为橙色，即为终点。然后再由碱式滴定管加入少量 0.1mol·L^{-1}NaOH 溶液，此时溶液又变为黄色。再用

0.1mol·L^{-1} HCl 溶液滴定至溶液呈现橙色为止。如此反复练习滴定操作并观察滴定终点颜色的变化。熟练操作后，用此法平行测定三份，记录数据，要求三份之间 HCl 溶液体积最大差值不超过 0.04mL。

(2) 以酚酞为指示剂

用移液管吸取 25.00mL 0.1mol·L^{-1} HCl 溶液于 250mL 锥形瓶中，加入 1～2 滴酚酞指示剂，用 0.1mol·L^{-1} NaOH 溶液滴定，滴定时要不停地摇动锥形瓶。当接近化学计量点时，应逐滴滴入碱溶液，每加入一滴碱液都要将溶液摇匀，并观察粉红色是否立即褪去。如果粉红色立即褪去，再加入第二滴碱溶液；当粉红色褪去较慢时，要半滴半滴地滴加，直到加入半滴碱液，充分摇匀后粉红色在半分钟内不消失，即为终点。然后再由酸式滴定管加入少量 0.1mol·L^{-1} HCl 溶液，此时粉红色褪去。再按上述方法用 0.1mol·L^{-1} NaOH 溶液滴定到终点。如此反复练习滴定操作并观察滴定终点颜色的突变。熟练操作后，用此法平行测定三份，记录数据，要求三份之间 NaOH 溶液体积最大差值不超过 0.04mL。

(3) 滴定记录表格

滴定记录表见表 1、表 2。

表 1　HCl 溶液滴定 NaOH 溶液（指示剂：甲基橙）

记录项目	滴定号码		
	Ⅰ	Ⅱ	Ⅲ
V_{NaOH}/mL			
V_{HCl}/mL			
V_{HCl}/V_{NaOH}			
V_{HCl}/V_{NaOH} 平均值			
相对偏差/%			
相对平均偏差/%			

表 2　NaOH 溶液滴定 HCl 溶液（指示剂：酚酞）

记录项目	滴定号码		
	Ⅰ	Ⅱ	Ⅲ
V_{HCl}/mL			
V_{NaOH}/mL			
V_{NaOH} 平均值/mL			
$V_{NaOH,max}-V_{NaOH,min}$/mL			

【思考题】

1. 在进行滴定分析时，哪些仪器需要用所取溶液润洗，哪些仪器不能用所取溶液润洗？否则将会产生什么错误？

2. 在实验时，为什么体积的测量有时要很准确，有时则不需要很准确？哪些量器是准确的，哪些量器是不很准确的？

3. 在滴定时，怎样控制半滴滴定剂的加入？

实验6　水的净化——离子交换法

【实验目的】

1. 了解用离子交换法制取纯水的原理和方法。

2. 学习电导率仪的使用方法。

3. 掌握水中无机杂质离子的定性鉴定方法。

【实验原理】

1. 蒸馏水

将自来水（或天然水）蒸发成水蒸气，再通过冷凝器将水蒸气冷凝下来，所得到的水叫蒸馏水。由于可溶性盐不挥发而留在剩余的水中，所以蒸馏水就纯净得多。一般水的纯度可用电阻率（或电导率）的大小来衡量，电阻率越高或电导率越低（电阻与电导互为倒数），说明水越纯净。蒸馏水在室温的电阻率可达 $10^5\,\Omega\cdot cm$，而自来水一般为 $3\times10^3\,\Omega\cdot cm$。

蒸馏水中的少量杂质，主要来自冷凝装置的锈蚀及可溶性气体的溶解。在某些实验或分析中，往往要求更高纯度的水。这时可在蒸馏水中加入少量高锰酸钾和氢氧化钡，再次进行蒸馏，这样可以除去水中极微量的有机杂质、无机杂质以及挥发性的酸性氧化物（如 CO_2）。这种水称为重蒸水（二次蒸馏水），电阻率可达约 $10^6\,\Omega\cdot cm$。保存重蒸水应该用塑料容器而不能用玻璃容器，以免玻璃中所含钠盐及其他杂质慢慢溶于水而使水的纯度降低。

2. 去离子水

自来水经过离子交换树脂处理后，因为溶于水的杂质离子被去掉，所以称为去离子水。去离子水的纯度很高，常温下的电阻率可达 $5\times10^6\,\Omega\cdot cm$ 以上。

离子交换树脂是一种人工合成的高分子化合物，其主要组成部分是交联成网状的立体的高分子骨架，另一部分是连在其骨架上的许多可以被交换的活性基团。树脂的骨架特别稳定，它不受酸、碱、有机溶剂和一般弱氧化剂的作用。当离子交换树脂与水接触时，能吸附并交换溶解在水中的阳离子和阴离子。根据能交换的离子种类不同，离子交换树脂可分为阳离子交换树脂和阴离子交换树脂两大类。每种树脂都有型号不同的几种类型，它们的性能略有区别，可根据用途来选择所需树脂。树脂的外观大都为白色至浅黄色，粒度约在 10～50 目左右。一般市售树脂需经一定方法处理后才能使用。

制备去离子水时，通常都使用强酸性阳离子交换树脂和强碱性阴离子交换树脂，并预先将它们分别处理成 H 型和 OH 型。交换过程通常是在离子交换柱中进行的。自来水先经过阳离子树脂交换柱，水中的阳离子（Na^+、Ca^{2+}、Mg^{2+} 等）与树脂上的 H^+ 进行交换。交换后，树脂变成钠型、钙型或镁型，流出的水中有过剩的 H^+，因此呈弱酸性。然后再将水通过阴离子树脂交换柱，水中的杂质阴离子（Cl^-、SO_4^{2-}、HCO_3^- 等）与树脂上的 OH^- 进行交换。交换后，树脂变成氯型等，交换下来的 OH^- 和 H^+ 又发生中和反应：

$$H^+ + OH^- \rightleftharpoons H_2O$$

显然经过阳离子交换柱和阴离子交换柱后，水中的杂质离子被去掉，达到纯化水的目的。交换后水质的纯度高低与所用树脂的量多少以及流经树脂时水的流速等因素有关。一般树脂量越多，水流越慢，得到的水的纯度就越高。

本实验过程为装柱→制备去离子水→再生树脂→再制备去离子水，依次循环。

交换反应可简单表示为：

$$2RSO_3H+Ca(HCO_3)_2 \rightleftharpoons (RSO_3)_2Ca+2H_2CO_3$$
$$RSO_3H+NaCl \rightleftharpoons RSO_3Na+HCl$$
$$RN(CH_3)_3OH+NaHCO_3 \rightleftharpoons RN(CH_3)_3HCO_3+NaOH$$
$$RN(CH_3)_3OH+H_2CO_3 \rightleftharpoons RN(CH_3)_3HCO_3+H_2O$$
$$HCl+NaOH \rightleftharpoons H_2O+NaCl$$

利用上述交换反应可逆的特点，既可以除去自来水中的杂质离子，又可以将盐型的失效树脂经过适当处理后重新复原，恢复交换能力，使树脂可循环使用。

【基本操作】

1. 装柱

实验用的离子交换柱是用玻璃管制成，管下端拉成尖嘴，接上橡皮管，用霍夫曼夹子控制水的流速。

交换柱的树脂层中不能有气泡，否则会造成水或溶液断路和树脂层的紊乱。因此，在装柱和操作过程中，必须使树脂一直浸泡在水或溶液中。柱中的液体流出时，树脂上方应保持一定高度的液层，切勿使液层下降到树脂面以下，否则，再加液体时，树脂层就会出现气泡。

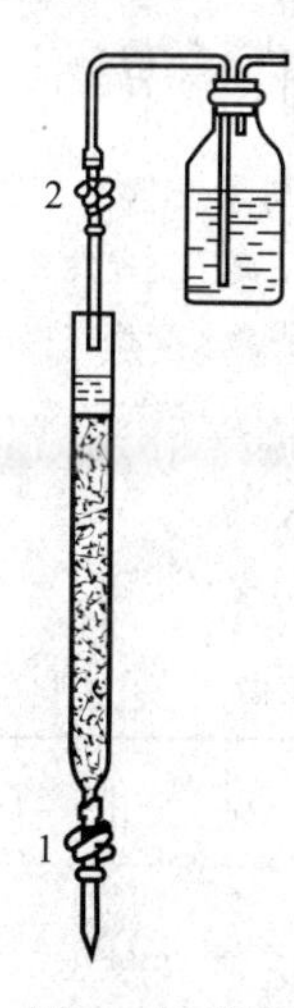

图 1　树脂再生装置图
1—出液控制夹；2—进液控制夹

装树脂时，先用少量玻璃纤维（或棉花）松散地塞在柱子的底部，以防树脂漏出。将柱的出液口夹住，向柱中注入少量蒸馏水将棉花浸湿。再将所需离子交换树脂连同水一起慢慢加入柱中。

2. 树脂的再生

树脂再生装置如图 1 所示。

阳（阴）离子交换树脂用 $2mol \cdot L^{-1}$ HCl（$2mol \cdot L^{-1}$ NaOH）溶液进行再生，所用酸（碱）溶液的体积约为需再生树脂体积的 6～10 倍。

等树脂上方的水面接近树脂面时，将酸（碱）液滴入树脂柱中，控制好上、下两个夹子，使树脂上方始终有一层酸（碱）液，并以每秒约 1 滴的流速让酸（碱）液通过树脂。酸（碱）液流经树脂层的时间应不少于 20min，流速快时可关闭酸（碱）液出口，使树脂在酸（碱）液中浸泡至所需时间。完成再生后，待酸（碱）液滴至液面接近树脂层时，用蒸馏水洗涤树脂，可先快速后慢速，最后使流出液至近中性为止，即可再次使用。

3. 测定电导率

用电导率仪测定水样的电导率，电导率仪的使用方法见 2.7.4。

4. 水样中无机杂质离子的定性检验

Ca^{2+}：①取 1mL 水样，加入 2 滴 $2mol \cdot L^{-1}$ NaOH 和 2 滴钙试剂（或少许固体钙试剂），溶液显红色表示有 Ca^{2+}。②取 1mL 水样，加入 2 滴 $2mol \cdot L^{-1}$ HAc 和 3～4 滴饱和 $(NH_4)_2C_2O_4$ 溶液，产生白色沉淀，表示有 Ca^{2+}。

Mg^{2+}：取 1mL 水样加 2 滴 $2mol \cdot L^{-1}$ NaOH 和 2 滴镁试剂，有天蓝色絮状物或颗粒沉淀，表示有 Mg^{2+}。

Cl^-：取 1mL 水样，加入 2 滴 $2mol \cdot L^{-1}$ HNO_3 酸化，再加入 2 滴 $0.1mol \cdot L^{-1}$ $AgNO_3$，如有白色沉淀，表示有 Cl^- 存在。

SO_4^{2-}：取 1mL 水样，加入 2 滴 1mol·L^{-1} $BaCl_2$，如有白色沉淀，表示有 SO_4^{2-} 存在。

【仪器和试剂】

仪器：试管、滴管、烧杯、量筒、电导率仪、离子交换柱、霍夫曼夹、橡胶管、玻璃纤维（或棉花）、玻璃弯管、长玻璃棒、塑料漏斗等。

试剂：732 号强酸性阳离子交换树脂、717 号强碱性阴离子交换树脂、HCl（2mol·L^{-1}）、NaOH（2mol·L^{-1}）、HNO_3（2mol·L^{-1}）、$BaCl_2$（1mol·L^{-1}）、$AgNO_3$（0.1mol·L^{-1}）、镁试剂、钙试剂。

【实验内容】

1. 装柱

按图 2 所示，将阳离子交换柱装入约 2/3 体积的树脂，阴离子交换柱装入约 2/3 体积的树脂，并将阳离子交换柱和阴离子交换柱串联起来。

在装柱和连接过程中，应注意树脂层和两柱间的连接管内不得留有气泡，以免液体流动不通畅。

多取的树脂不要倒回原瓶，应分别倒入各种树脂回收瓶。

2. 离子交换与水质检验

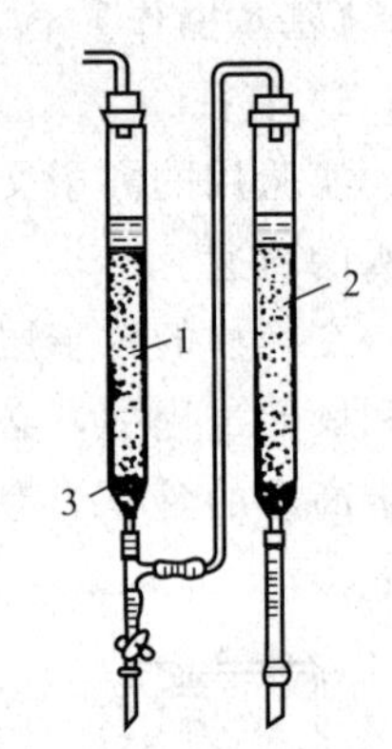

图 2　离子交换装置图

1—阳离子交换柱；

2—阴离子交换柱；

3—玻璃纤维

按装置图连接阳离子及阴离子交换柱。依次使一定体积（约 200mL）的自来水水样流经阳离子交换柱、阴离子交换柱，控制流速约为每秒 1 滴。200mL 自来水水样流经阳离子交换柱，先弃去流经阳离子交换柱的前 50mL 流出水，接收后面约 30mL 流出水进行水质检验。经阳离子交换柱的其他流出水再经阴离子交换柱，弃去阴离子交换柱的前 50mL 流出水，然后接收约 30mL 流出水进行水质检验，将结果填入表 1。

表 1　水样检测结果

室温________℃

检验项目		电导率/(μS·cm^{-1})	pH	Ca^{2+}	Mg^{2+}	Cl^-	SO_4^{2-}	结论
检验方法		电导率仪	pH 试纸	加入 2 滴 2mol·L^{-1}NaOH 和 2 滴钙试剂溶液，观察有无红色溶液生成	加入 2 滴 2mol·L^{-1}NaOH 和 2 滴镁试剂溶液，观察有无天蓝色沉淀生成	加入 2 滴 2mol·L^{-1}硝酸，再加入 2 滴 0.1mol·L^{-1} 硝酸银溶液，观察有无白色沉淀生成	加入 2 滴 1mol·L^{-1} 氯化钡溶液，观察有无白色沉淀生成	
水样	自来水							
	流经阳离子交换柱流出水							
	流经阳、阴离子交换柱流出水							

① 测定三个水样的电导率；

② 检验三个水样中的 Ca^{2+}、Mg^{2+}、Cl^- 和 SO_4^{2-}。

根据实验检测结果作出结论。

3. 再生

做完以上实验后，按前面所述方法将阳、阴离子交换树脂进行再生处理，以便下次可继续使用。再生后请教师检查。

若本次所装树脂是经上次使用的回收树脂，则实验过程为：装柱→再生→制备纯水→水质检验。

【思考题】

1. 离子交换法制备去离子水的原理是什么？

2. 为什么经阳离子交换树脂处理后的自来水，电导率比原来大？

3. 用电导率仪测定水纯度的根据是什么？

【附注】

1. 游离的钙试剂呈蓝色，在 $pH>12$ 的碱性溶液中，它与 Ca^{2+} 结合呈红色。在此 pH 值下，Mg^{2+} 因形成 $Mg(OH)_2$ 沉淀而不干扰 Ca^{2+} 的检验。

2. 镁试剂是一种染料，在酸性溶液中呈黄色，碱性溶液中呈红紫色，被氢氧化镁吸附后呈天蓝色。因此反应必须在碱性溶液中进行。

实验 7　简单蒸馏

【实验目的】

1. 掌握蒸馏的原理，仪器装置的安装方法及操作技术。

2. 掌握利用蒸馏来分离提纯液体有机化合物的实验操作和技能。

【实验原理】

蒸馏可将易挥发和不易挥发的物质分离开来，也可将沸点不同的液体混合物分离开来。蒸馏是分离和纯化液体有机混合物的重要方式，当一个液体混合物沸腾时，液体上面的蒸气组成富集的是易挥发的组分，即低沸点组分。把沸腾时液体上面的蒸气冷却成液体，则其液体的组成与蒸气组成相同，而高沸点物质因不易挥发，生成的少量气体易被冷凝而滞留在蒸馏瓶中，从而使混合物得以分离（见 3.3.2）。

【仪器和试剂】

仪器：圆底烧杯、量筒、蒸馏头、温度计、冷凝管、尾接管、锥形瓶、石棉网、电炉等。

试剂：工业乙醇。

【实验内容】

按常量蒸馏装置图（图 3-14）装置仪器，用水浴进行加热。用蒸馏的方法将混有其他不挥发性或挥发性的杂质的酒精提纯为 95%的乙醇。

在 100mL 蒸馏瓶中，加入 50mL 上述含有杂质的酒精进行蒸馏（操作见 3.3.2），蒸馏速度不要过快，以每秒钟蒸出 1～2 滴为宜，分别收集 77℃以下和 77～80℃的馏分，并测量馏分的体积。

本实验约需 2～3h。

【思考题】

1. 什么叫沸点？液体的沸点和大气压有什么关系？

2. 蒸馏时为什么蒸馏瓶所盛液体的量不应超过蒸馏瓶的 2/3 也不应少于 1/3？

3. 蒸馏时沸石的作用是什么？如果蒸馏时忘加沸石，能否立即将沸石加至接近沸腾的液体中？当重新进行蒸馏时，用过的沸石能否继续使用？

4. 为什么蒸馏时最好控制馏出液速度为 1～2 滴为宜？

5. 如果液体具有恒定的沸点，能否认为它是单一物质？

6. 微量蒸馏时，装在蒸馏装置上部的温度计水银球应位于连接冷凝管的出口附近。解释温度计水银球的位置在出口以下或者以上对温度计读数有何影响？

【附注】

1. 95%乙醇为一共沸混合物，而非纯物质，它具有一定的沸点和组成，不能借助普通蒸馏法进行进一步分离。

2. 冷却水的流速以能保证蒸气充分冷凝为宜，通常只需保持缓缓的水流。

3. 蒸馏有机溶剂均应用小口接收器，如锥形瓶等。

实验8　分馏

【实验目的】

1. 掌握分馏的原理，仪器装置的安装方法及操作技术。

2. 掌握运用分馏来分离提纯液体有机化合物的实验操作和技能。

【实验原理】

将几种具有不同沸点而又可以完全互溶的液体混合物加热，当其总蒸气压等于外界压力时，就开始沸腾汽化，蒸气中易挥发液体的成分比在原混合液中多。而沸点较低的组分在气相中的浓度比在液相中大，在此将蒸气冷凝后得到的液体中，该组分比在原来液体中多，如果将所得到的液体再进行汽化，在它的蒸气经冷凝后的液体中，易挥发的组分又将增加。如此多次重复，最终就能将沸点不同的各组分分离（见 3.3.3）。

【仪器和试剂】

仪器：圆底烧杯、量筒、沸石、韦氏分馏柱、蒸馏头、温度计、冷凝管、尾接管、锥形瓶、石棉网、电炉、烧杯等。

试剂：甲醇、水、沸石。

【实验内容】

在 100mL 圆底烧杯中，加入 25mL 甲醇和 25mL 水的混合物，加入几粒沸石。按照简单分馏装置示意图（图 3-15）装好分馏装置。用水浴慢慢加热，开始沸腾后，蒸气慢慢进入分馏柱中，此时要仔细控制加热温度，使温度慢慢上升，以保持分馏柱中有一个均匀的温度梯度。当冷凝管中有蒸馏液流出时迅速记录温度计所示温度。控制加热速度，使馏出液慢慢地、均匀地以每分钟 2mL（约每秒 1 滴）的速度流出。当柱顶温度维持在 65℃时，约收集 10mL 馏出液（A）。随着温度上升，分别收集 65～70℃（B），70～80℃（C），80～90℃（D），90～95℃（E）的馏分。瓶内所剩为残留液。90～95℃的馏分很少，需要隔石棉网直接进行加热。将不同馏分分别量出体积，以馏出液体积为横坐标，温度为纵坐标，绘制分馏曲线。本实验约需 3～4h。

【思考题】

1. 若加热太快，馏出液每秒钟的滴数超过要求量，用分馏法分离两种液体的能力会显著下降，为什么？

2. 用分馏法提纯液体时，为了取得较好的分离效果，为什么分馏柱必须保持回流液？

3. 在分离两种沸点相近的液体时，为什么装有填料的分馏柱比不装有填料的分馏柱效率高？

4. 什么是共沸混合物？为什么不能用分馏法分离共沸混合物？

5. 在分馏时通常用水浴或者油浴加热，它比直接火加热有什么优点？

6. 根据甲醇-水混合物的蒸馏和分馏曲线，哪一种方法分离混合物各组分的效率较高？为什么？

实验9 重结晶

【实验目的】

1. 掌握重结晶提纯固体有机化合物的基本原理和方法。

2. 掌握重结晶的实验操作技术。

【实验原理】

固体有机化合物在溶剂中的溶解度与温度有密切关系，一般是温度升高，溶解度增大。若将固体溶解在热的溶液中达到饱和，冷却时由于溶解度降低，溶液变饱和而析出结晶。利用溶剂对被提纯物质及杂质的溶解度不同，可以使被提纯物质从过饱和溶液中析出，而让全部或大部分杂质留在溶液中，从而达到提纯的目的（见3.2.1）。

【仪器和试剂】

仪器：烧杯、石棉网、抽滤瓶、布氏漏斗、玻璃棒、无颈漏斗、电炉、表面皿等。

试剂：粗乙酰苯胺、活性炭。

【实验内容】

取2g粗乙酰苯胺，放于250mL烧杯中，加入70mL水，石棉网上加热至沸，并用玻璃棒不断搅动，使固体溶解，这时若有尚未完全溶解的固体，可继续加入少许热水（每次加入3～5mL热水，若加入溶剂加热后并未能使不溶物减少，则可能是不溶性杂质，此时可不必再加溶剂），至完全溶解后，再多加2～3mL水（总量约90mL）。移去火源，稍冷后加入少许活性炭，稍加搅拌后继续加热微沸5～10min。

事先在烘箱中烘热无颈漏斗，过滤时趁热从烘箱中取出，把漏斗安置在铁圈上，于漏斗中放一预先叠好的折叠滤纸，并用少量热水润湿。将上述热溶液通过折叠滤纸，迅速地滤入250mL烧杯中。每次倒入漏斗中的液体不要太满，也不要等液体溶液全部滤完后再加。在过滤过程中，应保持溶液的温度。为此将未过滤的部分继续用小火加热以防冷却。待所有的溶液过滤完毕后，用少量热水洗涤锥形瓶和滤纸。

滤毕，用表面皿将盛滤液的烧杯盖好，放置一旁，稍冷后，用冷水冷却以使结晶完全。如要获得较大颗粒的结晶，可在滤完后将滤液中重新加热至析出的结晶溶解，于室温下放置，使其慢慢冷却。

结晶完成后，用布氏漏斗（滤纸先用少量冷水润湿，抽气吸紧）过滤，使晶体与母液分离，并用玻璃塞挤压，使母液尽量除去。拔下吸滤瓶上的橡胶管（或打开安全瓶的旋塞），并用少量冷水淋至布氏漏斗中，使晶体润湿（可用刮刀使结晶松动），然后重新抽干，如此重复1～2次，最后用刮刀将结晶移至表面皿上，摊开成薄层，置空气中晾干或在烘箱中干燥。

测定干燥后精制产物的熔点，并与粗产物熔点作比较，称量并计算收率。

用水重结晶乙酰苯胺时，往往会出现油珠。这是因为当温度高于83℃时，未溶于水但已熔化的乙酰苯胺会形成另一液相，这时只要加入少量水或继续加热，此种现象即可消失。

本实验约需3～4h。

【思考题】

1. 某一有机化合物进行重结晶时，最合适的溶剂应该具有哪些性质？

2. 为什么活性炭要在固体物质完全溶解后加入？为什么不能在溶液沸腾时加入？

3. 将溶液进行热过滤时，为什么要尽可能减少溶剂的挥发？如何减少其挥发？

4. 在布氏漏斗中用溶剂洗涤固体时应注意些什么？

5. 有机溶剂重结晶时，在哪些操作上容易着火？应该如何防范？

【附注】

1. 乙酰苯胺在水中的溶解度如下：

t/℃	20	25	50	80	100
溶解度/g·$(100mL)^{-1}$	0.46	0.56	0.84	3.45	5.5

2. 活性炭绝对不可加到正在沸腾的溶液中，否则将造成暴沸现象。加入活性炭的量约相当于样品量的1%～5%。

3. 无颈漏斗，即截去颈的普通玻璃漏斗。也可用预热好的热滤漏斗，漏斗夹套中充水约为其容积的2/3左右。

第5章　化学性质实验

实验10　电离平衡和沉淀平衡

【实验目的】

1. 理解电离平衡、水解平衡、沉淀平衡和同离子效应的基本原理。

2. 学习缓冲溶液的配制方法并试验其性质。

3. 掌握沉淀的生成、溶解和转化的条件。

4. 掌握离心分离操作和离心机、pH 试纸使用。

【基本操作】

1. 试剂的取用，参见 2.2.3。

2. 酒精灯的使用，参见 2.1.3。

3. 离心机的使用，参见 3.1.3。

【仪器和试剂】

仪器：试管、离心试管、离心机、表面皿、量筒、酒精灯等。

试剂：醋酸铵、硝酸铁、HNO_3（$6mol\cdot L^{-1}$）、HCl（$0.2mol\cdot L^{-1}$、$6mol\cdot L^{-1}$）、HAc（$0.2mol\cdot L^{-1}$）、NaOH（$0.2mol\cdot L^{-1}$）、$NH_3\cdot H_2O$（$0.1mol\cdot L^{-1}$、$6mol\cdot L^{-1}$）、PbI_2（饱和）、KI（$0.001mol\cdot L^{-1}$、$0.1mol\cdot L^{-1}$）、$Pb(NO_3)_2$（$0.001mol\cdot L^{-1}$、$0.1mol\cdot L^{-1}$）、NaAc（$0.1mol\cdot L^{-1}$）、NH_4Cl（$0.1mol\cdot L^{-1}$）、NH_4Ac（$0.1mol\cdot L^{-1}$，固体）、NaCl（$0.1mol\cdot L^{-1}$、$1.0mol\cdot L^{-1}$）、NaH_2PO_4（$0.1mol\cdot L^{-1}$）、Na_2HPO_4（$0.1mol\cdot L^{-1}$）、Na_3PO_4（$0.1mol\cdot L^{-1}$）、K_2CrO_4（$0.1mol\cdot L^{-1}$、$0.5mol\cdot L^{-1}$）、$AgNO_3$（$0.1mol\cdot L^{-1}$）、$BaCl_2$（$0.5mol\cdot L^{-1}$）、$(NH_4)_2C_2O_4$（饱和）、Na_2S（$0.1mol\cdot L^{-1}$）、Na_2SO_4（饱和）、酚酞指示剂。

【实验内容】

1. 同离子效应

（1）同离子效应和电离平衡

测定 $0.1mol\cdot L^{-1}$氨水的 pH 值。

取 1mL $0.1mol\cdot L^{-1}$氨水，加 1 滴酚酞溶液，观察溶液的颜色，再加醋酸铵固体少许，观察溶液颜色变化，解释上述现象。

（2）同离子效应和沉淀平衡

在试管中加饱和碘化铅溶液约 1mL，然后滴加 $0.1mol\cdot L^{-1}$碘化钾溶液 4～5 滴，振荡试管，观察有何现象？为什么？

2. 缓冲溶液的配制和性质

① 分别测定蒸馏水、$0.2mol\cdot L^{-1}$醋酸的 pH 值。

② 在两支各盛 5mL 蒸馏水的试管中，分别加 1 滴 $0.2mol\cdot L^{-1}$盐酸和 $0.2mol\cdot L^{-1}$氢氧化钠，分别测定溶液的 pH 值，将实验测定结果填入表 1。

③ 在一支试管中加 5mL $0.2mol\cdot L^{-1}$醋酸和 5mL $0.1mol\cdot L^{-1}$醋酸钠溶液，混合均匀，测

定其 pH 值。将溶液均分为两份，一份滴入 1 滴 0.2mol·L^{-1} 盐酸，另一份加 1 滴 0.2mol·L^{-1} 氢氧化钠，分别测定溶液的 pH 值，将实验测定结果填入表 1 中。

表 1　缓冲溶液性质

pH 值	纯水	5mL 纯水中加 1 滴		缓冲溶液（HAc-NaAc）	5mL 缓冲液中加 1 滴	
		0.2mol·L^{-1} HCl	0.2mol·L^{-1} NaOH		0.2mol·L^{-1} HCl	0.2mol·L^{-1} NaOH
实验测定值						
计算值						

分析上述三组实验结果，对缓冲溶液的性质作出结论。

3. 盐类水解

① 用 pH 试纸测定浓度为 0.1mol·L^{-1} 的表 2 中各溶液的 pH 值，将实验测定值与计算值填入表 2。

表 2　各种盐溶液的 pH 值

项目		NH_4Cl	NH_4Ac	NaAc	NaCl	NaH_2PO_4	Na_2HPO_4	Na_3PO_4
pH 值	实验测定值							
	计算值							

② 取少许固体硝酸铁，加水约 5mL，溶解，观察溶液的颜色。将溶液分成三份，一份留作比较，第二份在小火上加热煮沸，在第三份中加几滴 6mol·L^{-1} 硝酸观察现象，写出反应方程式，解释实验现象。

4. 沉淀平衡

（1）沉淀溶解平衡

在离心试管中加 10 滴 0.1mol·L^{-1} 硝酸铅溶液，然后加 5 滴 1.0mol·L^{-1} 氯化钠溶液，振荡试管，待沉淀完全后，离心分离。在溶液中加少许 0.5mol·L^{-1} 铬酸钾溶液，有什么现象？解释此现象。

（2）溶度积规则应用

① 在试管中加 1mL 0.1mol·L^{-1} 硝酸铅溶液，加入等体积 0.1mol·L^{-1} 碘化钾溶液，观察有无沉淀生成？

② 用 0.001mol·L^{-1} 硝酸铅和 0.001mol·L^{-1} 碘化钾溶液进行实验，观察现象。

试用溶度积规则解释。

（3）分步沉淀

在试管中注入 0.1mol·L^{-1} 氯化钠和 0.1mol·L^{-1} 铬酸钾溶液各 1mL。然后边振荡试管边逐滴加入 0.1mol·L^{-1} 硝酸银溶液，有哪些沉淀物生成？观察沉淀物颜色和颜色的变化，用溶度积规则解释实验现象。

5. 沉淀的溶解和转化

① 取 5 滴 0.5mol·L^{-1} 氯化钡溶液加 3 滴饱和草酸铵溶液观察沉淀的生成。离心分离，弃去溶液，在沉淀物上加数滴 6mol·L^{-1} 盐酸溶液有什么现象？写出反应方程式，说明为什么。

② 取 5 滴 0.1mol·L^{-1} 硝酸银溶液，加 2 滴 1mol·L^{-1} 氯化钠溶液观察沉淀的生成。再逐滴加入 6mol·L^{-1} 氨水有什么现象？写出反应方程式，说明为什么。

③ 取 10 滴 0.1mol·L^{-1} 硝酸银溶液，加 3～4 滴 0.1mol·L^{-1} 硫化钠溶液观察沉淀的生成。离心分离，弃去溶液，在沉淀物上加少许 6mol·L^{-1} 硝酸，加热，有何现象？写出反应方程式，说明为什么？

④ 在离心试管中，加 5 滴 0.1mol·L^{-1} 硝酸铅溶液，加 3 滴 1mol·L^{-1} 氯化钠溶液，待沉淀完全后，离心分离，弃去上清液，沉淀用 0.5mL 蒸馏水洗涤一次。在氯化铅沉淀中，加 3 滴 0.1mol·L^{-1} 碘化钾溶液，观察沉淀的转化和颜色的变化。按上述操作先后加入 10 滴饱和硫酸钠溶液、5 滴 0.5mol·L^{-1} 铬酸钾溶液、5 滴 0.1mol·L^{-1} 硫化钠溶液，每加入一种新的溶液后，都须观察沉淀的转化和颜色的变化。用上述生成物溶解度数据解释实验中出现的各种现象，总结沉淀转化的条件。

【思考题】

1. 用同离子效应分析缓冲溶液的缓冲原理。

2. 酸式盐是否一定呈酸性？

3. 影响水解平衡移动有哪些因素？

4. 沉淀在什么条件下溶解？

5. 用三氯化铁、二氯化镁、氢氧化钠三种溶液，设计一个分步沉淀实验，并预测实验现象。

【附注】

1. pH 试纸的使用

① 检查溶液的酸碱性。将 pH 试纸剪成小块，放在洁净干燥的白瓷板或表面皿上。用玻璃棒蘸一下待测溶液与 pH 试纸接触，根据 pH 试纸颜色找出与标准色板上色调相近者即为待测溶液的 pH 值。

② 检查气体的酸碱性。将 pH 试纸用蒸馏水润湿，贴在玻璃片（棒）上置于试管口（不能与试管接触），根据 pH 试纸变色情况（变红还是变蓝？）确定逸出的气体是酸性的还是碱性的，这种方法不能用来测 pH 值。

2. $Pb(Ac)_2$ 试纸的使用

用蒸馏水将试纸润湿，置试纸于待检物的试管口。如果试纸变成黑色，则表示有 H_2S 气体逸出。

实验11　氧化还原反应和氧化还原平衡

【实验目的】

1. 学会装配原电池。

2. 掌握电极的本性、电对的氧化型或还原型物质的浓度、介质的酸度等因素对电极电势、氧化还原反应的方向、产物、速率的影响。

3. 通过实验了解原电池电动势。

【基本操作】

1. 试管的操作，参见2.1。

2. 试剂的取用，参见2.2。

3. 伏特计（万用表的使用）。

4. 盐桥的制作，参见本实验附注。

【仪器和试剂】

仪器：试管(10mL)、离心试管、烧杯(100mL、250mL)、伏特计(或万用表)、U形管、电炉等。

固体试剂：琼脂、氟化铵。

液体试剂：HAc($6mol \cdot L^{-1}$)、H_2SO_4($1mol \cdot L^{-1}$)、NaOH($6mol \cdot L^{-1}$)、$ZnSO_4$($1mol \cdot L^{-1}$)、$CuSO_4$($1mol \cdot L^{-1}$)、KI($0.1mol \cdot L^{-1}$)、KBr($0.1mol \cdot L^{-1}$)、$FeCl_3$($0.1mol \cdot L^{-1}$)、$Fe_2(SO_4)_3$($0.1mol \cdot L^{-1}$)、$FeSO_4$($1mol \cdot L^{-1}$)、H_2O_2(3%)、KIO_3($0.1mol \cdot L^{-1}$)、Na_2SO_3($0.1mol \cdot L^{-1}$)、$KMnO_4$($0.01mol \cdot L^{-1}$)、浓氨水、溴水(3%)、碘水($0.1mol \cdot L^{-1}$)、KCl(饱和)、CCl_4、淀粉溶液(0.2%)。

材料：电极(锌片、铜片)、导线、砂纸。

【实验内容】

1. 氧化还原反应和电极电势

① 在试管中加入0.5mL $0.1mol \cdot L^{-1}$ KI溶液和2滴$0.1mol \cdot L^{-1}$ $FeCl_3$溶液，摇匀后加入0.5mL CCl_4，充分振荡，观察CCl_4层颜色有无变化。

② 用$0.1mol \cdot L^{-1}$ KBr溶液代替KI溶液进行同样实验，观察现象。

③ 往两支试管中分别加入6滴碘水、溴水，然后加入约0.5mL $1mol \cdot L^{-1}$ $FeSO_4$溶液，摇匀后，注入0.5mL CCl_4，充分振荡，观察CCl_4层有无变化。

根据以上实验结果，定性地比较Br_2/Br^-、I_2/I^-和Fe^{3+}/Fe^{2+}三个电对的电极电势。

思考：

① 上述电对中哪个物质是最强的氧化剂？哪个是最强的还原剂？

② 若用适量氯水分别与溴化钾、碘化钾溶液反应并加入CCl_4，预测CCl_4层的颜色。

2. 浓度对电极电势的影响

往一只小烧杯中加入约20mL $1mol \cdot L^{-1}$ $ZnSO_4$溶液，在其中插入锌片；往另一只小烧杯中加入约20mL $1mol \cdot L^{-1}$ $CuSO_4$溶液，在其中插入铜片。用盐桥将两烧杯相连，组成一个原电池。用导线将锌片和铜片分别与伏特计（万用表）的负极和正极相接，测量两极之间的电压（图1）。

在 $CuSO_4$ 溶液中注入浓氨水至生成的沉淀溶解为止，得到深蓝色的溶液。

$$Cu^{2+}+4NH_3 \rightleftharpoons [Cu(NH_3)_4]^{2+}$$

测量电压，观察有何变化。

再于 $ZnSO_4$ 溶液中加入浓氨水至生成的沉淀完全溶解为止，得无色透明溶液。

$$Zn^{2+}+4NH_3 \rightleftharpoons [Zn(NH_3)_4]^{2+}$$

测量电压，观察又有什么变化。利用 Nernst 方程式来解释实验现象。

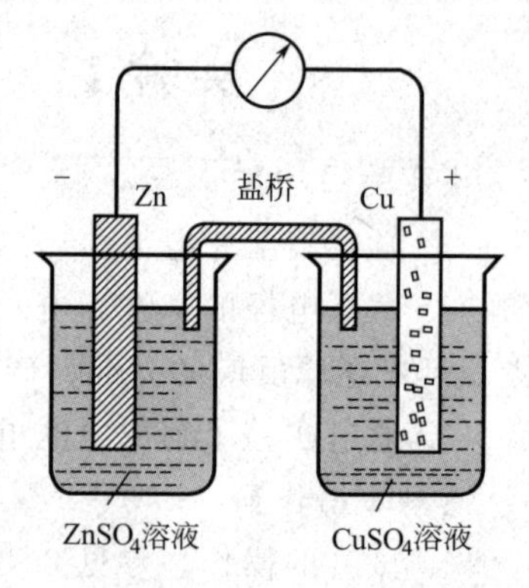

图 1　Cu-Zn 原电池

思考：

酸度对 Cl_2/Cl^-、Br_2/Br^-、I_2/I^-、Fe^{3+}/Fe^{2+}、Cu^{2+}/Cu、Zn^{2+}/Zn 电对的电极电势有无影响？为什么？

3. 酸度和浓度对氧化还原反应的影响

（1）酸度的影响

① 在 3 支均盛有 0.5mL 0.1mol·L^{-1} Na_2SO_3 溶液的试管中，分别加入 0.5mL 1mol·L^{-1} H_2SO_4 溶液及 0.5mL 蒸馏水和 0.5mL 6mol·L^{-1} NaOH 溶液，混合均匀后，再各滴入 2 滴 0.01mol·L^{-1} $KMnO_4$ 溶液，观察颜色的变化有何不同，写出反应式。

② 在试管中加入 0.5mL 0.1mol·L^{-1} KI 溶液和 2 滴 0.1mol·L^{-1} KIO_3 溶液，再加几滴淀粉溶液，混合后观察溶液颜色有无变化。然后加 2～3 滴 1mol·L^{-1} H_2SO_4 溶液酸化混合液，观察有什么变化，最后滴加 2～3 滴 6mol·L^{-1} NaOH 使混合液显碱性，又有什么变化。写出有关反应式。

说明酸度对氧化还原反应的影响。

（2）浓度的影响

① 往盛有 H_2O、CCl_4 和 0.1mol·L^{-1} $Fe_2(SO_4)_3$ 各 0.5mL 的试管中加入 0.5mL 0.1mol·L^{-1} KI 溶液，振荡后观察 CCl_4 层的颜色。

② 往盛有 CCl_4、1mol·L^{-1} $FeSO_4$ 和 0.1mol·L^{-1} $Fe_2(SO_4)_3$ 各 0.5mL 的试管中，加入 0.5mL 0.1mol·L^{-1} KI 溶液，振荡后观察 CCl_4 层的颜色。与上一实验中 CCl_4 层颜色有何区别？

③ 在实验①的试管中，加入少许 NH_4F 固体，振荡，观察 CCl_4 层颜色的变化。

说明浓度对氧化还原反应的影响。

4. 酸度对氧化还原反应速率的影响

在两支各盛 0.5mL 0.1mol·L^{-1} KBr 溶液的试管中，分别加入 0.5mL 1mol·L^{-1} H_2SO_4 和 6mol·L^{-1} HAc 溶液，然后各加入 2 滴 0.01mol·L^{-1} $KMnO_4$ 溶液，观察 2 支试管中紫红色褪去的速度。分别写出有关反应方程式。

5. 氧化数居中的物质的氧化还原性

① 在试管中加入 0.5mL 0.1mol·L^{-1} KI 和 2～3 滴 1mol·L^{-1} H_2SO_4，再加入 1～2 滴 3% H_2O_2，观察试管中溶液颜色的变化。

② 在试管中加入 2 滴 0.01mol·L^{-1} $KMnO_4$ 溶液，再加入 3 滴 1mol·L^{-1} H_2SO_4 溶液，

摇匀后滴加 2 滴 3% H_2O_2，观察溶液颜色的变化。

思考：

为什么 H_2O_2 既具有氧化性，又具有还原性？试从电极电势予以说明。

【思考题】

1. 从实验结果讨论氧化还原反应和哪些因素有关。

2. 介质对 $KMnO_4$ 的氧化性有何影响？用本实验事实及电极电势予以说明。

【附注】

1. 盐桥的制法

称取 1g 琼脂，放在 100mL KCl 饱和溶液中浸泡一会，在不断搅拌下，加热煮成糊状，趁热倒入 U 形玻璃管中（管内不能留有气泡，否则会增加电阻），冷却即成。

更为简便的方法，可用 KCl 饱和溶液装满 U 形玻璃管，两管口以小棉花球塞住（管内不能留有气泡），作为盐桥使用。

实验中还可用素烧瓷筒作为盐桥。

2. 电极的处理

电极的锌片、铜片要用砂纸擦干净，以免增大电阻。

实验 12 氮、磷、硅、硼

【实验目的】

1. 试验并掌握不同氧化态氮的化合物的主要性质。

2. 试验磷酸盐的酸碱性和溶解性。

3. 掌握硅酸盐、硼酸的主要性质。

【基本操作】

1. 试管操作与试剂的取用，参见 2.1 和 2.2。

2. 固体、液体药品的加热，参见 2.1。

3. 气室法检验 NH_4^+。

【仪器和试剂】

仪器：试管（10mL）、烧杯（100mL、250mL）、酒精灯、蒸发皿、表面皿、试管夹等。

固体试剂：氯化铵、硫酸铵、重铬酸铵、硝酸钠、硝酸铜、硝酸银、硅酸钠、氯化钙、硝酸钴、硫酸铜、硫酸镍、硫酸锰、硫酸锌、硫酸亚铁、三氯化铁、硼酸、硫粉、锌粉（锌粒）。

液体试剂：H_2SO_4（浓、3mol·L^{-1}）、HNO_3（浓、0.5mol·L^{-1}）、HCl（浓、6mol·L^{-1}、2mol·L^{-1}）、$NaNO_2$（饱和、0.5mol·L^{-1}）、$KMnO_4$（0.1mol·L^{-1}）、KI（0.1mol·L^{-1}）、40%浓碱、$Na_4P_2O_7$（0.1mol·L^{-1}）、Na_3PO_4（0.1mol·L^{-1}）、Na_2HPO_4（0.1mol·L^{-1}）、NaH_2PO_4（0.1mol·L^{-1}）、$BaCl_2$（1mol·L^{-1}）、$AgNO_3$（0.1mol·L^{-1}）、$CaCl_2$（0.5mol·L^{-1}）、$NH_3·H_2O$（2mol·L^{-1}）、Na_2SiO_3（20%）、$CuSO_4$（0.2mol·L^{-1}）、硼酸（饱和）、无水乙醇、甘油。

材料：pH 试纸、红色石蕊试纸、冰、火柴、木条。

【实验内容】

1. 铵盐的热分解

在一支干燥的试管中放入约 0.5g 氯化铵，将试管垂直固定、加热，并将润湿的 pH 试纸横放在管口，观察 pH 试纸颜色的变化。在试管壁上部有何现象发生？解释现象，写出反应方程式。

分别用硫酸铵和重铬酸铵代替氯化铵重复以上实验，观察并比较它们的热分解产物，写出反应方程式。

根据实验结果总结铵盐热分解产物与阴离子的关系。

2. 亚硝酸和亚硝酸盐

（1）亚硝酸的生成和分解

将 1mL 3mol·L^{-1} H_2SO_4 溶液注入在冰水中冷却的 1mL 饱和 $NaNO_2$ 溶液中，观察反应情况和产物的颜色。将试管从冰水中取出，放置片刻，观察有何现象发生，写出相应的反应方程式。

（2）亚硝酸的氧化性和还原性

在试管中加入 1～2 滴 0.1mol·L^{-1} KI 溶液，用 3mol·L^{-1} H_2SO_4 进行酸化，然后滴加 0.5mol·L^{-1}的 $NaNO_2$ 溶液，观察现象，写出反应方程式。

用 0.1mol·L^{-1} $KMnO_4$ 溶液代替 KI 溶液重复上述实验，观察溶液的颜色有何变化，写出反应方程式。

总结亚硝酸的性质。

3. 硝酸和硝酸盐

(1) 硝酸的氧化性

① 分别往两支各盛少量锌粉（锌粒）的试管中加入 1mL 浓 HNO_3 和 1mL 0.5mol·L^{-1} HNO_3 溶液，观察两者反应速率和反应产物有何不同。将两滴锌与稀硝酸反应的溶液滴到一个表面皿上，再将润湿的红色石蕊试纸贴于另一个表面皿凹处。向装有溶液的表面皿中加一滴 40%浓碱，迅速将贴有试纸的表面皿倒扣其上并且放在热水浴上加热。观察红色石蕊试纸是否变为蓝色。此法称为气室法检验 NH_4^+。

② 在试管中放入少许硫粉，加入 1mL 浓 HNO_3，水浴加热。观察是否有气体产生。冷却，检验反应产物。

写出以上几个反应的方程式。

(2) 硝酸盐的热分解

分别试验固体硝酸钠、硝酸铜和硝酸银的热分解，观察反应的情况和产物的颜色，检验反应生成的气体，写出反应方程式。

总结硝酸盐的热分解与阳离子的关系。

4. 磷酸盐的性质

(1) 酸碱性

① 用 pH 试纸测定 0.1mol·L^{-1} Na_3PO_4、Na_2HPO_4 和 NaH_2PO_4 溶液的 pH 值。

② 分别往三支试管中注入 0.5mL 0.1mol·L^{-1} 的 Na_3PO_4、Na_2HPO_4 和 NaH_2PO_4 溶液，再各滴加适量的 0.1mol·L^{-1} $AgNO_3$ 溶液，是否有沉淀产生？试验溶液的酸碱性有无变化？解释实验现象并写出有关的反应方程式。

(2) 溶解性

分别取 0.1mol·L^{-1} 的 Na_3PO_4、Na_2HPO_4 和 NaH_2PO_4 溶液各 0.5mL，加入等量的 0.5mol·L^{-1} $CaCl_2$ 溶液，观察有何现象，用 pH 试纸测定它们的 pH 值。

再分别滴加 2mol·L^{-1} 氨水，观察各有何变化？

再滴加 2mol·L^{-1} 盐酸，观察各又有何变化？

比较三种磷酸钙盐的溶解性，说明它们之间相互转化的条件，写出反应方程式。

(3) 配位性

取 0.5mL 0.2mol·L^{-1} 的 $CuSO_4$ 溶液，逐滴加入 0.1mol·L^{-1} 焦磷酸钠溶液，观察沉淀的生成。继续滴加焦磷酸钠溶液，沉淀是否溶解？写出相应的反应方程式。

5. 硅酸与硅酸盐

(1) 硅酸水凝胶的生成

往 2mL 20%硅酸钠溶液（学生自己配制）中滴加 6mol·L^{-1} 盐酸（或浓盐酸），观察产物的颜色、状态。

(2) 微溶性硅酸盐的生成

在 100mL 的小烧杯中加入约 50mL 20%的硅酸钠溶液（学生自己配制），然后把氯化钙、硝酸钴、硫酸铜、硫酸镍、硫酸锌、硫酸锰、硫酸亚铁、三氯化铁固体各一小粒投入杯内（注意各固体之间保持一定间隔），放置一段时间（约几个小时）后观察有何现象发生。

【思考题】

1. 为什么在一般情况下不用 HNO_3 作为酸性介质？HNO_3 与金属反应和稀 H_2SO_4 或稀盐酸与金属反应有何不同？

2. NaH_2PO_4 显酸性，是否酸式盐都呈酸性？为什么？举例说明。

3. 为什么说硼酸是一元酸？在硼酸溶液中加入多羟基化合物后，溶液的酸度会如何变化？为什么？

实验13 铁、钴、镍

【实验目的】

1. 试验并掌握二价铁、钴、镍的还原性和三价铁、钴、镍的氧化性。

2. 试验并掌握铁、钴、镍配合物的生成及性质。

【基本操作】

1. 试管操作与试剂的取用，参见2.1和2.2。

2. 液体的加热，参见2.1。

【仪器和试剂】

仪器：试管、酒精灯、滴管、试管夹等。

试剂：硫酸亚铁铵、硫氰酸钾(硫氰化钾)、H_2SO_4(6mol·L^{-1}、1mol·L^{-1})、HCl(浓)、NaOH(6mol·L^{-1}、2mol·L^{-1})、$(NH_4)_2Fe(SO_4)_2$(0.1mol·L^{-1})、$CoCl_2$(0.1mol·L^{-1})、$NiSO_4$(0.1mol·L^{-1})、KI(0.2mol·L^{-1})、$K_4[Fe(CN)_6]$(0.5mol·L^{-1})、H_2O_2(3%)、$FeCl_3$(0.2mol·L^{-1})、KSCN(0.1mol·L^{-1})、氨水(6mol·L^{-1})、浓氨水、氯水、碘水、四氯化碳、戊醇、乙醚。

材料：碘化钾淀粉试纸。

【实验内容】

1. 铁(Ⅱ)、钴(Ⅱ)、镍(Ⅱ)的化合物的还原性

(1) 铁(Ⅱ)的化合物的还原性

① 酸性介质　往盛有0.5mL氯水的试管中加入3滴6mol·L^{-1} H_2SO_4溶液，然后滴加$(NH_4)_2Fe(SO_4)_2$溶液，观察现象，写出反应式(如现象不明显，可滴加1滴KSCN溶液，出现红色，证明有Fe^{3+}生成)。

② 碱性介质　在一试管中放入2mL蒸馏水和3滴6mol·L^{-1} H_2SO_4溶液煮沸，以赶尽溶于其中的空气，然后溶入少量硫酸亚铁铵晶体。在另一试管中加入3mL 6mol·L^{-1} NaOH溶液煮沸，冷却后，用一长滴管吸取稀NaOH溶液，插入$(NH_4)_2Fe(SO_4)_2$溶液(直至试管底部)，慢慢挤出滴管中的NaOH溶液，观察产物颜色和状态。振荡后放置一段时间，观察又有何变化，写出反应方程式。产物留作下面实验用。

(2) 钴(Ⅱ)的化合物的还原性

① 往盛有$CoCl_2$溶液的试管中加入氯水，观察有何变化。

② 在盛有1mL $CoCl_2$溶液的试管中滴入稀NaOH溶液，观察沉淀的生成。所得沉淀分成两份，一份置于空气中，一份加入新配制的氯水，观察有何变化，第二份留作下面实验用。

(3) 镍(Ⅱ)的化合物的还原性

用$NiSO_4$溶液按钴(Ⅱ)还原性实验的方法操作，观察现象，第二份沉淀留作下面实验用。

2. 铁(Ⅲ)、钴(Ⅲ)、镍(Ⅲ)的化合物的氧化性

① 在前面实验中保留下来的氢氧化铁(Ⅲ)、氢氧化钴(Ⅲ)和氢氧化镍(Ⅲ)沉淀中均加入浓盐酸，振荡后观察各有何变化，并用碘化钾淀粉试纸检验所放出的气体。

② 在上述制得的$FeCl_3$溶液中加入KI溶液，再加入CCl_4，振荡后观察现象，写出反

应方程式。

思考：

综合以上观察到的实验现象，试总结＋2 价氧化态的铁、钴、镍化合物的还原性和＋3 价氧化态的铁、钴、镍化合物的氧化性的变化规律。

3. 配合物的生成

(1) 铁的配合物

① 往盛有 1mL 亚铁氰化钾[六氰合铁(Ⅱ)酸钾]溶液的试管中，加入约 0.5mL 的碘水，摇动试管后，滴入数滴硫酸亚铁铵溶液，观察有何现象发生。此为 Fe^{2+} 的鉴定反应。

② 向盛有 1mL 新配制的 $(NH_4)_2Fe(SO_4)_2$ 溶液的试管中加入碘水，摇动试管后，将溶液分成两份，各滴入数滴硫氰酸钾溶液，然后向其中一支试管中注入约 0.5mL 3% H_2O_2 溶液，观察有何现象发生。此为 Fe^{3+} 的鉴定反应。

③ 往 $FeCl_3$ 溶液中加入 $K_4[Fe(CN)_6]$溶液，观察现象，写出反应方程式。这也是鉴定 Fe^{3+} 的一种常用方法。

④ 往盛有 0.5mL 0.2mol·L^{-1} $FeCl_3$ 的试管中，滴入浓氨水直至过量，观察沉淀是否溶解。

(2) 钴的配合物

① 往盛有 1mL $CoCl_2$ 溶液的试管里加入少量硫氰酸钾固体，观察固体周围的颜色。再加入 0.5mL 戊醇和 0.5mL 乙醚，振荡后，观察水相和有机相的颜色，这个反应可用来鉴定 Co^{2+}。

② 往 0.5mL $CoCl_2$ 溶液中滴加浓氨水，至生成的沉淀刚好溶解为止，静置一段时间后，观察溶液的颜色有何变化。

(3) 镍的配合物

往盛有 2mL 0.1mol·L^{-1} $NiSO_4$ 溶液中加入过量 6mol·L^{-1} 氨水，观察现象。静置片刻，再观察现象，写出离子反应方程式。把溶液分成四份：一份加入 2mol·L^{-1} NaOH 溶液，一份加入 1mol·L^{-1} H_2SO_4 溶液，一份加水稀释，一份煮沸，观察有何变化。

【思考题】

1. 总结铁(Ⅱ、Ⅲ)、钴(Ⅱ、Ⅲ)、镍(Ⅱ、Ⅲ) 所形成主要化合物的性质。

2. 从配合物的生成对电极电势的改变来解释为什么$[Fe(CN)_6]^{4-}$能把 I_2 还原成 I^-，而 Fe^{2+} 则不能。

3. 根据实验结果比较$[Co(NH_3)_6]^{2+}$配离子和$[Ni(NH_3)_6]^{2+}$配离子氧化还原稳定性的相对大小及溶液稳定性。

实验14 铜、银、锌、镉、汞

【实验目的】

1. 掌握铜、银、锌、镉、汞氧化物的酸碱性，硫化物的溶解性。

2. 掌握Cu(Ⅰ)、Cu(Ⅱ)重要化合物的性质及相互转化条件。

3. 实验并熟悉铜、银、锌、镉、汞的配位能力，以及Hg_2^{2+}和Hg^{2+}的转化。

【基本操作】

1. 试管操作与试剂的取用，参见2.1和2.2。

2. 离心机的使用，参见3.1.3。

【仪器和试剂】

仪器：试管（10mL）、烧杯（100mL、250mL）、离心机、离心试管、白色点滴板、玻璃棒、电炉等。

试剂：HCl（浓、2mol·L^{-1}）、H_2SO_4（2mol·L^{-1}）、HNO_3（浓、2mol·L^{-1}）、NaOH（40%、6mol·L^{-1}、2mol·L^{-1}）、氨水（浓、2mol·L^{-1}）、$CuSO_4$（0.2mol·L^{-1}）、$ZnSO_4$（0.2mol·L^{-1}）、$CdSO_4$（0.2mol·L^{-1}）、$CuCl_2$（0.5mol·L^{-1}）、$SnCl_2$（0.2mol·L^{-1}）、$Hg(NO_3)_2$（0.2mol·L^{-1}）、$AgNO_3$（0.2mol·L^{-1}）、Na_2S（0.1mol·L^{-1}）、KI（0.2mol·L^{-1}）、KSCN（0.1mol·L^{-1}）、$Na_2S_2O_3$（0.5mol·L^{-1}）、碘化钾、葡萄糖溶液（10%）、铜屑、金属汞。

材料：pH试纸。

【实验内容】

1. 铜、银、锌、镉、汞氢氧化物或氧化物的生成和性质

（1）铜、锌、镉氢氧化物的生成和性质

向三支分别盛有0.2mL 0.2mol·L^{-1} $CuSO_4$、$ZnSO_4$、$CdSO_4$溶液的试管中滴加新配制的2mol·L^{-1} NaOH溶液，观察溶液颜色及状态。

将各试管中的沉淀分成两份：一份加2mol·L^{-1} H_2SO_4，另一份继续滴加2mol·L^{-1} NaOH溶液。观察现象，写出反应方程式。

（2）银、汞氧化物的生成和性质

① 氧化银的生成和性质　取0.2mL 0.2mol·L^{-1} $AgNO_3$溶液，滴加新配制的2mol·L^{-1} NaOH溶液，观察沉淀Ag_2O（为什么不是AgOH?）的颜色和状态。洗涤并离心分离沉淀，将沉淀分成两份：一份加入2mol·L^{-1} HNO_3，另一份加入2mol·L^{-1}氨水。观察现象，写出反应方程式。

② 氧化汞的生成和性质　取0.2mL 0.2mol·L^{-1} $Hg(NO_3)_2$溶液，滴加新配制的2mol·L^{-1} NaOH溶液，观察溶液颜色和状态。将沉淀分成两份：一份加入2mol·L^{-1} HNO_3，另一份加入40% NaOH溶液。观察现象，写出反应方程式。

2. 铜、银、锌、镉、汞硫化物的生成和性质

往五支分别盛有0.2mL 0.2mol·L^{-1} $CuSO_4$、$AgNO_3$、$ZnSO_4$、$CdSO_4$、$Hg(NO_3)_2$溶液的离心试管中滴加0.1mol·L^{-1} Na_2S溶液。观察沉淀的生成和颜色。

将沉淀离心分离、洗涤，然后将每种沉淀分成四份：一份加入2mol·L^{-1} HCl，另一份加

入浓盐酸，第三份加入浓硝酸，再一份加入王水（自配），分别水浴加热。观察沉淀溶解情况。

根据实验现象并查阅有关数据，总结铜、银、锌、镉、汞硫化物的溶解情况填入表1，并写出有关反应方程式。

表1　金属硫化物的溶解性

硫化物	颜色	溶解性				$K_{sp}^{\ominus}$
		$2mol \cdot L^{-1}$ HCl	浓 HCl	浓 HNO_3	王水	
CuS						
Ag_2S						
ZnS						
CdS						
HgS						

3. 铜、银、锌、汞的配合物

（1）氨合物的生成

往四支分别盛有 0.2mL $0.2mol \cdot L^{-1}$ $CuSO_4$、$AgNO_3$、$ZnSO_4$、$Hg(NO_3)_2$ 溶液的试管中滴加 $2mol \cdot L^{-1}$的氨水。观察沉淀的生成，继续加入过量的 $2mol \cdot L^{-1}$的氨水，又有何现象发生？写出有关反应方程式。

比较 Cu^{2+}、Ag^{+}、Zn^{2+}、Hg^{2+}与氨水反应有何不同。

（2）汞配合物的生成和应用

① 往 0.2mL $0.2mol \cdot L^{-1}$ $Hg(NO_3)_2$ 溶液中，滴加 $0.2mol \cdot L^{-1}$ KI 溶液，观察沉淀的生成和颜色。再往该沉淀中加入少量碘化钾固体直至沉淀刚好溶解，溶液显何种颜色？写出反应方程式。

在所得的溶液中，加入几滴 40% NaOH 溶液，再与氨水反应，观察沉淀的颜色。

② 往 5 滴 $0.2mol \cdot L^{-1}$ $Hg(NO_3)_2$ 溶液中，逐滴加入 $0.1mol \cdot L^{-1}$ KSCN 溶液，最初生成白色 $Hg(SCN)_2$ 沉淀，继续加入 KSCN 溶液，该沉淀溶解生成无色$[Hg(SCN)_4]^{2-}$配离子。再向该溶液加几滴 $0.2mol \cdot L^{-1}$ $ZnSO_4$ 溶液，观察白色的 $Zn[Hg(SCN)_4]$沉淀的生成（该反应可定性检验 Zn^{2+}），必要时可用玻璃棒摩擦试管壁。

4. 铜、银、汞的氧化还原性

（1）氧化亚铜的生成和性质

取 0.2mL $0.2mol \cdot L^{-1}$ $CuSO_4$ 溶液，滴加过量的 $6mol \cdot L^{-1}$ NaOH 溶液，使最初生成的蓝色沉淀溶解成深蓝色溶液。然后在溶液中加入 0.5mL 10%葡萄糖溶液，混匀后微热，有黄色沉淀产生进而变成红色沉淀。写出有关反应方程式。

将沉淀离心分离、洗涤，然后将其分成两份：

一份沉淀与 0.5mL $2mol \cdot L^{-1}$ H_2SO_4 作用，静置，注意沉淀的变化。然后加热至沸，观察有何现象。

另一份沉淀加入 0.5mL 浓氨水，振荡后，静置一会儿，观察溶液的颜色。放置一段时间后，溶液为什么会变成深蓝色？

（2）氯化亚铜的生成和性质

取 10mL $0.5mol \cdot L^{-1}$ $CuCl_2$ 溶液置于小烧杯中，加入 3mL 浓盐酸和少量铜屑，加热沸腾至其中液体呈深棕色（绿色完全消失）。取几滴上述溶液加入 10mL 蒸馏水中，如有白色沉淀产生，迅速把全部溶液倾入100mL蒸馏水中，静置10min后，固液分离，将白色沉淀洗涤至无蓝色为止。

取少许沉淀分成两份：一份与3mL浓盐酸作用，观察有何变化；另一份与3mL浓氨水作用，观察又有何变化。写出有关反应式。

思考：

① 在白色氯化亚铜沉淀中加入浓氨水或浓盐酸后形成什么颜色溶液？放置一段时间后会变成蓝色溶液，为什么？

②实验中深棕色溶液是什么物质？加入蒸馏水发生了什么反应？

(3) 碘化亚铜的生成和性质

在盛有0.2mL 0.2mol·L^{-1} $CuSO_4$ 溶液的试管中，边滴加0.2mol·L^{-1} KI溶液边振荡，溶液变为棕黄色（CuI为白色沉淀，I_2 溶于KI呈黄色）。再滴加适量0.5mol·L^{-1} $Na_2S_2O_3$ 溶液，除去反应中生成的碘。观察产物的颜色和状态，写出反应式。

【思考题】

1. 在制备氯化亚铜时，能否用氯化铜和铜屑在用盐酸酸化呈微弱的酸性条件下反应？为什么？若用浓氯化钠溶液代替盐酸，此反应能否进行？为什么？

2. 选用什么试剂来溶解下列沉淀？

氢氧化铜，硫化铜，溴化铜，碘化银

3. 使用汞的时候应该注意哪些安全措施？为什么要把汞储存在水面以下？

4. Fe^{3+} 的存在对 Cu^{2+} 的鉴定有干扰，试指出溶液中除 Fe^{3+} 的步骤。

5. 现有三瓶已失标签的硝酸汞、硝酸亚汞和硝酸银溶液，至少用两种方法鉴别之。

第6章　化学测定实验

实验15　醋酸电离度和电离常数的测定

【实验目的】

1. 测定醋酸的电离度和电离常数。

2. 初步掌握滴定原理，滴定操作及正确判断滴定终点。学习使用 pH 计。

【实验原理】

醋酸（CH_3COOH 或 HAc）是弱电解质，在水溶液中存在以下电离平衡：

$$HAc \rightleftharpoons H^+ + Ac^-$$

其平衡关系式为：

$$K_i^{\ominus} = \frac{[H^+][Ac^-]}{[HAc]}$$

设 c 为 HAc 的起始浓度，$[H^+]$、$[Ac^-]$、$[HAc]$分别为 H^+、Ac^-、HAc 的平衡浓度。α 为电离度，$K_i^{\ominus}$ 为电离平衡常数。

在纯的 HAc 溶液中，$[H^+]=[Ac^-]=c\alpha$

$$[HAc]=c(1-\alpha)$$

则

$$\alpha = \frac{[H^+]}{c} \times 100\%$$

$$K_i^{\ominus} = \frac{[H^+][Ac^-]}{[HAc]} = \frac{[H^+]^2}{c-[H^+]}$$

当 $\alpha<5\%$时，$c-[H^+] \approx c$，故：

$$K_i^{\ominus} = \frac{[H^+]^2}{c}$$

根据以上关系，通过测定已知浓度的 HAc 溶液的 pH，就知道其 $[H^+]$，从而可以计算该 HAc 溶液的电离度和平衡常数。

【基本操作】

1. 滴定管、移液管、吸量管、容量瓶的使用，参见 2.6.2。

2. pH 计的使用，参见 2.7.2。

【仪器和试剂】

仪器：碱式滴定管、吸量管（10mL）、移液管（25mL）、容量瓶（50mL）、烧杯（50mL）、pH 计等。

试剂：HAc($0.20mol \cdot L^{-1}$)、$0.2mol \cdot L^{-1}$ NaOH 标准溶液、酚酞指示剂。

【实验内容】

1. 醋酸溶液浓度的测定

以酚酞为指示剂，用已知浓度的 NaOH 标准溶液标定 HAc 的准确浓度，把结果填入表1。

表 1　醋酸溶液浓度的测定

滴定序号		Ⅰ	Ⅱ	Ⅲ
NaOH 溶液的浓度/$mol \cdot L^{-1}$				
HAc 溶液的用量/mL				
NaOH 溶液的用量/mL				
HAc 溶液的浓度/$mol \cdot L^{-1}$	测定值			
	平均值			

2. 配制不同浓度的 HAc 溶液

用移液管和吸量管分别取 25.00mL、5.00mL、2.50mL 已测得准确浓度的 HAc 溶液，把它们分别加入三个 50mL 容量瓶中，再用蒸馏水稀释至刻度，摇匀，并计算出这三个容量瓶中 HAc 溶液的准确浓度。

3. 测定醋酸溶液的 pH，计算醋酸的电离度和电离平衡常数

把以上四种不同浓度的 HAc 溶液分别加入四只洁净干燥（或用以上四种溶液分别润洗）的 50mL 烧杯中，按由稀到浓的次序在 pH 计上分别测定它们的 pH，并记录数据和室温。计算电离度和电离平衡常数，并将有关数据填入表 2 中。

表 2　pH 测定及计算结果　　　室温________℃

溶液编号	c/$mol \cdot L^{-1}$	pH	$[H^+]$/$mol \cdot L^{-1}$	α	电离平衡常数 $K_i^{\ominus}$	
					测定值	平均值
1						
2						
3						
4						

本实验测定的 $K^{\ominus}$ 在 $(1.0 \sim 2.0) \times 10^{-5}$ 范围内合格（25℃的文献值为 1.76×10^{-5}）。

【思考题】

1. 测定 pH 时，为什么要按从稀到浓的顺序进行？

2. 改变所测醋酸溶液的浓度或温度，则电离度和电离常数有无变化？若有变化，会有怎样的变化？

3. 做好本实验的操作关键是什么？

4. 以 NaOH 标准溶液装入碱式滴定管中滴定待测 HAc 溶液，以下情况对滴定结果有何影响？

① 滴定过程中滴定管下端产生了气泡；

② 滴定近终点时，没有用蒸馏水冲洗锥形瓶的内壁；

③ 滴定完后，有液滴悬挂在滴定管的尖端处；

④ 滴定过程中，有一些滴定液自滴定管的活塞处渗漏出来。

实验 16 $I_3^- \rightleftharpoons I^- + I_2$ 平衡常数的测定

【实验目的】

1. 测定 $I_3^- \rightleftharpoons I^- + I_2$ 平衡常数。

2. 加强对化学平衡、平衡常数的理解并了解平衡移动的原理。

3. 练习滴定操作。

【实验原理】

碘溶于碘化钾溶液中形成 I_3^-，并建立下列平衡：

$$I_3^- \rightleftharpoons I^- + I_2 \tag{1}$$

在一定温度条件下其平衡常数为：

$$K^{\ominus} = \frac{\alpha_{I^-}\alpha_{I_2}}{\alpha_{I_3^-}} = \frac{\gamma_{I^-}\gamma_{I_2}}{\gamma_{I_3^-}} \times \frac{[I^-][I_2]}{[I_3^-]}$$

式中，α 为活度；γ 为活度系数；$[I^-]$、$[I_2]$、$[I_3^-]$为平衡浓度。由于在离子强度不大的溶液中：

$$\frac{\gamma_{I^-}\gamma_{I_2}}{\gamma_{I_3^-}} \approx 1$$

所以

$$K^{\ominus} \approx \frac{[I^-][I_2]}{[I_3^-]} \tag{2}$$

为了测定平衡时的$[I^-]$、$[I_2]$、$[I_3^-]$，可用过量固体碘与已知浓度的碘化钾溶液一起摇荡，达到平衡后，取上层清液，用标准硫代硫酸钠溶液进行滴定：

$$2S_2O_3^{2-} + I_2 \rightleftharpoons 2I^- + S_4O_6^{2-}$$

由于溶液中存在 $I_3^- \rightleftharpoons I^- + I_2$ 的平衡，所以用硫代硫酸钠溶液滴定时，最终测到的是平衡时 I_2 和 I_3^- 的总浓度。设这个总浓度为 c，则：

$$c = [I_2] + [I_3^-] \tag{3}$$

碘的浓度 $[I_2]$ 可通过在相同温度条件下，测定过量固体碘与水处于平衡时，溶液中碘的浓度来代替。设该浓度为 c'，则 $c' = [I_2]$，可得：

$$[I_3^-] = c - [I_2] = c - c'$$

从式（1）可以看出，形成一个 I_3^- 就需要一个 I^-，所以平衡时 $[I^-]$ 为：

$$[I^-] = c_0 - [I_3^-]$$

式中，c_0 为碘化钾的起始浓度。

将$[I^-]$、$[I_2]$、$[I_3^-]$代入式(2)即可求得在此温度下的平衡常数 $K^{\ominus}$。

【基本操作】

1. 量筒的使用，参见 2.6.2。

2. 滴定管的使用，参见 2.6.2。

3. 移液管的使用，参见 2.6.2。

【仪器和试剂】

仪器：量筒(10mL、100mL)、碘量瓶(100mL、250mL)、移液管(10mL、50mL)、碱式滴定管(50mL)、锥形瓶(250mL)、洗耳球、托盘天平等。

试剂：KI($0.0100mol\cdot L^{-1}$、$0.0200mol\cdot L^{-1}$)、$Na_2S_2O_3$ 标准溶液($0.0050mol\cdot L^{-1}$)、固体碘、淀粉溶液(0.2%)。

【实验内容】

① 取两只干燥的 100mL 碘量瓶和一个 250mL 碘量瓶，分别标上 1、2、3 号。用量筒分别取 60mL $0.0100mol\cdot L^{-1}$ KI 溶液注入 1 号瓶，60mL $0.0200mol\cdot L^{-1}$ KI 溶液注入 2 号瓶，200mL 蒸馏水注入 3 号瓶。然后在每个瓶内各加入 0.4g 研细的碘，盖好瓶塞。

② 将 3 只碘量瓶在室温下振荡或者在磁力搅拌器上搅拌 30min，然后静置 10min，待过量固体碘完全沉于瓶底后，取上层清液进行滴定。

思考：

a. 为什么本实验中量取溶液时，有的用移液管，有的可用量筒？

b. 进行滴定分析，仪器要做哪些准备？由于碘易挥发，所以在取溶液和滴定时操作上要注意什么？

c. 在实验中以固体碘与水的平衡浓度代替碘与 I^- 的平衡浓度，会引起怎样的误差？为什么可以代替？

③ 用 10mL 移液管取 1 号瓶上层清液两份，分别注入 250mL 锥形瓶中，再各注入 40mL 蒸馏水，用 $0.0050mol\cdot L^{-1}$ $Na_2S_2O_3$ 标准溶液滴定其中一份至淡黄色（注意不要滴过量），再注入 4mL 0.2%的淀粉溶液，此时溶液应呈蓝色，继续滴定至蓝色刚好消失。记录所消耗 $Na_2S_2O_3$ 溶液的体积。对第二份清液重复以上操作。

同样的方法滴定 2 号瓶上层的清液。

④ 用 50mL 移液管取 3 号瓶上层清液两份，用 $0.0050mol\cdot L^{-1}$ $Na_2S_2O_3$ 标准溶液滴定，方法同上。

将数据记入表 1 中。

表 1　滴定数据记录　　　　室温______℃

瓶号		1	2	3
取样体积 V/mL		10.00	10.00	50.00
$V_{Na_2S_2O_3}$/mL	I			
	II			
	平均			
$c_{Na_2S_2O_3}$/$mol\cdot L^{-1}$		0.0050		
$[I_2]$与$[I_3^-]$的总浓度/$mol\cdot L^{-1}$				—
水溶液中碘的平衡浓度/$mol\cdot L^{-1}$		—	—	
$[I_2]$/$mol\cdot L^{-1}$				—
$[I_3^-]$/$mol\cdot L^{-1}$				—
c_0/$mol\cdot L^{-1}$				—
$[I^-]$/$mol\cdot L^{-1}$				—
$K^{\ominus}$				—
$\overline{K}^{\ominus}$				—

⑤ 数据记录和处理。用 $Na_2S_2O_3$ 标准溶液滴定碘时，相应的碘的浓度计算方法如下：

1、2号瓶
$$c=\frac{c_{Na_2S_2O_3}V_{Na_2S_2O_3}}{2V_{KI\text{-}I_2}}$$

3号瓶
$$c'=\frac{c_{Na_2S_2O_3}V_{Na_2S_2O_3}}{2V_{H_2O\text{-}I_2}}$$

本实验测定 $K^{\ominus}$ 值在 $(1.0\sim2.0)\times10^{-3}$ 范围内合格（文献值 $K^{\ominus}=1.5\times10^{-3}$）。

【思考题】

1. 本实验中，碘的用量是否要准确称取？为什么？

2. 出现下列情况，将会对本实验产生何种影响？

① 所取的碘不够；

② 三只碘量瓶没有充分振荡；

③ 在吸取清液时，不小心将沉在溶液底部或悬浮在溶液表面的少量碘吸入移液管。

实验 17　二氧化碳摩尔质量的测定

【实验目的】

1. 学习气体相对密度法测定摩尔质量的原理和方法。

2. 加深理解理想气体状态方程式和阿伏伽德罗定律。

3. 巩固电子分析天平的使用。

4. 学习从高压气体钢瓶中直接获得气体的方法。

【实验原理】

根据阿伏伽德罗定律，在同温同压下，同体积的任何气体含有相同数目的分子。

对于 p、V、T 相同的 A、B 两种气体。以 m_A、m_B 分别代表 A、B 两种气体的质量，M_A、M_B 分别代表 A、B 两种气体的摩尔质量。其理想气体状态方程式分别为

气体 A
$$pV=\frac{m_A}{M_A}RT \tag{1}$$

气体 B
$$pV=\frac{m_B}{M_B}RT \tag{2}$$

由式(1)、式(2) 整理得

$$\frac{m_A}{m_B}=\frac{M_A}{M_B} \tag{3}$$

由式(3) 可知，在同温同压下，同体积的两种理想气体的质量之比等于其摩尔质量之比。

因此我们应用上述结论，以同温同压下同体积二氧化碳与空气相比较。因为已知空气的平均分子量为 29.0，即其摩尔质量为 $29.0\text{g}\cdot\text{mol}^{-1}$，所以只要测得二氧化碳与空气在相同条件下的质量，便可根据上式求出二氧化碳的摩尔质量，即

$$M_{CO_2}=\frac{m_{CO_2}}{m_{空气}}\times 29.0$$

二氧化碳的质量 m_{CO_2} 可直接从分析天平上称出。同体积空气的质量可根据实验时测得的大气压（p）和温度（T），利用理想气体状态方程式计算得到。

【基本操作】

1. 电子分析天平的使用，参见 2.7.1。

2. 气体钢瓶的使用，参见 2.3.4。

【仪器和试剂】

电子分析天平、二氧化碳高压气体钢瓶、托盘天平、玻璃管、橡皮管、磨口锥形瓶、火柴等。

【实验内容】

取一洁净而干燥的磨口锥形瓶在电子分析天平上称量（空气＋瓶＋瓶塞）的质量。

从二氧化碳高压气体钢瓶中取得二氧化碳气体，并导入锥形瓶中。由于二氧化碳气体略重于空气，所以必须把导管通入瓶底，使二氧化碳气体尽可能充满瓶内。等 1～3min 后，检验二氧化碳气体是否充满锥形瓶，然后轻轻取出导气管，用塞子塞住瓶口在电子分析天平上称量二氧化碳、瓶、塞的总质量。重复通二氧化碳气体和称量的操作，直到前后两次称量的质量相符为止（两次质量相差小于 2mg）。最后在瓶内装满水，塞好塞子，在托盘天平上

准确称量。

数据记录如下。

室温 t/℃ ________________

气压 p/Pa ________________

空气＋瓶＋塞子的质量 m_A ________________

第一次(二氧化碳气体＋瓶＋塞)的总质量________________

第二次(二氧化碳气体＋瓶＋塞)的总质量________________

二氧化碳气体＋瓶＋塞的总质量 m_B ________________

水＋瓶＋塞的质量 m_C ________________

瓶的容积 $V=\frac{m_C-m_A}{\rho_{水}}$ ________________

瓶内空气的质量 $m_{空气}$ ________________

瓶和塞子的质量 $m_D=m_A-m_{空气}$ ________________

二氧化碳气体的质量 $m_{CO_2}=m_B-m_D$ ________________

二氧化碳的摩尔质量 M_{CO_2} ________________

相对误差________________

【思考题】

1. 为什么二氧化碳气体、瓶、塞的总质量要求在电子分析天平上称量，而水＋瓶＋塞的质量可以在托盘天平上称量？两者的要求有何不同？

2. 哪些物质可用此法测定摩尔质量？哪些不可以？为什么？

3. 完成数据记录和结果处理，并分析误差产生的原因。

实验 18　化学反应速率与活化能的测定

【实验目的】

1. 了解浓度、温度和催化剂对反应速率的影响。

2. 测定过二硫酸铵与碘化钾反应的反应速率，并计算反应级数、反应速率常数和反应的活化能。

3. 学习简单作图方法，数据的表达与处理。

【实验原理】

在水溶液中过二硫酸铵和碘化钾发生如下反应：

$$(NH_4)_2S_2O_8+3KI \xlongequal{} (NH_4)_2SO_4+K_2SO_4+KI_3$$

$$S_2O_8^{2-}+3I^- \xlongequal{} 2SO_4^{2-}+I_3^- \qquad (1)$$

其反应的微分速率方程可表示为：

$$v=k[c(S_2O_8^{2-})]^m[c(I^-)]^n$$

式中，v 是在此条件下反应的瞬时速率，若 $c(S_2O_8^{2-})$、$c(I^-)$是起始浓度，则 v 表示初速率（v_0）；k 是反应速率常数；m 与 n 之和是反应级数。

实验能测定的速率是在一段时间间隔（Δt）内反应的平均速率 $\overline{v}$。如果在 Δt 时间内 $S_2O_8^{2-}$ 浓度的改变为 $\Delta c(S_2O_8^{2-})$，则平均速率：

$$\overline{v}=-\frac{\Delta c(S_2O_8^{2-})}{\Delta t}$$

近似地用平均速率代替初速率：

$$v_0=k[c(S_2O_8^{2-})]^m[c(I^-)]^n=\frac{-\Delta c(S_2O_8^{2-})}{\Delta t}$$

为了能够测出反应在 Δt 时间内 $S_2O_8^{2-}$ 浓度的改变值，需要在混合（$(NH_4)_2S_2O_8$ 和 KI 溶液的同时，加入一定体积已知浓度的 $Na_2S_2O_3$ 溶液和淀粉溶液，这样在反应(1) 进行的同时还进行下面的反应：

$$2S_2O_3^{2-}+I_3^- \xlongequal{} S_4O_6^{2-}+3I^- \qquad (2)$$

这个反应进行得非常快，几乎瞬间完成，而反应(1) 比反应(2) 慢得多。因此由反应(1) 生成的 I_3^- 立即与 $S_2O_3^{2-}$ 反应，生成无色的 $S_4O_6^{2-}$ 和 I^-。所以在反应的开始阶段看不到碘与淀粉反应而显示的特有蓝色。但是一当 $Na_2S_2O_3$ 耗尽，反应(1) 继续生成的 I_3^- 就与淀粉反应而呈现出特有的蓝色。

由于从反应开始到蓝色出现标志着 $S_2O_3^{2-}$ 耗尽，所以从反应开始到出现蓝色这段时间 Δt 里，$S_2O_3^{2-}$ 浓度的改变 $\Delta c(S_2O_3^{2-})$ 实际上就是 $Na_2S_2O_3$ 的起始浓度。

再从反应式(1) 和(2) 可以看出，$S_2O_8^{2-}$ 减少的量为 $S_2O_3^{2-}$ 减少量的一半，所以 $S_2O_8^{2-}$ 在 Δt 时间内减少的量可以从下式求得：

$$\Delta c(S_2O_8^{2-})=\frac{\Delta c(S_2O_3^{2-})}{2}=\frac{c(S_2O_3^{2-})}{2}$$

实验中，通过改变反应物 $S_2O_8^{2-}$ 和 I^- 的初始浓度，测定消耗等量的 $S_2O_8^{2-}$ 的物质的量浓度 $\Delta c(S_2O_8^{2-})$ 所需要的不同的时间间隔(Δt)，计算得到反应物不同初始浓度的初速率，进而确定该反应的微分速率方程和反应速率常数。

【基本操作】

1. 量筒的使用，参见 2.6.2。

2. 试剂的取用，参见 2.2.3。

3. 作图方法，数据的表达与处理。

【仪器和试剂】

仪器：烧杯、大试管、量筒、秒表、温度计、恒温水浴锅、试管架等。

试剂：$(NH_4)_2S_2O_8$(0.20mol·L^{-1})、KI(0.20mol·L^{-1})、$Na_2S_2O_3$(0.010mol·L^{-1})、KNO_3(0.20mol·L^{-1})、$(NH_4)_2SO_4$(0.20mol·L^{-1})、$Cu(NO_3)_2$(0.020mol·L^{-1})、淀粉溶液(0.2%)、冰。

【实验内容】

1. 浓度对化学反应速率的影响

在室温条件下进行表 1 中编号 Ⅰ 的实验。用量筒分别量取 20.0mL 0.20mol·L^{-1}KI 溶液、8.0mL 0.010mol·$L^{-1}$$Na_2S_2O_3$ 溶液和 2.0mL 0.2%淀粉溶液，全部加入烧杯中，混合均匀。然后用另一量筒取 20.0mL 0.20mol·$L^{-1}$$(NH_4)_2S_2O_8$ 溶液，迅速倒入上述混合液中，同时启动秒表，并不断搅动，仔细观察。当溶液刚出现蓝色时，立即按停秒表，记录反应时间和室温。

用同样方法按照表 1 的用量进行编号 Ⅱ、Ⅲ、Ⅳ、Ⅴ 的实验。

表 1　浓度对反应速率的影响　　　　室温______℃

实验编号		Ⅰ	Ⅱ	Ⅲ	Ⅳ	Ⅴ
试剂用量/mL	0.20mol·$L^{-1}$$(NH_4)_2S_2O_8$	20.0	10.0	5.0	20.0	20.0
	0.20mol·L^{-1}KI	20.0	20.0	20.0	10.0	5.0
	0.010mol·$L^{-1}$$Na_2S_2O_3$	8.0	8.0	8.0	8.0	8.0
	0.2%淀粉溶液	2.0	2.0	2.0	2.0	2.0
	0.20mol·$L^{-1}$$KNO_3$	0	0	0	10.0	15.0
	0.20mol·$L^{-1}$$(NH_4)_2SO_4$	0	10.0	15.0	0	0
混合液中反应物的初始浓度/mol·L^{-1}	$(NH_4)_2S_2O_8$					
	KI					
	$Na_2S_2O_3$					
反应时间 Δt/s						
$S_2O_8^{2-}$ 的浓度变化 $\Delta c(S_2O_8^{2-})$/mol·L^{-1}						
反应速率 v/mol·L^{-1}·s^{-1}						

2. 温度对化学反应速率的影响

按照表 1 实验Ⅳ中的药品用量，将装有 KI、$Na_2S_2O_3$、KNO_3 和淀粉混合溶液的烧杯和装有$(NH_4)_2S_2O_8$溶液的小烧杯放入冰水浴中冷却，待温度冷却到低于室温10℃时，将$(NH_4)_2S_2O_8$溶液迅速加到KI等混合溶液中，同时计时并不断搅动，当溶液刚出现蓝色时，记录反应时间。此实验编号记为Ⅵ。

同样方法在热水浴中进行高于室温10℃、20℃的实验。此实验编号记为Ⅶ、Ⅷ。

将三次实验数据Ⅵ、Ⅶ、Ⅷ和实验Ⅳ的数据记入表2中进行比较。

表2　温度对化学反应速率的影响

实验编号	Ⅵ	Ⅳ	Ⅶ	Ⅷ
反应温度 t/℃				
反应时间 Δt/s				
反应速率 $v/mol\cdot L^{-1}\cdot s^{-1}$				

3. 催化剂对化学反应速率的影响

按照表1实验Ⅳ的用量，将KI、$Na_2S_2O_3$、KNO_3和淀粉溶液加到100mL烧杯中，再加入两滴$0.020mol\cdot L^{-1}$ $Cu(NO_3)_2$溶液，搅匀，然后迅速加入$(NH_4)_2S_2O_8$溶液，搅动，计时。将此反应速率与表1中实验Ⅳ的反应速率进行定性比较。

4. 数据处理

(1) 反应级数和反应速率常数的计算

将反应速率表示式$v=k[c(S_2O_8^{2-})]^m[c(I^-)]^n$两边取对数：

$$\lg v=m\lg c(S_2O_8^{2-})+n\lg c(I^-)+\lg k$$

当$c(I^-)$不变时（即实验Ⅰ、Ⅱ、Ⅲ），以$\lg v$对$\lg c(S_2O_8^{2-})$作图可得一条直线，斜率即为m。同理，当$c(S_2O_8^{2-})$不变时（即实验Ⅰ、Ⅳ、Ⅴ），以$\lg v$对$\lg c(I^-)$作图，可求得n，此反应的级数则为$m+n$。

将求得的m和n代入$v=k[c(S_2O_8^{2-})]^m[c(I^-)]^n$即可求得反应速率常数$k$。将数据填入表3。

表3　计算反应速率常数

实验编号	Ⅰ	Ⅱ	Ⅲ	Ⅳ	Ⅴ
$\lg v$					
$\lg c(S_2O_8^{2-})$					
$\lg c(I^-)$					
m					
n					
反应速率常数 k					
$\bar{k}$					

(2) 反应活化能的计算

根据阿伦尼乌斯公式，反应速率常数k与反应温度T一般有以下关系：

$$\lg k=A-\frac{E_a}{2.30RT}$$

式中，E_a 为反应活化能；R 为摩尔气体常数；T 为热力学温度。测出不同温度时的 k 值，以 $\lg k$ 对 $\frac{1}{T}$ 作图，可得一直线，由直线斜率（$-\frac{E_a}{2.30R}$）可求得反应的活化能。将数据填入表4。

表4 计算反应活化能

实验编号	Ⅵ	Ⅳ	Ⅶ	Ⅷ
反应速率常数 k				
$\lg k$				
$1/T$				
反应活化能 E_a				

本实验活化能测定值的相对误差不超过10%（文献值为51.8kJ·mol^{-1}）。

【思考题】

1. 下列操作对实验有何影响？

① 取用试剂的量筒没有分开专用；

② 先加入$(NH_4)_2S_2O_8$ 溶液，最后加 KI 溶液；

③ $(NH_4)_2S_2O_8$ 溶液慢慢加入 KI 等混合液中。

2. 为什么在实验Ⅱ、Ⅲ、Ⅳ、Ⅴ中，分别加入 KNO_3 或$(NH_4)_2SO_4$ 溶液？

3. 每次实验的计时操作要注意什么？

【实验习题】

1. 若不用 $S_2O_8^{2-}$，而用 I^- 或 I_3^- 的浓度变化来表示反应速率，则反应速率常数 k 是否一样？

2. 化学反应的反应级数是怎样确定的？用本实验的结果加以说明。

3. 用阿伦尼乌斯公式计算反应的活化能。并与作图法得到的值进行比较。

4. 本实验研究了浓度、温度和催化剂对反应速率的影响，对有气体参加的反应，压力有怎样的影响？如果对 $2NO+O_2 \longrightarrow 2NO_2$ 的反应，将压力增加到原来的二倍，那么反应速率将增加几倍？

5. 已知 A(g)$\longrightarrow$ B(l)是二级反应，其数据如下：

p_A/kPa	40	26.6	19.1	13.3
t/s	0	250	500	1000

试计算反应速率常数 k。

【附注】

1. 本实验对试剂有一定的要求。碘化钾溶液应为无色透明溶液，不宜使用有碘析出的浅黄色溶液。过二硫酸铵溶液要新配制的，因为时间长了过二硫酸铵易分解。如所配制过二硫酸铵溶液的 pH 小于 3，说明该试剂已有分解，不适合本实验使用。所用试剂中如混有少量 Cu^{2+}、Fe^{3+} 等杂质，对反应会有催化作用，必要时需滴入几滴 0.10mol·L^{-1}EDTA 溶液。

2. 在做温度对化学反应速率影响的实验时，如室温低于10℃，可将温度条件改为室温、高于室温10℃、高于室温20℃、高于室温30℃几种情况进行。

实验19 酸碱溶液的标定

【实验目的】

1. 掌握酸碱溶液的配制和标定的方法。

2. 巩固分析天平的使用。

3. 学会滴定操作技术。

【实验原理】

配制酸溶液通常用盐酸或硫酸，不用硝酸或醋酸，因为硝酸有氧化性而醋酸太弱。

配制碱溶液通常用氢氧化钠。

酸溶液通常用硼砂($Na_2B_4O_7 \cdot 10H_2O$)或碳酸钠(Na_2CO_3)标定；碱溶液通常用邻苯二甲酸氢钾($KHC_8H_4O_4$)标定。

1. 用 $Na_2B_4O_7 \cdot 10H_2O$ 标定 HCl 溶液

反应如下：

$$Na_2B_4O_7 + 2HCl + 5H_2O \rightleftharpoons 4H_3BO_3 + 2NaCl$$

由反应式可知，1mol HCl 正好与 1mol $\frac{1}{2}Na_2B_4O_7 \cdot 10H_2O$ 完全反应。由于生成的 H_3BO_3 是弱酸，化学计量点时 pH 值约为 5，故可选用甲基红作指示剂。

2. 用无水 Na_2CO_3 基准物质标定 HCl 溶液

反应如下：

$$Na_2CO_3 + 2HCl \rightleftharpoons 2NaCl + CO_2\uparrow + H_2O$$

由反应式可知，1mol HCl 正好与 1mol $\frac{1}{2}Na_2CO_3$ 完全反应。到达化学计量点时，溶液呈弱酸性，pH 值约为 3.8～3.9，故可选用甲基橙作指示剂。

3. 用 $KHC_8H_4O_4$ 标定 NaOH 溶液

反应如下：

$$C_6H_4(COOH)(COOK) + NaOH = C_6H_4(COONa)(COOK) + H_2O$$

由反应可知 1mol $KHC_8H_4O_4$ 与 1mol NaOH 完全反应。到达化学计量点时，溶液呈碱性，pH 值约为 9，可选用酚酞作指示剂。

【基本操作】

玻璃量器及其使用，参见 2.6.2。

【仪器和试剂】

仪器：50mL 酸式和碱式滴定管、250mL 锥形瓶、10mL 和 500mL 量筒、100mL 小烧杯、500mL 烧杯、500mL 小口试剂瓶、250mL 容量瓶、称量瓶、分析天平等。

试剂：浓 HCl (d=1.18～1.19)、固体 NaOH、0.2%甲基橙水溶液、0.2%甲基红乙醇溶液、0.2%酚酞乙醇溶液、硼砂、无水碳酸钠、邻苯二甲酸氢钾。

【实验内容】

1. 溶液的配制

(1) 0.1$mol \cdot L^{-1}$ HCl 溶液的配制

用干净 10mL 量筒量取浓 HCl 4.5mL，倒入事先已加少量去离子水的烧杯中，用去离子水稀释至500mL，倒入试剂瓶中，摇匀，贴好标签。

(2) $0.1mol \cdot L^{-1}$ NaOH溶液的配制

用分析天平称取2g固体NaOH，放入烧杯，用去离子水溶解，稀释至500mL，倒入试剂瓶中，用橡皮塞塞紧，摇匀，贴上标签。

2. 标定

(1) 硼砂 $Na_2B_4O_7 \cdot 10H_2O$ 标定 $0.1mol \cdot L^{-1}$ HCl溶液

准确称取硼砂3份（每份重0.4～0.6g），分别放入3只锥形瓶中，各加30mL去离子水溶解，加甲基红溶液1～2滴，用配制的HCl溶液滴定至溶液由黄色变为浅红色为终点。根据下式计算HCl的浓度：

$$c(HCl)=\frac{m(Na_2B_4O_7 \cdot 10H_2O)}{\frac{V(HCl)}{1000}\times M\left(\frac{1}{2}Na_2B_4O_7 \cdot 10H_2O\right)}$$

式中，$V(HCl)$的单位为mL；$m(Na_2B_4O_7 \cdot 10H_2O)$的单位为g。

要求标定结果相对均差小于0.2%。结果记录于表1。

(2) 无水 Na_2CO_3 基准物质标定 $0.1mol \cdot L^{-1}$ HCl溶液

用差减法准确称取1.5～2.0g无水 Na_2CO_3 1份于100mL小烧杯中，称量瓶称样时一定要带盖，以免吸湿。加少量水溶解，定量转入250mL容量瓶中，稀释至刻度，摇匀。准确移取25.00mL溶液于250mL锥形瓶中，加入0.2%甲基橙溶液1～2滴，用待标定的HCl滴定至溶液黄色恰变为橙色，即为终点。计算HCl溶液的浓度：

$$c(HCl)=\frac{m(Na_2CO_3)\times\frac{25.00}{250.00}}{\frac{V(HCl)}{1000}\times M(\frac{1}{2}Na_2CO_3)}$$

式中，$V(HCl)$的单位为mL；$m(Na_2CO_3)$的单位为g。结果记录的格式与表1类似，格式相同（略）。

(3) $0.1mol \cdot L^{-1}$ NaOH溶液的标定

准确称取邻苯二甲酸氢钾3份（每份重0.6～0.8g），分别放入三个锥形瓶中，各30mL煮沸后冷却的去离子水溶解，加1～2滴酚酞指示剂。用配制的NaOH溶液滴定至粉红色，半分钟内不褪色，即为终点。根据下式计算NaOH溶液的浓度：

$$c(HCl)=\frac{m(KHC_8H_4O_4)}{\frac{V(NaOH)}{1000}\times M(KHC_8H_4O_4)}$$

式中，$V(NaOH)$的单位为mL；$m(KHC_8H_4O_4)$的单位为g。

要求标定结果相对均差小于0.2%。结果记录的格式与表1类似，格式相同（略）。

表1　$0.1mol \cdot L^{-1}$ HCl溶液的标定

测定次数	Ⅰ	Ⅱ	Ⅲ
硼砂和称量瓶重/g			
倾出后硼砂和称量瓶重/g			
硼砂重/g			
HCl溶液体积 V/mL			

续表

测定次数	Ⅰ	Ⅱ	Ⅲ
HCl 溶液浓度 c(HCl) /mol·L^{-1}			
HCl 溶液平均浓度 c(HCl)/ mol·L^{-1}			
相对偏差/%			
相对平均偏差/%			

【思考题】

1. 为什么 HCl 和 NaOH 标准溶液都不能用直接法配制？

2. 基准物质称完后需加 30mL 水溶解，水的体积是否要准确量取？为什么？

3. 如果 NaOH 标准溶液在保存过程中吸收了空气中的 CO_2，用该溶液滴定 HCl 溶液时，以甲基橙为指示剂，NaOH 溶液的浓度会不会改变？若改用酚酞指示剂，情况如何？

实验 20　有机酸摩尔质量的测定

【实验目的】

1. 进一步熟悉差减称量法的基本要点。

2. 了解以滴定分析法测定酸碱物质摩尔质量的基本方法。

3. 巩固用误差理论处理分析结果的理论知识。

【实验原理】

有机弱酸与 NaOH 反应方程式为

$$n\mathrm{NaOH}+\mathrm{H}_n\mathrm{A} \rightleftharpoons \mathrm{Na}_n\mathrm{A}+n\mathrm{H}_2\mathrm{O}$$

当多元有机酸的逐级电离常数均符合准确滴定的要求时，可以用酸碱滴定法，根据下述公式计算其摩尔质量：

$$M(\mathrm{H}_n\mathrm{A})=\frac{m_{\mathrm{A}}}{\frac{1}{n}c_{\mathrm{B}}V_{\mathrm{B}}\times\frac{1}{1000}}$$

式中，n 为滴定反应的化学计量系数比；c_{B} 为 NaOH 的物质的量浓度，$\mathrm{mol\cdot L^{-1}}$；V_{B} 为 NaOH 的滴定所消耗的体积，mL；m_{A} 为称取的有机酸的质量，g。测定时，n 值须为已知。

【仪器和试剂】

仪器：烧杯、容量瓶、移液管、碱式滴定管、锥形瓶、分析天平等。

试剂：

① NaOH 溶液（$0.1\mathrm{mol\cdot L^{-1}}$）、酚酞指示剂（$2\mathrm{g\cdot L^{-1}}$）乙醇溶液、邻苯二甲酸氢钾（$\mathrm{KHC_8H_4O_4}$）基准物质（在 105～110℃干燥 1h 后，置干燥器中备用）。

② 有机酸试样，如草酸、酒石酸、柠檬酸、乙酰水杨酸、苯甲酸等。

【实验内容】

1. $0.1\mathrm{mol\cdot L^{-1}}$ NaOH 溶液的标定

标定步骤与实验 19 相同，但平行测定 7 次，求得 NaOH 溶液的平均浓度，并计算各项分析结果的相对偏差及相对平均偏差，若相对平均偏差大于 0.2%，应征得教师同意并找出原因后，重新标定。

2. 有机酸摩尔质量的测定

递减称量法准确称取有机酸试样 1.3～1.5g（称取多少试样，按不同试样预先估算。除告知 n 值外，所测有机酸的摩尔质量范围亦同时告诉学生，以便预习时进行计算）1 份于 50mL 烧杯中，加水溶解，定量转入 250mL 容量瓶中，用水稀释至刻度，摇匀。用 25.00mL 移液管移取 1 份，放入 250mL 锥形瓶中，加酚酞指示剂 2 滴，用 NaOH 标准溶液滴定至由无色变为微红色，30s 内不褪色即为终点。平行测定 3 份，根据公式计算有机酸的摩尔质量 $M(\mathrm{H}_n\mathrm{A})$。

$$M(\mathrm{H}_n\mathrm{A})=\frac{m_{\mathrm{A}}\times\frac{25.00}{250.00}}{\frac{1}{n}c_{\mathrm{B}}V_{\mathrm{B}}\times\frac{1}{1000}}$$

【思考题】

1. 在用 NaOH 滴定有机酸时能否使用甲基橙作为指示剂？为什么？

2. 草酸、柠檬酸、酒石酸等多元有机酸能否用 NaOH 溶液分步滴定？

3. $Na_2C_2O_4$ 能否作为酸碱滴定的基准物质？为什么？

4. 称取 0.4g $KHC_8H_4O_4$ 溶于 50mL 水中，问此时溶液 pH 为多少？

5. 分别以 $4\overline{d}$ 法则和 Q 检验法对 NaOH 溶液浓度的 7 次标定结果进行检验，并剔除离群结果。

实验 21　工业纯碱中总碱度的测定

【实验目的】

1. 了解基准物质碳酸钠及硼砂的分子式和化学性质。

2. 掌握 HCl 标准溶液的配制和标定过程。

3. 掌握强酸滴定二元弱碱的滴定过程，突跃范围及指示剂选择。

【实验原理】

工业纯碱的主要成分为碳酸钠，商品名为苏打，其中可能还含有少量 NaCl、Na_2SO_4、NaOH 及 $NaHCO_3$。常以 HCl 标准溶液为滴定剂测定总碱度[以 $w(Na_2CO_3)$表示]来衡量产品的质量。反应式如下：

$$Na_2CO_3 + 2HCl \xlongequal{} 2NaCl + H_2CO_3$$

$$H_2CO_3 \xlongequal{} CO_2\uparrow + H_2O$$

反应产物 H_2CO_3 易形成过饱和溶液并分解为 CO_2 逸出。化学计量点时溶液 pH 为 3.8 至 3.9，可选用甲基橙为指示剂，用 HCl 标准溶液滴定，溶液由黄色转变为橙色即为终点。试样中 $NaHCO_3$ 同时被中和。由于试样易吸收水分和 CO_2，应在 270～300℃将试样烘干 2h，以除去吸附水并使 $NaHCO_3$ 全部转化为 Na_2CO_3。试样均匀性较差，应称取较多试样，使其更具代表性。测定的允许误差可适当放宽一点。根据消耗的盐酸标准溶液体积 $V(HCl)$ 可计算工业纯碱试样中 Na_2CO_3 的含量：

$$w(Na_2CO_3)=\frac{\frac{1}{2}c(HCl)V(HCl)\times 10^{-3}\times M(Na_2CO_3)}{m_s\times\frac{25.00}{250.00}}\times 100\%$$

式中，$w(Na_2CO_3)$为 Na_2CO_3 的质量分数；$V(HCl)$为滴定所消耗的溶液的体积，mL；$c(HCl)$为盐酸标准溶液的物质的量浓度，$mol\cdot L^{-1}$；$M(Na_2CO_3)$为 Na_2CO_3 的摩尔质量，$g\cdot mol^{-1}$；m_s 为称取的工业纯碱试样的总质量，g。

【仪器和试剂】

仪器：烧杯、容量瓶、锥形瓶、酸式滴定管、分析天平等。

试剂：

① $0.1mol\cdot L^{-1}$ HCl 溶液。

② 无水 Na_2CO_3 基准物质。

③ 甲基橙指示剂（0.1%）。

④ 工业纯碱试样。

【实验内容】

1. $0.1mol\cdot L^{-1}$ HCl 溶液的标定

标定步骤与实验 19 实验内容 2（2）相同，根据无水碳酸钠的质量和滴定时所消耗的 HCl 溶液的体积，计算 HCl 溶液的浓度。

2. 工业纯碱总碱度的测定

用差减称量法准确称取试样约 1.2～1.6g 于 100mL 小烧杯中，加少量水溶解，定量转入 250mL 容量瓶中，稀释至刻度，摇匀。准确移取 25.00mL 溶液于 250mL 锥形瓶中，加入 2 滴甲基橙指示剂，用 HCl 标准溶液滴定溶液由黄色恰变为橙色，即为终点。平行测定

5次以上，计算试样中 Na_2CO_3 含量，即为总碱度。相对偏差应在±0.5%以内。

【思考题】

1. 无水 Na_2CO_3 保存不当，吸水1%，用此基准物质标定盐酸溶液浓度时，对结果有何影响？用此浓度测定试样，其影响如何？

2. 标定 HCl 的两种基准物质 Na_2CO_3 和 $Na_2B_4O_7 \cdot 10H_2O$ 各有哪些优缺点？

实验 22　混合碱的测定

【实验目的】

1. 掌握双指示剂法连续滴定测定混合碱中各组分含量的原理和方法。

2. 了解多元弱碱在滴定过程中 pH 值变化及指示剂的选择。

【实验原理】

混合碱是 Na_2CO_3 与 NaOH 或 $NaHCO_3$ 与 Na_2CO_3 的混合物。欲测定同一份试样中各组分的含量，可用 HCl 标准溶液滴定，根据滴定过程中 pH 值变化的情况，选用两种不同的指示剂分别指示第一、第二化学计量点的到达，即常称为“双指示剂法”。此法简便、快速，在生产实际中应用广泛。

在混合碱试液中加入酚酞指示剂（变色 pH 范围 8.0～10.0），此时呈现红色。用盐酸标准溶液滴定时，滴定溶液由红色恰变为无色，设滴定体积为 V_1（mL），则试液中所含 NaOH 完全被中和，所含 Na_2CO_3 则被中和一半，反应式如下：

$$NaOH + HCl = NaCl + H_2O$$

$$Na_2CO_3 + 2HCl = 2NaCl + NaHCO_3$$

再加入甲基橙指示剂（变色 pH 范围为 3.1～4.4），继续用盐酸标准溶液滴定，使溶液由黄色转变为橙色即为终点。设此时所消耗盐酸溶液的体积为 V_2（mL），反应式为：

$$NaHCO_3 + HCl = NaCl + CO_2\uparrow + H_2O$$

根据 V_1、V_2 可分别计算混合碱中 NaOH 与 Na_2CO_3 或 $NaHCO_3$ 与 Na_2CO_3 的含量。

当 $V_1>V_2$ 时，试样为 Na_2CO_3 与 NaOH 的混合物。中和 Na_2CO_3 所需 HCl 是由两次滴定加入的，两次用量应该相等，由反应式可知，其换算因子 a/b 为 1∶1。而中和 NaOH 时所消耗的 HCl 量应为 (V_1-V_2)，故计算 NaOH 和 Na_2CO_3 组分的含量应为：

$$w(NaOH)=\frac{(V_1-V_2)\times 10^{-3}\times c(HCl)\times M(NaOH)}{m_s}\times 100\%$$

$$w(Na_2CO_3)=\frac{\frac{1}{2}\times 2V_2\times 10^{-3}\times c(HCl)\times M(Na_2CO_3)}{m_s}\times 100\%$$

式中，w 为某物质的质量分数；V 为滴定所消耗的溶液的体积，mL；c 为某物质的物质的量浓度，$mol\cdot L^{-1}$；M 为某物质的摩尔质量，$g\cdot mol^{-1}$；m_s 为称取的混合固体试样的总质量，g。

当 $V_1<V_2$ 时，试样为 Na_2CO_3 与 $NaHCO_3$ 的混合物，此时 V_1 为中和 Na_2CO_3 至 $NaHCO_3$ 时所消耗的 HCl 溶液体积，故 Na_2CO_3 所消耗 HCl 溶液体积为 $2V_1$，中和 NaH-CO_3 所用 HCl 的量应为 (V_2-V_1)，计算式为：

$$w(NaHCO_3)=\frac{(V_1-V_2)\times 10^{-3}\times c(HCl)\times M(NaHCO_3)}{m_s}\times 100\%$$

$$w(Na_2CO_3)=\frac{\frac{1}{2}\times 2V_1\times 10^{-3}\times c(HCl)\times M(Na_2CO_3)}{m_s}\times 100\%$$

双指示剂法中，传统的方法是先用酚酞，后用甲基橙指示剂，用 HCl 标液滴定。由于酚酞变色不很敏锐，人眼观察这种颜色变化的灵敏性稍差些，因此也常选用甲酚红-百里酚蓝混合指示剂。酸色为黄色，碱色为紫色，变色点 pH 为 8.3。pH 8.2 为玫瑰色，pH 8.4 为清晰的紫色，此混合指示剂变色敏锐，用盐酸滴定剂滴定溶液由紫色变为粉红色，即为终点。

【仪器和试剂】

仪器：烧杯、容量瓶、锥形瓶、酸式滴定管、分析天平等。

试剂：

① $0.1 mol \cdot L^{-1}$ HCl 溶液。

② 无水 Na_2CO_3 基准物质。

③ 硼砂。

④ 酚酞指示剂（0.2%乙醇溶液）。

⑤ 甲基橙指示剂（0.1%）。

⑥ 混合指示剂。将 0.1g 甲酚红溶于 100mL 50%乙醇中，将 0.1g 百里酚蓝指示剂溶于 100mL 20%乙醇中，0.1%甲酚红+0.1%百里酚蓝为（1+6）。

⑦ 混合碱试样。

【实验内容】

1. $0.1 mol \cdot L^{-1}$ HCl 溶液的标定

（1）无水 Na_2CO_3 基准物质标定

标定步骤与实验 19 实验内容 2(2) 相同，根据无水碳酸钠的质量和滴定时所消耗的 HCl 溶液的体积，计算 HCl 溶液的浓度。

（2）硼砂 $Na_2B_4O_7 \cdot 10H_2O$ 标定

标定步骤与实验 19 实验内容 2(1) 相同，根据硼砂的质量和滴定时所消耗的 HCl 溶液的体积，计算 HCl 溶液的浓度。

2. 混合碱的分析

准确称取试样 2.0～2.5g，于 100mL 烧杯中，加水使之溶解后，定量转入 250mL 容量瓶中，用水稀释至刻度，充分摇匀。移取试液 25.00mL 于 250mL 锥形瓶中，加酚酞或混合指示剂 2～3 滴，用盐酸溶液滴定溶液由红色恰好褪至无色，记下所消耗 HCl 标液的体积 V_1，再加入甲基橙指示剂 1～2 滴，继续用盐酸溶液滴定溶液由黄色恰变为橙色，消耗 HCl 的体积记为 V_2，平行测定三份。然后按原理部分所述公式计算混合碱中各组分的含量（注意分母应乘以系数 $\frac{25.00}{250.00}$）。

【思考题】

1. 欲测定混合碱中总碱度，应选用何种指示剂？

2. 采用双指示剂法测定混合碱，在同一份溶液中测定，试判断下列五种情况下，混合碱中存在的成分是什么？

① $V_1=0$　② $V_2=0$　③ $V_1>V_2$　④ $V_1<V_2$　⑤ $V_1=V_2$

3. 测定混合碱时，到达第一化学计量点前，滴定速度太快，摇动锥形瓶不均匀，致使滴入 HCl 局部过浓，使 $NaHCO_3$ 迅速转变为 H_2CO_3 然后分解为 CO_2 而损失，此时采用酚酞为指示剂，记录 V_1，问对测定有何影响？

4. 混合指示剂的变色原理是什么？有何优点？

实验 23 重铬酸钾法测定亚铁盐中的铁含量

【实验目的】

1. 掌握用 $K_2Cr_2O_7$ 法测定亚铁盐中铁含量的原理和方法。

2. 学会 $K_2Cr_2O_7$ 标准溶液的直接配制方法。

【实验原理】

重铬酸钾在酸性介质中可将 Fe^{2+} 定量地氧化，其本身被还原为 Cr^{3+}，反应如下：

$$Cr_2O_7^{2-}+6Fe^{2+}+14H^+ = 2Cr^{3+}+6Fe^{3+}+7H_2O$$

因此，用 $K_2Cr_2O_7$ 标准溶液滴定溶液中的 Fe^{2+}，可以测定试样中的铁含量。滴定在硫-磷混合酸介质中进行，以二苯胺磺酸钠为指示剂，滴定至溶液呈紫红色即为终点。

【仪器和试剂】

仪器：50mL 酸式滴定管、250mL 容量瓶、250mL 锥形瓶、250mL 烧杯、20mL 量筒、100mL 量筒、天平等。

试剂：

① 硫酸亚铁铵固体。

② $K_2Cr_2O_7$ 固体。

③ 0.2%二苯胺磺酸钠溶液。

④ 硫-磷混合酸。将 15mL 浓硫酸缓慢注入 70mL 去离子水中，冷却后再加 15mL 浓磷酸。

【实验内容】

1. $0.1mol \cdot L^{-1}\frac{1}{6}K_2Cr_2O_7$ 标准溶液的配制

准确称取已烘干的 $K_2Cr_2O_7$ 约 1.25g(在 150～200℃ 烘干约 1h 后放干燥器中冷却备用)，置于 250mL 烧杯中，加水溶解，定量地转移到 250mL 容量瓶中，用去离子水稀释至刻度，摇匀。按下式计算准确浓度：

$$c\left(\frac{1}{6}K_2Cr_2O_7\right)=\frac{m(K_2Cr_2O_7)}{M\left(\frac{1}{6}K_2Cr_2O_7\right)\times\frac{250}{1000}}$$

2. 亚铁盐中铁含量的测定

准确称取 0.4～0.6g 硫酸亚铁铵三份，分别置于干燥的 250mL 锥形瓶内。先将其中一份用 100mL 去离子水溶解，然后加 15mL 硫-磷混合酸，再加 5～6 滴二苯胺磺酸钠指示剂，用 $K_2Cr_2O_7$ 标准溶液滴定至溶液呈持久的紫红色即为终点。记录滴定所耗 $K_2Cr_2O_7$ 标准溶液的体积。

按上述步骤，再逐一处理、滴定另两份硫酸亚铁铵试样。

根据下式计算亚铁盐中的铁含量，并计算测定结果的相对平均偏差，要求相对平均偏差低于 0.2%。

$$w(Fe)=\frac{c\left(\frac{1}{6}K_2Cr_2O_7\right)\times\frac{V(K_2Cr_2O_7)}{1000}\times M(Fe)}{m_s}\times 100\%$$

式中，$w(Fe)$ 为 Fe 的质量分数；$c\left(\frac{1}{6}K_2Cr_2O_7\right)$ 为 $\frac{1}{6}K_2Cr_2O_7$ 的浓度，$mol \cdot L^{-1}$；

$V(K_2Cr_2O_7)$ 为重铬酸钾溶液消耗的体积，mL；$M(Fe)$为 Fe 的摩尔质量，g•mol^{-1}；m_s 为称量的试样的质量，g。

【思考题】

1. 为什么要测定完第一份试样后，再依次测定第二份、第三份试样？
2. 用 $K_2Cr_2O_7$ 法测定 Fe^{2+} 时，滴定前为什么要加硫-磷混合酸？

实验 24　蔬菜、水果中维生素 C 的测定

【实验目的】

1. 掌握碘标准溶液的配制及标定。

2. 掌握直接碘量法测定维生素 C 的原理及操作过程。

【实验原理】

抗坏血酸又称维生素 C，分子式为 $C_6H_8O_6$，由于分子中的烯二醇基具有还原性，能被 I_2 氧化成二酮基：

```
 ┌───O───┐   H   OH              ┌───O───┐   H   OH
 │       │   │   │               │       │   │   │
 C─C═C─C─C──CH   + I2 ⇌  C─C─C─C─C──CH   + 2HI
 ‖ │  │  │ │   │               ‖ ‖ ‖ │ │   │
 O OH OH H OH H                O O O H OH H
```

维生素 C 的半反应式为：

$$C_6H_8O_6 = C_6H_6O_6 + 2H^+ + 2e^- \quad E^{\ominus} \approx +0.18V$$

1mol 维生素 C 与 1mol I_2 定量反应，维生素 C 的摩尔质量为 $176.12g \cdot mol^{-1}$。该反应可以用于测定药片、注射液及果蔬中的维生素 C 含量。

由于维生素 C 的还原性很强，在空气中极易被氧化，尤其是在碱性介质中，测定时加入 HAc 使溶液呈弱酸性，减少维生素 C 的副反应。

维生素 C 在医药和化学上应用非常广泛。在分析化学中常用在光度法和配位滴定法中作为还原剂，如使 Fe^{3+} 还原为 Fe^{2+}、Cu^{2+} 还原为 Cu^+、硒(Ⅲ)还原为硒等。

【仪器和试剂】

仪器：烧杯、锥形瓶、容量瓶、移液管、滴定管、天平等。

试剂：

① I_2 溶液 $c\left(\frac{1}{2}I_2\right) = 0.10mol \cdot L^{-1}$。称取 3.3g I_2 和 5g KI，置于研钵中，（通风橱中操作）加入少量水研磨，待 I_2 全部溶解后，将溶液转入棕色试剂瓶中。加水稀释至 250mL，充分摇匀，放暗处保存。

② I_2 标准溶液 $c\left(\frac{1}{2}I_2\right) = 0.010mol \cdot L^{-1}$。将上面所得溶液稀释 10 倍即可。

③ As_2O_3 基准物质。于 105℃干燥 2h。

④ $Na_2S_2O_3$ 标准溶液。$0.01mol \cdot L^{-1}$，将 $0.1mol \cdot L^{-1}$ $Na_2S_2O_3$ 溶液稀释 10 倍即得。

⑤ 淀粉溶液（$5g \cdot L^{-1}$）。

⑥ 醋酸（$2mol \cdot L^{-1}$）。

⑦ $NaHCO_3$ 固体。

⑧ 取水果可食部分捣碎为果浆。

⑨ NaOH 溶液（$6mol \cdot L^{-1}$）。

⑩ HCl 溶液（$6mol \cdot L^{-1}$）。

⑪ 酚酞指示剂。

【实验内容】

1. I_2 溶液的标定

(1) As_2O_3 标定 I_2 溶液

准确称取 As_2O_3 1.1～1.4g，置于100mL烧杯中，加10mL 6mol·L^{-1} NaOH溶液，温热溶解，然后加2滴酚酞指示剂，用6mol·L^{-1} HCl溶液中和至刚好无色，然后加入2～3g $NaHCO_3$，搅拌使之溶解。定量转移至250mL容量瓶中，稀释至刻度，摇匀。移取25.00mL溶液3份，分别置于250mL锥形瓶中，加50mL水、5g $NaHCO_3$、2mL淀粉指示剂，用 I_2 溶液滴定至稳定的蓝色，0.5min不消失即为终点。计算 I_2 溶液的浓度。

(2) 用 $Na_2S_2O_3$ 标准溶液标定 I_2 溶液

吸取25.00mL $Na_2S_2O_3$ 标准溶液3份，分别置于250mL锥形瓶中，加50mL水、2mL淀粉溶液，用 I_2 溶液滴定至稳定的蓝色，0.5min内不褪色即为终点。计算 I_2 溶液的浓度。

2. 水果中维生素C含量的测定

用100mL小烧杯准确称取新捣碎的果蔬浆（橙、橘、番茄等）30～50g，立即加入10mL 2mol·L^{-1} HAc，定量转入250mL锥形瓶中，加入2mL淀粉溶液，立即用 I_2 标准溶液滴定至呈现稳定的蓝色。计算果蔬浆中维生素C的含量。

【思考题】

1. 果浆中加入醋酸的作用是什么？
2. 配制 I_2 溶液时加入KI的目的是什么？
3. 以 As_2O_3 标定 I_2 溶液时，为什么加入 $NaHCO_3$？

【附注】

As_2O_3 为剧毒药品，应严格管理。

实验 25 高锰酸钾法测定过氧化氢含量

【实验目的】

1. 掌握 $KMnO_4$ 标准溶液的配制和标定的方法。

2. 掌握 $KMnO_4$ 法测定过氧化氢含量的原理及方法。

【实验原理】

在稀硫酸溶液中，在室温条件下过氧化氢被高锰酸钾定量地氧化，其反应式为：

$$5H_2O_2 + 2MnO_4^- + 6H^+ = 2Mn^{2+} + 5O_2\uparrow + 8H_2O$$

因此，测定过氧化氢时，可用高锰酸钾溶液作滴定剂，根据微过量的高锰酸钾本身的紫红色显示终点。

滴定开始时，反应速率较慢，因而刚滴入的高锰酸钾溶液不易褪色。由于反应生成的 Mn^{2+} 对反应起催化作用，加快了反应速率，故能顺利地滴定到终点。

根据高锰酸钾的浓度和滴定所耗用的体积，可以算得溶液中的过氧化氢含量。

【仪器和试剂】

仪器：50mL 酸式滴定管、250mL 容量瓶、250mL 锥形瓶、10mL 移液管、25mL 移液管、500mL 烧杯、500mL 棕色试剂瓶、100mL 量筒、3 号（或 4 号）微孔玻璃漏斗、天平等。

试剂：$Na_2C_2O_4$ 固体（A. R.）、$KMnO_4$ 固体、$3mol \cdot L^{-1}$ H_2SO_4 溶液、$3\%H_2O_2$。

【实验内容】

1. $0.1mol \cdot L^{-1}\frac{1}{5}KMnO_4$ 标准溶液的配制和标定

（1）$0.1mol \cdot L^{-1}\frac{1}{5}KMnO_4$ 标准溶液的配制

称取约 0.8g 高锰酸钾，置于 500mL 烧杯中，加 250mL 去离子水，用玻璃棒搅拌，使之溶解。然后将配好的溶液加热至微沸并保持 1h，冷却后倒入棕色试剂瓶中，于暗处静置 2～3 天。再用 3 号微孔玻璃漏斗过滤，滤液贮于棕色试剂瓶中。

（2）$0.1mol \cdot L^{-1}\frac{1}{5}KMnO_4$ 标准溶液的标定

$$2MnO_4^- + 5C_2O_4^{2-} + 16H^+ = 2Mn^{2+} + 10CO_2\uparrow + 8H_2O$$

准确称取已烘干的 $Na_2C_2O_4$（在 110℃下烘干约 2h，然后置于干燥器中冷却备用）3 份（每份 0.16～0.20g），分别置于 250mL 锥形瓶中，加新煮沸过的去离子水 50mL 和 $3mol \cdot L^{-1}$ H_2SO_4 20mL，使之溶解。待 $Na_2C_2O_4$ 溶解后，加热至 75～85℃，趁热用待标定的高锰酸钾溶液滴定。每加入一滴 $KMnO_4$ 溶液，都摇动锥形瓶，使 $KMnO_4$ 颜色褪去后，再继续滴定。产生的少量 Mn^{2+} 对滴定反应有催化作用，使反应速率加快，滴定速度可以逐渐加快，但临近终点时滴定速度要减慢，直至溶液呈现微红色并持续 0.5min 不褪色即为终点。记录滴定所耗用 $KMnO_4$ 的体积，按下式计算 $KMnO_4$ 溶液的准确浓度。以三次平行测定结果的平均值作为 $KMnO_4$ 标准溶液的浓度。

$$c\left(\frac{1}{5}KMnO_4\right) = \frac{m(Na_2C_2O_4)}{M\left(\frac{1}{2}Na_2C_2O_4\right) \times \frac{V(KMnO_4)}{1000}}$$

2. H_2O_2 含量的测定

用移液管移取 3% H_2O_2 溶液 10.00mL，置于 250mL 容量瓶中，加去离子水稀释至刻度，充分摇匀。然后用移液管移取 25.00mL 上述溶液，置于 250mL 锥形瓶中，加入 30mL 去离子水和 10mL $3mol \cdot L^{-1}$ H_2SO_4 溶液，用 $KMnO_4$ 标准溶液滴定至溶液呈微红色，在 0.5min 内不褪色即为终点。记录滴定时所消耗的 $KMnO_4$ 溶液体积。平行测定三次。

按下式计算样品中 H_2O_2 的含量：

$$\rho(H_2O_2)(g \cdot mL^{-1}) = \frac{c\left(\frac{1}{5}KMnO_4\right) \times V(KMnO_4) \times M\left(\frac{1}{2}H_2O_2\right) \times 10^{-3}}{10.00 \times \frac{25.00}{250.00}}$$

【思考题】

1. $KMnO_4$ 溶液的配制过程中，能否用定量滤纸来代替微孔玻璃漏斗过滤？为什么？

2. 用 $Na_2C_2O_4$ 为基准物标定 $KMnO_4$ 溶液时，应该注意哪些反应条件？

3. 用 $KMnO_4$ 法测定 H_2O_2 时，能否用 HNO_3 或 HCl 来控制酸度？为什么？

4. 装过 $KMnO_4$ 溶液的滴定管或容器，常有不易洗去的棕色物质，这是什么？怎样除去。

实验 26　EDTA 标准溶液的配制与标定

【实验目的】

1. 了解 EDTA 标准溶液的配制和标定原理。

2. 掌握常用的标定 EDTA 的方法。

【实验原理】

EDTA 常因吸附约 0.3%的水分和其中含有少量杂质而不能直接用作标准溶液。通常先把 EDTA 配成所需要的大概浓度，然后用基准物质标定。

用于标定 EDTA 的基准物质有：含量不低于 99.95%的某些金属，如 Cu、Zn、Ni、Pb 等；以及它们的金属氧化物或某些盐类，如 $ZnSO_4 \cdot 7H_2O$、$MgSO_4 \cdot 7H_2O$、$CaCO_3$ 等。

在选用纯金属作为标准物质时，应注意金属表面氧化膜的存在会带来标定时的误差，届时应将氧化膜用细砂纸擦去，或用稀酸把氧化膜溶掉，先用去离子水，再用乙醚或丙酮冲洗，于 105℃的烘箱中烘干，冷却后再称重。

根据滴定用去的 EDTA 溶液体积和 $CaCO_3$ 质量，按下式计算 EDTA 溶液的准确浓度：

$$c(\text{EDTA})=\frac{\dfrac{m(\text{CaCO}_3)}{M(\text{CaCO}_3)}\times\dfrac{25.00}{250.00}}{\dfrac{V(\text{EDTA})}{1000}}$$

式中，c(EDTA) 为 EDTA 溶液的物质的量浓度，$\text{mol}\cdot\text{L}^{-1}$；$m(CaCO_3)$ 为准确称取的 $CaCO_3$ 的质量，g；$M(CaCO_3)$ 为 $CaCO_3$ 的摩尔质量，$\text{g}\cdot\text{mol}^{-1}$；$V$(EDTA) 为滴定消耗的 EDTA 溶液的体积，mL。

【仪器和试剂】

仪器：烧杯、锥形瓶、聚乙烯塑料瓶、移液管、滴定管、表面皿、天平等。

试剂：

① 乙二胺四乙酸二钠盐（EDTA 二钠盐，$Na_2H_2Y \cdot 2H_2O$），分子量 372.2。

② NH_3-NH_4Cl 缓冲溶液。称取 20g NH_4Cl，溶于水后，加 100mL 市售氨水，用蒸馏水稀释至 1.0L，pH 约等于 10。

③ 铬黑 T（$5.0\text{g}\cdot\text{L}^{-1}$）。称取 0.50g 铬黑 T，溶于含有 25mL 三乙醇胺和 75mL 无水乙醇的溶液中，低温保存，有效期约 100 天。

④ 锌片，纯度为 99.99%。

⑤ $CaCO_3$ 基准物质。于烘箱中 110℃干燥 2h，稍冷后置于干燥器中冷却至室温，备用。

⑥ 市售 Mg^{2+}-EDTA 溶液。

⑦ 六亚甲基四胺，$200\text{g}\cdot\text{L}^{-1}$。

⑧ 二甲酚橙水溶液，$2\text{g}\cdot\text{L}^{-1}$，低温保存，有效期半年。

⑨ HCl 溶液(1+1)，市售 HCl 与水等体积混合。

⑩ 氨水(1+2)，1 体积市售氨水与 2 体积水混合。

⑪ 甲基红，$1\text{g}\cdot\text{L}^{-1}$，60%乙醇溶液。

除基准物质外，以上化学试剂均为分析纯，实验用水为去离子水。

【实验内容】

1. 标准溶液和 EDTA 溶液的配制

(1) Ca^{2+}标准溶液的配制

计算配制250mL 0.01mol·L^{-1} Ca^{2+}标准溶液所需的$CaCO_3$的质量。用差减法准确称取计算所得质量的基准$CaCO_3$于250mL烧杯中，称量值与计算值偏离最好不超过10%。先以少量水润湿，盖上表面皿，从烧杯嘴处往烧杯中滴加约5mL (1+1) HCl溶液，使$CaCO_3$全部溶解。加水50mL，微沸几分钟以除去CO_2 [在氨性溶液中，当$Ca(HCO_3)_2$含量较高时，会析出$CaCO_3$沉淀，使终点拖长，导致指示剂的变色不敏锐，因此，要除去CO_2]。冷却后用水冲洗烧杯内壁和表面皿，定量转移该溶液于250mL容量瓶中，用水稀释至刻度，摇匀，计算标准Ca^{2+}的浓度。

(2) 250mL 0.01mol·L^{-1}锌标准溶液的配制

用铝铲准确称取基准锌，称量值与计算值偏离不超过5%，把基准锌置于250mL烧杯中，加入6mL (1+1) HCl溶液，立即盖上表皿，待锌完全溶解，以少量水冲洗表皿和烧杯内壁，定量转移Zn^{2+}溶液于250mL容量瓶中，用水稀释至刻度，摇匀，计算锌标准溶液的浓度。

(3) EDTA溶液的配制

计算配制500mL 0.01mol·L^{-1} EDTA二钠盐所需EDTA的质量。用天平（请思考用哪种天平?）称取上述质量的EDTA于250mL烧杯中，加水，温热溶解。冷却后移入聚乙烯塑料瓶中。

2. 标定操作

(1) 以铬黑T为指示剂标定EDTA

① 以Zn^{2+}为基准物质　用移液管吸取25.00mL 0.01mol·L^{-1} Zn^{2+}标准溶液于锥形瓶中，加1滴甲基红，用(1+2)氨水中和Zn^{2+}标准溶液中的HCl至溶液由红变黄。加20mL水和10mL NH_3-NH_4Cl缓冲溶液，再加3滴铬黑T指示剂，用0.01mol·L^{-1} EDTA滴定，当溶液由红色变为蓝紫色即为终点。平行滴定3次，取平均值计算EDTA的准确浓度。

② 以$CaCO_3$为基准物质标定EDTA　用移液管吸取25.00mL Ca^{2+}标准溶液于锥形瓶中，加1滴甲基红，用氨水中和Ca^{2+}标准溶液中的HCl，当溶液由红变黄即可。加20mL水和5mL Mg^{2+}-EDTA（是否需要准确加入?），然后加入10mL NH_3-NH_4Cl缓冲溶液，再加3滴铬黑T指示剂，立即用EDTA滴定，当溶液由酒红色转变为蓝色即为终点。平行滴定3次，用平均值计算EDTA的准确浓度。

(2) 以二甲酚橙为指示剂标定EDTA

用移液管吸取25.00mL Zn^{2+}标准溶液于锥形瓶中，加2滴二甲酚橙指示剂，滴加200g·L^{-1}六亚甲基四胺，至溶液呈现稳定的紫红色，再加5mL六亚甲基四胺。用EDTA滴定，当溶液由紫红色恰转变为黄色时即为终点。平行滴定3次，取平均值，计算EDTA的准确浓度。

【思考题】

1. 为什么要使用两种指示剂分别标定EDTA?
2. 在中和标准物质中的HCl时，能否用酚酞取代甲基红？为什么?
3. 阐述Mg^{2+}-EDTA能够提高终点敏锐度的原理。
4. 滴定为什么要在缓冲溶液中进行？如果没有缓冲溶液存在，将会导致什么现象发生?

实验 27　水中钙、镁含量的测定

【实验目的】

1. 了解水的硬度的表示方法。

2. 掌握 EDTA 法测定水中钙、镁含量的原理和方法。

3. 正确判断铬黑 T 和钙指示剂的滴定终点。

4. 掌握缓冲溶液的应用。

【实验原理】

1. 水的硬度的表示法

通常，水中往往含有 Ca^{2+} 和 Mg^{2+}，水的硬度就是指水中钙、镁的含量。

水硬度的表示方法很多，各国采用的方法和单位也不甚一致。目前最常用的表示水的硬度的方法有两种：

① 以度（°）表示，1°表示 10 万份水中含 1 份 CaO，即 1 L 水中含有 10mg CaO 时为 1°，或 $1° = 10mg \cdot L^{-1}$ CaO。

② 以水中 CaO 含量表示，即相当于每 1L 水中含有 CaO 的质量（$mg \cdot L^{-1}$）。

其中第②种表示方法较为方便。

2. 测定原理

水中钙、镁的总量取决于水的总硬度，其中由镁离子形成的硬度称为镁硬度，由钙离子形成的硬度称为钙硬度。

水中钙、镁离子含量可用 EDTA 滴定法测定。以铬黑 T 作指示剂，在溶液 pH=10 时，用 EDTA 标准溶液滴定。根据 EDTA 溶液的浓度和用量，可以算出水的总硬度。

以铬黑 T 为指示剂，用 EDTA 滴定 Mg^{2+} 较滴定 Ca^{2+} 的终点更为敏锐。因此，在水样中含 Mg^{2+} 量较少时，用 EDTA 测定水硬度，终点不敏锐。为此，在配制 EDTA 时，可加入适量的 Mg^{2+}。Ca^{2+}、Mg^{2+} 与铬黑 T、EDTA 形成配离子的稳定性大小顺序如下：

$$CaY^{2-} > MgY^{2-} > MgIn^{-} > CaIn^{-}$$

因此，在滴定过程中 Ca^{2+} 把 Mg^{2+} 从 MgY^{2-} 中置换出来，Mg^{2+} 与铬黑 T 形成紫红色配合物 MgIn，终点时溶液由紫红色变成纯蓝色，变色比较敏锐。

钙硬度测定原理与总硬度测定原理相同，只是溶液的 pH 值应控制在大于 12，所用的指示剂为钙指示剂。钙指示剂与 Ca^{2+} 形成紫红色配合物，当 EDTA 滴定 Ca^{2+} 时，使钙指示剂游离出来呈蓝色。因此滴定到达终点时，溶液由紫红色变为蓝色。

镁硬度可由总硬度减去钙硬度而得到。

根据下式计算水的总硬度（$mgCaO \cdot L^{-1}$）。

$$总硬度 = \frac{c(\mathrm{EDTA}) \times V_1(\mathrm{EDTA}) \times M(\mathrm{CaO})}{\frac{V(水)}{1000}}$$

$$钙硬度 = \frac{c(\mathrm{EDTA}) \times V_2(\mathrm{EDTA}) \times M(\mathrm{CaO})}{\frac{V(水)}{1000}}$$

$$镁硬度 = 总硬度 - 钙硬度$$

式中，V_1(EDTA) 为滴定水的总硬度时，所耗用的 EDTA 体积，mL；V_2(EDTA) 为滴定水的钙硬度时，所耗用的 EDTA 体积，mL；V(水) 为测定时所取水样的体积，mL；c(EDTA) 为 EDTA 溶液的物质的量浓度，$mol \cdot L^{-1}$；M(CaO) 为 CaO 的摩尔质量，$g \cdot mol^{-1}$。

【仪器和试剂】

仪器：50mL 酸式滴定管、250mL 容量瓶、25mL 移液管、250mL 锥形瓶、250mL 烧杯、500mL 烧杯、500mL 细口试剂瓶、20mL 量筒、天平等。

试剂：

① $Na_2H_2Y \cdot 2H_2O$(EDTA) 固体。

② $CaCO_3$ 固体。

③ Mg^{2+}-EDTA 溶液。

④ pH＝10 氨性缓冲溶液($NH_3 \cdot H_2O$-NH_4Cl)。

⑤ HCl 水溶液(1∶1)。

⑥ NaOH 溶液(10%，不含 CO_3^{2-} 和 HCO_3^-)。

⑦ 0.5%铬黑 T。

⑧ 0.4%钙指示剂的甲醇溶液：称 0.4g 钙指示剂溶于 100mL 甲醇溶液中。

⑨ 三乙醇胺溶液 ($200g \cdot L^{-1}$)。

上述两种指示剂溶液均应在实验使用前新配制，不宜久放。

【实验内容】

1. $0.02mol \cdot L^{-1}$ EDTA 标准溶液的配制与标定

(1) $0.02mol \cdot L^{-1}$ EDTA 标准溶液的配制

称取已烘干(在 80℃下烘 2～3 天)的 $Na_2H_2Y \cdot 2H_2O$ 4.0g，置于 500mL 烧杯中，加去离子水溶解，待溶解后用去离子水稀释约至 500mL，然后转移至 500mL 细口试剂瓶中，摇匀。

(2) $0.02mol \cdot L^{-1}$ EDTA 标准溶液的标定

准确称取已烘干的 $CaCO_3$ 固体(在 120℃下烘干约 2h，然后置于干燥器中冷却备用) 0.35～0.4g，先用少量去离子水润湿，盖上表面皿，再从烧杯嘴边缘逐滴加入 1∶1 HCl 溶液(10～20mL)，加热溶解后定量转移到 250mL 容量瓶中，用去离子水稀释至刻度，摇匀。

用移液管移取 25.00mL 配好的 Ca^{2+} 标准溶液，置于 250mL 锥形瓶中，加入 20mL 氨性缓冲溶液，加 3～5 滴铬黑 T 指示剂，用待标定的 EDTA 溶液滴定到溶液由紫红色变为纯蓝色，即为终点。平行测定三次。

要求平均偏差小于 0.2%。

2. 水的总硬度的测定

准确量取 100.00mL 水样，放入 250mL 锥形瓶中，加 2mL 三乙醇胺、5mL 氨性缓冲溶液及 4～5 滴铬黑 T 指示剂，摇匀后用 EDTA 标准溶液滴定至溶液由紫红色变为纯蓝色，即为终点。记录所耗用的 EDTA 标准溶液体积 V_1。平行测定三次。

3. 水的钙硬度的测定

准确量取 50.00mL 水样放入 250mL 锥形瓶中，加入 10% NaOH 溶液 5mL 及 10 滴钙指示剂，混匀后用 EDTA 标准溶液滴定至溶液由紫红色变为蓝色，即为终点。记录所耗用的 EDTA 溶液体积 V_2。平行测定三次。

4. 计算水的硬度

【思考题】

1. 用 EDTA 滴定法测定水的硬度时，一般采用什么指示剂？试液的 pH 值应如何控制？测定 Ca^{2+}、Mg^{2+} 时，为什么要分别使用两种缓冲溶液？

2. 用每升水样含 $CaCO_3$ 的量表示水的总硬度时，试问该数值是否表明水中 $CaCO_3$ 的真实含量？为什么？

3. 为什么测定钙硬度时应用 NaOH 溶液调节试样的酸度？若 NaOH 溶液中含有 CO_3^{2-} 和 HCO_3^-，将对测定有何影响？

实验28 “胃舒平”药片中氧化铝含量的测定

【实验目的】

1. 熟练掌握天平、滴定管、移液管的使用方法，提高应用所学知识解决实际问题的能力。

2. 掌握返滴定的方法原理。

【实验原理】

“胃舒平”药片的主要成分为氢氧化铝、三硅酸镁（$Mg_2Si_3O_8 \cdot 5H_2O$）及少量颠茄浸膏，此外药片成型时还加入了糊精等辅料。药片中铝的含量可用配位滴定法测定，其他成分不干扰测定。

采用返滴定法，由于 Al^{3+} 对指示剂二甲酚橙具有封闭作用，故先加入过量且已知量的EDTA溶液使之与 Al^{3+} 在适宜的条件下充分反应，再用锌标准溶液返滴定过量的EDTA，即可消除 Al^{3+} 对指示剂的封闭作用从而测定其含量。

药片溶解后，分离去不溶物质制成试液，取部分试液准确加入已知过量的EDTA，并调节溶液pH为3～4，煮沸使EDTA与 Al^{3+} 反应完全。冷却后再调节pH为5～6，以二甲酚橙为指示剂，用锌标准溶液返滴过量的EDTA，即可测出铝的含量（g·片$^{-1}$）。

计算公式：

$$m_{Al_2O_3}=\frac{(c_{EDTA}V_{EDTA,总}-c_{ZnSO_4\cdot 7H_2O}V_{ZnSO_4\cdot 7H_2O})\times 10^{-3}\times M_{1/2Al_2O_3}\times \overline{m}_{片重}}{m_s}$$

【仪器和试剂】

仪器：电子天平、烧杯（300mL、250mL、500mL）、酸式滴定管（50mL）、锥形瓶、容量瓶（250mL）、移液管（25mL）等。

试剂：$ZnSO_4 \cdot 7H_2O$（基准试剂）、乙二胺四乙酸二钠（$Na_2H_2Y \cdot 2H_2O$，A.R.）、六亚甲基四胺、HCl（1∶1，1∶5）、氨水（1∶1）、二甲酚橙、蒸馏水、胃舒平样品（国标：$Al_2O_3 \geqslant 0.116$g·片$^{-1}$）。

【实验内容】

1. 锌标准溶液的配制

准确称取 $ZnSO_4 \cdot 7H_2O$ 1.4～1.45g于250mL烧杯中，加100mL水使其溶解后，定量转移至250mL容量瓶中，用水稀释至刻度，摇匀，计算其准确浓度。

2. EDTA溶液的配制和标定

（1）EDTA标准溶液的配制

称取2.33g EDTA于300mL烧杯中，加水至100mL，加热使其溶解完全，冷却后转入试剂瓶中，摇匀。

（2）EDTA标准溶液浓度的标定

移取25.00mL EDTA标准溶液于250mL锥形瓶中，加2.0mL 1∶5 HCl，二甲酚橙指示剂2滴，然后滴加六亚甲基四胺溶液直至溶液呈现稳定的亮黄色，然后再多加3.0mL，用锌标准溶液滴定至溶液由亮黄色转为红色，且0.5min内不褪色即为终点。重复测定三次。计算EDTA溶液的浓度，相对平均偏差不大于0.2%。

3. 样品的处理

取“胃舒平”药片10片，计算平均片重$m_{片重}$并研细，准确称取药粉0.4～0.45g，加入HCl(1∶1) 8.00mL，加水至40mL，煮沸。冷却后过滤，并用水洗涤沉淀，收集滤液及洗涤液于250mL容量瓶中，用水稀释至标线，摇匀，制成试液。

4. 铝含量的测定

准确移取上述试液25.00mL于250mL锥形瓶中，准确加入EDTA标准溶液25.00mL，摇匀。加入二甲酚橙指示剂2滴，滴加氨水(1∶1)至溶液恰呈红色，然后滴加2滴HCl(1∶3)。将溶液煮沸3min左右，冷却，再加入六亚甲基四胺溶液10.00mL，使溶液pH为5～6，再加入二甲酚橙指示剂2滴，用锌标准溶液滴定至黄色突变为红色，且0.5min内不褪色即为终点。重复测定三次。计算“胃舒平”药片中Al_2O_3的含量，其相对平均偏差不大于0.2%。

5. 实验记录及数据处理

实验数据填入表1～表3。

表1 EDTA标准溶液浓度的标定

项目	1	2	3
$m_{ZnSO_4\cdot7H_2O+称量瓶}$(倾出前)/g			
$m'_{ZnSO_4\cdot7H_2O+称量瓶}$(倾出后)/g			
$m_{ZnSO_4\cdot7H_2O}$/g			
$c_{Zn^{2+}}$/mol·L^{-1}			
消耗的锌标准溶液体积$V_{ZnSO_4\cdot7H_2O}$/mL			
V_{EDTA}/mL			
c_{EDTA}/mol·L^{-1}			
$\overline{c}_{EDTA}$/mol·L^{-1}			
相对偏差/%			
平均相对偏差/%			

表2 胃舒平药片的处理(10片)

项目	1	2
$m_{药品+滤纸}$/g		
$m_{滤纸}$/g		
$m_{药品}$/g		
$\overline{m}_{片重}$/g·片$^{-1}$		

表3 胃舒平药片中Al_2O_3含量的测定

项目	1	2
$m_{s+称量瓶}$(倾出前)/g		
$m'_{s+称量瓶}$(倾出后)/g		
m_s/g		

续表

项目	1	2
$V_{EDTA,总}$/mL		
锌标准溶液终读数/mL		
锌标准溶液初读数/mL		
$V'_{ZnSO_4 \cdot 7H_2O}$/mL		
$m_{Al_2O_3}$/g·片$^{-1}$		
$\overline{m}_{Al_2O_3}$/g·片$^{-1}$		
相对偏差/%		
平均相对偏差/%		

【附注】

胃舒平药品试样中铝含量可能不均匀，为使测定结果具有代表性，本实验取较多样品，研细后再取部分进行分析。

实验 29　生理盐水中氯化钠含量的测定（莫尔法）

【实验目的】

1. 学习 $AgNO_3$ 标准溶液的配制和标定。

2. 掌握用莫尔法进行沉淀滴定的原理、方法和实验操作。

【实验原理】

某些可溶性氯化物中氯含量的测定常采用莫尔法。此法是在中性或弱碱性溶液中，以 K_2CrO_4 为指示剂，以 $AgNO_3$ 标准溶液进行滴定。由于 AgCl 沉淀的溶解度比 Ag_2CrO_4 小，因此，溶液中首先析出 AgCl 沉淀。当 AgCl 定量沉淀后，过量 $AgNO_3$ 溶液即与 CrO_4^{2-} 生成砖红色 Ag_2CrO_4 沉淀，指示达到终点。主要反应式如下：

$$Ag^+ + Cl^- \longrightarrow AgCl\downarrow（白色）\qquad K_{sp}=1.8\times10^{-10}$$

$$2Ag^+ + CrO_4^{2-} \longrightarrow Ag_2CrO_4\downarrow（砖红色）\qquad K_{sp}=2.0\times10^{-12}$$

滴定必须在中性或弱碱性溶液中进行，最适宜 pH 范围为 6.5～10.5。如果有铵盐存在，溶液的 pH 需控制在 6.5～7.2 之间。

指示剂的用量对滴定有影响，一般以 $5\times10^{-3}mol\cdot L^{-1}$ 为宜。凡是能与 Ag^+ 生成难溶性化合物或配合物的阴离子都干扰测定，如 PO_4^{3-}、AsO_4^{3-}、SO_3^{2-}、S^{2-}、CO_3^{2-}、$C_2O_4^{2-}$ 等。其中 H_2S 可加热煮沸除去，将 SO_3^{2-} 氧化成 SO_4^{2-} 后不再干扰测定。大量 Cu^{2+}、Ni^{2+}、Co^{2+} 等有色离子将影响终点观察。凡是能与 CrO_4^{2-} 指示剂生成难溶化合物的阳离子也干扰测定，如 Ba^{2+}、Pb^{2+} 能与 CrO_4^{2-} 分别生成 $BaCrO_4$ 和 $PbCrO_4$ 沉淀。Ba^{2+} 的干扰可加入过量的 Na_2SO_4 消除。

Al^{3+}、Fe^{3+}、Bi^{3+}、Sn^{4+} 等高价金属离子在中性或弱碱性溶液中易水解产生沉淀，会干扰测定。

【仪器和试剂】

仪器：移液管、烧杯、容量瓶、锥形瓶、滴定管、吸量管、天平等。

试剂：

① NaCl 基准试剂。在 500～600℃马弗炉中灼烧 0.5h 后，置于干燥器中冷却。也可将 NaCl 置于带盖的瓷坩埚中，加热，并不断搅拌，待爆炸声停止后，继续加热 15min，将坩埚放入干燥器中冷却后使用。

② $AgNO_3$ 溶液（$0.1mol\cdot L^{-1}$）。称取 8.5g $AgNO_3$ 溶解于 500mL 不含 Cl^- 的蒸馏水中，将溶液转入棕色试剂瓶中，置暗处保存，以防光照分解。

③ K_2CrO_4 溶液，$50g\cdot L^{-1}$。

④ 生理盐水。

【实验内容】

1. $AgNO_3$ 溶液的标定

准确称取 0.5～0.65g NaCl 基准物于小烧杯中，用蒸馏水溶解后，转入 100mL 容量瓶中，稀释至刻度，摇匀。

用移液管移取 25.00mL NaCl 溶液于 250mL 锥形瓶中，加入 25mL 水，用吸量管加入 1mL K_2CrO_4 溶液，在不断摇动下，用 $AgNO_3$ 溶液滴定至呈现砖红色，即为终点。平行标定 3 份。根据所消耗 $AgNO_3$ 的体积和 NaCl 的质量，计算 $AgNO_3$ 的浓度。

2. 试样分析

准确量取 50.00mL 生理盐水于 100mL 容量瓶中，用水稀释至刻度，摇匀。

用移液管移取 25.00mL 试液于 250mL 锥形瓶中，加 25mL 水，用 1mL 吸量管加入 1mL K_2CrO_4 溶液，在不断摇动下，用 $AgNO_3$ 标准溶液滴定至溶液出现砖红色，即为终点。平行测定 3 份，计算试样中氯的含量。

实验完毕后，将装 $AgNO_3$ 溶液的滴定管先用蒸馏水冲洗 2～3 次后，再用去离子水洗净，以免 AgCl 残留于管内。

【思考题】

1. 莫尔法测氯时，为什么溶液的 pH 须控制在 6.5～10.5?

2. 以 K_2CrO_4 作指示剂时，指示剂浓度过大或过小对测定有何影响?

3. 用莫尔法测定"酸性光亮镀铜液"（主要成分为 $CuSO_4$ 和 H_2SO_4）中的氯含量时，试液应做哪些预处理?

【附注】

1. 指示剂用量大小对测定有影响，必须定量加入。溶液较稀时，须作指示剂的空白校正，方法如下：取 1mL K_2CrO_4 指示剂溶液，加入适量水，然后加入无 Cl^- 的 $CaCO_3$ 固体(相当于滴定时 AgCl 的沉淀量)，制成与实际滴定相似的浑浊溶液。逐渐滴入 $AgNO_3$ 溶液，至与终点颜色相同为止，记录读数，从滴定试液所消耗的 $AgNO_3$ 体积中扣除此读数。

2. 沉淀滴定中，为减少沉淀对被测离子的吸附，一般滴定的体积以大些为好，故须加水稀释试液。

3. 银为贵金属，含 AgCl 的废液应回收处理。

实验30　$BaCl_2 \cdot 2H_2O$中钡含量的测定

【实验目的】

1. 掌握测定 $BaCl_2 \cdot 2H_2O$ 中钡含量的原理和方法。

2. 掌握晶形沉淀的制备、过滤、洗涤、灼烧及恒重等基本操作技术。

【实验原理】

$BaSO_4$ 重量法，既可用于测定 Ba^{2+}，也可用于测定 SO_4^{2-} 的含量。

称取一定量 $BaCl_2 \cdot 2H_2O$，用水溶解，加稀 HCl 溶液酸化，加热至微沸，在不断搅动下，慢慢地加入稀、热的 H_2SO_4，Ba^{2+} 与 SO_4^{2-} 反应，形成晶形沉淀。沉淀经陈化、过滤、洗涤、烘干、炭化、灰化、灼烧后，以 $BaSO_4$ 形式称量，可求出 $BaCl_2 \cdot 2H_2O$ 中钡的含量。

Ba^{2+}可生成一系列微溶化合物，如 $BaCO_3$、BaC_2O_4、$BaCrO_4$、$BaHPO_4$、$BaSO_4$ 等，其中以 $BaSO_4$ 溶解度最小，100mL 溶液中，100℃时溶解 0.4mg，25℃时仅溶解 0.25mg。当过量沉淀剂存在时，溶解度大为减小，一般可以忽略不计。

$BaSO_4$ 重量法一般在 0.05mol·L^{-1} 左右盐酸介质中进行沉淀，它是为了防止产生 $BaCO_3$、$BaHPO_4$、$BaHAsO_4$ 沉淀以及防止生成 $Ba(OH)_2$ 共沉淀。同时，适当提高酸度，可增加 $BaSO_4$ 在沉淀过程中的溶解度，以降低其相对过饱和度，有利于获得较好的晶形沉淀。

用 $BaSO_4$ 重量法测定 Ba^{2+} 时，一般用稀 H_2SO_4 作沉淀剂。为了使 $BaSO_4$ 沉淀完全，H_2SO_4 必须过量。由于 H_2SO_4 在高温下可挥发除去，故沉淀带下的 H_2SO_4 不致引起误差，因此沉淀剂可过量 50%～100%。如果用 $BaSO_4$ 重量法测定 SO_4^{2-} 时，沉淀剂 $BaCl_2$ 只允许过量 20%～30%，因为 $BaCl_2$ 灼烧时不易挥发除去。

$PbSO_4$、$SrSO_4$ 的溶解度均较小，Pb^{2+}、Sr^{2+} 对钡的测定有干扰。NO_3^-、ClO_3^-、Cl^- 等阴离子和 K^+、Na^+、Ca^{2+}、Fe^{3+} 等阳离子均可以引起共沉淀现象，故应严格掌握沉淀条件，减少共沉淀现象，以获得纯净的 $BaSO_4$ 晶形沉淀。

【基本操作】

见 2.6.5 重量分析的基本操作。

【仪器和试剂】

仪器：瓷坩埚、烧杯、定量滤纸（慢速或中速）、沉淀帚、玻璃漏斗、玻璃棒等。

试剂：H_2SO_4（1mol·L^{-1}、0.1mol·L^{-1}）、HCl（2mol·L^{-1}）、HNO_3（2mol·L^{-1}）、$AgNO_3$（0.1mol·L^{-1}）、$BaCl_2 \cdot 2H_2O$。

【实验内容】

1. 称样及沉淀的制备

准确称取 0.4～0.6g $BaCl_2 \cdot 2H_2O$ 试样两份，分别置于 250mL 烧杯中，加入约 100mL 水，3mL 2mol·L^{-1} HCl 溶液，搅拌溶解，加热至近沸。

另取 4mL 1mol·L^{-1} H_2SO_4 两份于两个 100mL 烧杯中，加水 30mL，加热至近沸，趁热将两份 H_2SO_4 溶液分别用小滴管逐滴地加入两份热的钡盐溶液中，并用玻璃棒不断搅拌，直至两份 H_2SO_4 溶液加完为止。待 $BaSO_4$ 沉淀下沉后，于上层清液中加入 1～2 滴 0.1mol·L^{-1} H_2SO_4 溶液，仔细观察沉淀是否完全。沉淀完全后，盖上表面皿（切勿将玻璃棒拿出杯外），放置过夜陈化。也可将沉淀放在水浴或沙浴上，保温 40min，陈化。

2. 沉淀的过滤和洗涤

按前述操作，用慢速或中速滤纸倾泻法过滤。用稀 H_2SO_4（用 1mL $1mol \cdot L^{-1}$ H_2SO_4 加 100mL 水配成）洗涤沉淀 3～4 次，每次约 10mL。然后，将沉淀定量转移到滤纸上，用沉淀帚由上到下擦拭烧杯内壁，并用折叠滤纸时撕下的小片滤纸擦拭杯壁，并将此小片滤纸放于漏斗中，再用稀 H_2SO_4 洗涤 4～6 次，直至洗涤液不含 Cl^- 为止（检查方法：用试管收集 2mL 滤液，加 1 滴 $2mol \cdot L^{-1}$ HNO_3 酸化，加入 2 滴 $AgNO_3$，若无白色浑浊产生，表示 Cl^- 已洗净）。

3. 空坩埚的恒重

将两个洁净的瓷坩埚放在(800±20)℃的马弗炉中灼烧至恒重。第一次灼烧 40min，第二次后每次只灼烧 20min。灼烧也可在煤气灯上进行。

4. 沉淀的灼烧和恒重

将折叠好的沉淀滤纸包置于已恒重的瓷坩埚中，经烘干、炭化、灰化后，在(800±20)℃马弗炉中灼烧至恒重。计算 $BaCl_2 \cdot 2H_2O$ 中钡的含量。

【思考题】

1. 为什么要在稀热 HCl 溶液中且不断搅拌下逐滴加入沉淀剂沉淀 $BaSO_4$？HCl 加入太多有何影响？

2. 为什么要在热溶液中沉淀 $BaSO_4$，但要在冷却后过滤？晶形沉淀为何要陈化？

3. 什么叫倾泻法过滤？洗涤沉淀时，为什么用洗涤液或水都要少量、多次？

4. 什么叫灼烧至恒重？

【附注】

1. 滤纸灰化时空气要充足，否则 $BaSO_4$ 易被滤纸的碳还原为灰黑色的 BaS：

$$BaSO_4 + 4C \xlongequal{} BaS + 4CO\uparrow$$

$$BaSO_4 + 4CO \xlongequal{} BaS + 4CO_2$$

如遇此情况，可用 2～3 滴(1+1)H_2SO_4，小心加热，冒烟后重新灼烧。

2. 灼烧温度不能太高，如超过 950℃，可能有部分 $BaSO_4$ 分解。

$$BaSO_4 \xlongequal{} BaO + SO_3\uparrow$$

第7章　化学制备实验

实验31　转化法制备硝酸钾

【实验目的】

1. 学习用转化法制备硝酸钾晶体。

2. 学习溶解、过滤、蒸发和重结晶操作。

【实验原理】

工业上常采用转化法制备硝酸钾晶体，其反应如下：

$$NaNO_3 + KCl \rightleftharpoons NaCl + KNO_3$$

该反应是可逆的。根据 NaCl 的溶解度随温度变化不大，而 KCl、$NaNO_3$、KNO_3 在高温时具有较大或很大的溶解度而温度降低时溶解度明显减小（如 KCl、$NaNO_3$）或急剧下降（如 KNO_3）的这种差别，将一定浓度的 $NaNO_3$ 和 KCl 混合液加热浓缩，当温度达 118～120℃时，由于 KNO_3 溶解度增加很多，达不到饱和，不析出；而 NaCl 的溶解度增加甚少，随着浓缩和溶剂的减少，NaCl 晶体析出。通过热过滤滤除 NaCl，而将此滤液冷却至室温，即有大量针状 KNO_3 晶体析出，而 NaCl 仅有少量析出，从而得到 KNO_3 粗产品。再经过重结晶提纯，可得到 KNO_3 纯品。KNO_3 等四种盐在不同温度下的溶解度见表1。

表1　KNO_3 等四种盐在不同温度下的溶解度　　单位：$g\cdot(100g\ H_2O)^{-1}$

名称	0℃	10℃	20℃	30℃	40℃	60℃	80℃	100℃
KNO_3	13.3	20.9	31.6	45.8	63.9	110.0	169	246
KCl	27.6	31.0	34.0	37.0	40.0	45.5	51.1	56.7
$NaNO_3$	73	80	88	96	104	124	148	180
NaCl	35.7	35.8	36.0	36.3	36.6	37.3	38.4	39.8

【基本操作】

1. 热过滤、减压过滤等固液分离操作，参见 3.1。

2. 固体的溶解、蒸发浓缩、重结晶等操作，参见 3.2。

3. 加热方法，参见 2.1.3。

【仪器和试剂】

仪器：量筒、试管、托盘天平、石棉网、漏斗架、铁架台、热滤漏斗、布氏漏斗、玻璃漏斗、吸滤瓶、循环水真空泵、温度计(200℃)、烧杯、恒温水浴锅、电炉、酒精灯、马弗炉、瓷坩埚、坩埚钳、比色管(25mL) 等。

试剂：硝酸钠、氯化钾、$AgNO_3$(0.1mol·L^{-1})、硝酸(5mol·L^{-1})、氯化钠标准溶液。

材料：滤纸。

【实验内容】

1. 溶解蒸发

称取 22g $NaNO_3$ 和 15g KCl，放入一只烧杯(100～200mL) 中，加 35mL 蒸馏水。将烧杯放置于石棉网上用电炉加热（在烧杯外对准杯内液面高度处做一标记)。待盐全部溶解后，继续加热，温度控制在 110～120℃，使溶液蒸发至原有体积的约 2/3(或 3/4)。这时烧杯中有晶体析出（是什么?)，趁热用热滤漏斗过滤。滤液盛于小烧杯中自然冷却。随着温度的下降，即有结晶析出（是什么?）。注意，不要骤冷以防结晶过于细小。用减压法过滤，尽量抽干(或水浴烘干）后称重。计算理论产量和产率。

2. 粗产品的重结晶

① 除保留少量(0.1～0.2g)粗产品供纯度检验外，按粗产品∶水＝(2∶1)～(1∶1)(质量比)的比例，将粗产品溶于蒸馏水中。

② 加热，搅拌，待晶体全部溶解后停止加热。若溶液沸腾时，晶体还未全部溶解，可再加极少量蒸馏水使其溶解。

③ 待溶液冷却至室温晶体析出后抽滤，水浴烘干，得到纯度较高的硝酸钾晶体，称重。

本实验要求重结晶后的硝酸钾晶体含氯量达化学纯为合格，否则应再次重结晶，直至合格。最后称量，计算产率，并与前几次的结果进行比较。

3. 纯度检验

(1) 定性检验

分别取0.1g粗产品和一次(或多次）重结晶得到的产品放入两支小试管中，各加入2mL蒸馏水配成溶液。在溶液中分别滴入1滴5mol·L^{-1} HNO_3 酸化，再各滴入0.1mol·L^{-1} $AgNO_3$ 溶液2滴，观察现象，进行对比，多次重结晶后的产品溶液应为澄清。

(2) 根据试剂级的标准检验试样中总氮量

称取1g试样(称准至0.01g)，加热至400℃使其分解，于700℃灼烧15min，冷却，溶于蒸馏水中（必要时过滤），稀释至25mL，加2mL 5mol·L^{-1} HNO_3 和0.1mol·L^{-1} $AgNO_3$ 溶液，摇匀，放置10min。所呈浊度不得大于标准。

标准是取下列质量的 Cl^-：优级纯0.015mg、分析纯0.030mg、化学纯0.070mg，稀释至25mL，与同体积样品溶液同时同样处理（NaCl标准溶液依据GB/T 602—2002配制）。

【思考题】

1. 何谓重结晶？本实验都涉及哪些基本操作？应注意什么？

2. 制备硝酸钾晶体时，为什么要把溶液进行加热和热过滤？

3. 试设计从母液提取较高纯度的硝酸钾晶体的实验方案，并加以试验。

【附注】

1. 根据中华人民共和国国家标准(GB/T 647—2011)，化学试剂硝酸钾中杂质最高含量如表2所示。

表2 化学试剂硝酸钾中杂质最高含量（质量分数）

名 称	优级纯	分析纯	化学纯
澄清度试验/号	≤2	≤3	≤5
水不溶物/%	≤0.002	≤0.004	≤0.006
总氯量(以Cl计)/%	≤0.0015	≤0.003	≤0.005
硫酸盐(SO_4^{2-})/%	≤0.002	≤0.003	≤0.01
碘酸盐(IO_3^-)/%	≤0.0005	≤0.0005	≤0.002
亚硝酸盐(以 NO_2 计)/%	≤0.001	≤0.001	≤0.002
磷酸盐(PO_4^{3-})/%	≤0.0005	≤0.0005	≤0.001
钠(Na)/%	≤0.02	≤0.02	≤0.05
镁(Mg)/%	≤0.001	≤0.002	≤0.004
钙(Ca)/%	≤0.001	≤0.004	≤0.006
铁(Fe)/%	≤0.0001	≤0.0002	≤0.0005
重金属(以Pb计)/%	≤0.0003	≤0.0005	≤0.001

2. 氯化物标准溶液的配制（1mL 含 0.1mg Cl^-）：称取 0.165g 于 500～600℃灼烧至恒重的氯化钠，溶于水，移入 1000mL 容量瓶中，稀释至刻度。

3. 检查产品含氯总量时，要求在 700℃灼烧。这步操作需在马弗炉中进行。需要注意的是，当灼烧物质达到灼烧要求后，先关掉电源，待温度降至 200℃以下时，可打开马弗炉，用长柄坩埚钳取出装试样的坩埚，放在石棉网上，切忌用手拿。

实验32　醋酸铬(Ⅱ)水合物的制备

【实验目的】

1. 学习在无氧条件下制备易被氧化的不稳定化合物的原理和方法。

2. 巩固沉淀的洗涤、过滤等基本操作。

【实验原理】

通常二价铬的化合物非常不稳定，它们能迅速被空气中的氧气氧化为三价铬的化合物。只有铬(Ⅱ)的卤素化合物、磷酸盐、碳酸盐和醋酸盐可存在于干燥状态。

醋酸铬(Ⅱ)是淡红棕色结晶性物质，不溶于水，但易溶于 HCl。这种溶液亦与其他所有亚铬酸盐相似，能吸收空气中的氧气。

含有三价铬的化合物通常是绿色或紫色，且都溶于水，紫色氯化铬不溶于酸，但迅速溶于含有微量二氯化铬的水中。

醋酸铬(Ⅲ)为灰色粉末状或蓝绿色的糊状晶体，溶于水，不溶于醇。

制备容易被氧气氧化的化合物不能在大气气氛中进行，常用惰性气体作保护性气氛，如 N_2、Ar 气氛等。有时也在还原性气氛中合成。

本实验在封闭体系中利用金属锌作还原剂，将三价铬还原为二价铬，再与醋酸钠溶液作用制得醋酸铬(Ⅱ)。反应体系中产生的氢气除了增大体系压强使铬(Ⅱ)溶液进入 NaAc 溶液中，同时还起到隔绝空气使体系保持还原性气氛的作用。制备反应的离子方程式如下：

$$2Cr^{3+} + Zn \rightleftharpoons 2Cr^{2+} + Zn^{2+}$$

$$2Cr^{2+} + 4CH_3COO^- + 2H_2O \rightleftharpoons [Cr(CH_3COO)_2]_2 \cdot 2H_2O$$

【基本操作】

1. 封闭体系实验装置的安装。

2. 沉淀的洗涤、过滤等操作，参见 3.1。

【仪器和试剂】

仪器：吸滤瓶（250mL）、两孔橡皮塞、滴液漏斗（50mL）、锥形瓶（100mL）、烧杯（100mL）、布氏漏斗、托盘天平、量筒、玻璃弯管、止水夹、电炉、石棉网等。

试剂：浓盐酸、乙醇（分析纯）、乙醚（分析纯）、去氧水（已煮沸过的蒸馏水）、六水合三氯化铬、锌粒、无水醋酸钠。

【实验内容】

仪器装置如图1所示。

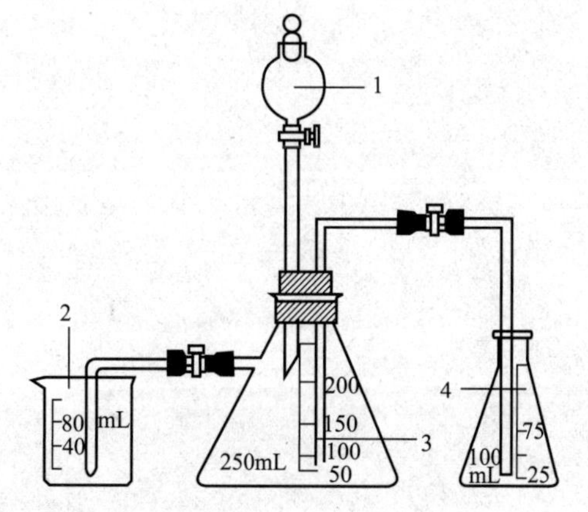

图1　制备醋酸铬(Ⅱ)装置图

1—滴液漏斗内装浓盐酸；2—水封；
3—吸滤瓶内装 Zn 粒、$CrCl_3$ 和去氧水；
4—锥形瓶内装醋酸钠水溶液

称取 6g 无水醋酸钠于锥形瓶中，用 12mL 去氧水配成溶液。

在吸滤瓶中放入 8g Zn 粒和 5g 六水合三氯化铬晶体，加入 6mL 去氧水，摇动吸滤瓶得到深绿色混合物。夹住通往醋酸钠溶液的橡皮管，通过滴液漏斗缓慢加入浓盐酸 HCl 10mL，并不断摇动吸滤瓶，溶液逐渐变为蓝绿色到亮蓝色。当 H_2 仍然较快放出时，松开右边橡皮管，夹住左边橡皮管，以迫使三氯化铬溶液进入盛有醋酸钠的锥形瓶中。摇动，形成红色醋酸亚铬沉淀。用铺有双层滤纸的布氏漏斗或砂芯漏斗过滤沉淀，并用10～15mL去氧水洗涤数次，然后用少量乙醇、乙醚各洗涤1～3次。将产物薄薄一层铺在表面皿上，在室温下使其干燥。称量，计算产率。

【思考题】

1. 为何要用封闭的装置来制备醋酸铬(Ⅱ)?

2. 反应物锌要过量，为什么？产物为什么用乙醇、乙醚洗涤？

3. 根据醋酸铬(Ⅱ)的性质，该化合物如何保存？

【附注】

1. 反应物锌应当过量，浓盐酸适量。

2. 滴酸的速度不宜太快，反应的时间要足够长（约1h)。

3. 产品在惰性气氛中密封保存。严格密封保存醋酸铬(Ⅱ)样品可始终保持砖红色。然而，若空气进入样品，它就逐渐变成灰绿色，这是样品被氧化后的特征颜色。纯的醋酸铬(Ⅱ)是反磁性的，因为在二聚分子中铬原子之间有着电子-电子相互作用，所以样品有一点顺磁性就是不纯的象征。

4. 滴液漏斗内可盛盐酸15～20mL，但加入10mL左右为佳。因为醋酸亚铬不溶于水，但易溶于盐酸。

实验 33 钴(Ⅲ)配合物的制备

【实验目的】

1. 掌握制备金属配合物的最常用方法——水溶液中的取代反应与氧化还原反应，了解其基本原理及方法。

2. 对配合物的组成进行初步推断。

3. 练习使用电导率仪。

4. 制备钴(Ⅲ) 配合物固体。

【实验原理】

运用水溶液中的一种金属盐和一种配体之间的反应来制备金属配合物，实际上是用适当的配体来取代金属水合配离子中的水分子。氧化还原反应是将不同氧化态的金属配合物，在配体存在下使其适当地氧化或还原以制备该金属配合物。

酸性介质中，二价钴盐比三价钴盐稳定，但大多数三价钴的配合物比二价钴的配合物稳定，所以常通过氧化 Co(Ⅱ)的配合物来制备 Co(Ⅲ)的配合物。

Co(Ⅱ)的配合物能很快地进行取代反应（是活性的），而Co(Ⅲ)配合物的取代反应则进行得很慢（是惰性的）。Co(Ⅲ)配合物的制备过程一般是通过 Co(Ⅱ)(实际上是它的水合物）和配体之间的一种快速反应生成Co(Ⅱ)的配合物，然后将它氧化为相应的Co(Ⅲ)配合物（配位数均为6）。

常见的 Co(Ⅲ)配合物有：$[Co(NH_3)_6]^{3+}$(橙黄色)、$[Co(NH_3)_5H_2O]^{3+}$(粉红色)、$[CoCl(NH_3)_5]^{2+}$(紫红色)、$[Co(CO_3)(NH_3)_4]^{+}$(紫红色)、$[Co(NO_2)_3(NH_3)_3]$(黄色)、$[Co(CN)_6]^{3-}$(紫色)、$[Co(NO_2)_6]^{3-}$(黄色)等。

用化学分析的方法确定配合物的组成，通常先确定配合物的外界，然后破坏配离子，再确定其内界的组成。配离子的稳定性受很多因素的影响，通常可用加热或改变溶液酸碱性来破坏它。本实验是初步推断，一般用定性、半定量甚至估量的分析方法。推定配合物的化学式后，可用电导率仪来测定一定浓度配合物溶液的导电性，与已知电解质溶液的导电性进行对比，就可以确定该配合物化学式中含有几个离子，进一步确证化学式。游离的 Co^{2+} 在酸性溶液中可与硫氰化钾作用生成蓝色配合物$[Co(NCS)_4]^{2-}$。因其在水中解离度大，故常加入硫氰化钾浓溶液或固体，并加入戊醇和乙醚以提高其稳定性。由此可用来鉴定 Co^{2+} 的存在。其反应如下：

$$Co^{2+} + 4SCN^- \rightleftharpoons \underset{(蓝色)}{[Co(NCS)_4]^{2-}}$$

游离的 NH_4^+ 可由奈氏试剂鉴定，其反应如下：

$$\underset{(奈氏试剂)}{NH_4Cl + 2K_2[HgI_4]} + 4KOH \rightleftharpoons \underset{(红褐色)}{\left[O \begin{matrix} Hg \\ \\ Hg \end{matrix} NH_2 \right] I} \downarrow + KCl + 7KI + 3H_2O$$

【基本操作】

1. 试剂的取用，参见 2.2。

2. 水浴加热，参见 2.1。

3. 试样的过滤、洗涤，参见 3.1。

4. 试样的干燥，参见 2.6.4。

5. 电导率仪的使用，参见 2.7.4。

【仪器和试剂】

仪器：烧杯、试管、锥形瓶、量筒、研钵、漏斗、漏斗架、滴管、试管、药匙、离心机、恒温水浴锅、电炉、循环水真空泵、布氏漏斗、吸滤瓶、石棉网、试管夹、普通温度计、电导率仪等。

固体试剂：氯化铵、氯化钴、硫氰化钾。

液体试剂：$AgNO_3$(0.20mol·L^{-1})、盐酸（6.0mol·L^{-1}）、H_2O_2（30%）、$SnCl_2$(0.5mol·L^{-1}，新配)、NaOH(6.0mol·L^{-1})、浓氨水、浓硝酸、浓盐酸、奈氏试剂、乙醚、戊醇。

材料：pH 试纸、滤纸。

【实验内容】

1. 制备钴(Ⅲ)配合物

在锥形瓶中将 1.0g 氯化铵溶于 6mL 浓氨水中，待完全溶解后手持锥形瓶颈不断振摇约 10min，使溶液均匀。分数次加入 2.0g 氯化钴粉末，边加边摇动，加完后继续摇动使溶液成棕色稀浆约 40min，再往其中滴加 30%H_2O_2 溶液 3～5mL，边加边摇动，加完后再摇动约 10min。

思考：

① 将氯化钴粉末加入氯化铵和浓氨水混合液中，可发生什么反应？生成何种配合物？

② 加入过氧化氢起什么作用？如果不用过氧化氢，还可用哪些物质？

当溶液中停止起泡时，慢慢加入 6mL 浓盐酸，边加边摇动，并在水浴上微热，不能加热至沸（温度不要超过 85℃），边摇边加热 10～15min，然后在室温下冷却混合物并摇动，待完全冷却后过滤出沉淀，用 10～15mL 冷水分数次洗涤沉淀，接着用 2～5mL 6.0mol·L^{-1} 盐酸洗涤，产物晾干并称量，计算产率（加入浓盐酸的作用是什么?）。

2. 组成的初步推断

① 小烧杯取 0.4g 所制得的产物，加入 50mL 蒸馏水，混匀后用 pH 试纸检验其酸碱性。

② 试管取 1～2mL 小烧杯中混合液，慢慢滴加 0.20mol·L^{-1} $AgNO_3$ 溶液并搅动，直到加 1 滴 $AgNO_3$ 溶液后上部清液没有沉淀生成。然后固液分离，往滤液中加 1mL 浓硝酸并搅动，再往溶液中滴加 $AgNO_3$ 溶液，看有无沉淀生成；若有，比较一下与前面沉淀的量的多少。

③ 试管取 2～3mL 小烧杯中的混合液，加几滴 0.5mol·L^{-1} $SnCl_2$ 溶液（为什么?），振荡后加一粒（绿豆粒大小）硫氰化钾固体，振荡后再加入 1mL 戊醇、1mL 乙醚，振荡后观察上层溶液中的颜色（为什么?）。

④ 试管取 2mL 小烧杯中的混合液，再加少量蒸馏水，得清亮溶液后，加 2 滴奈氏试剂和 2 滴 NaOH 并观察变化。

⑤ 将小烧杯中剩下的混合液加热，观察溶液变化，直到完全变成棕黑色后停止加热。冷却后，用 pH 试纸检验其酸碱性，然后过滤（必要时用双层滤纸）。取所得清亮液，再分别做一次③、④实验。观察现象与原来有什么不同。

通过这些实验能推断出此配合物的组成吗？能写出其化学式吗？

⑥ 配制该配合物 0.01mol·L^{-1}浓度的溶液 100mL，用电导率仪测量其电导率，然后稀释 10 倍后再测量其电导率并与表 1 对比，确定其化学式中所含离子数。

表 1　几种配合物溶液的电导率

电解质	类型(离子数)	电导率/$S\cdot m^{-1}$	
		$0.01mol\cdot L^{-1}$	$0.001mol\cdot L^{-1}$
KCl	1-1 型(2)	1230	133
$BaCl_2$	1-2 型(3)	2150	250
$K_3[Fe(CN)_6]$	1-3 型(4)	3400	420

【思考题】

1. 本实验中要提高产品的产率，哪些步骤是关键的？为什么？

2. 总结出制备 Co(Ⅲ)配合物的化学原理及制备的步骤。

3. 有五种不同的配合物，分析其组成后确定有共同的实验式 $K_2CoCl_2I_2(NH_3)_2$；电导率测定得知在水溶液中五个化合物的电导率数值均与硫酸钠相近。请写出五个不同配离子的结构式，并说明不同配离子的组成有何不同。

【附注】

对于溶解度很小或与水反应的离子化合物，用电导率仪测定电导率时可改用有机溶剂（例如硝基苯或乙腈）来测定，可获得同样的结果。

实验34　高锰酸钾的制备

【实验目的】

1. 学习碱熔法由二氧化锰制备高锰酸钾的基本原理和操作方法。

2. 熟悉熔融、浸取，巩固过滤、结晶和重结晶等基本操作。

3. 掌握锰的各种氧化态之间相互转化关系。

【实验原理】

软锰矿的主要成分是二氧化锰。二氧化锰在较强氧化剂（如氯酸钾）存在下与碱共熔时，可被氧化成锰酸钾：

$$3MnO_2+KClO_3+6KOH\xlongequal{熔融}3K_2MnO_4+KCl+3H_2O$$

熔块由水浸取后，随着溶液碱性降低，水溶液中的 MnO_4^{2-} 不稳定，发生歧化反应。一般在弱碱性或近中性介质中，歧化反应趋势较小，反应速率也较慢。但在弱酸性介质中，MnO_4^{2-} 易发生歧化反应，生成 MnO_4^- 和 MnO_2。如向含有锰酸钾的溶液中通入 CO_2 气体，可发生如下反应：

$$3K_2MnO_4+2CO_2 \rightleftharpoons 2KMnO_4+MnO_2\downarrow+2K_2CO_3$$

经减压过滤除去二氧化锰后，将溶液浓缩即可析出暗紫色的针状高锰酸钾晶体。

【基本操作】

1. CO_2 气体钢瓶的使用，参见2.3.4。

2. 固体的溶解、过滤和结晶，参见3.1、3.2。

【仪器和试剂】

仪器：铁坩埚、坩埚钳、泥三角、石棉网、布氏漏斗、吸滤瓶、蒸发皿、试管夹、烧杯(250mL)、表面皿、托盘天平、电炉、CO_2 钢瓶、循环水真空泵、烘箱等。

试剂：二氧化锰、氢氧化钾、氯酸钾。

材料：铁棒、滤纸、pH试纸。

【实验内容】

1. 二氧化锰的熔融氧化

称取2.5g氯酸钾固体和5.2g氢氧化钾固体，放入铁坩埚中，用铁棒将物料混合均匀。将铁坩埚放在泥三角上，用坩埚钳夹紧，小火加热，边加热边用铁棒搅拌，待混合物熔融后，将3g二氧化锰固体分多次，小心加入铁坩埚中，防止火星外溅。随着熔融物的黏度增大，用力加快搅拌以防结块或黏在坩埚壁上。待反应物干涸后，提高温度，强热下搅拌5min，得到墨绿色锰酸钾熔融物。用铁棒尽量捣碎。

2. 浸取

待盛有熔融物的铁坩埚冷却后，用铁棒尽量将熔块捣碎，并将其侧放于盛有100mL蒸馏水的250mL烧杯中以小火共煮，直到熔融物全部溶解为止，小心用坩埚钳取出坩埚。

3. 锰酸钾的歧化

趁热向浸取液中通二氧化碳气体至锰酸钾全部歧化为止（可用玻璃棒蘸取溶液于滤纸上，如果滤纸上只有紫红色而无绿色痕迹，即表示锰酸钾已歧化完全，pH在10～11之间），然后静置片刻，抽滤。

4. 滤液的蒸发结晶

将滤液倒入蒸发皿中，蒸发浓缩至表面开始析出 $KMnO_4$ 晶膜为止，自然冷却晶体，然后抽滤，将高锰酸钾晶体抽干。

5. 高锰酸钾晶体的干燥

将晶体转移到已知质量的表面皿中，用玻璃棒将其分开。放入烘箱中(80℃为宜，不能超过 240℃）干燥 0.5h(或晾干即可)，冷却后称量，计算产率。

6. 纯度分析

实验室备有基准物质草酸、硫酸，设计分析方案，确定所制备的产品中高锰酸钾的含量。

思考：

① 为什么制备锰酸钾时要使用铁坩埚而不用瓷坩埚?

② 在二氧化锰的熔融氧化实验中，为什么使用铁棒而不使用玻璃棒搅拌?

③ 在锰酸钾的歧化操作步骤中，为什么使用玻璃棒而不使用铁棒搅拌溶液?

【思考题】

1. 为了使 K_2MnO_4 发生歧化反应，能否用 HCl 代替 CO_2，为什么?

2. 由锰酸钾在酸性介质中歧化的方法来得到高锰酸钾的最大转化率是多少? 还可采取何种实验方法提高锰酸钾的转化率?

【附注】

1. 参考数据见表 1。

表 1　一些化合物溶解度随温度的变化

化合物	$S/g\cdot(100g\ H_2O)^{-1}$										
	0℃	10℃	20℃	30℃	40℃	50℃	60℃	70℃	80℃	90℃	100℃
KCl	27.6	31.0	34.0	37.0	40.0	42.6	45.5	48.3	51.1	54.0	56.7
$K_2CO_3\cdot 2H_2O$	51.3	52.0	52.5	53.2	53.9	54.8	55.9	57.1	58.3	59.6	60.9
$KMnO_4$	2.83	4.4	6.4	9.0	12.56	16.89	22.2	—	—	—	—

2. 通 CO_2 过多，溶液的 pH 较低，溶液中会生成大量的 $KHCO_3$，而 $KHCO_3$ 的溶解度比 K_2CO_3 小得多，在溶液浓缩时，$KHCO_3$ 会和 $KMnO_4$ 一起析出。

实验 35　由粗食盐制备试剂级氯化钠

【实验目的】

1. 学习由粗食盐制备试剂级氯化钠及其纯度检验的方法。

2. 练习溶解、过滤、蒸发、结晶等基本操作。

3. 了解用目视比色和比浊进行限量分析的原理和方法。

【实验原理】

粗食盐中，除了含有泥沙等不溶性杂质外，还含有 Ca^{2+}、Mg^{2+}、Fe^{3+}、SO_4^{2-}、CO_3^{2-} 等可溶性杂质。不溶性杂质可通过过滤的方法除去，可溶性杂质可采取化学方法，选择合适的化学试剂，使它们转化为沉淀再滤除。

在粗食盐的饱和溶液中，加入稍过量的氯化钡溶液，则：

$$Ba^{2+} + SO_4^{2-} \rightleftharpoons BaSO_4 \downarrow$$

再向溶液中加入适量的 NaOH 和 Na_2CO_3 使溶液中的 Ca^{2+}、Mg^{2+}、Fe^{3+} 及过量的 Ba^{2+} 转化为相应的沉淀：

$$Ca^{2+} + CO_3^{2-} \rightleftharpoons CaCO_3 \downarrow$$

$$Mg^{2+} + 2OH^- \rightleftharpoons Mg(OH)_2 \downarrow$$

$$4Mg^{2+} + 4CO_3^{2-} + H_2O \rightleftharpoons Mg(OH)_2 \cdot 3MgCO_3 \downarrow + CO_2 \uparrow$$

$$2Fe^{3+} + 3CO_3^{2-} + 3H_2O \rightleftharpoons 2Fe(OH)_3 \downarrow + 3CO_2 \uparrow$$

$$Fe^{3+} + 3OH^- \rightleftharpoons Fe(OH)_3 \downarrow$$

$$Ba^{2+} + 2OH^- \rightleftharpoons Ba(OH)_2 \downarrow$$

产生的这些沉淀可用过滤的方法除去，过量的氢氧化钠和碳酸氢钠可通过加入盐酸中和除去。在提纯后的饱和 NaCl 溶液中仍然含有一定量的 K^+，按传统的浓缩、结晶的方法制备无机离子化合物，必须要进行重结晶提纯，才能得到纯净的、具有指定规格的试剂级氯化钠。由于 KCl 的溶解度比 NaCl 大，在蒸发、浓缩和结晶过程中，K^+ 等杂质仍残留在母液中过滤而除去。吸附在 NaCl 晶体上的 HCl 可用酒精洗涤除去，再进一步用水浴加热，除掉少量水、酒精和 HCl，即得纯度很高的 NaCl。

【基本操作】

1. 固体的溶解、过滤、蒸发、结晶和固液分离，参见 3.1、3.2。

2. 目视比色法，参见本实验附注。

【仪器和试剂】

仪器：烧杯(100mL)、量筒(100mL)、吸滤瓶、布氏漏斗、玻璃漏斗、漏斗架、石棉网、托盘天平、分析天平、表面皿、蒸发皿、循环水真空泵、电炉、移液管、比色管架、比色管、离心试管等。

试剂：粗食盐、氯化钠(C.P.)、Na_2CO_3($1mol \cdot L^{-1}$)、$BaCl_2$($1mol \cdot L^{-1}$)、HCl($3mol \cdot L^{-1}$)、NaOH($2mol \cdot L^{-1}$)、KSCN(25%)、C_2H_5OH(95%)、$(NH_4)Fe(SO_4)_2$ 标准溶液(含 Fe^{3+} $0.01g \cdot L^{-1}$)、Na_2SO_4 标准溶液(含 SO_4^{2-} $0.01g \cdot L^{-1}$)。

【实验内容】

1. 氯化钠的精制

在托盘天平上称取粗食盐10g，放入100mL小烧杯中，再加入35mL水，加热并搅动，使其溶解，然后固液分离除去不溶物。在不断搅动下加热滤液，往热溶液中滴加1.5～2mL $1mol \cdot L^{-1}$ $BaCl_2$ 溶液，继续加热煮沸数分钟，使 $BaSO_4$ 颗粒长大易于过滤。为检验沉淀是否完全，可将溶液移开热源静置，待沉淀沉降后，沿烧杯壁在上层清液中滴加2～3滴 $BaCl_2$ 溶液，观察上清液，如无浑浊出现，证明 SO_4^{2-} 沉淀完全；如有浑浊出现，则需继续滴加 $BaCl_2$ 溶液，直至 SO_4^{2-} 沉淀完全。趁热在溶液中加入1mL $2mol \cdot L^{-1}$ NaOH溶液，并滴加4～5mL $1mol \cdot L^{-1}$ Na_2CO_3 溶液，至沉淀完全为止（检验方法如同检验 SO_4^{2-}）。常压过滤，弃去沉淀。向滤液中滴加 $3mol \cdot L^{-1}$ 盐酸，搅拌赶尽 CO_2，并调节溶液pH值为6左右，蒸发浓缩（溶液不可蒸干），冷却结晶，过滤。产品用小火烘干后，冷却，称量，计算产率，检验产品纯度（不合格需重结晶）。

2. 产品检验

① Fe^{3+} 的检验：称取3.00g NaCl产品，放入25mL比色管中，加入10mL蒸馏水使其溶解，再加入2.00mL 25% KSCN溶液和2mL $3mol \cdot L^{-1}$ HCl溶液，用蒸馏水稀释至刻度，摇匀。与标准溶液进行目视比色，确定产品的纯度等级。

② SO_4^{2-} 的检验：称取1.00g产品放入25mL比色管中，加入10mL蒸馏水溶解。加入3.00mL $1mol \cdot L^{-1}$ $BaCl_2$ 溶液、1mL $3mol \cdot L^{-1}$ 的HCl溶液及5mL 95%的乙醇，加蒸馏水稀释至刻度，摇匀。然后与标准溶液进行比浊确定产品的纯度等级。

【思考题】

1. 在粗食盐提纯过程中涉及哪些基本操作？有哪些注意事项？

2. 叙述由粗食盐制取试剂级氯化钠的原理。其中 Ca^{2+}、Mg^{2+}、SO_4^{2-}、K^+ 和 Fe^{3+} 是如何除去的？

3. 本实验能否先加入 Na_2CO_3 溶液以除去 Ca^{2+}、Mg^{2+}，然后再加入 $BaCl_2$ 溶液以除去 SO_4^{2-}？为什么？

4. 分析本实验收率过高或过低的原因。

【附注】

1. 目视比色法

常用的目视比色法，是利用一套由同种材料制成的，大小形状相同的比色管，于比色管中分别加入一系列不同量的标准溶液和待测液，在相同条件下，分别加入等量的显色剂和其他试剂，稀释至一定刻度。把这些比色管按溶液颜色的深浅顺序，排列在比色管架上，即为一套标准色阶。再将一定量的被测物质加入另一支相同的比色管中，在同样的条件下显色，用溶液稀释至刻度。然后从管口垂直向下观察，比较待测液与标准溶液颜色的深浅。若待测液与某一标准溶液颜色深度一致，则说明两者浓度相同；若待测液颜色介于两标准溶液之间，则取其算术平均值作为待测液浓度。

2. 标准溶液的配制

① Fe^{3+} 标准系列溶液的配制：用吸管移取0.30mL、0.90mL及1.50mL $0.01g \cdot L^{-1}$ $(NH_4)Fe(SO_4)_2$ 标准溶液，分别加入三支25mL的比色管中，再各加入2.00mL 25% KSCN溶液和2mL $3mol \cdot L^{-1}$ 的HCl溶液，用蒸馏水稀释至刻度，摇匀。装有0.30mL Fe^{3+} 标准溶液的比色管，内含0.003mg的 Fe^{3+}，其溶液相当于一级试剂；装有0.90mL Fe^{3+} 标准溶液的比色管，内含0.009mg的 Fe^{3+}，其溶液相当于二级试剂；装有1.50mL

Fe^{3+}标准溶液的比色管，内含0.015mg的Fe^{3+}，其溶液相当于三级试剂。

② SO_4^{2-}标准系列溶液的配制：用吸管移取1.00mL、2.00mL及5.00mL 0.01g·L^{-1} Na_2SO_4标准溶液，分别加入三支25mL的比色管中，再各加入3.00mL 1mol·$L^{-1}$$BaCl_2$溶液和1mL 3mol·$L^{-1}$的HCl溶液及5mL 95%乙醇，用蒸馏水稀释至刻度，摇匀。装有1.00mL SO_4^{2-}标准溶液的比色管，内含0.01mg的SO_4^{2-}，其溶液相当于一级试剂；装有2.00mL SO_4^{2-}标准溶液的比色管，内含0.02mg的SO_4^{2-}，其溶液相当于二级试剂；装有5.00mL SO_4^{2-}标准溶液的比色管，内含0.05mg的SO_4^{2-}，其溶液相当于三级试剂。

实验36　正溴丁烷的制备

【实验目的】

1. 掌握回流、蒸馏、液体产品干燥、有害气体吸收装置的安装、操作与应用。

2. 掌握由醇制备卤代烃的原理和方法。

【实验原理】

由醇与氢卤酸反应制备卤代烷，是卤代烷制备中的一个重要方法，正溴丁烷就是通过正丁醇与氢溴酸反应制备而成的。氢溴酸是一种极易挥发的无机酸，无论是液体还是气体刺激性都很强。因此，在本实验中采用溴化钠与硫酸作用生成氢溴酸的方法，并在反应装置中加入气体吸收装置，将外逸的氢溴酸气体吸收，以免对环境造成污染。在反应中，过量的硫酸还可以起到移动平衡的作用，通过产生更高浓度的氢溴酸促使反应加速，还可以将反应中生成的水质子化，阻止卤代烷通过水的亲核进攻而返回到醇。

主反应：

$$NaBr + H_2SO_4 \longrightarrow HBr + NaHSO_4$$

$$C_4H_9OH + HBr \longrightarrow C_4H_9Br + H_2O$$

副反应：

$$C_4H_9OH \xrightarrow{H_2SO_4} C_4H_8 + H_2O$$

$$2C_4H_9OH \xrightarrow{H_2SO_4} C_4H_9OC_4H_9 + H_2O$$

【仪器和试剂】

仪器：100mL圆底烧瓶、锥形瓶、冷凝管、分液漏斗、尾接管、玻璃漏斗等。

试剂：正丁醇、溴化钠、浓硫酸、饱和碳酸氢钠溶液、5% NaOH、无水氯化钙、沸石。

【实验内容】

在100mL圆底烧瓶中，加入20mL水，慢慢滴入24mL浓硫酸，混合均匀，冷却后加入15mL正丁醇（0.16mol），混合均匀后加入20g研细的溴化钠，充分摇动，加沸石2粒，装好回流冷凝管及气体吸收装置（具体见2.5）。用5% NaOH作气体吸收液。加热回流1h，在此期间应不断摇动反应装置，以使反应物充分接触。反应完成后，冷却至室温。

将回流装置改为蒸馏装置，蒸出正溴丁烷粗品，剩余液体趁热倒入烧杯中，待冷却后，再倒入废液桶中。

粗产品倒入分液漏斗中，加20mL水洗涤分出水层，将有机相倒入另一干燥的分液漏斗中，用10mL浓硫酸洗涤，分出酸层（中和后倒入废液桶中），有机相分别用20mL水、20mL饱和碳酸氢钠溶液和20mL水洗涤后，放入锥形瓶用无水氯化钙干燥。蒸馏收集99～103℃时的馏分，产率约50%。

纯正溴丁烷的沸点为101.6℃，d_4^{20}为1.276，n_D^{20}为1.4399。

本实验需5～6h。

【思考题】

1. 本实验可能有哪些副反应发生？

2. 各洗涤步骤的目的是什么？

3. 加原料时如不按实验操作顺序加入会出现什么后果？

4. 为什么用饱和碳酸氢钠溶液洗涤之前要用水先洗涤一次？

【附注】

1. 按操作要求的顺序加料。

2. 正溴丁烷粗品是否蒸完，可用以下三种方法进行判断：① 馏出液是否由浑浊变为清亮；② 蒸馏瓶中液体上层的油层是否消失；③ 取一表面皿收集几滴馏出液，加入少量水摇动，观察是否有油珠存在，无油珠时说明正溴丁烷已蒸完。

3. 分液时，根据液体的密度来判断产物在上层还是在下层，如果一时难以判断，应将两相全部留下来。

4. 洗涤后产物如有红色，说明含有溴，应再加适量饱和亚硫酸氢钠溶液进行洗涤，将溴全部去除。

5. 正丁醇与溴丁烷可以形成共沸物（沸点为 98.6℃，含质量分数为 13％的正丁醇），蒸馏时很难去除。因此在用浓硫酸洗涤时，应充分振荡。

6. 正溴丁烷的红外光谱图、核磁共振谱图见图 1、图 2。

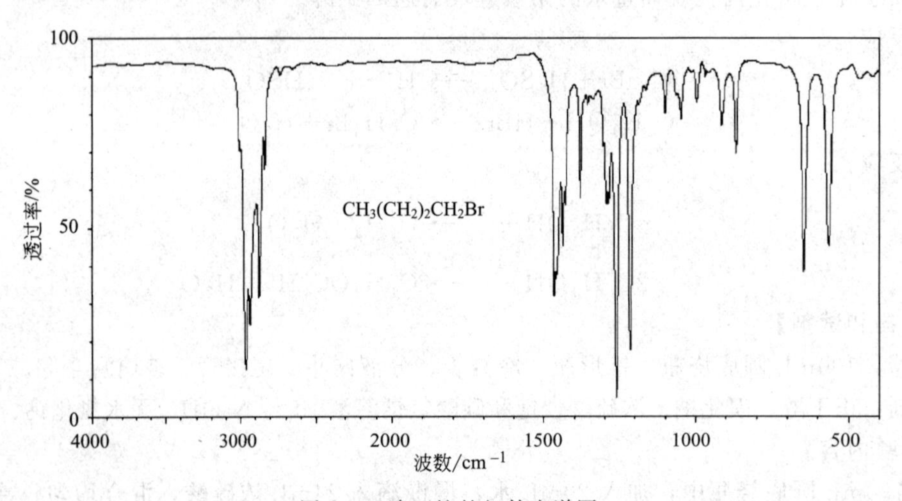

图 1　正溴丁烷的红外光谱图

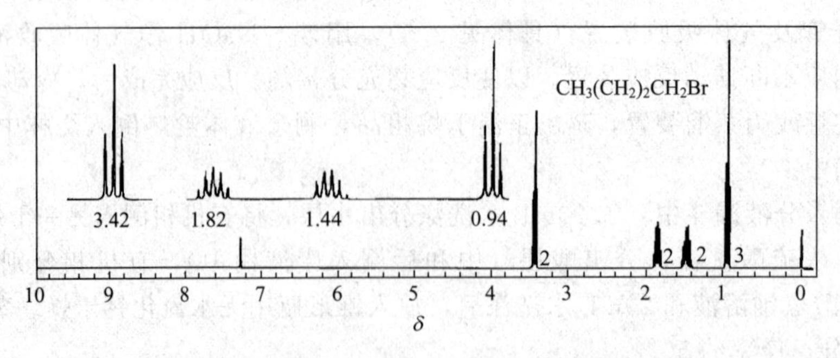

图 2　正溴丁烷的 ^{1}H NMR（300 MHz）谱图（$CDCl_3$）

实验37 正丁醚的制备

【实验目的】

1. 掌握醇分子间脱水制醚的反应原理和实验方法。

2. 巩固回流、蒸馏、萃取、干燥等技术，学习使用分水器。

【实验原理】

主反应：

$$2CH_3CH_2CH_2CH_2OH \longrightarrow (CH_3CH_2CH_2CH_2)_2O + H_2O$$

副反应：

$$CH_3CH_2CH_2CH_2OH \longrightarrow CH_3CH_2CH{=}CH_2 + H_2O$$

【仪器和试剂】

仪器：三口瓶、圆底烧瓶、冷凝管、分水器、分液漏斗、温度计、尾接管、接收瓶、电炉等。

试剂：正丁醇、浓硫酸、5%NaOH溶液、饱和氯化钙溶液、无水氯化钙、沸石。

【实验内容】

在100mL三口瓶中加入15.5mL（0.017mol）正丁醇，再将2.5mL浓硫酸慢慢加入瓶中，使瓶中的浓硫酸与正丁醇混合均匀，并加入几粒沸石。在瓶口上装温度计和分水器，温度计要插在液面以下，分水器的上端接一回流冷凝管（见3.3.5）。

分水器中需要先加入一定量的水，把水的位置做好记号。将三口瓶放到电炉上加热，先加热30min但不到回流温度（100～115℃），后加热保持回流约1h。随着反应的进行，分水器中的水层不断增加，反应液的温度也不断上升。当分水器中的水层超过了支管而要流回烧瓶时，可以打开分水器的旋塞放掉一部分水。当分水器中的水层不再变化，瓶中反应液温度到达140℃左右时，停止加热。如果加热时间过长，溶液会变黑，并有大量副产物烯生成。

待反应物稍冷以后，拆下分水器，将反应液倒入盛有20mL水的分液漏斗中，充分摇振，静止分层，分去水层。粗产物依次用13mL水、8mL 5% NaOH溶液、8mL水和8mL饱和氯化钙溶液洗涤，最后用1～2g无水氯化钙干燥。将干燥后的粗产物倒入50mL圆底烧瓶中（注意不要把氯化钙倒进瓶中！）进行蒸馏，收集140～144℃的馏分，产量为3～4g。

纯正丁醚为无色液体，沸点为142.4℃，d_4^{15} 为0.773，n_D^{20} 为1.3992。

本实验约需6h。

【思考题】

1. 计算理论上应分出的水量。若实验中分出的水量超过理论数值，试分析其原因。

2. 如何得知反应已经比较完全?

【附注】

1. 本实验利用恒沸混合物蒸馏方法，利用分水器将反应生成的水层上面的有机层不断流回到反应器中，而将生成的水除去。

2. 按反应式计算，在常量合成中生成水的量为1.5mL，实际上分出水层的体积要略大于理论量，否则产率很低。

实验 38　环己烯的制备

【实验目的】

1. 学习以酸催化醇脱水制取烯烃的原理和方法。

2. 掌握分馏基本原理和操作技术。

3. 掌握分液漏斗的使用、干燥和水浴蒸馏等基本操作。

【实验原理】

实验室中环己醇通常可用浓磷酸或浓硫酸作催化剂来脱水制备环己烯。本实验是以浓磷酸作脱水剂来制备环己烯，其主反应：

$$\text{环己醇(OH)} \xrightarrow{H^+} \text{环己烯} + H_2O$$

【仪器和试剂】

仪器：圆底烧瓶、分馏柱、冷凝管、尾接管、接收瓶、分液漏斗、电炉等。

试剂：环己醇、85％磷酸、无水氯化钙、氯化钠、5％碳酸钠水溶液、沸石。

【实验内容】

在 50mL 圆底烧瓶中放入 10.4mL(0.1mol) 环己醇，摇动下加入 2mL 85％磷酸，使两种液体混合均匀，放入 2 粒沸石，按图 3-15 安装好简单分馏装置。

用电炉慢慢升温至反应液沸腾，控制分馏柱顶温度不超过 90℃，正常时稳定在 69～83℃，直到无馏出液滴出为止。向馏出液中逐渐加入 NaCl 至饱和，再加 3～4mL 5％碳酸钠溶液，用 100mL 分液漏斗分出有机层，用约 1g 无水氯化钙干燥 30min 后，把粗产品倾入 50mL 圆底烧瓶中，常压蒸馏，收集 80～85℃馏分。产品产量约 5g。

纯环己烯为无色透明液体，沸点为 83℃，d_4^{20} 为 0.8102，n_D^{20} 为 1.4465。

本实验约需 4h。

【思考题】

1. 本实验采用什么措施提高收率？

2. 哪一步骤操作不当会降低收率？本实验的操作关键是什么？

3. 把食盐加入馏出液的目的是什么？

4. 用无水氯化钙作干燥剂有何优点？

5. 反应时柱顶温度控制在何值最佳？

6. 怎样取用环己醇才能保证加料量准确？

【附注】

1. 收集和转移环己烯时，应保持充分冷却（如将接收瓶放在冷水浴中），以免因挥发而损失。

2. 产品是否清亮透明，是本实验的一个质量标准，为此除干燥好产品以外，所有蒸馏仪器必须全部干燥。

3. 当粗产品干燥好后，向烧瓶中倾倒时要防止干燥剂混出，可在普通玻璃漏斗颈处稍塞一团疏松的脱脂棉或玻璃棉过滤。

4. 环己醇与水形成共沸物（沸点 97.8℃，含 80％体积的水）；环己烯与水形成共沸物（沸点 70.8℃，含 10％体积的水）。

实验39　2-甲基-2-己醇的制备

【实验目的】

1. 进一步熟悉回流、萃取、蒸馏及干燥操作技术。

2. 学习无水实验操作。

3. 了解格氏试剂制备、应用和反应的方法。

【实验原理】

格氏（Grignard）反应是实验室制备醇的重要方法之一。镁与许多脂肪族、芳香族卤代烃反应生成烃基卤代镁，即格氏试剂。格氏试剂是一种化学性质非常活泼的金属有机化合物，它能与醛、酮、酯和二氧化碳反应生成相应的醇或羧酸，与含有活泼氢的化合物（如水、醇、羧酸等）反应生成相应的烷烃等。

由于格氏试剂化学性质活泼，在实验中应避免水、氧和二氧化碳的存在。因此，实验所用的仪器应全部干燥，试剂应经过严格无水处理。因为格氏反应通常是在无水乙醚溶液中进行的，反应时乙醚的蒸气可以把格氏试剂与空气隔绝开，所以反应时不用惰性气体保护，但是如果过夜保存，则需要用惰性气体保存。其反应如下：

$$n\text{-}C_4H_9\text{—}Br + Mg \xrightarrow{\text{无水乙醚}} n\text{-}C_4H_9\text{—}MgBr$$

$$n\text{-}C_4H_9\text{—}MgBr + CH_3COCH_3 \xrightarrow{\text{无水乙醚}} n\text{-}C_4H_9\text{—}\underset{\displaystyle OMgBr}{\overset{\displaystyle CH_3}{\underset{|}{\overset{|}{C}}}}\text{—}CH_3 \xrightarrow{H_3^+O} n\text{-}C_4H_9\text{—}\underset{\displaystyle OH}{\overset{\displaystyle CH_3}{\underset{|}{\overset{|}{C}}}}\text{—}CH_3$$

【仪器和试剂】

仪器：250mL三口瓶、冷凝管、恒压滴液漏斗、电动搅拌器、尾接管、干燥管、接收瓶等。

试剂：正溴丁烷、镁、无水乙醚、丙酮、乙醚、20%硫酸、无水碳酸钾、15%碳酸钠、碘。

【实验内容】

1. 仪器装配

在250mL三口瓶上分别装电动搅拌器、恒压滴液漏斗、回流冷凝器，并与装有氯化钙的干燥管相连。

2. 格氏试剂的制备

向三口瓶中加入2.4g(0.1mol）剪碎的镁条及15mL无水乙醚及一小粒碘。在恒压滴液漏斗中加入15mL无水乙醚和13.7g(10.8mL，0.1mol）正溴丁烷，混合均匀。先往反应瓶中加入3～4mL正溴丁烷-乙醚混合液，数分钟后反应开始，反应液呈灰色并微沸，碘的颜色消失（若不发生反应，可用温水浴加热）。待反应由剧烈转入缓和后，开动搅拌器并开始滴加正溴丁烷-乙醚混合液，注意滴加速度不宜太快。滴加完毕再补加无水乙醚25mL(可由冷凝器上口滴加)，加完后，继续反应15min，使镁作用完全。

3. 2-甲基-2-己醇的合成

将上述反应液在冷水浴冷却下，边搅拌边加入7.4mL(6g，0.1mol）丙酮与10mL无水乙醚的混合液，控制加入速度，保持微沸，加完后继续搅拌15min，此时，溶液呈黑灰色黏稠状。

4. 2-甲基-2-己醇的分离纯化

在冷浴搅拌条件下，加入20%硫酸溶液50～60mL。加完后，将液体转入150mL的分液漏斗中，分出乙醚层。水层用40mL乙醚分2次萃取，合并乙醚溶液并用30mL 15%的碳酸钠洗涤一次，用无水K_2CO_3干燥有机相。用热水浴蒸出乙醚，再蒸出产品，收集139～143℃的馏分。产率约50%。

纯2-甲基-2-己醇的沸点为143℃，d_4^{20}为0.8119，n_D^{20}为1.4175。

本实验需6～7h。

【思考题】

1. 本实验中应防止哪些副反应发生？如何避免？
2. 乙醚在本实验各步骤中的作用是什么？使用乙醚应注意哪些安全问题？
3. 为什么碘能促使反应引发？卤代烷与格氏试剂反应的活性顺序如何？
4. 芳香族氯化物和氯乙烯型化合物能否发生格氏反应？
5. 试自行设计3-己醇的合成路线及方法。

【附注】

1. 实验中所用试剂需预先处理。正溴丁烷和无水乙醚应事先用无水氯化钙干燥，丙酮用无水碳酸钾干燥，一周后使用，必要时应经过蒸馏纯化或无水处理。

2. 用细砂纸将镁带氧化层打磨干净，再剪成0.3～0.5cm的细丝备用。在剪的过程中动作要快，随剪随放入烧瓶中。

3. 开始反应时，一定要等反应引发后再开始搅拌，以免局部正溴丁烷液浓度降低，使反应难以进行。当反应长时间不引发时，可向反应瓶中加一小粒碘或稍稍加热反应瓶，促使反应引发。

4. 由于反应放热，因此开始加入的正溴丁烷液不宜太多。反应中注意控制滴加速度，太快会发生偶联反应，乙醚能自行回流时的速度即可。

5. 实验中使用了大量的乙醚，因此应注意安全，以防着火。蒸馏乙醚必须用水浴，蒸馏装置搭建完毕后方可开始加热蒸馏。

实验 40　苯甲醇与苯甲酸的制备

【实验目的】

1. 掌握无 α-H 原子的醛在强碱溶液中的歧化反应的原理和方法。

2. 学习蒸馏时不同冷凝管的选择方法。

【实验原理】

坎尼扎罗(Cannizzaro) 反应是指不含 α-活泼氢的醛，在强碱存在下，进行自身的氧化还原反应，一分子醛被氧化成酸，一分子醛被还原为醇，所以又称歧化反应。

$$2\ C_6H_5CHO + NaOH \longrightarrow C_6H_5CH_2OH + C_6H_5COONa$$

$$C_6H_5COONa + HCl \longrightarrow C_6H_5COOH + NaCl$$

【仪器和试剂】

仪器：圆底烧瓶、锥形瓶、冷凝管、尾接管、接收瓶、烧杯、分液漏斗、布氏漏斗、抽滤瓶等。

试剂：苯甲醛、氢氧化钠、乙醚、盐酸、无水硫酸镁、饱和亚硫酸氢钠溶液、10%碳酸钠溶液等。

【实验内容】

1. 苯甲醇和苯甲酸的合成

在 100mL 锥形瓶中配制 9g(0.16mol) 氢氧化钠和 9mL 水的溶液。冷却至室温后，在不断摇动下，分次将 10mL(10.5g，0.1mol) 新蒸馏过的苯甲醛加入瓶中，每次约加 3mL，每次加完后都应盖紧瓶塞，用力振摇，使反应物充分混合。若温度过高，可适时地把锥形瓶放入冷水浴中冷却。最后反应物变成白色糊状物，放置 24h 以上（放置 24h 的操作也可改为安装回流装置回流 1h 左右，回流期间间歇振摇，当苯甲醛油层消失呈透明液即为终点)。

2. 苯甲醇和苯甲酸钠的分离

向反应混合物中逐渐加入足量的水(约 30～40mL)，微热，不断搅拌使其中的苯甲酸盐全部溶解。冷却后将溶液倒入分液漏斗中，用 30mL 乙醚分 3 次萃取（萃取出什么)。将乙醚萃取过的水溶液保存好。合并乙醚萃取液，依次用 5mL 饱和亚硫酸氢钠溶液、5mL 10%碳酸钠溶液和 5mL 冷水洗涤。分离出乙醚溶液，用无水硫酸镁干燥。

3. 苯甲醇的纯化

将干燥后的乙醚溶液倒入 50mL 圆底烧瓶中，用热水浴加热蒸出乙醚（乙醚回收)。蒸完乙醚后，改用空气冷凝管，在电热套中继续加热，蒸馏苯甲醇，收集 198～204℃的馏分。产量 3～4g。纯苯甲醇为无色液体，沸点为 205.4℃，d_4^{20} 为 1.045，n_D^{20} 为 1.5396。

4. 苯甲酸的纯化

在不断搅拌下，向前面保存的乙醚萃取过的水溶液中，慢慢滴加浓盐酸酸化至使刚果红试纸变蓝。充分冷却使苯甲酸完全析出，抽滤，用少量冷水洗涤，挤压去水分，取出产物，烘干。粗苯甲酸可用水重结晶。产量 4～5g。纯苯甲酸为无色针状晶体，熔点为 121～122℃。

本实验需 4～6h。

【思考题】

1. 苯甲醛为什么要在实验前重蒸？苯甲醛长期放置后含有什么杂质？如果不除去，对本实验会有什么影响？

2. 本实验中的苯甲醇和苯甲酸是依据什么原理分离提纯的？用饱和亚硫酸氢钠溶液洗涤乙醚萃取液的目的是什么？

3. 乙醚萃取后的水溶液，用浓盐酸调到中性是否最适当？不用试纸或试剂检验，怎样知道酸化已经到位？

【附注】

1. 这个反应是在两相间进行的，欲使反应正常进行，必须充分搅拌使之混合。

2. 反应完成的标志为：①苯甲醛气味消失；②反应瓶中液面油层消失。

实验41 由环己醇制备己二酸

【实验目的】

1. 从己二酸的两种制备方法中学习有机化合物的氧化方法。

2. 学习回流、浓缩、过滤、重结晶、废气处理等操作技能。

实验方法(Ⅰ)：硝酸氧化

【实验原理】

$$3\ \text{C}_6\text{H}_{11}\text{OH} + 8HNO_3 \longrightarrow 3HOOC(CH_2)_4COOH + 8NO + 7H_2O$$

$$8NO \xrightarrow{4O_2} 8NO_2$$

【仪器和试剂】

仪器：三口瓶、温度计、冷凝管、滴液漏斗、水浴装置、烧杯、气体吸收装置等。

试剂：2.5g(2.7mL，约0.05mol）环己醇、硝酸、钒酸铵。

【实验内容】

在100mL三口瓶中，加入8mL 50%硝酸(10.5g，约0.085mol）和1小粒钒酸铵。瓶口分别安装温度计、回流冷凝管和滴液漏斗。冷凝管上端接一气体吸收装置，用碱液吸收反应中产生的氧化氮气体，滴液漏斗中加入2.7mL环己醇。将三口瓶在水浴中预热到50℃左右，移去水浴，先滴入5～6滴环己醇，并加以振摇。反应开始后，瓶内反应物温度升高并有红棕色气体放出。慢慢滴加剩余的环己醇，调节滴加速度，使瓶内温度维持在50～60℃之间，并摇荡。若温度过高或过低时，可借冷水浴或热水浴加以调节。滴加完毕后（约需15min)，再用沸水浴加热10min，至几乎无红棕色气体放出为止。将反应物小心倾入一外部用冷水浴冷却的烧杯中，抽滤收集析出的晶体，用少量冰水洗涤，粗产物干燥后2～2.5g，熔点149～155℃。用水重结晶后熔点151～152℃，产量约2g。

纯己二酸为白色棱状晶体，熔点153℃。

本实验需3～4h。

实验方法(Ⅱ)：高锰酸钾氧化

【实验原理】

$$3\ \text{C}_6\text{H}_{11}\text{OH} + 8KMnO_4 + H_2O \longrightarrow 3HOOC(CH_2)_4COOH + 8MnO_2 + 8KOH$$

【仪器和试剂】

仪器：烧杯、搅拌器、滴管、水浴装置、玻璃棒、布氏漏斗、抽滤瓶、石棉网等。

试剂：2g(2.1mL，0.02mol）环己醇、6g(0.038mol) $KMnO_4$、10% NaOH溶液、亚硫酸氢钠、浓盐酸。

【实验内容】

在250mL烧杯中安装机械搅拌或电磁搅拌。烧杯中加入5mL 10% NaOH溶液和50mL水，搅拌下加入6g $KMnO_4$。待$KMnO_4$溶解后，用滴管慢慢加入2.1mL环己醇，控制滴加速度，维持反应温度在45℃左右。滴加完毕反应温度开始下降时，在沸水浴中将混合物加热5min，使氧化反应完全并使MnO_2沉淀凝结。用玻璃棒蘸一滴反应混合物点到滤纸上做点滴试验。如有高锰酸盐存在，则在MnO_2点的周围出现紫色的环，可加少量固体亚硫酸氢钠直到点滴试验呈负性为止。

趁热抽滤混合物，滤渣MnO_2用少量热水洗涤3次。合并滤液与洗涤液，用约4mL浓盐酸酸化，使溶液呈强酸性。在石棉网上加热浓缩使溶液体积减少至约10mL，加少量活性炭脱色后放置结晶，得白色己二酸晶体，熔点151～152℃，产量1.5～2g。

本实验需3～4h。

【思考题】

1. 本实验中为什么必须控制反应温度和环己醇的滴加速度？

2. 为什么有些实验在加入最后一个反应物前应预先加热（如本实验中先预热到50℃）？为什么一些反应剧烈的实验，开始时的加料速度放得较慢，等反应开始后反而可以适当加快加料速度？

3. 粗产物为什么必须干燥后称重并最好进行熔点测定？

4. 从附注中给出的溶解度数据，计算己二酸粗产物经一次重结晶后损失了多少？与实际损失有否差别？为什么？

5. 从已经做过的实验中，你能否总结一下化合物的物理性质如沸点、熔点、相对密度、溶解度等，在有机实验中有哪些应用？

【附注】

1. 环己醇与浓硝酸切勿用同一量筒量取，二者相遇发生剧烈反应，甚至发生意外。

2. 按方法(Ⅰ)进行实验时最好在通风橱中进行。因产生的氧化氮是有毒气体，不可逸散在实验室内。仪器装置要求严密不漏，如发现漏气现象，应立即暂停实验，改正后再继续进行。

3. 环己醇熔点为24℃，熔融时为黏稠液体。为减少转移时的损失，可用少量水冲洗量筒，并入滴液漏斗中。在室温较低时，这样做还可降低其熔点，以免堵住漏斗。

4. 此反应为强烈放热反应，切不可大量加入环己醇，以避免反应过剧，引起爆炸。

5. 不同温度下己二酸的溶解度如表1所示。粗产物须用冰水洗涤，如浓缩母液可回收少量产物。

表1 不同温度下己二酸的溶解度

温度/℃	15	34	50	70	87	100
溶解度/g·(100g水)$^{-1}$	1.44	3.08	8.46	34.1	94.8	100

6. 己二酸的红外光谱图见图1。

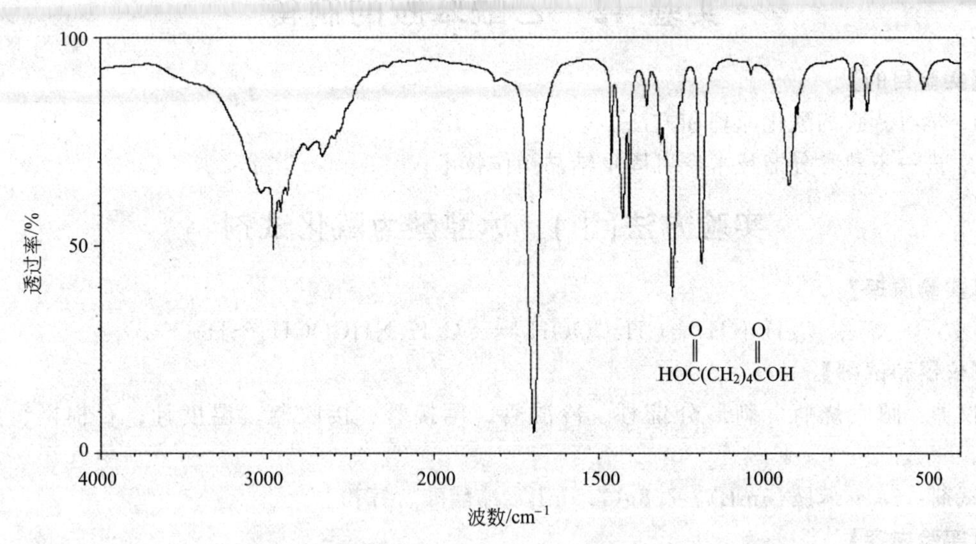

图1　己二酸的红外光谱图

实验 42　乙酰苯胺的制备

【实验目的】

1. 学习芳胺的酰化原理和方法。

2. 进一步熟悉分馏技术，巩固重结晶操作技术。

实验方法(Ⅰ)：冰醋酸为酰化试剂

【实验原理】

$$C_6H_5NH_2 + CH_3COOH \rightleftharpoons C_6H_5NHCOCH_3 + H_2O$$

【仪器和试剂】

仪器：圆底烧瓶、刺形分馏柱、冷凝管、尾接管、接收瓶、温度计、石棉网、抽滤装置。

试剂：5.1g 苯胺(5mL)、7.8g(7.5mL) 冰醋酸、锌粉。

【实验内容】

在 50mL 圆底烧瓶中，加入 5mL(约 0.05mol) 苯胺、7.5mL(约 0.13mol) 冰醋酸及少许锌粉(约 0.05g)，装上一短的刺形分馏柱，其上端装一温度计，支管通过支管接引管与接收瓶相连，接收瓶外部用冷水冷却。

将圆底烧瓶在石棉网上用小火加热，使反应物保持微沸约 15min。然后逐渐升高温度，当温度计读数达到 100℃左右时，支管即有液体流出。维持温度在 100～110℃之间反应约 1.5h，生成的水及大部分醋酸已被蒸出，此时温度计读数下降，表示反应已经完成。在搅拌下趁热将反应物倒入 100mL 冰水中，冷却后抽滤析出的固体，用冷水洗涤。粗产物用水重结晶，产量 4～5g，熔点 113～114℃。纯乙酰苯胺的熔点为 114.3℃。

本实验需 3～4h。

【附注】

1. 久置的苯胺色深有杂质，会影响乙酰苯胺的质量，故最好用新蒸的苯胺。

2. 加入锌粉的目的，是防止苯胺在反应过程中被氧化，生成有色的杂质。

3. 因属小量制备，最好用微量分馏管代替刺形分馏柱。分馏管支管用一段橡皮管与一玻璃弯管相连，玻璃管下端伸入试管中，试管外部用冷水浴冷却。

4. 收集到蒸出的醋酸及水的总体积约为 2.3mL。

5. 反应物冷却后，固体产物立即析出，黏在瓶壁不易理处。故须趁热在搅动下倒入冷水中，以除去过量的醋酸及未作用的苯胺（它可成为苯胺醋酸盐而溶于水）。

实验方法(Ⅱ)：醋酸酐为酰化试剂

【实验原理】

$$C_6H_5NH_2 \xrightarrow{HCl} C_6H_5\overset{+}{N}H_3Cl^- \xrightarrow[CH_3CO_2Na]{(CH_3CO)_2O} C_6H_5NHCOCH_3 + 2CH_3CO_2H + NaCl$$

【仪器和试剂】

仪器：烧杯、锥形瓶、温度计、抽滤装置。

试剂：2.8g(2.6mL，0.03mol) 苯胺、3.8g(3.7mL，0.037mol) 醋酸酐、4.5g(0.0325mol) 结晶醋酸钠($CH_3COONa \cdot 3H_2O$)、2.5mL 浓盐酸、活性炭。

【实验内容】

在 250mL 烧杯中，溶解 2.5mL 浓盐酸于 60mL 水中，在搅拌下加入 2.8g 苯胺，待苯胺溶解后，再加入少量活性炭(约 0.5g)，将溶液煮沸 5min，趁热滤去活性炭及其他不溶性杂质。将滤液转移至 250mL 锥形瓶中，冷却至 50℃，加入 3.7mL 醋酸酐，摇振使其溶解后，立即加入事先配制好的 4.5g 结晶醋酸钠溶于 10mL 水的溶液，充分摇振混合，然后将混合物置于冰浴中冷却，使其析出结晶。减压过滤，用少量水洗涤，干燥后称重，产量 2～3g，熔点 113～114℃。提纯，用水进行重结晶。

本实验需 2～3h。

【思考题】

1. 本实验采取什么措施来提高产率？为什么要用分馏装置？

2. 为什么要严格控制反应温度？

3. 常用的乙酰化试剂有哪些？试比较它们的乙酰化能力。

4. 苯胺的乙酰化反应有什么用途？请设计出一种以乙酰苯胺为原料的产品。

【附注】

1. 学生自制的苯胺中有少量硝基苯，用盐酸使苯胺成盐后溶解于水中，可用分液漏斗分出硝基苯油珠状物质。

2. 在不同温度下，乙酰苯胺在 100mL 水中的溶解度为：0.46g/20℃，0.56g/25℃，0.84g/50℃，3.45g/80℃，5.5g/100℃。

3. 乙酰苯胺的红外光谱、核磁共振谱见图 1、图 2。

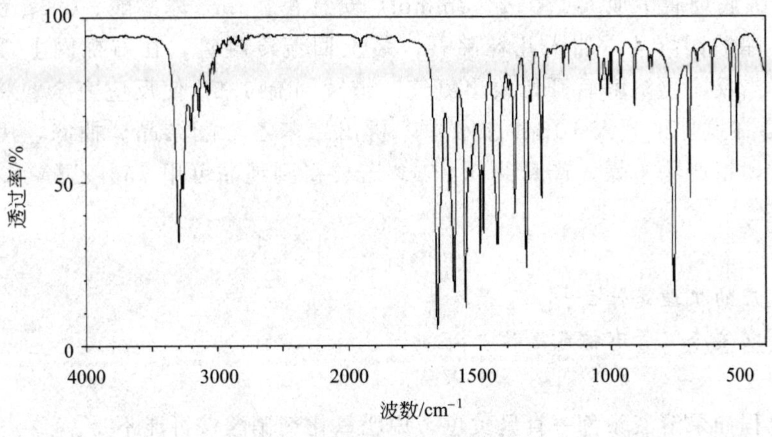

图 1　乙酰苯胺的红外光谱图

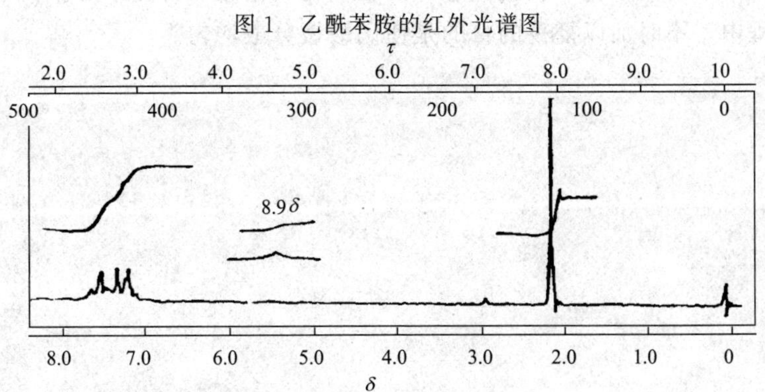

图 2　乙酰苯胺的核磁共振谱图

实验 43　二苯乙二酮的合成

【实验目的】

1. 学习醇催化氧化成酮的反应原理和方法。

2. 掌握回流装置的搭建，抽滤装置的使用。

【实验原理】

本实验采用醋酸铜作为氧化剂。反应中产生的亚铜盐不断被硝酸铵重新氧化成铜盐，硝酸铵本身被还原成亚硝酸铵，后者在反应条件下分解为氮气和水。改进后的方法在不延长反应时间的情况下可明显节约试剂，且不影响产率及产物纯度。

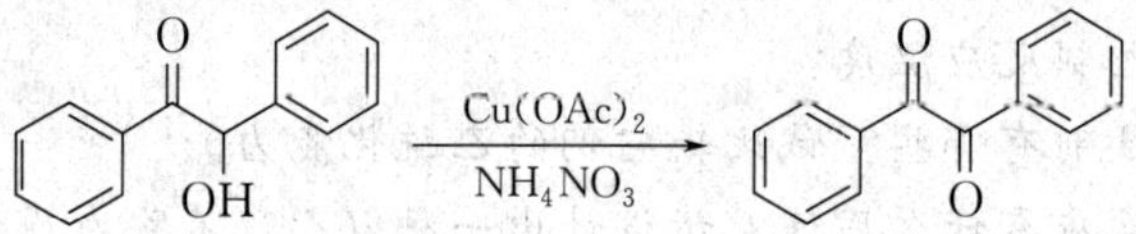

$$\text{PhCOCH(OH)Ph} \xrightarrow[NH_4NO_3]{Cu(OAc)_2} \text{PhCOCOPh}$$

【仪器和试剂】

仪器：圆底烧瓶、抽滤装置 1 套、玻璃温度计、锥形瓶、量筒、回流冷凝管、石棉网等。

试剂：安息香 1.06g（5mmol）、5mL 冰醋酸、0.5g 粉状的硝酸铵、0.8mL 2%醋酸铜溶液、沸石。

【实验内容】

在 50mL 圆底烧瓶中加入 1.06g（5mmol）安息香、5mL 冰醋酸、0.5g 粉状的硝酸铵和 0.8mL 2%醋酸铜溶液，加入几粒沸石，装上回流冷凝管，在石棉网上缓慢加热并不时加以摇荡。当反应物溶解后开始放出氮气，继续回流 1.5h 使反应完全。将反应混合物冷至 50～60℃在搅拌下倾入 10mL 冰水中，析出二苯乙二酮结晶。抽滤，用冷水充分洗涤，尽量压干，粗产物干燥，产量约 0.85g。若要得到纯品可用 75%乙醇-水溶液重结晶，熔点 94～96℃。

【思考题】

1. 此步反应的机理是什么？

2. 为什么回流冷凝管有棕色气体？

【附注】

1. 反应过程如果溶液颜色一直呈黄色，说明氧化剂硝酸铵可能不足。

2. 反应过程中，不时加以摇荡的目的是使硝酸铵分散均匀。

实验 44　乙酸异戊酯的制备

【实验目的】

1. 学习在酸催化下，有机酸与醇缩合生成酯的原理和方法。

2. 掌握回流装置的搭建，分液漏斗的使用。

【实验原理】

羧酸酯在工业上有着重要且广泛的用途。在有机合成中，羧酸酯可由酰氯、羧酸、酸酐、腈等化合物制备。本实验以羧酸和醇为原料，在硫酸催化下发生缩合反应制备。

$$CH_3COOH + HOCH_2CH_2CH(CH_3)_2 \xrightleftharpoons{H^+} CH_3COOCH_2CH_2CH(CH_3)_2$$

【仪器和试剂】

仪器：圆底烧瓶、抽滤装置 1 套、玻璃温度计、锥形瓶、量筒、回流冷凝管、分液漏斗等。

试剂：8.8g（10.8mL，0.1mol）异戊醇、13.5g（12.8mL，0.225mol）冰醋酸、5%碳酸氢钠水溶液、饱和氯化钠水溶液、无水硫酸钠、浓硫酸、沸石。

【实验内容】

将 10.8mL 异戊醇和 12.8mL 冰醋酸依次加入 50mL 干燥的圆底烧瓶中，摇动下滴加 2.5mL 浓硫酸，混合均匀后，加入几粒沸石，装上回流冷凝管，加热回流 1h。反应完毕，将反应物冷却至室温，转入盛有 25mL 冷水的分液漏斗中。摇振后静置，分出下层水溶液，有机相用 15mL 5%碳酸氢钠溶液洗涤，除去未反应完全的醋酸和硫酸。静置后分去下层水溶液，然后依次用 15mL 水、15mL 5%的碳酸氢钠水溶液各洗涤一次，此时水溶液对试纸呈碱性。然后再用 10mL 饱和氯化钠水溶液洗涤一次。取有机层转入锥形瓶中，用 1g 无水硫酸钠干燥，静置 10min，粗产物倾入圆底烧瓶中，加入沸石，蒸馏收集 138～143℃馏分，产量约 9g。

【思考题】

1. 该反应为可逆反应，如何提高反应物的转化率？

2. 该实验中用硫酸钠作干燥剂，可否改用其他干燥剂？

【附注】

1. 加入浓硫酸后，一定要混合均匀，否则反应过程中溶液可能变黑。

2. 粗产品被饱和碳酸氢钠溶液洗涤后，如果还是酸性，可再用 15mL 饱和碳酸氢钠溶液洗涤。

3. 用碳酸氢钠洗涤时，因为和酸反应有大量二氧化碳产生，所以开始时不要塞住分液漏斗。

实验 45　乙酸丁酯的制备（固体超强酸催化剂）

【实验目的】

1. 了解固体酸催化剂的一般制备方法和在有机合成中的应用。

2. 巩固晶体结构、酯化反应、高温固相合成等知识及化学实验单元操作技能。

3. 加强环保意识，认识绿色化学合成手段在化工生产中应用的重要性与必要性。

【实验原理】

ZrO_2 分别经过硫酸、钼酸铵溶液浸泡，于 400～700℃下灼烧，得到具有较高活性的固体超强酸催化剂。在丁醇和乙酸的酯化反应中，用制备的催化剂代替浓硫酸来催化反应，请学生自行写出有关反应式。酯化反应结束后，产物乙酸丁酯经蒸馏与反应系统分离，产物纯度高，没有废液排放，催化剂可反复使用。

【仪器和试剂】

仪器：烧杯、圆底烧瓶、分水器、蒸馏头、球形冷凝器、直管冷凝器、接收管、锥形瓶、布氏漏斗、吸滤瓶、量筒、托盘天平等。

试剂：氧化锆、冰醋酸 14.3mL(15g，0.37mol)、正丁醇 25mL(20g，0.26mol)、硫酸、钼酸铵、沸石。

【实验内容】

1. 固体超强酸催化剂的制备

用托盘天平称取 5g $ZrO_2 \cdot nH_2O$，倾入装有 75mL $1mol \cdot L^{-1}$ H_2SO_4 的 100mL 烧杯中，浸泡 24h。真空过滤，滤液倒入废酸回收容器内，滤饼再用 10mL $0.5mol \cdot L^{-1}$ 钼酸铵溶液浸泡 24h，真空过滤，滤液倒入专用回收瓶，滤饼置于烘箱中，110℃烘 2h，再置于马弗炉内 600℃灼烧 3h，待马弗炉自然冷却后取出，粉碎，备用（请自学产物的鉴定知识）。

2. 乙酸丁酯的制备

在装有电热套（或用煤气灯加热）的 100mL 圆底烧瓶中，加入 1g 上述制备好的催化剂、25mL 正丁醇、14.3mL 冰醋酸、几粒沸石，装上分水器及球形回流冷凝器（见 3.3.5）。开启冷却水。当烧瓶内液体沸腾，冷凝器有回流液滴下时，调节热源使回流速度正常。1h 后，在分水器中可以看到有反应生成水出现。待基本没有水滴下时（需 3～4h），将仪器由回流改为简单蒸馏装置，收集 124～126℃馏分，产率约 68%～75%。低沸点馏分及残液倒入回收瓶，固体催化剂可循环使用。

乙酸丁酯的沸点为 126.3℃，d_8^{41} 为 0.8824，n_D^{20} 为 1.3947。

本实验需 5～6h。

【思考题】

1. 本实验根据什么原理将水分出？分水的目的是什么？

2. 本实验中如反应条件控制不好，有什么副反应？

3. 在酯化反应中固体超强酸催化剂比 H_2SO_4 有什么优点？

【附注】

本实验利用形成共沸混合物将生成的水去除。共沸物的沸点：乙酸丁酯-水为 90.7℃，正丁醇-水为 93℃，乙酸丁酯-正丁醇为 117.6℃，乙酸丁酯-正丁醇-水为 90.7℃。

实验 46　甲基橙的制备

【实验目的】

1. 掌握重氮化反应盐的制备方法和偶合反应的基本原理。

2. 通过甲基橙的制备掌握重氮化反应和偶合反应的实验操作。

3. 巩固盐析和重结晶的原理和操作。

【实验原理】

甲基橙是指示剂，它是由对氨基苯磺酸重氮盐与 *N*,*N*-二甲基苯胺的醋酸盐，在弱酸性介质中偶合得到的。偶合首先得到的是嫩红色的酸式甲基橙，称为酸性黄，在碱中酸性黄转变为橙黄色的钠盐，即甲基橙。反应式：

$$H_2N-C_6H_4-SO_3H + NaOH \longrightarrow H_2N-C_6H_4-SO_3Na + H_2O$$

$$H_2N-C_6H_4-SO_3Na \xrightarrow[HCl]{NaNO_2} \left[HO_3S-C_6H_4-\overset{+}{N}\equiv N\right]Cl^- \xrightarrow[HOAc]{C_6H_5N(CH_3)_2}$$

$$\left[HO_3S-C_6H_4-N=N-C_6H_4-\underset{H}{\underset{|}{N}}(CH_3)_2\right]^+ OAc^- \xrightarrow{NaOH}$$

$$NaO_3S-C_6H_4-N=N-C_6H_4-N(CH_3)_2 + NaOAc + H_2O$$

【仪器和试剂】

仪器：烧杯、试管、玻璃棒、布氏漏斗、抽滤瓶等。

试剂：1.05g(0.005mol) 对氨基苯磺酸晶体、0.4g(0.055mol) 亚硝酸钠、0.6g(约 0.65mL、0.005mol) *N*,*N*-二甲基苯胺、浓盐酸、氢氧化钠、乙醇、乙醚、冰醋酸、淀粉-碘化钾试纸。

【实验内容】

1. 重氮盐的制备

在烧杯中放置 5mL 5%氢氧化钠溶液及 1.05g 对氨基苯磺酸晶体，温热使其溶解。另溶 0.4g 亚硝酸钠于 3mL 水中，加入上述烧杯内，用冰盐浴冷至 0～5℃。在不断搅拌下，将 1.5mL 浓盐酸与 5mL 水配成的溶液缓缓滴加到上述混合溶液中，并控制温度在 5℃以下。滴加完后用淀粉-碘化钾试纸检验。然后在冰盐浴中放置 15min 以保证反应完全（此时往往析出对氨基苯磺酸的重氮盐，这是因为重氮盐在水中可以电离，形成中性内盐，在低温时难溶于水而形成细小晶体析出）。

2. 偶合

在试管内混合 0.6g *N*,*N*-二甲基苯胺和 0.5mL 冰醋酸，在不断搅拌下，将此溶液慢慢加到上述冷却的重氮盐溶液中。加完后，继续搅拌 10min，然后慢慢加入 12.5mL 5%氢氧化钠溶液，直至反应物变为橙色，这时反应液呈碱性，粗制的甲基橙呈细粒状沉淀析出。将反应物在沸水浴上加热 5min，冷至室温后，再在冰水浴中冷却，使甲基橙晶体析出完全。抽滤收集结晶，依次用少量水、乙醇、乙醚洗涤，压干。

若要得到较纯产品，可用溶有少量氢氧化钠(0.1～0.2g) 的沸水(每克粗产物约需 5mL) 进行重结晶。待结晶析出完全后，抽滤收集，沉淀依次用少量乙醇、乙醚洗涤。得到橙色的小叶片状甲基橙结晶，产量 1.1g。

溶解少许甲基橙于水中，加几滴稀盐酸溶液，接着用稀的氢氧化钠溶液中和，观察颜色变化。

本实验需 4～6h。

【思考题】

1. 什么叫偶合反应？试结合本实验讨论一下偶合反应的条件。

2. 在本实验中，制备重氮盐时为什么要把对氨基苯磺酸变成钠盐？本实验如将操作步骤改为先将对氨基苯磺酸与盐酸混合，再滴加亚硝酸钠溶液进行重氮化反应，可以吗？为什么？

3. 试解释甲基橙在酸碱介质内的变色原因，并用反应式表示。

【附注】

1. 对氨基苯磺酸是两性化合物，酸性比碱性强，以酸性内盐存在，所以它能与碱作用成盐而不能与酸作用成盐。

2. 制备重氮盐时，若淀粉-碘化钾试纸不显蓝色，尚需补充亚硝酸钠溶液。

3. 进行偶合反应时，若反应物中含有未作用的 *N*,*N*-二甲基苯胺醋酸盐，在加入氢氧化钠后，就会有难溶于水的 *N*,*N*-二甲基苯胺析出，影响产物的纯度。湿的甲基橙在空气中受光的照射后，颜色很快变深，所以一般得紫红色粗产物。

4. 重结晶操作应迅速，否则由于产物呈碱性，在温度高时易使产物变质，颜色变深。用乙醇、乙醚洗涤的目的是使其迅速干燥。

5. 甲基橙的另一制法：在 50mL 烧杯中放置 1.05g 磨细的对氨基苯磺酸和 10mL 水，在冰盐浴中冷却至 0℃左右；然后加入 0.4g 磨细的亚硝酸钠，不断搅拌，直到对氨基苯磺酸全溶为止。

在另一试管中放置 0.6g 二甲苯胺（约 0.65mL），使其溶于 7.5mL 乙醇中，冷却到 0℃左右。然后，在不断搅拌下滴加到上述冷却的重氮化溶液中，继续搅拌 2～3min。在搅拌下加入 1～1.5mL $1mol \cdot L^{-1}$ 氢氧化钠溶液。

将反应物（产物）在石棉网上加热至全部液解。先静置冷却，待生成相当多美丽的小叶片状晶体后，再于冰水中冷却，抽滤，产品可用 8～10mL 水重结晶，并用 3mL 酒精洗涤，以促其快干。产量约 1g，产品橙色。用此法制得的甲基橙颜色均一，但产量略低。

实验 47 钨酸钠催化过氧化氢氧化环己烯制备己二酸

【实验目的】

1. 巩固回流、浓缩、过滤、重结晶等操作技能。

2. 加强环保意识，认识绿色化学合成的重要性与必要性。

【实验原理】

己二酸是重要的化工中间体，是合成尼龙-66、聚氨酯、合成树脂和增塑剂的重要原料。工业生产主要有硝酸氧化法、环己烷法、环己烯法和苯酚法。其中，最为常用的生产方式为以环己醇和环己酮的混合物为原料的硝酸氧化法或环己烷的两步氧化法，收率和选择性均较高，但设备腐蚀严重，且原料的利用率不高，反应过程中产生相当数量的氮氧化物和硝酸蒸气。随着环境立法的日趋完善和公众环保意识的不断加强，研究和开发新型的催化体系合成己二酸的方法尤为重要。钨酸钠在酸性配体作用下，以30%的过氧化氢氧化环己烯制取己二酸的反应，优点是条件比较温和，不腐蚀设备，无污染，产物的收率高。

$$WO_4^{2-} + 2H^+ \longrightarrow WO_2(OH)_2 \xrightarrow{H_2O_2} WO_2(OH)(OOH)$$

$$\text{环己烯} \xrightarrow{WO_2(OH)(OOH)} \text{环氧环己烷} \xrightarrow{WO_2(OH)_2} \text{2-羟基环己基钨酸酯} \xrightarrow{H_2O} \text{1,2-环己二醇} \xrightarrow{H_2O_2} \text{己二酸(COOH, COOH)}$$

【仪器和试剂】

仪器：三口瓶、冷凝管、烧杯、滴液漏斗、集热式磁力搅拌器、布氏漏斗、抽滤瓶等。

试剂：30%过氧化氢 80mL、环己烯 10.2mL(0.1mol)、钨酸钠 1.5g(约 0.005mol)、磺基水杨酸 3g(约 0.014mol)、10%HCl 溶液。

【实验内容】

在装有回流冷凝管和两个滴液漏斗的 250mL 三口瓶中，加入 20mL 30%过氧化氢、1.5g 钨酸钠和 3g 磺基水杨酸，搅拌溶解后升至 80℃，两个滴液漏斗中分别加入 10.2mL 环己烯和 60mL 30%过氧化氢。搅拌下在 80℃于 1h 内缓慢滴加环己烯与过氧化氢，滴加过程中保持反应温度在 80℃左右，滴加完毕，升至 100℃，保持 5h。反应结束后，冷却，用 10%HCl 溶液调节 pH 到 2～3，将溶液蒸发至 30mL，冷却结晶，减压抽滤，烘干，得白色己二酸晶体，熔点 151～152℃，产量 11～13g。

本实验 7～8h。

【思考题】

1. 本实验中为什么必须控制反应温度和环己烯与过氧化氢的滴加速度？

2. 为什么有些实验在加入反应物前应预先加热（如本实验中先预热到 80℃）？

【附注】

此反应为强烈放热反应，切不可大量加入，以避免反应过剧，引起爆炸。

实验 48　从茶叶中提取儿茶素和咖啡因

【实验目的】

1. 通过了解从茶叶中提取儿茶素和咖啡因的原理和方法，加深对从天然产物中分离、提取产物的理解和认识。

2. 初步掌握索氏提取及升华法提纯有机物的技术。

3. 加深对萃取、重结晶、蒸馏、回流、减压蒸馏等技术的理解和熟练掌握。

4. 进一步培养综合实验能力。

【实验原理】

茶叶是一种含有丰富活性物质的天然产物。除了因它是最佳的天然饮料而为人们所喜爱外，制茶过程的下脚料或级别不高的茶叶末等还用于开发各种有益于人类的产品。儿茶素和咖啡因便是其中具有代表性的两种。

儿茶素约占茶叶干物的 20%左右，是含量较多的一类有机物的混合物。它们属于黄烷醇类，目前发现有十多种，主要有：L-EGCG［L-(－)-表没食子儿茶素没食子酸酯］、L-EGF［L-(－)-表没食子儿茶素］、D,L-GC、D,L-没食子儿茶素、L-GCG［L-(－)-没食子儿茶素没食子酸酯］等。它们都是苯并吡喃和没食子酸酯结合的衍生物。由于它们分子中都具有多个酚羟基，因此儿茶素又称茶多酚。如：

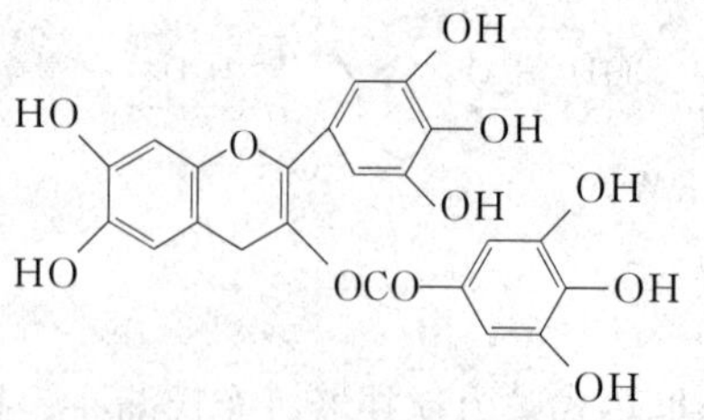

L-EGCG 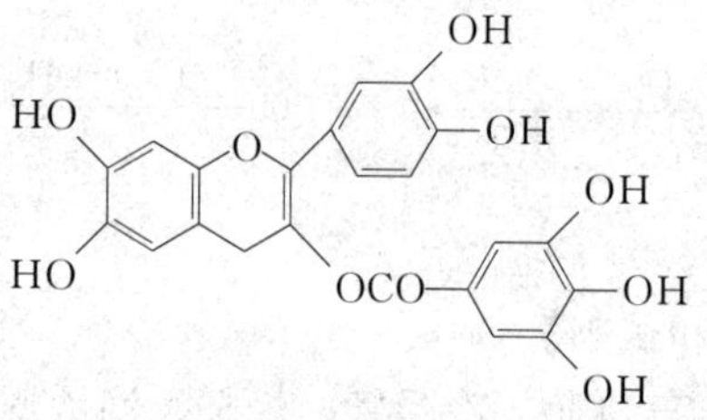　　L-GCG

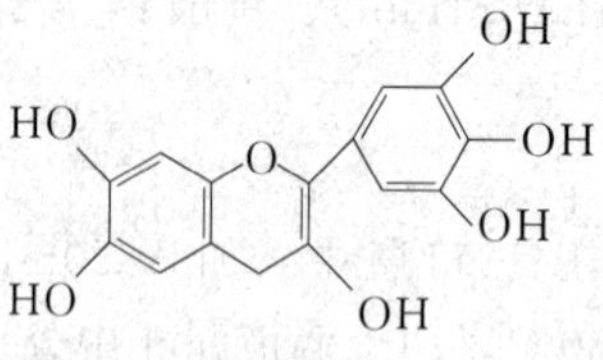

L-EGF 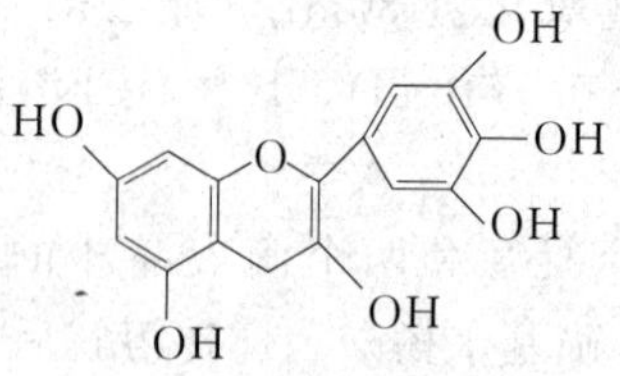　　D,L-GC

儿茶素是一种新型高效抗氧化剂，其抗氧化能力是维生素 E 的 16 倍，也大大超过 BHA，且与维生素 E 有良好的协同效应，与维生素 C 有更大的协同作用，能清除人体的自由基，具有高效的抗衰老、抗癌、抗辐射等作用，已越来越广泛地用于医药、食品、油脂、日化等各领域。

咖啡因又称咖啡碱，化学名称为 1,3,7-三甲基-2,6-二氧嘌呤，是一种含嘌呤环的生物碱。在茶叶中与茶碱、可可碱共存，在茶叶干物中占 1%～5%。

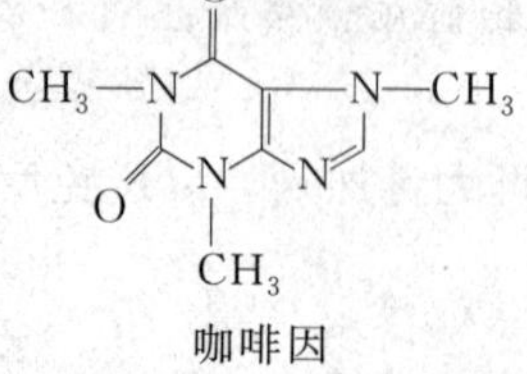

咖啡因

咖啡因是一种中枢兴奋药，它能同时对中枢神经系统和许多部位起作用。由于它的组成与机体中核酸及核苷酸代谢产物都有密切关系，因此作为药物，治疗安全性大，在机体内分解很快，长期使用也没有积蓄作用。它成为解热、镇痛常用药“复方阿司匹林”（A. P. C）组分之一正是基于这个原因。

儿茶素与咖啡因都存在于茶叶中，要提取它们并分别得到纯产物，就要利用它们性质上的差异。除了儿茶素具酸性，咖啡因具碱性的差异外，它们在溶剂中的溶解性能也有差异。咖啡因是弱碱性化合物，可溶于氯仿、丙醇、乙醇和热水中，难溶于乙醚和苯(冷)。纯品熔点 235～236℃，含结晶水的咖啡因为无色针状晶体，在 100℃时失去结晶水，并开始升华，120℃时显著升华，178℃时迅速升华，可以利用这一性质纯化咖啡因。另外，它们虽都溶于水，但儿茶素更易溶于水（咖啡因 2%，儿茶素＞8%）。它们都能溶于甲醇、乙醇、乙醚，但儿茶素不溶于氯仿，易溶于乙酸乙酯，而咖啡因易溶于氯仿。因此，可用水或乙醇等溶剂将它们从茶叶中溶出（如用乙醇，采用索氏脂肪提取器抽提），而后分别用氯仿萃取出咖啡因，用乙酸乙酯萃取出儿茶素。再利用咖啡因易于升华的特性提纯咖啡因，用重结晶法提纯儿茶素。

索氏提取器是利用溶剂回流和虹吸原理，使固体物质连续不断地被纯溶剂所萃取的仪器，如图 3-20 所示。溶剂沸腾时，其蒸气通过侧管上升，被冷凝管冷凝成液体，滴入套筒中，浸润固体物质，使之溶于溶剂中，当套筒内溶剂液面超过虹吸管的最高处时，即发生虹吸，回入烧瓶中。通过反复的回流和虹吸，从而将固体物质富集在烧瓶中。索氏提取器为配套仪器，其任一部件损坏将会导致整套仪器的报废，特别是虹吸管极易折断，所以在安装仪器和实验过程中须特别小心。索氏提取器也可以将固体物质中所含有的可溶性物质富集。根据其原理，固体物质每一次都能被纯的溶剂所萃取，因而效率较高。为增加液体浸溶的面积，萃取前应先将物质研细，用滤纸套包好置于提取器中，通过不断萃取、虹吸，固体中的可溶物质富集到烧瓶中，将提取液浓缩后，进行分离、纯化。

【仪器和试剂】

仪器：圆底烧瓶（250mL）、索氏提取器、冷凝管、分液漏斗、克氏蒸馏头、蒸馏烧瓶、水泵、蒸发皿、漏斗、水浴锅、40 目筛、烧杯等。

试剂：绿茶(8g，当年，无霉变)、氯仿、乙酸乙酯、碳酸钠(2g)、0.5% $KMnO_4$ 溶液、5% Na_2CO_3 溶液、95%乙醇等。

【实验内容】

将已粉碎过筛的粉状绿茶 8g 装入滤纸筒内，上下开口处应扎紧，以防固体逸出。轻轻压实，滤纸筒上口塞一团脱脂棉，置于索氏提取器抽提筒中，圆底烧瓶内加入 60～80mL 95%乙醇，加热乙醇至沸。液体沸腾后开始回流。连续抽提 2.5h，待冷凝液刚刚虹吸下去时，立即停止加热。装置冷却后，将仪器改装成蒸馏装置，加热回收乙醇。将所得浸膏加水溶解后移入分液漏斗，用等量的氯仿萃取两次。萃取时要轻摇分液漏斗，以防乳化。

将氯仿溶液移入蒸馏烧瓶，用水浴加热蒸馏回收氯仿。趁热将残液移至洁净干燥的蒸发皿，在蒸气浴上蒸干。冷却后，擦净蒸发皿内沿，以免污染升华产物。用玻璃漏斗和滤纸改装成升华装置。用沙浴加热并控制沙浴温度在 220℃左右。当滤纸上凝结较多白色晶体后暂停加热，让其温度降至 100℃以下，小心取下漏斗，揭开滤纸并将滤纸上和器皿周围的咖啡因结晶刮下。残渣经拌匀后重新进行升华直至升华完全。合并两次收集的咖啡因，称量。计算产率。

将氯仿萃取后的水相用等量的乙酸乙酯萃取两次，每次 20min，合并萃取液，用水浴加热减压蒸馏回收乙酸乙酯。趁热将残液移入洁净干燥的蒸发皿，用蒸气浴继续浓缩至近干，冷却至室温，移入冰箱冷冻干燥，得白色粉状的儿茶素粗制品。将粗制品用蒸馏水进行 1～2 次重结晶，得儿茶素精品。称量，计算产率。

本实验需 5～6h。

【思考题】

1. 从茶叶中提取儿茶素和咖啡因的原理和技术关键是什么？

2. 了解升华的原理及技术关键。

第8章　化学综合与设计实验

实验49　常见阳离子的分离与鉴定

【实验目的】

1. 巩固和进一步掌握一些金属元素及其化合物的化学性质。

2. 了解常见阳离子混合液的分离和检出的方法以及巩固检出离子的操作。

【实验原理】

离子的分离和鉴定是以各离子对试剂的不同反应为依据的。这种反应常伴随着特殊的现象，如沉淀的生成或溶解、特殊颜色的出现、气体的产生等。各离子对试剂作用的相似性和差异性都是离子分离与鉴定的依据。也就是说，离子的基本性质是进行分离检出的基础。因而要想掌握分离检出的方法就要熟悉离子的基本性质。

离子的分离和检出是在一定条件下进行的。所谓一定的条件主要是指溶液的酸度、反应物的浓度、反应温度、促进或妨碍反应的物质是否存在等。为使反应向期望的方向进行，必须选择适当的反应条件。因此，除了要熟悉离子的有关性质外，还要学会运用离子平衡（酸碱、沉淀、氧化还原、配位等平衡）的规律控制反应条件。这对于我们进一步了解离子分离条件和检出条件的选择将有很大帮助。

离子混合液中诸组分若对鉴定反应不产生干扰，便可以利用特效反应直接鉴定某种离子。若共存的其他组分彼此干扰，就要选择适当方法消除干扰。通常采用掩蔽剂消除干扰，这是一种比较简单、有效的方法。但在很多情况下没有合适的掩蔽剂，就需要将彼此干扰的组分分离。沉淀分离是最经典的分离方法。这种方法是向混合溶液中加入沉淀剂，利用形成的化合物溶解度的差异，使被分离组分与干扰组分分离。常用的沉淀剂有 HCl、H_2SO_4、NaOH、$NH_3 \cdot H_2O$、$(NH_4)_2CO_3$ 及$(NH_4)_2S$ 等。在元素周期表中位置相邻的元素在化学性质上表现出相似性，因此一种沉淀剂往往可以使具有相似性质的元素同时产生沉淀。这种沉淀剂称为产生沉淀的元素的组试剂。组试剂将元素划分为不同的组，逐渐达到分离的目的。

【基本操作】

1. 试管操作与试剂的取用，参见 2.1、2.2。

2. 离心分离操作，参见 3.1.3。

【仪器和试剂】

仪器：试管、烧杯、离心机、离心试管、电炉、石棉网、酒精灯、点滴板、试管架、试管夹等。

液体试剂：HCl($2mol \cdot L^{-1}$、$6mol \cdot L^{-1}$、浓)、H_2SO_4($2mol \cdot L^{-1}$、$6mol \cdot L^{-1}$)、HNO_3($6mol \cdot L^{-1}$)、HAc($2mol \cdot L^{-1}$、$6mol \cdot L^{-1}$)、NaOH($2mol \cdot L^{-1}$、$6mol \cdot L^{-1}$)、KOH($2mol \cdot L^{-1}$)、$NH_3 \cdot H_2O$($6mol \cdot L^{-1}$)、NaCl ($1mol \cdot L^{-1}$)、KCl($1mol \cdot L^{-1}$)、KI($1mol \cdot L^{-1}$)、$MgCl_2$($0.5mol \cdot L^{-1}$)、$CaCl_2$($0.5mol \cdot L^{-1}$)、$BaCl_2$($0.5mol \cdot L^{-1}$)、$AlCl_3$($0.5mol \cdot L^{-1}$)、$SnCl_2$($0.5mol \cdot L^{-1}$)、$Pb(NO_3)_2$($0.5mol \cdot L^{-1}$)、$SbCl_3$($0.1mol \cdot L^{-1}$)、$HgCl_2$($0.2mol \cdot L^{-1}$)、$Bi(NO_3)_2$($0.1mol \cdot L^{-1}$)、$CuCl_2$($0.5mol \cdot L^{-1}$)、$CuSO_4$($0.2mol \cdot L^{-1}$)、

$AgNO_3$(0.1mol·L^{-1})、$ZnSO_4$(0.2mol·L^{-1})、$Cd(NO_3)_2$(0.2mol·L^{-1})、$Al(NO_3)_3$(0.5mol·L^{-1})、$NaNO_3$(0.5mol·L^{-1})、$Ba(NO_3)_2$(0.5mol·L^{-1})、Na_2S(0.5mol·L^{-1}、1mol·L^{-1})、H_2S(饱和)、$KSb(OH)_6$(饱和)、$NaHC_4H_4O_6$(饱和)、NaAc(1mol·L^{-1}、2mol·L^{-1})、K_2CrO_4(1mol·L^{-1}、2mol·L^{-1})、Na_2CO_3(饱和)、草酸铵溶液(饱和)、NH_4Cl(饱和)、$K_4[Fe(CN)_6]$(0.25mol·L^{-1}、0.5mol·L^{-1})、硫代乙酰胺(5%)、对氨基苯磺酸、镁试剂、0.1%铝试剂、$(NH_4)_2[Hg(SCN)_4]$试剂。

固体试剂：亚硝酸钠、亚硫酸钠、锌粉、碳酸钠。

材料：pH 试纸、玻璃棒、镍丝。

【实验内容】

1. 碱金属和碱土金属离子的鉴定

(1) Na^+的鉴定

在盛有 0.5mL 1mol·L^{-1}NaCl 溶液的试管中，加入 0.5mL 饱和六羟基锑(Ⅴ)酸钾溶液，即有白色沉淀生成。如无沉淀产生，可用玻璃棒摩擦试管内壁，静置片刻。观察现象并写出化学反应方程式。

(2) K^+的鉴定

在盛有 0.5mL 1mol·L^{-1}KCl 溶液的试管中，加入 0.5mL 饱和酒石酸氢钠溶液，如有白色沉淀生成，显示有 K^+ 存在。如无沉淀产生，可用玻璃棒摩擦试管内壁，静置片刻。观察现象并写出化学反应方程式。

(3) Mg^{2+}的鉴定

在试管中加入盛有 2 滴 0.5mol·$L^{-1}$$MgCl_2$ 溶液，滴加 6mol·L^{-1}NaOH 溶液，直到有白色絮状沉淀为止；然后加入 1 滴镁试剂，搅拌，生成蓝色沉淀，表示有 Mg^{2+} 存在。

(4) Ca^{2+}的鉴定

在盛有 0.5mL 0.5mol·$L^{-1}$$CaCl_2$ 溶液的离心试管中，滴加 10 滴饱和草酸铵溶液，有白色沉淀生成。离心分离，弃清液。若白色沉淀不溶于 6mol·L^{-1}HAc 溶液而溶于 2mol·L^{-1}HCl，表示有 Ca^{2+} 存在，写出反应方程式。

(5) Ba^{2+}的鉴定

取 2 滴 0.5mol·$L^{-1}$$BaCl_2$ 溶液于小试管中，加 2mol·L^{-1}HAc 和 2mol·L^{-1}NaAc 各 2 滴，然后滴加 2 滴 1mol·$L^{-1}$$K_2CrO_4$，有黄色沉淀生成，表示有 Ba^{2+} 存在。写出反应方程式。

2. p 区和 ds 区部分金属离子的鉴定

(1) Al^{3+}的鉴定

取 5 滴 0.5mol·$L^{-1}$$AlCl_3$ 溶液于小试管中，加 2 滴水，2 滴 2mol·L^{-1}HAc 及 2 滴 0.1%铝试剂，搅拌后，置于水浴上加热片刻，再加入 1～2 滴 6mol·L^{-1}氨水，有红色絮状沉淀生成，表示有 Al^{3+} 存在。

(2) Sn^{2+}的鉴定

取 5 滴 0.5mol·$L^{-1}$$SnCl_2$ 溶液于试管中，逐滴加入 0.2mol·$L^{-1}$$HgCl_2$，边加边振荡，若产生的沉淀由白色变为灰色，然后变为黑色，表示有 Sn^{2+} 存在。

(3) Pb^{2+}的鉴定

取 5 滴 0.5mol·$L^{-1}$$Pb(NO_3)_2$ 溶液于试管中，加 2 滴 1mol·$L^{-1}$$K_2CrO_4$，若黄色的沉

淀产生，在沉淀上滴加数滴 2mol·L^{-1}NaOH 溶液，沉淀溶解，表示有 Pb^{2+}存在。

（4）Cu^{2+}的鉴定

取 1 滴 0.5mol·L^{-1}$CuCl_2$ 溶液于试管中，加 1 滴 6mol·L^{-1}HAc 溶液酸化，再加 1 滴 0.5mol·L^{-1}亚铁氰化钾溶液，若红棕色的沉淀产生，表示有 Cu^{2+}存在。

（5）Ag^+的鉴定

取 5 滴 0.1mol·L^{-1}$AgNO_3$ 溶液于试管中，加 5 滴 2mol·L^{-1}HCl，产生白色的沉淀，在沉淀上滴加 6mol·L^{-1}氨水至沉淀完全溶解。此溶液中再用 6mol·L^{-1}HNO_3 溶液酸化，产生白色沉淀，表示有 Ag^+存在。

（6）Zn^{2+}的鉴定

取 3 滴 0.2mol·L^{-1}$ZnSO_4$ 溶液于小试管中，加 2 滴 2mol·L^{-1}HAc 溶液酸化，再加 3 滴硫氰酸汞铵溶液，摩擦试管内壁，若白色的沉淀产生，表示有 Zn^{2+}存在。

（7）Cd^{2+}的鉴定

取 3 滴 0.2mol·L^{-1}$Cd(NO_3)_2$ 溶液于小试管中，加 2 滴 0.5mol·L^{-1}Na_2S 溶液，若亮黄色的沉淀产生，表示有 Cd^{2+}存在。

（8）Hg^{2+}的鉴定

取 2 滴 0.2mol·L^{-1}$HgCl_2$ 溶液于小试管中，逐滴加 0.5mol·L^{-1}$SnCl_2$ 溶液，边加边振荡，观察沉淀颜色的变化过程，最后变为灰色，表示有 Hg^{2+}存在。

3. 部分混合离子的分离和鉴定

取 Ag^+、Pb^{2+}、Hg^{2+}、Cu^{2+}、Ba^{2+}、Fe^{3+}、Al^{3+}混合溶液各 5 滴，加到离心试管中，混合均匀后，按图 1 进行分离和鉴定。

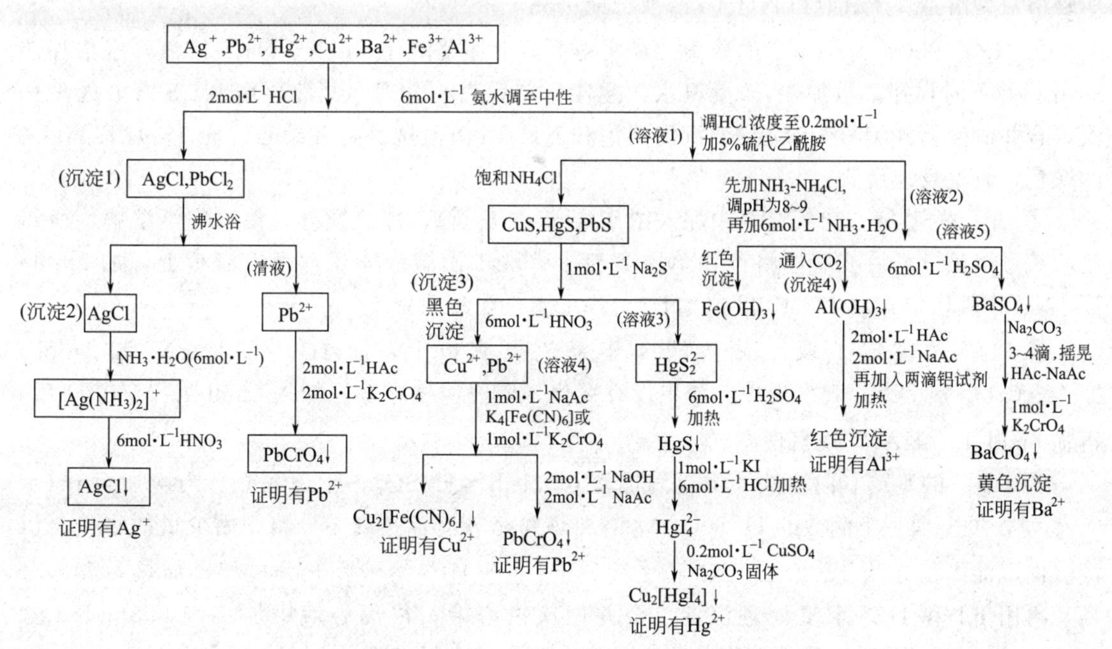

图 1　混合离子分离及鉴定简要流程图

（1）NO_3^-的鉴定

取 3 滴混合溶液于小试管中，加 6mol·L^{-1}HAc 溶液酸化后用玻璃棒取少量锌粉加入试液，振荡，使溶液中的 NO_3^- 还原为 NO_2^-。加对氨基苯磺酸与 α-萘胺溶液各一滴，观察现象。

取混合溶液 20 滴，放入离心试管中并按以下实验步骤进行分离和鉴定。

（2）Fe^{3+} 的鉴定

取 1 滴试液加在白色点滴板的凹穴，加 1 滴 0.25mol·L^{-1} $K_4Fe(CN)_6$ 溶液，观察沉淀颜色。

（3）Ag^+、Pb^{2+} 的分离和鉴定

向余下的溶液中滴加 4 滴 2mol·L^{-1} HCl，充分振荡，静置片刻，离心沉降，向上层清液中加 2 滴 2mol·L^{-1} HCl 以检查沉淀是否完全。吸出上层清液，编号为溶液 1。用 2mol·L^{-1} HCl 洗涤沉淀，编号为沉淀 1。观察沉淀的颜色，写出反应方程式。

① Pb^{2+} 的鉴定　向沉淀 1 中加 6 滴水，在沸水浴中加热 3min 以溶解沉淀，并不时搅动。待沉淀沉降后，趁热取清液 3 滴于黑色点滴板上，加 2mol·L^{-1} K_2CrO_4 和 2mol·L^{-1} HAc 各 1 滴，有什么生成？加 2mol·L^{-1} NaOH 溶液后又怎么样？再加 6mol·L^{-1} HAc 溶液又如何？取上清液后所余沉淀编号为沉淀 2。

② Ag^+ 的鉴定　向沉淀 2 中加入少量 6mol·L^{-1} 氨水，再加入 6mol·L^{-1} HNO_3，沉淀重新生成。观察沉淀的颜色，并写出反应方程式。

（4）Pb^{2+}、Hg^{2+}、Cu^{2+} 的分离和鉴定

用 6mol·L^{-1} 氨水将溶液 1 的酸度调至中性（3～4 滴），再加入体积约为此溶液的十分之一的 2mol·L^{-1} HCl 溶液（3～4 滴），将溶液的酸度调到 0.2mol·L^{-1}。加 15 滴 5%硫代乙酰胺，混匀后水浴加热 15min。然后稀释一倍再加热数分钟。静置冷却，离心分离沉淀，所得溶液为溶液 2。用饱和 NH_4Cl 溶液洗涤沉淀。

① Hg^{2+} 和 Cu^{2+}、Pb^{2+} 的分离　在所得沉淀上加 5 滴 1mol·L^{-1} Na_2S 溶液，水浴加热 3min，并不时搅拌。再加 3～4 滴氨水，搅拌均匀后离心分离。沉淀再用 Na_2S 溶液处理一次，合并清液，并编号为溶液 3。沉淀用饱和 NH_4Cl 溶液洗涤，并编号沉淀 3。观察溶液 3 的颜色，讨论反应历程。

② Cu^{2+} 的鉴定　向沉淀 3 中加入浓硝酸（4～5 滴），加热搅拌，使之完全溶解，所得溶液编号溶液 4。用玻璃棒将产物单质 S 弃去。取 1 滴溶液 4 于白色点滴板上，加 1mol·L^{-1} NaAc 和 0.25mol·L^{-1} $K_4[Fe(CN)_6]$ 各 1 滴，观察现象。

③ Pb^{2+} 的鉴定　取 1 滴溶液 4 于黑色点滴板上，加 1mol·L^{-1} NaAc 和 1mol·L^{-1} K_2CrO_4 各 1 滴，观察现象。如果没有变化，用玻璃棒摩擦。加入 2mol·L^{-1} NaOH 后，再加 6mol·L^{-1} HAc，观察现象。

④ Hg^{2+} 的鉴定　向溶液 3 中逐滴加入 6mol·L^{-1} H_2SO_4，记下滴数。当滴加至 pH＝3～5 时，再多加一半滴数的 H_2SO_4。水浴加热并充分搅拌。离心分离，用少量的水洗涤沉淀。向沉淀中加 5 滴 1mol·L^{-1} KI 和 2 滴 6mol·L^{-1} HCl 溶液，充分搅拌，加热后离心分离。再用 KI 和 HCl 重复处理沉淀。合并两次离心液，往离心液中加 1 滴 0.2mol·L^{-1} $CuSO_4$ 和少许 Na_2CO_3 固体，有什么生成？说明哪种离子存在？

（5）Al^{3+}、Fe^{3+}、Ba^{2+} 的分离和鉴定

① Fe^{3+} 的鉴定　往溶液 2 中逐滴加入 6mol·L^{-1} 氨水溶液至碱性，将红色沉淀离心分离，即为 $Fe(OH)_3$ 沉淀。

把清液转移到另一试管中。溶液中通入CO_2，产生白色沉淀，过滤。沉淀编号为沉淀4，并将清液编号为溶液5。

② Al^{3+}的鉴定　往沉淀4中加入$2mol \cdot L^{-1}$ HAc溶液和$2mol \cdot L^{-1}$ NaAc溶液各2滴，再加入2滴铝试剂，搅拌后微热之，产生红色沉淀，表示有Al^{3+}存在。

③ Ba^{2+}的鉴定　往溶液5中滴加$6mol \cdot L^{-1}$ H_2SO_4溶液至产生白色沉淀，再过量2滴，搅拌片刻，离心分离，弃清液。沉淀用10滴热蒸馏水洗涤，离心分离。在沉淀中加入3～4滴饱和Na_2CO_3溶液，搅拌片刻，再加入$2mol \cdot L^{-1}$ HAc溶液和$2mol \cdot L^{-1}$ NaAc溶液各3滴，搅拌片刻，然后加入1～2滴$1mol \cdot L^{-1}$ K_2CrO_4溶液，产生黄色沉淀，表示有Ba^{2+}存在。

【思考题】

1. 在未知溶液分析中，当由碳酸盐制备铬酸盐沉淀时，为什么须用醋酸溶液去溶解碳酸盐沉淀，而不用强酸（如盐酸）去溶解？

2. $K_4[Fe(CN)_6]$检出Cu^{2+}时，为什么要用HAc酸化溶液？

3. 在HgS的沉淀一步中为什么选用H_2SO_4溶液酸化而不用HCl?

【附注】

1. 在一般情况下，为了沉淀安全，加入的沉淀剂只需比理论计算量过量20%～50%。沉淀剂太多，会引起较强盐效应、配合物生成等副作用，反而增大沉淀的溶解度。

2. 硫氰酸汞铵$(NH_4)_2[Hg(SCN)_4]$试剂的配制：溶解8g二氯化汞和9g硫氰化铵于100mL蒸馏水中。

3. 部分混合离子的分离和鉴定实验中，其混合液由以下几种溶液组成：$AgNO_3$、$Pb(NO_3)_2$、$Hg(NO_3)_2$、$Cu(NO_3)_2$、$Fe(NO_3)_3$、$Al(NO_3)_3$、$Ba(NO_3)_2$。

实验 50　利用空间位阻效应制备纳米银胶体

【实验目的】

1. 掌握制备纳米材料常用的一种方法——空间位阻法。
2. 了解制备纳米银胶体的基本原理和检验方法。
3. 学习紫外-可见分光光度计的使用方法。

【实验原理】

纳米材料是近年来材料科学研究的前沿领域及热点之一，由于其至少有一维的尺度在1～100nm之间，微小的粒径和巨大的表面积使其具有许多普通材料不具备的性质，从而被广泛应用于集成电路、电池电极、抗菌、催化、化学分析等领域。

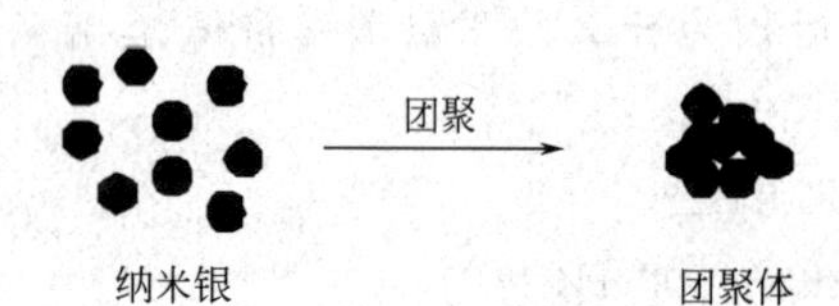

图1　纳米银的团聚

但制备纳米银存在一个严重问题：纳米银粒子很不稳定，极易团聚、长大（图1），当其尺寸超过纳米级别时，便失去了纳米银的特性。

解决这一问题的方法有空间位阻法、电荷排斥法、原位还原法等。空间位阻法通常用有机分子与生成的纳米银粒子表面结合（化学键、分子间作用力），使纳米银表面覆盖一层有机分子。当液相中的纳米银粒子发生碰撞时，有机分子的阻碍使其纳米银内核不能接触，避免了纳米银团聚长大。

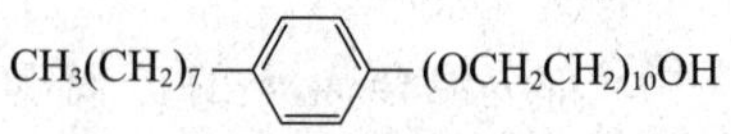

本实验以 $NaBH_4$ 还原 $AgNO_3$，采用 OP-10（辛基酚聚氧乙烯醚）作空间位阻试剂，制备纳米银胶体。OP-10是一种表面活性剂，其分子一端为疏水的辛基苯基，另一端为亲水的聚乙二醇链段（图2）。

$CH_3(CH_2)_7-C_6H_4-(OCH_2CH_2)_{10}OH$

图2　OP-10结构式

在水中，OP-10分子一端的辛基苯基能通过疏水作用力与生成的纳米银结合，使纳米银表面覆盖一层OP-10单分子层，另一端的聚乙二醇链段在水中呈伸展构象（图3）。

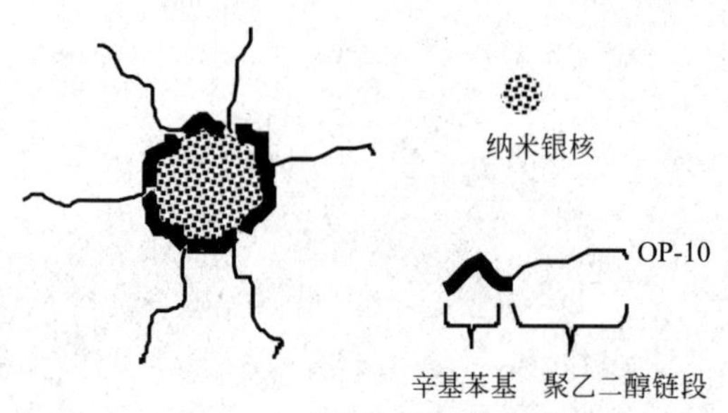

图3　OP-10修饰的纳米银

当表面带有OP-10的纳米银粒子相互靠近时，便被OP-10的聚乙二醇链段弹开（图4），从而阻碍纳米银相互碰撞、结合长大，得到稳定的纳米银胶体。

当光束通过胶体时，会被胶体粒子散射，形成光柱，该现象叫丁达尔现象，可用于胶体的初步检验。纳米银颗粒在400～430nm有较强的特征表面等离子体共振（Surface Plasmon Resonance，SPR）吸收，因而可用紫外-可见分光光度计检验纳米银（图5）。

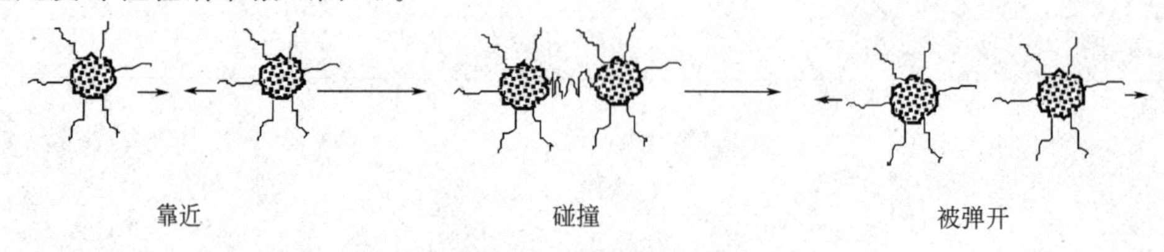

图4　OP-10分子层阻碍纳米银结合

【基本操作】

1. 冰浴操作。

2. 利用丁达尔现象检验胶体。

3. 紫外-可见分光光度计的使用方法与可见分光光度计基本相同，参见 2.7.3。

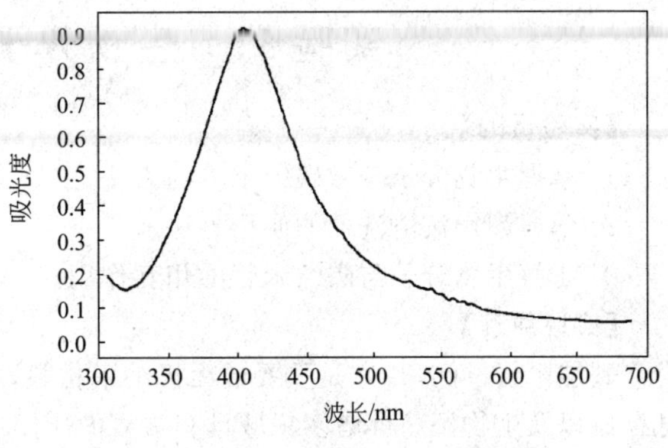

图 5 纳米银的紫外-可见吸收光谱

【仪器和试剂】

仪器：电子分析天平、锥形瓶（150mL）、量筒（10mL）、烧杯（50mL、250mL）、滴管、药匙、吸量管（1mL）、电筒、紫外-可见分光光度计。

试剂：硝酸银、OP-10、硼氢化钠冷水溶液（1.25×10^{-3} $mol\cdot L^{-1}$，现配）、冰水。

【实验内容】

1. 纳米银的制备

（1）OP-10 分散的纳米银的制备

取 0.6460g OP-10 放入锥形瓶中，加 20mL 蒸馏水溶解。将 0.0170g 硝酸银置于烧杯中，加 5mL 蒸馏水溶解，加入 OP-10 溶液中。取 5mL 蒸馏水置于冰浴中，加入 0.1mL 硼氢化钠溶液。在 15min 内滴入剧烈摇晃的上述混合液中，观察现象。

（2）对照实验

将 0.0170g 硝酸银溶于 25mL 蒸馏水。取 5mL 蒸馏水置于冰浴中，加入 0.1mL 硼氢化钠溶液。在 15min 内滴入剧烈摇晃的硝酸银溶液中，观察现象。

2. 性质检验

（1）丁达尔现象

将制得的纳米银溶胶转移到小烧杯中，在黑暗处用电筒从烧杯底部向上照射，使光束通过胶体溶液，观察现象。

（2）紫外-可见分光光度计分析

取所制得的纳米银溶胶，适当稀释后用紫外-可见分光光度计分析。

【思考题】

1. 如果反应过快，生成的纳米银过多，在被 OP-10 充分包裹前就已经碰撞并团聚。反应中应注意什么？

2. 硼氢化钠能与水发生反应从而失效，但与冷水反应较慢。实验中应注意什么？

【附注】

1. 硼氢化钠有毒、有腐蚀性，取用时注意安全。

2. 仪器的洁净度对该实验有较大影响。

实验51　生物分子分散碳纳米管

【实验目的】

1. 掌握生物分子分散碳纳米管的方法。

2. 学习超声波清洗器的使用方法。

3. 了解生物分子与碳纳米管的相互作用。

【实验原理】

碳纳米管（CNTs）是重要的无机纳米材料，在电子器件、新能源、新型复合材料、信息存储以及生物医药等诸多领域具有重要的应用前景。CNTs因为范德华力等作用力产生严重团聚，使得CNTs的分散性和操控性下降，限制了CNTs的应用。在分散剂的协助下，CNTs可以在水溶液中分散，解决了CNTs分散难的问题。在众多分散剂中，生物分子是广泛使用的一类。蛋白质、DNA和含苯环的生物小分子都可以用于CNTs的分散。

以溶菌酶分散CNTs为例，溶菌酶的疏水腔容易与CNTs表面结合（图1）。溶菌酶与CNTs之间的相互作用主要包括：带苯环的氨基酸（色氨酸）与CNTs之间的π-π相互作用；溶菌酶疏水腔中疏水链与CNTs之间的疏水相互作用。与CNTs结合之后，溶菌酶分子的亲水基暴露在外，协助CNTs分散在水中。由于CNTs往往长度在几百个纳米到微米级，因此在同一个CNT分子表面可以吸附多个溶菌酶分子，这使得分散效果大为增强。值得一提的是，生物分子分散CNTs的过程往往需要超声等协助，可以大大加速分散过程。

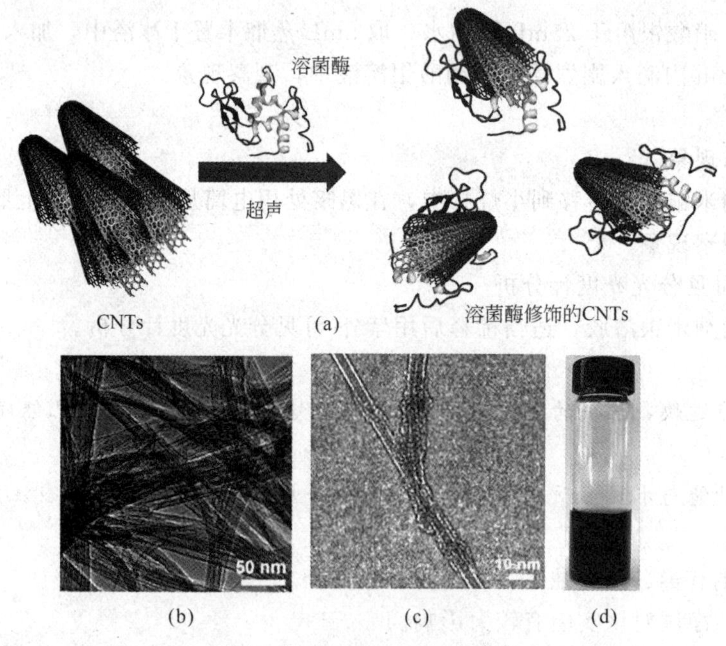

图1　溶菌酶协助CNTs分散

（a）示意图；（b）分散前的CNTs的电子显微镜照片；

（c）分散后的CNTs的电子显微镜照片；（d）溶菌酶分散CNTs的分散液照片

【基本操作】

1. 试剂的配制，参见2.2.4。

2. 目视比色。

3. 离心机的使用，参见 3.1.3。

4. 紫外-可见分光光度计的使用方法同可见分光光度计，参见 2.7.3。

【仪器和试剂】

仪器：超声波清洗器、离心机、电子分析天平、紫外-可见分光光度计、电炉、玻璃漏斗、漏斗架、离心试管、试管夹、比色管、比色管架、比色皿、胶头滴管、石棉网、烧杯等。

试剂：CNTs（固体，直径 10～20nm，长度 1～2μm）、溶菌酶、甘氨酸、茶叶。

【实验内容】

1. 溶液配制

称取 0.0150g 溶菌酶置于 50mL 烧杯中，再加入 15mL 蒸馏水（量筒量取）。用玻璃棒轻轻搅拌，避免剧烈搅拌（如产生大量气泡，则溶菌酶变性），制得 1.0$mg \cdot mL^{-1}$ 溶菌酶溶液。称取 0.0150g 甘氨酸放置于 50mL 烧杯中，再加入 15mL 蒸馏水（量筒量取）。用玻璃棒轻轻搅拌混匀，制得 1.0$mg \cdot mL^{-1}$ 甘氨酸溶液。称取 1g 茶叶置于 200mL 烧杯中，加入 50mL 蒸馏水，煮沸 5min。冷却后常压过滤，滤液用于后续实验。

2. 生物分子分散 CNTs

称取 CNTs 0.0010g，放入离心试管中。向离心试管中加入 3.0mL 溶菌酶溶液，轻轻摇晃 2min。静置 10min 后，将离心试管放入离心机中离心 5min。用胶头滴管吸出上清液，置于比色管中。与溶菌酶溶液（另取一支比色管，加入 2.5mL 溶菌酶溶液）对比，观察上清液是否变黑，记录上清液的颜色变化。同样的操作，观察甘氨酸和茶叶水协助 CNTs 分散的情况。

3. 超声波协助生物分子分散 CNTs

称取 CNTs 0.0010g，放入离心试管中。向离心试管中加入 3.0mL 溶菌酶溶液，轻轻摇晃 2min。将离心试管放置在超声波清洗器中，超声 10min。随后将离心试管放入离心机中离心 5min。用胶头滴管吸出上清液，置于比色管中。与溶菌酶溶液对比，观察上清液是否变黑，记录上清液的颜色变化。同样的操作，观察甘氨酸和茶叶协助 CNTs 分散的情况。

4. 分散效果比较

将实验步骤 2 和 3 中获得的上清液按照实验顺序排列，比较它们的颜色深浅，将实验结果记录在表 1 中，并标注所用的生物分子以及是否使用超声波协助分散。

表 1　不同条件下生物分子协助分散 CNTs 的情况

序号	分散液颜色	生物分子	是否超声
1			
2			
3			
4			
5			
6			

取少量超声条件下溶菌酶分散的CNTs分散液，用水稀释至浅棕色。取稀释后的分散液3mL置于比色皿中，用紫外-可见分光光度计测定200～700nm之间的吸光度（每隔10nm测量）。绘制CNTs的吸收曲线，与CNTs的标准吸收曲线比较（实验室提供），观察吸收曲线的形状和吸收峰的位置。

【思考题】

1. 甘氨酸的结构式是什么？为什么甘氨酸不能有效分散CNTs？

2. 超声波为什么可以促进生物分子分散CNTs？

实验52　碱式碳酸铜的制备

【实验目的】

1. 通过对碱式碳酸铜制备条件的探索和对生成物颜色、状态的分析，研究反应物的合理配料比并确定该制备反应合适的温度条件。

2. 培养学生独立设计实验的能力。

【实验原理】

碱式碳酸铜 $Cu_2(OH)_2CO_3$ 为天然孔雀石的主要成分，呈暗绿色或淡蓝绿色，加热至200℃即分解，在水中的溶解度很小，新制备的试样在沸水中很易分解。

思考：

① 哪些铜盐适合于制取碱式碳酸铜？写出硫酸铜溶液和碳酸钠溶液反应的化学方程式。

② 估计反应的条件，如反应温度、反应物浓度及反应物配料比对反应产物是否有影响？

【仪器和试剂】

由学生自行列出所需仪器、药品、材料之清单，经指导老师同意，即可进行实验。

【实验内容】

1. 反应物溶液配制

配制 $0.5mol\cdot L^{-1}$ 的 $CuSO_4$ 溶液和 $0.5mol\cdot L^{-1}$ 的 Na_2CO_3 溶液各100mL。

2. 制备反应条件的探求

(1) $CuSO_4$ 和 Na_2CO_3 溶液的合适配比

四支试管内均加入2.0mL $0.5mol\cdot L^{-1}$ $CuSO_4$ 溶液，再分别取 $0.5mol\cdot L^{-1}$ Na_2CO_3 溶液1.6mL、2.0mL、2.4mL及2.8mL依次加入另外四支编号的试管中。将八支试管放在75℃的恒温水浴中。恒温几分钟后，依次将 $CuSO_4$ 溶液倒入不同体积 Na_2CO_3 溶液中，振荡试管并再恒温数分钟。比较各试管中沉淀的生成速度、沉淀的数量及颜色，从中得出两种反应物溶液以何种比例混合为最佳。

思考：

① 各试管中沉淀的颜色为何会有差别？估计何种颜色产物的碱式碳酸铜含量最高？

② 若将 Na_2CO_3 溶液倒入 $CuSO_4$ 溶液，其结果是否会有所不同？

(2) 反应温度的探求

在三支试管中，各加入2.0mL $0.5mol\cdot L^{-1}$ $CuSO_4$ 溶液，另取三支试管，各加入由上述实验得到的合适用量的 $0.5mol\cdot L^{-1}$ Na_2CO_3 溶液。从这两列试管中（每列三支）各取一支分为一组，将该三组试管分别置于室温、50℃、100℃的恒温水浴中，数分钟后将 $CuSO_4$ 溶液倒入 Na_2CO_3 溶液中，振荡并恒温数分钟后观察现象，比较各试管中沉淀的生成速度、沉淀的数量及颜色，由实验结果确定制备反应的合适温度。

思考：

① 反应温度对本实验有何影响？

② 反应在何种温度下进行会出现褐色产物？这种褐色物质是什么？

3. 碱式碳酸铜制备

取60mL $0.5mol\cdot L^{-1}$ $CuSO_4$ 溶液，根据上面实验确定的反应物合适比例，取相应的 Na_2CO_3 溶液，并在适宜温度下制取碱式碳酸铜。反应体系恒温搅拌数分钟待沉淀完全后，用蒸馏水洗涤沉淀数次，直到沉淀中不含 SO_4^{2-} 为止（如何检验）。过滤，尽量抽干产品。

将所得产品烘干，待冷至室温后称量，并计算产率。

【思考题】

除反应物的配比和反应温度对本实验的结果有影响外，反应物的种类、反应进行的时间等因素是否对产物的质量也会有影响？

实验 53　茶叶中微量元素的鉴定与定量测定

【实验目的】

1. 了解并掌握鉴定茶叶中某些化学元素的方法。
2. 学会选择合适的化学分析方法。
3. 掌握配合滴定法测茶叶中钙、镁含量的方法和原理。
4. 掌握分光光度法测茶叶中微量铁的方法。
5. 提高综合运用知识的能力。

【实验原理】

茶叶属植物类，为有机体，主要由 C、H、N 和 O 等元素组成，其中含有微量 Fe、Al、Ca、Mg 等金属元素。本实验的目的是要求从茶叶中定性鉴定 Fe、Al、Ca、Mg 等元素，并对 Fe、Ca、Mg 进行定量测定。

茶叶需先进行干灰化。干灰化即试样在空气中置于敞口的蒸发皿或坩埚中加热，把有机物经氧化分解而烧成灰烬。这一方法特别适用于生物和食品的预处理。灰化后，经酸溶解，即可逐级进行分析。

铁铝混合液中 Fe^{3+} 对 Al^{3+} 的鉴定有干扰。利用 Al^{3+} 的两性，加入过量的碱，使 Al^{3+} 转化为 AlO_2^- 留在溶液中，Fe^{3+} 则生成 $Fe(OH)_3$ 沉淀，经分离去除后，消除干扰。

钙镁混合液中，Ca^{2+} 和 Mg^{2+} 的鉴定互不干扰，可直接鉴定，不必分离。

铁、铝、钙、镁各自的特征反应式如下：

$$Fe^{3+} + n\text{KSCN(饱和)} \longrightarrow [Fe(SCN)_n]^{3-n}\text{(血红色)} + nK^+$$

$$Al^{3+} + \text{铝试剂} + OH^- \longrightarrow \text{红色絮状沉淀}$$

$$Mg^{2+} + \text{镁试剂} + OH^- \longrightarrow \text{天蓝色沉淀}$$

$$Ca^{2+} + C_2O_4^{2-} \xrightarrow{\text{HAc 介质}} CaC_2O_4\text{(白色沉淀)}$$

根据上述特征反应的实验现象，可分别鉴定出 Fe、Al、Ca、Mg 4 种元素。

钙、镁含量的测定，可采用配合滴定法。在 pH＝10 的条件下，以铬黑 T 为指示剂，EDTA 为标准溶液。直接滴定可测得 Ca、Mg 总量。若欲测 Ca、Mg 各自的含量，可在 pH＞12.5 时，使 Mg^{2+} 生成氢氧化物沉淀，以钙指示剂、EDTA 标准溶液滴定 Ca^{2+}，然后用差减法即得 Mg^{2+} 的含量。

Fe^{3+}、Al^{3+} 的存在会干扰 Ca^{2+}、Mg^{2+} 的测定，分析时，可用三乙醇胺掩蔽 Fe^{3+} 与 Al^{3+}。

茶叶中铁含量较低，可用分光光度法测定。在 pH＝2～9 的条件下，Fe^{2+} 与邻菲罗啉能生成稳定的橙红色配合物，反应式如下：

$$3\,\text{(邻菲罗啉)} + Fe^{2+} = [Fe(\text{phen})_3]^{2+}$$

该配合物的 $\lg K_{稳} = 21.3$，摩尔吸收系数 $\varepsilon_{530} = 1.10 \times 10^4$。

在显色前，用盐酸羟胺把 Fe^{3+} 还原成 Fe^{2+}，其反应式如下：

$$4Fe^{3+} + 2NH_2OH \longrightarrow 4Fe^{2+} + H_2O + 4H^+ + N_2O$$

显色时，溶液的酸度过高（pH<2），反应进行较慢；若酸度太低，则 Fe^{2+} 水解，影响显色。

【仪器和试剂】

仪器：煤气灯、研钵、蒸发皿、称量瓶、烧杯、托盘天平、分析天平、中速定量滤纸、长颈漏斗、250mL 容量瓶、50mL 容量瓶、250mL 锥形瓶、50mL 酸式滴定管、3cm 比色皿、5mL 吸量管、10mL 吸量管、722 型分光光度计等。

试剂：1% 铬黑 T、$6mol \cdot L^{-1}$ HCl、$2mol \cdot L^{-1}$ HAc、$6mol \cdot L^{-1}$ NaOH、$6mol \cdot L^{-1}$ $NH_3 \cdot H_2O$、$0.25mol \cdot L^{-1}$ $(NH_4)_2C_2O_4$、$0.01mol \cdot L^{-1}$ EDTA（自配并标定）、饱和 KSCN 溶液、$0.010mg \cdot L^{-1}$ Fe 标准溶液、铝试剂、镁试剂、25% 三乙醇胺水溶液、氨性缓冲溶液（pH=10）、HAc-NaAc 缓冲溶液（pH=4.6）、0.1% 邻菲罗啉水溶液、1% 盐酸羟胺水溶液。

【实验内容】

1. 茶叶的灰化和试样的制备

取在 100～105℃ 下烘干的茶叶 7～8g 于研钵中捣成细末，转移至称量瓶中，称出称量瓶和茶叶的质量和，然后将茶叶末全部倒入蒸发皿中，再称空称量瓶的质量，差减得蒸发皿中的茶叶的准确质量。

将盛有茶叶末的蒸发皿加热使茶叶灰化（在通风橱中进行），然后升高温度，使其完全灰化，800℃ 灼烧，冷却后，加 $6mol \cdot L^{-1}$ HCl 10mL 于蒸发皿中，搅拌溶解（可能有少量不溶物），将溶液完全转移至 100mL 烧杯中，加水 20mL，再加 $6mol \cdot L^{-1}$ $NH_3 \cdot H_2O$ 适量控制溶液 pH 为 6～7，使产生沉淀。并置于沸水浴加热 30min，过滤，然后洗涤烧杯和滤纸。滤液直接用 250mL 容量瓶盛接，并稀释至刻度，摇匀，贴上标签，标明为 Ca^{2+}、Mg^{2+} 试液（1 号），待测。

另取 250mL 容量瓶一只于长颈漏斗之下，用 $6mol \cdot L^{-1}$ HCl 10mL 重新溶解滤纸上的沉淀，并少量多次地洗涤滤纸。完毕后，稀释容量瓶中滤液至刻度线，摇匀，贴上标签，标明为 Fe^{3+} 试验（2 号），待测。

2. Fe、Al、Ca、Mg 元素的鉴定

从 1 号试液的容量瓶中倒出试液 1mL 于一洁净的试管中，然后从试管中取试液 2 滴于点滴板上，加镁试剂 1 滴，再加 $6mol \cdot L^{-1}$ NaOH 碱化，观察现象，作出判断。

从上述试管中再取试液 2～3 滴于另一试管中，加入 1～2 滴 $2mol \cdot L^{-1}$ HAc 酸化，再加 2 滴 $0.25mol \cdot L^{-1}$ $(NH_4)_2C_2O_4$ 观察实验现象，作出判断。

从 2 号试液的容量瓶中倒出试液 1mL 于一洁净试管中，然后从试管中取试液 2 滴于点滴板上，加饱和 KSCN 溶液 1 滴，根据实验现象，作出判断。

在上述试管剩余的试液中，加 $6mol \cdot L^{-1}$ NaOH 直至白色沉淀溶解为止，离心分离，取上层清液于另一试管中，加 $6mol \cdot L^{-1}$ HAc 酸化，加铝试剂 3～4 滴，放置片刻后，加 $6mol \cdot L^{-1}$ $NH_3 \cdot H_2O$ 碱化，在水浴中加热，观察实验现象，作出判断。

3. 茶叶中 Ca、Mg 总量的测定

从 1 号容量瓶中准确吸取试液 25mL 置于 250mL 锥形瓶中，加入三乙醇胺溶液 5mL，再加入 NH_3-NH_4Cl 缓冲溶液 10mL，摇匀，最后加入铬黑 T 指示剂少许，用 $0.01mol \cdot L^{-1}$ EDTA 标准溶液滴定至溶液由红紫色恰变纯蓝色，即达终点，根据 EDTA 的消耗量，计算茶叶中 Ca、Mg 的总量，并以 MgO 的质量分数表示。

4. 茶叶中 Fe 含量的测量

① 邻菲罗啉亚铁吸收曲线的绘制　用吸量管吸取铁标准溶液 0mL、2.0mL、4.0mL 分别注入 50mL 容量瓶中，各加入 5mL 盐酸羟胺溶液，摇匀，再加入 5mL HAc-NaAc 缓冲溶液和 5mL 邻菲罗啉溶液，用蒸馏水稀释至刻度，摇匀。放置 10min，用 3cm 的比色皿，以试剂空白溶液为参比溶液，在 722 型分光光度计中，从波长 420～600nm 间分别测定其吸光度，以波长为横坐标，吸光度为纵坐标，绘制邻菲罗啉亚铁的吸收曲线，并确定最大吸收峰的波长，以此为测量波长。

② 标准曲线的绘制　用吸量管分别吸取铁的标准溶液 0mL、1.0mL、2.0mL、3.0mL、4.0mL、5.0mL、6.0mL 于 7 只 50mL 容量瓶中，依次分别加入 5.0mL 盐酸羟胺、5.0mL HAc-NaAc 缓冲溶液、5.0mL 邻菲罗啉，用蒸馏水稀释至刻度，摇匀，放置 10min。用 3cm 的比色皿，以空白溶液为参比溶液，用分光光度计分别测其吸光度。以 50mL 溶液中铁含量为横坐标，相应的吸光度为纵坐标，绘制邻菲罗啉亚铁的标准曲线。

③ 茶叶中 Fe 含量的测定　用吸量管从 2 号容量瓶中吸取试液 2.5mL 于 50mL 容量瓶中，依次加入 5.0mL 盐酸羟胺、5.0mL HAc-NaAc 缓冲溶液、5.0mL 邻菲罗啉，用水稀释至刻度，摇匀，放置 10min。以空白溶液为参比溶液，在同一波长处测其吸光度，并从标准曲线上求出 50mL 容量瓶中 Fe 的含量，并换算出茶叶中 Fe 的含量，以 Fe_2O_3 质量分数表示。

【思考题】

1. 欲测该茶叶中 Al 含量，应如何设计方案？

2. 讨论为什么 pH=6～7 时，能将 Fe^{3+}、Al^{3+} 与 Ca^{2+}、Mg^{2+} 分离完全。

3. 通过本实验，你对分析问题和解决问题方面有何收获？请谈谈体会。

【附注】

1. 茶叶尽量捣碎，利于灰化。

2. 灰化应彻底，若酸溶后发现有未灰化物，应定量过滤，将未灰化的重新灰化。

3. 茶叶灰化后，酸溶解速度较慢时可小火略加热。定量转移要安全。

4. 测 Fe 时，使用的吸量管较多，应插在所吸的溶液中，以免搞错。

5. 1 号 250mL 容量瓶试液用于分析 Ca、Mg 元素，2 号 250mL 容量瓶用于分析 Fe、Al 元素，不要混淆。

实验 54　设计实验

【实验目的】

1. 培养学生查阅文献的能力。

2. 学习实验方案设计。

3. 综合运用酸碱滴定知识，掌握滴定分析的基本过程。

【实验题目】

某含有 HCl 和 NH_4Cl 的混合溶液，其 HCl 和 NH_4Cl 的浓度均约为 $0.1mol \cdot L^{-1}$，试设计一分析方案，分别测定它们的准确浓度。

【设计方案要求】

1. 写出设计方法的原理（准确滴定的判别、分步滴定的判别、滴定剂的选择、计算计量点 pH、选择指示剂、分析结果的计算公式）。

2. 所需仪器和试剂（用量、浓度、配制方法）。

3. 实验步骤（含标定、测定）。

4. 实验报告表格设计。

5. 讨论（注意事项、误差分析、体会）（实验后完成）。

6. 列出参考文献。

【过程安排】

提前一周拟订实验方案，交教师审阅后实施实验。

实验 55 混合氨基酸的制备及胱氨酸的提取

【实验目的】

1. 通过用毛发制备混合氨基酸及提取胱氨酸，加深对蛋白质结构、性质及氨基酸有关性质等知识的理解。

2. 学习生产混合氨基酸、提取胱氨酸的有关技术。

3. 继续熟练回流加热、脱色、过滤、旋光度测定等技术。

【实验原理】

人发、鸡鸭毛、牛羊毛、猪毛等都是天然的角蛋白质，属 α-角蛋白质。由多种 α-氨基酸组成。因此，用工业盐酸将其水解，即可得到混合氨基酸溶液，其中，胱氨酸的含量最高，约占各种 α-氨基酸总量的 18%。

混合氨基酸溶液除了用于提取各种 α-氨基酸外，可直接用作鸡、鸭、猪、奶牛等的饲料添加剂，对于提高鸡鸭产蛋率与蛋品质量、提高猪肉及牛奶质量和产量都具有极为明显的作用。

胱氨酸在人体内部会分解为半胱氨酸，二者都参与人体的蛋白质合成及各种代谢过程，具有促进毛发生长和防止皮肤老化作用。临床上用于治疗膀胱炎、肝炎、秃发、放射性损伤及白细胞减少症，也是一些药物中毒的特效解药。还广泛用于医药工业、食品工业、生化及营养研究领域。

【仪器和试剂】

仪器：三口瓶（500mL)、球形冷凝管、布氏漏斗、抽滤瓶、水泵、烧杯、量筒、锥形瓶、电热套、表面皿、旋光仪等。

试剂：毛发（去尘土及杂质）50g、浓盐酸（工业品）100mL、浓硝酸、5%盐酸溶液、浓氨水、1% $CuSO_4$ 溶液、活性炭、10% NaOH、洗衣粉。

【实验内容】

1. 混合氨基酸溶液的制备

将毛发用洗衣粉充分洗涤脱脂，清水漂净，晾干，剪碎。

将洁净的毛发放入三口瓶，加入工业浓盐酸，装上回流冷凝管及温度计，在冷凝管上口接一氯化氢吸收装置，用电热套加热，控温 105～110℃，保持微沸状态，回流 3～4h。3h 时可用硫酸铜及 NaOH 溶液检验，不呈二缩脲反应（不显蓝紫色）即反应完全，可停止加热，否则应继续加热回流至 4h。一般 4h 水解反应基本完成。

稍冷即趁热（80℃）抽滤。弃去滤渣（黑腐质，可作肥料）。滤液用活性炭脱色（5g×2)，抽滤后得淡黄色液体，即混合氨基酸溶液。

2. 提取胱氨酸

取混合氨基酸溶液 2/3（其余 1/3 留作他用），慢慢加入浓氨水，搅拌，调节 pH 为 4.8～5.0（胱氨酸等电点为 pH 5.02)，用冰水冷却滤液。析出的结晶抽滤，得胱氨酸粗品。滤液保存用作后面的其他氨基酸提取实验。

将胱氨酸粗品放在烧杯中，加入盐酸约 30mL，搅拌溶解。用活性炭（约 2g）脱色（加热煮沸 10min)，趁热抽滤。在无色滤液中缓慢加入 5%氨水中和，调节 pH 为 4.8～5.0，冰水中冷却，静置20min后抽滤，用少量蒸馏水洗涤沉淀，滤饼移入表面皿，干燥，称重并测定旋光度。纯胱氨酸为白色晶体，熔点258～261℃。

【思考题】

1. 蛋白质水解制氨基酸有哪些反应条件?

2. 从混合氨基酸中提取胱氨酸的实验（生产）有哪些条件?

实验 56　碱性氨基酸的制备

【实验目的】

1. 通过碱性氨基酸（精氨酸、赖氨酸和组氨酸）的制备，加深对氨基酸有关性质的了解。

2. 学习使用离子交换树脂分离、提纯化合物的技术。

3. 学习从角蛋白质水解提取胱氨酸后母液中制得精氨酸、赖氨酸及组氨酸等碱性氨基酸的方法。

4. 继续熟练脱色、重结晶等有关技术。

【实验原理】

碱性氨基酸是精氨酸、赖氨酸及组氨酸的总称，因为它们的分子中都有两个氨基，呈碱性，它们的等电点 pI 值都大于 7（精氨酸 pI＝10.8，赖氨酸 pI＝9.74，组氨酸 pI＝7.59）。

这 3 种氨基酸在酸性介质中虽然均呈阳离子状态，但它们对阳离子交换树脂的亲和力是不同的，其亲和力为：精氨酸＞赖氨酸＞组氨酸。所以，可以用阳离子交换树脂将它们分离，达到提纯制备的目的。

碱性氨基酸在临床医疗上有其独特的作用。例如精氨酸在头发再生、治疗白发方面具明显作用，它与脱氧胆酸的合剂——明诺芬是主治病毒性黄疸、梅毒等疾病的特效药；赖氨酸除了用作食品及饲料强化剂外，可用于治疗营养缺乏、发育不全及氮平衡失调等病；组氨酸是治疗风湿性关节炎、消化道溃疡、贫血、心血管等疾病的重要药物。

【仪器和试剂】

仪器：离子交换柱［直径与柱高比为 1∶(6～8)］、高位瓶、锥形瓶、烧杯、克氏蒸馏头、水泵、抽滤瓶、布氏漏斗、蒸发皿、电热套、结晶皿等。

试剂：毛发水解提取胱氨酸后的母液、732 阳离子交换树脂（经清洗、转型、洗涤等活化处理）、活性炭、活性白土、去离子水、氨水（$0.1mol \cdot L^{-1}$、$2mol \cdot L^{-1}$）、盐酸（$6mol \cdot L^{-1}$）、75％乙醇、95％乙醇、波利试剂（甲液为 0.09g 对氨基苯磺酸＋$12mol \cdot L^{-1}$ 盐酸 0.9mL，加热溶解后加蒸馏水至 10mL，冷至室温后与等体积 5％ $NaNO_2$ 混匀；乙液为 1％ $NaNO_3$ 溶液）、坂口试剂、茚三酮试剂。

【实验内容】

1. 处理

将提取胱氨酸后的母液加热，浓缩至膏状，加 2 倍左右的蒸馏水，在搅拌下加入 3％活性炭，加热到 80～90℃，保温脱色 0.5h，待冷至室温，滤去活性炭，收集澄清滤液，加 4 倍水稀释。

2. 吸附

将稀释液用 1∶10 的盐酸调节 pH＝2.5，然后上 732 阳离子树脂交换柱，上柱流速每分钟为树脂体积的 0.4％～0.8％，进行吸附。随时用波利试剂检查流出液，当检查出有组氨酸出现时（已被氨基酸饱和），立即停止上柱。

3. 清洗

用蒸馏水通过已上柱的离子交换柱，其流速为每分钟树脂体积的 1％～15％，洗至流出液无氯离子，pH 值达 5～6 时为止。

4. 洗脱

先以 0.1mol·L^{-1}的氨水进行洗脱，流速每分钟为树脂体积的 4%～5%，随时用波利试剂检查柱下端流出液，呈橘红色时，开始收集组氨酸洗脱液。当流出液 pH≥9.0 时，波利反应消失，将洗脱流速增加到 7%～8%，并改用茚三酮试剂检查流出液为阳性时，收集赖氨酸洗脱液，直至洗脱液茚三酮反应变得微弱时，换用 2mol·L^{-1}的氨水洗脱，用坂口试剂检查洗脱液，待有精氨酸出现时，开始收集精氨酸洗脱液，至无茚三酮反应和坂口反应时，停止收集。

5. 精制

将上述三组洗脱液分别减压浓缩和赶氨至呈黏稠状后再加入 20 倍的蒸馏水溶解，继续赶氨，如此重复三次，至无氨可赶为止，然后精制。

① 精氨酸盐酸盐的精制：将赶氨后的精氨酸液，用 50 倍左右蒸馏水溶解，再用 6mol·L^{-1}的盐酸调至 pH＝3.8～4.2，加 1%活性炭，搅拌加热至 85～90℃，保温脱色 30min，待冷至室温后过滤，用蒸馏水洗涤滤渣。最后将滤液减压浓缩至黏稠状，放置进行结晶，过滤，结晶用 75%和 95%乙醇各洗涤一次，再在 80℃以下干燥，得精氨酸盐酸盐精品。

② 赖氨酸盐酸盐的精制：除以 6mol·L^{-1}的盐酸调至 pH＝4～4.5 外，其他均与精氨酸盐酸盐的精制方法相同。

③ 组氨酸盐酸盐的精制：赶氨后的组氨酸洗脱液，用 100 倍蒸馏水溶解，再用 6mol·L^{-1}的盐酸调至 pH＝3.0～3.2，加入 1%活性炭在 85～90℃下脱色 40min，冷却后抽滤，在滤液中再加入 1%的活性白土，加热到 60～70℃，于搅拌下保温 30min 后，冷却至室温即可过滤。先将滤液减压浓缩至晶体析出，再置于 4℃冰箱中 48h 使结晶完全。最后将结晶抽滤至干，并用 75%及 95%乙醇各洗涤一次，抽滤，晶体在 70～80℃下干燥，得组氨酸盐酸盐精品。

【思考题】

1. 制备三种碱性氨基酸的原理和方法是什么？

2. 使用离子交换树脂有哪些要求？

3. 实验成功的关键在哪里？

实验 57 植物生长调节剂 2,4-D 的合成

植物生长调节剂是在一定浓度条件下能影响植物生长和发育的一类化合物，包括机体内产生的天然化合物和来自外界环境的一些天然产物。人类已经合成了一些与生长调节剂功能相似的化合物，通常包括内吸转移的调节剂，如 2,4-二氯苯氧乙酸（2,4-D）就是一种有效的除草剂。

【实验原理】

苯氧乙酸作为防霉剂，可由苯酚钠和氯乙酸通过 Williamson 合成法制备。通过它的氯化，可得到对氯苯氧乙酸和 2,4-二氯苯氧乙酸。前者又称防落素，可以减少农作物落花落果。后者又名除莠剂，可选择性地除掉杂草，二者都是植物生长调节剂。

芳环上的卤化是重要的芳环亲电取代反应之一。本实验通过浓盐酸加过氧化氢和用次氯酸钠在酸性介质中的氯化，避免了直接使用氯气带来的危险和不便。其基本反应如下：

$$ClCH_2CO_2H \xrightarrow{Na_2CO_3} ClCH_2CO_2Na \xrightarrow[NaOH]{C_6H_5OH} C_6H_5OCH_2CO_2Na \xrightarrow{HCl} C_6H_5OCH_2CO_2H$$

$$C_6H_5OCH_2CO_2H + HCl + H_2O_2 \xrightarrow{FeCl_3} 4\text{-}ClC_6H_4OCH_2CO_2H$$

$$4\text{-}ClC_6H_4OCH_2CO_2H + 2NaOCl \xrightarrow{H^+} 2,4\text{-}Cl_2C_6H_3OCH_2CO_2H$$

【仪器和试剂】

仪器：搅拌器、回流冷凝管、滴液漏斗、水浴锅、布氏漏斗、抽滤瓶、三口瓶、锥形瓶、分液漏斗、烧杯等。

试剂：3.8g（0.04mol）氯乙酸、2.5g（0.027mol）苯酚、饱和碳酸钠溶液、35%氢氧化钠溶液、10%碳酸钠溶液、冰醋酸、浓盐酸、三氯化铁、过氧化氢（33%）、次氯酸钠、乙醇、乙醚、四氯化碳。

【实验内容】

1. 苯氧乙酸的制备

在装有搅拌器、回流冷凝管和滴液漏斗的 100mL 三口瓶中，加入 3.8g 氯乙酸和 5mL 水。开动搅拌，慢慢滴加饱和碳酸钠溶液（约需 7mL）（为防止 $ClCH_2COOH$ 水解，先用饱和 Na_2CO_3 溶液使之成盐，并且加碱的速度要慢），至溶液 pH 为 7～8。然后加入 2.5g 苯酚，再慢慢滴加 35%的氢氧化钠溶液至反应混合物 pH 为 12。将反应物在沸水浴中加热约 0.5h。反应过程中 pH 值会下降，应补加氢氧化钠溶液，保持 pH 值为 12，在沸水浴上再继续加热 15min。反应完毕后，将三口瓶移出水浴，趁热转入锥形瓶中，在搅拌下用浓盐酸酸化至 pH 为 3～4。在冰浴中冷却，析出固体，待结晶完全后，抽滤，粗产物用冷水洗涤 3 次，在 60～65℃下干燥，产量 3.5～4g，测熔点。粗产物可直接用于对氯苯氧乙酸的制备。

纯苯氧乙酸的熔点为 98～99℃。

2. 对氯苯氧乙酸的制备

在装有搅拌器、回流冷凝管和滴液漏斗的100mL三口瓶中加入3g（0.02mol）上述制备的苯氧乙酸和10mL冰醋酸。将三口瓶置于水浴加热，同时开动搅拌。待水浴温度上升至55℃时，加入少许（约为20mg）三氯化铁和10mL浓盐酸。当水浴温度升至60～70℃时，在10min内慢慢滴加3mL过氧化氢（33%）。开始滴加时，可能有沉淀产生，不断搅拌后又会溶解。盐酸不能过量太多，否则会生成 鲜盐而溶于水。若未见沉淀生成，可再补加2～3mL浓盐酸。滴加完毕后保持此温度再反应20min。升高温度使瓶内固体全溶，慢慢冷却，析出结晶。抽滤，粗产物用水洗涤3次。粗品用1∶3乙醇-水重结晶，干燥后产量约3g。纯对氯苯氧乙酸的熔点为158～159℃。

3. 2,4-二氯苯氧乙酸（2,4-D）的制备

在100mL锥形瓶中，加入1g（0.0066mol）干燥的对氯苯氧乙酸和12mL冰醋酸，搅拌使固体溶解。将锥形瓶置于冰浴中冷却，在摇荡下分批加入19mL 5%的次氯酸钠溶液。若次氯酸钠过量，会使产量降低。也可直接用市售洗涤漂白剂，不过由于含次氯酸钠不稳定，所以常会影响反应。然后将锥形瓶从冰浴中取出，待反应物温度升至室温后再保持5min。此时反应液颜色变深。向锥形瓶中加入50mL水，并用6mol·L^{-1}盐酸酸化至刚果红试纸变蓝。反应物每次用25mL乙醚萃取2次。合并醚萃取液，在分液漏斗中用15mL水洗涤后，再用15mL 10%的碳酸钠溶液萃取产物（小心！有二氧化碳气体逸出）。将碱性萃取液移至烧杯中，加入25mL水，用浓盐酸酸化至刚果红试纸变蓝。抽滤析出的晶体，并将冷水洗涤2～3次，干燥后产量约0.7g，粗品用CCl_4重结晶，熔点134～136℃。纯2,4-二氯苯氧乙酸的熔点为138℃

本实验需6～8h。

【思考题】

1. 说明本实验中各步反应pH值的目的和意义。

2. 以苯氧乙酸为原料，如何制备对溴苯氧乙酸？能用本法制备对碘苯氧乙酸吗？为什么？

第3部分　附　录

附录 Ⅰ

1. 实验报告范本

（1）无机化学性质实验报告范本

无机化学实验学生实验报告

课程名称：	教师：	实验室名称：
教学单位：	年级：	班级：
学生姓名：	学号：	实验日期：

一、实验名称

ds 区金属（铜、银、锌、镉、汞）

二、实验目的

1. 掌握铜、银、锌、镉、汞氧化物或氢氧化物的酸碱性，硫化物的溶解性。
2. 掌握 Cu（Ⅰ）、Cu（Ⅱ）重要化合物的性质及相互转化条件。
3. 试验铜、银、锌、镉、汞的配位能力以及亚汞离子和汞离子的转化。

三、实验仪器和试剂

仪器：试管（10mL），烧杯（250mL），离心机，离心试管，白色点滴板，黑色点滴板，玻璃棒，试管架，试管夹。

试剂：HCl（浓，$2mol\cdot L^{-1}$）、H_2SO_4（$2mol\cdot L^{-1}$）、HNO_3（浓，$2mol\cdot L^{-1}$）、NaOH（40%，$6mol\cdot L^{-1}$，$2mol\cdot L^{-1}$）、氨水（浓，$2mol\cdot L^{-1}$）、$CuSO_4$（$0.2mol\cdot L^{-1}$）、$ZnSO_4$（$0.2mol\cdot L^{-1}$）、$CdSO_4$（$0.2mol\cdot L^{-1}$）、$CuCl_2$（$0.5mol\cdot L^{-1}$）、$SnCl_2$（$0.2mol\cdot L^{-1}$）、$Hg(NO_3)_2$（$0.2mol\cdot L^{-1}$）、$AgNO_3$（$0.2mol\cdot L^{-1}$）、Na_2S（$0.1mol\cdot L^{-1}$）、KI（$0.2mol\cdot L^{-1}$）、KSCN（$0.1mol\cdot L^{-1}$）、$Na_2S_2O_3$（$0.5mol\cdot L^{-1}$）、NaCl（$0.2mol\cdot L^{-1}$）、KI（s）、葡萄糖溶液（10%）、铜屑、金属汞、pH 试纸。

四、实验内容

1. 铜、银、锌、镉、汞氢氧化物或氧化物的生成和性质

(1) 铜、锌、镉氢氧化物的生成和性质

实验内容	实验现象	解释与反应方程式
向三支分别盛有 0.2mL 0.2mol·L^{-1} $CuSO_4$、$ZnSO_4$、$CdSO_4$ 溶液的试管中滴加新配制的 2mol·L^{-1} NaOH 溶液	分别出现： 蓝色絮状沉淀； 白色沉淀； 白色沉淀	$Cu^{2+}+2OH^- \rightleftharpoons Cu(OH)_2\downarrow$(蓝) $Zn^{2+}+2OH^- \rightleftharpoons Zn(OH)_2\downarrow$(白) $Cd^{2+}+2OH^- \rightleftharpoons Cd(OH)_2\downarrow$(白)
将各试管中的沉淀分成两份：一份加 2mol·L^{-1} H_2SO_4，另一份继续滴加 2mol·L^{-1} NaOH 溶液	$Cu(OH)_2$ 与 H_2SO_4 反应后沉淀溶解，形成蓝色溶液。与 NaOH 反应后形成亮蓝色溶液	$Cu(OH)_2+2H^+ \rightleftharpoons Cu^{2+}+2H_2O$ $Cu(OH)_2+2OH^- \rightleftharpoons [Cu(OH)_4]^{2-}$
	$Zn(OH)_2$ 与 H_2SO_4 反应后沉淀溶解。与 NaOH 反应后沉淀溶解，形成无色溶液	$Zn(OH)_2+2H^+ \rightleftharpoons Zn^{2+}+2H_2O$ $Zn(OH)_2+2OH^- \rightleftharpoons [Zn(OH)_4]^{2-}$
	$Cd(OH)_2$ 与 H_2SO_4 反应后沉淀溶解，与 NaOH 反应后沉淀不溶解	$Cd(OH)_2+2H^+ \rightleftharpoons Cd^{2+}+2H_2O$

(2) 银、汞氧化物的生成和性质

① 氧化银的生成和性质

实验内容	实验现象	解释与反应方程式
取 0.2mL 0.2mol·L^{-1} $AgNO_3$ 溶液，滴加新配制的 2mol·L^{-1} 氨水溶液，观察 Ag_2O 的颜色和状态 洗涤并离心分离沉淀，将沉淀分成两份：一份加入 2mol·L^{-1} HNO_3，另一份加入 2mol·L^{-1} 氨水	Ag_2O 为深褐色沉淀，与 HNO_3 反应后沉淀溶解，与氨水反应后沉淀溶解，形成无色溶液	$Ag^+ + OH^- \rightleftharpoons AgOH\downarrow$(白色)$\longrightarrow Ag_2O+H_2O$ $Ag_2O+2HNO_3 \rightleftharpoons 2AgNO_3+H_2O$ $Ag_2O+4NH_3\cdot H_2O \rightleftharpoons$ $2[Ag(NH_3)_2]^+ + 2OH^- + 3H_2O$

② 氧化汞的生成和性质

实验内容	实验现象	解释与反应方程式
取 0.2mol·L^{-1} $Hg(NO_3)_2$ 溶液 0.2mL，滴加新配制的 2mol·L^{-1} NaOH 溶液，观察溶液颜色和状态。将沉淀分成两份：一份加入 2mol·L^{-1} HNO_3，另一份加入 40% NaOH 溶液	HgO 有黄色和红色变体，结构相同，颜色差别完全是由其颗粒的大小不同所致，黄色 HgO 晶粒较细小，红色颗粒较大。与 HNO_3 反应溶解；与 NaOH 反应不溶解	$Hg^{2+}+2OH^- \rightleftharpoons Hg(OH)_2 \longrightarrow HgO\downarrow + H_2O$ $HgO+2HNO_3 \rightleftharpoons Hg(NO_3)_2+H_2O$

2. 铜、银、锌、镉、汞硫化物的生成和性质

实验内容	实验现象	解释与反应方程式
往三支分别盛有 0.2mL 0.2mol·L^{-1} $ZnSO_4$、$CdSO_4$、$Hg(NO_3)_2$ 溶液的离心试管中滴加 0.1mol·L^{-1} Na_2S 溶液。观察沉淀的生成和颜色	白色沉淀	$Zn^{2+}+S^{2-} \rightleftharpoons ZnS\downarrow$
	黄色沉淀	$Cd^{2+}+S^{2-} \rightleftharpoons CdS\downarrow$
	黑色或深棕色沉淀	$Hg^{2+}+S^{2-} \rightleftharpoons HgS\downarrow$

名称	颜色	溶解性				K_{sp}
		$2mol \cdot L^{-1}$ HCl	浓 HCl	浓 HNO_3	王水	
CuS	黑色	不	不	溶	溶	8.5×10^{-45}
Ag_2S	黑色	不	不	溶	溶	1.6×10^{-49}
ZnS	白色	溶	溶	溶	溶	1.2×10^{-23}
CdS	黄色	不	溶	溶	溶	3.6×10^{-29}
HgS	黑色	不	不	不	溶	1.6×10^{-52}

3. 铜、银、锌、汞的配合物

(1) 氨合物的生成

实验内容	实验现象	解释与反应方程式
往四支分别盛有 0.2mL $0.2mol \cdot L^{-1}$ $CuSO_4$、$AgNO_3$、$ZnSO_4$ 溶液的试管中滴加 $2mol \cdot L^{-1}$的氨水。观察沉淀的生成,继续加入过量的 $2mol \cdot L^{-1}$的氨水	分别出现: ①蓝色沉淀→蓝色溶液 ②黑色沉淀→无色溶液 ③白色沉淀→无色溶液	①$2CuSO_4+2NH_3\cdot H_2O \longrightarrow Cu_2(OH)_2SO_4+(NH_4)_2SO_4$ $Cu_2(OH)_2SO_4+8NH_3 \rightleftharpoons 2[Cu(NH_3)_4]^{2+}+SO_4^{2-}+2OH^-$ ②$2Ag^++2NH_3\cdot H_2O \rightleftharpoons Ag_2O+2NH_4^++H_2O$ $Ag_2O+4NH_3\cdot H_2O \rightleftharpoons 2Ag(NH_3)_2^++2OH^-+3H_2O$ ③$Zn^{2+}+NH_3\cdot H_2O \rightleftharpoons Zn(OH)_2+2NH_4^+$ $Zn(OH)_2+4NH_3\cdot H_2O \rightleftharpoons [Zn(NH_3)_4]^{2+}+2OH^-+4H_2O$

(2) 汞配合物的生成和应用

实验内容	实验现象	解释与反应方程式
①往盛有 0.5mL $0.2mol \cdot L^{-1}$ $Hg(NO_3)_2$ 溶液中,滴加 $0.2mol \cdot L^{-1}$KI溶液,观察沉淀的生成和颜色。再往该沉淀中加入少量碘化钾固体直至沉淀刚好溶解	加入 KI 后有红色沉淀生成,再加入少量 KI 后沉淀消失,溶液显无色	$Hg(NO_3)_2+2I^- \rightleftharpoons HgI_2\downarrow$(红色)$+2NO_3^-$ $HgI_2+2I^- \rightleftharpoons [HgI_4]^{2-}$(无色) 奈斯勒试剂
加入 KOH,再与氨水溶液反应	红棕色沉淀生成	$NH_4^++2[HgI_4]^{2-}+4OH^- \rightleftharpoons HgO\cdot Hg(NH_2)I\downarrow$(红棕色)$+7I^-+3H_2O$
②往 5 滴 $0.2mol \cdot L^{-1}$ $Hg(NO_3)_2$ 溶液中,逐滴加入 $0.1mol \cdot L^{-1}$KSCN 溶液,最初生成白色 $Hg(SCN)_2$ 沉淀,继续加入 KSCN 溶液,该沉淀溶解生成无色$[Hg(SCN)_4]^{2-}$配离子	生成白色沉淀	$Hg(NO_3)_2+2SCN^- \rightleftharpoons Hg(SCN)_2\downarrow$(白色)$+2NO_3^-$
	沉淀溶解	$Hg(SCN)_2+2SCN^- \rightleftharpoons [Hg(SCN)_4]^{2-}$(无色)
加入几滴 $0.2mol \cdot L^{-1}$ $ZnSO_4$ 溶液	有白色沉淀生成	$Zn^{2+}+[Hg(SCN)_4]^{2-} \rightleftharpoons Zn[Hg(SCN)_4]\downarrow$(白色,在中性或微酸性溶液中稳定)

4. 铜、银、汞的氧化还原性

(1) 氧化亚铜的生成和性质

实验内容	实验现象	解释与反应方程式
①取 0.2mL $0.2mol \cdot L^{-1}$ $CuSO_4$ 溶液,滴加过量的 $6mol \cdot L^{-1}$NaOH 溶液,使最初生成的蓝色沉淀溶解成深蓝色溶液。然后在溶液中加入 1mL 10%葡萄糖溶液,混匀后微热,有黄色沉淀产生进而变成红色沉淀 ②一份沉淀与 1mL $2mol \cdot L^{-1}$ H_2SO_4 作用,静置,注意沉淀的变化。然后加热至沸,观察有何现象 ③另一份沉淀加入 1mL 浓氨水,振荡后,静置一会儿,观察溶液的颜色。放置一段时间后,观察有何变化	依次出现蓝色沉淀,深蓝色溶液,黄色沉淀,红色沉淀	① $2[Cu(OH)_4]^{2-}+CH_2OH(CHOH)_4CHO \rightleftharpoons Cu_2O\downarrow+CH_2OH(CHOH)_4COOH+4OH^-+2H_2O$ ② $Cu_2O+H_2SO_4 \rightleftharpoons Cu_2SO_4+H_2O$ $Cu_2SO_4 \rightleftharpoons CuSO_4+Cu$ ③ $Cu_2O+4NH_3\cdot H_2O \rightleftharpoons 2[Cu(NH_3)_2]^+$(无色)$+2OH^-+3H_2O$ $2[Cu(NH_3)_2]^++4NH_3\cdot H_2O+1/2O_2 \rightleftharpoons 2[Cu(NH_3)_4]^{2+}$(蓝色)$+2OH^-+3H_2O$

(2) 氯化亚铜的生成和性质

实验内容	实验现象	解释与反应方程式
取 10mL 0.5mol·L^{-1} $CuCl_2$ 溶液置于小烧杯中，加入 3mL 浓盐酸和少量铜屑，加热沸腾至其中液体呈深棕色（绿色完全消失）。取几滴上述溶液加入 10mL 蒸馏水中，如有白色沉淀产生，迅速把全部溶液倾入 100mL 蒸馏水中，将白色沉淀洗涤至无蓝色为止。取少许沉淀分成两份：一份与 3mL 浓盐酸作用，观察有何变化。另一份与 3mL 浓氨水作用，观察又有何变化	出现白色沉淀，加入浓盐酸或浓氨水后沉淀消失	$Cu^{2+}+Cu+2Cl^- \rightleftharpoons 2CuCl\downarrow$（白色） $CuCl+HCl \rightleftharpoons H[CuCl_2]$ $CuCl+2NH_3 \cdot H_2O \rightleftharpoons$ $[Cu(NH_3)_2]^+$（无色）$+Cl^-+2H_2O$
	一段时间后溶液呈绿蓝色或蓝色	$CuCl_2^- \xrightarrow{氧化} CuCl_4^{2-}$ $Cu(NH_3)_2^+$（无色）$\xrightarrow{氧化}$ $[Cu(NH_3)_4]^{2+}$（蓝色）

问题：（略）

(3) 碘化亚铜的生成和性质

实验内容	实验现象	解释与反应方程式
在盛有 0.2mL 0.2mol·L^{-1} $CuSO_4$ 溶液的试管中，边滴加 0.2mol·L^{-1} KI 溶液边振荡，溶液变为棕黄色（CuI 为白色沉淀，I_2 溶于 KI 呈黄色）。再滴加适量 0.5mol·L^{-1} $Na_2S_2O_3$ 溶液，除去反应中生成的碘。观察产物的颜色和状态，写出反应式	出现白色沉淀	$2Cu^{2+}+4I^- \rightleftharpoons 2CuI+I_2$ 加 $Na_2S_2O_3$ 溶液应适量，将 I_2 还原成 I^- 若 $Na_2S_2O_3$ 加过量： $CuI+2S_2O_3^{2-}$（过量）$\rightleftharpoons$ $[Cu(S_2O_3)_2]^{3-}+I^-$ 有的学生加 $Na_2S_2O_3$ 后，上部溶液显黄绿色，是因为 $CuSO_4$ 加过量

(4) 汞(Ⅱ) 与汞(Ⅰ) 的相互转化

实验内容	实验现象	解释与反应方程式
①在 5 滴 0.2mol·L^{-1} $Hg(NO_3)_2$ 溶液中，逐滴加入 0.2mol·L^{-1} $SnCl_2$ 溶液（由适量到过量）。观察反应现象，写出方程式 ②在 0.5mL 0.2mol·L^{-1} $Hg(NO_3)_2$ 溶液中，滴加入 1 滴金属汞，充分振荡。把清液转入两支试管中（余下的汞要回收），在一支试管中加入 0.2mol·L^{-1} NaCl，另一支试管中加入 2mol·L^{-1} 氨水，观察现象，写出反应式	①先出现白色沉淀，然后出现黑色沉淀 ②加入 NaCl 的试管中溶液出现白色沉淀。加入氨水的试管中出现白色和黑色沉淀	① $2Hg(NO_3)_2+SnCl_2$（适量）$\rightleftharpoons$ $Hg_2Cl_2\downarrow$（白色）$+Sn(NO_3)_4$ $Hg_2Cl_2+SnCl_2$（过量）$\rightleftharpoons 2Hg\downarrow$（黑色）$+SnCl_4$ 在酸性溶液中 Hg(Ⅱ)是一个较强的氧化剂 ② $Hg(NO_3)_2+Hg \rightleftharpoons Hg_2(NO_3)_2$ $Hg_2(NO_3)_2+2NaCl \rightleftharpoons$ $Hg_2Cl_2\downarrow$（白色）$+2NaNO_3$ $Hg_2(NO_3)_2+2NH_3 \rightleftharpoons$ $HgNH_2NO_3\downarrow$（白色）$+Hg\downarrow$（黑色）$+NH_4NO_3$

思考题：（略）

实验心得：（略）

(2) 分析化学测定实验报告范本

分析化学实验学生实验报告

课程名称：　　　　教师：　　　　实验室名称：

实验日期：　　　　专业：　　　　班级：

姓　　名：　　　　学号：　　　　实验成绩：

一、实验名称

重铬酸钾法测定亚铁盐中铁含量

二、实验目的

1. 了解重铬酸钾法测定亚铁盐中铁含量的原理和方法。
2. 进一步掌握滴定的基本操作。

三、实验仪器及试剂

仪器：酸式滴定管、锥形瓶、称量瓶、量筒、分析天平。

试剂：硫酸亚铁铵、H_2SO_4-H_3PO_4 混合酸、二苯胺磺酸钠、重铬酸钾标准溶液。

四、实验原理

用 $K_2Cr_2O_7$ 标准溶液滴定硫酸亚铁铵溶液，在酸性条件下，Fe^{2+} 被氧化为 Fe^{3+}，$Cr_2O_7^{2-}$ 中的 Cr(Ⅵ) 被还原为 Cr^{3+}。以二苯胺磺酸钠作指示剂，滴定终点为紫色。

$$6Fe^{2+} + Cr_2O_7^{2-} + 14H^+ \longrightarrow 2Cr^{3+} + 6Fe^{3+} + 7H_2O$$

计算公式：
$$w(\mathrm{Fe}) = \frac{c\left(\frac{1}{6}K_2Cr_2O_7\right)V \times 10^{-3} \times M(\mathrm{Fe})}{m_s} \times 100\%$$

五、实验步骤

① 准确称取 0.4～0.6g 硫酸亚铁铵三份，分别置于 250mL 锥形瓶内。

② 先将其中一份用 100mL 去离子水溶解，然后加 15mL 硫-磷混合酸。

③ 再加 5～6 滴二苯胺磺酸钠指示剂，立即用重铬酸钾标准溶液滴定至溶液呈持久的紫色即为终点。

④ 记录滴定所消耗的重铬酸钾标准溶液的体积。

⑤ 按上述步骤，再逐一处理、滴定另外两份硫酸亚铁铵试样。

⑥ 根据滴定所消耗的重铬酸钾标准溶液的体积及重铬酸钾标准溶液的浓度，计算试样中铁含量。

六、实验数据及结果

项目	次数		
	Ⅰ	Ⅱ	Ⅲ
$c\left(\frac{1}{6}K_2Cr_2O_7\right)/mol \cdot L^{-1}$	0.05000		
试样质量/g	0.4240	0.4098	0.4249
$K_2Cr_2O_7$ 体积/mL	23.60	22.80	23.63
w(Fe)/%	15.54	15.54	15.53
平均值	15.54		
相对偏差/%	0.00	0.00	−0.064
平均相对偏差/%	0.021		

七、问题讨论

① 溶解时，不能先全部溶解，为什么？空气中氧气会将其氧化，而造成最后滴定不准。

② 因为在滴定终点时，溶液呈紫色，即使过量后，溶液依然呈现紫色，所以滴定时应千万注意，不能过量。

③ 整个分析实验结束了，虽然只有几个实验，但这过程中，让我们学会了对待科学的态度应严谨，不能草率了事。

（3）有机化学制备实验实验报告范本

有机化学实验学生实验报告

姓名__________班级__________桌号__________日期__________室温__________

实验名称：正溴丁烷（*n*-bromobutane）的制备

一、目的和要求

1. 了解由醇制备溴代烷的原理及方法。
2. 初步掌握回流及气体吸收装置和分液漏斗的使用。

二、反应式

主反应：

$$NaBr + H_2SO_4 \longrightarrow HBr + NaHSO_4$$

$$n\text{-}C_4H_9OH + HBr \xrightarrow{H_2SO_4} n\text{-}C_4H_9Br + H_2O$$

副反应：

$$CH_3CH_2CH_2CH_2OH \xrightarrow{H_2SO_4} CH_3CH_2CH{=}CH_2 + H_2O$$

$$2n\text{-}C_4H_9OH \xrightarrow{H_2SO_4} (n\text{-}C_4H_9)_2O + H_2O$$

$$2NaBr + 3H_2SO_4 \longrightarrow Br_2 + SO_2\uparrow + 2H_2O + 2NaHSO_4$$

三、主要试剂及产物的物理常数

名称	分子量	性状	折射率	相对密度 d_4^{20}	熔点/℃	沸点/℃	溶解度/g·(100mL溶剂)$^{-1}$		
							水	醇	醚
正丁醇	74.12	无色透明液体	1.39931	0.80978	−89.9～−89.2	117.71	7.920	∞	∞
正溴丁烷	137.03	无色透明液体	1.4398	1.299	−112.4	101.6	不溶	∞	∞

四、主要试剂用量及规格

正丁醇：实验试剂，7.5g（4.3mL，0.10mol）。

浓硫酸：工业品，26.7g（14.5mL，0.27mol）。

溴化钠：实验试剂，12.5g（0.12mol）。

五、仪器装置图（略）

六、实验步骤及现象记录

步骤	现象
① 于150mL圆底烧瓶中放置10mL水＋14.5mL浓H_2SO_4，振摇冷却	放热，烧瓶烫手
②加9.3mL n-C_4H_9OH及12.5g NaBr	不分层，有许多NaBr未溶。瓶中已出现白色雾状HBr。沸腾，瓶中白雾状HBr增多。并从冷凝管上升，为气体吸收装置吸收，瓶中液体由一层变为三层，上层开始极薄，中层为橙黄色，上层越来越厚，中层越来越薄，最后消失。上层颜色由淡黄→橙黄色
③ 装冷凝管、HBr吸收装置，石棉网小火加热1h	
④ 稍冷，改成蒸馏吸收装置，加沸石，蒸出n-C_4H_9OH	馏出液浑浊，分层，瓶中上层越来越少，最后消失，消失后过片刻停止蒸馏。蒸馏瓶冷却析出无色透明结晶($NaHSO_4$)
⑤ 粗产物用15mL水洗 在干燥分液漏斗中用5mL H_2SO_4洗 8mL水洗 8mL饱和$NaHCO_3$洗 8mL水洗	产物在上层。 加1滴浓H_2SO_4沉至下层，证明产物在上层。 两层交界处有些絮状物
⑥ 粗产物置25mL锥形瓶中，加1g $CaCl_2$干燥	粗产物有些浑浊，稍摇后透明
⑦ 产物滤入25mL圆底烧瓶中，加沸石蒸馏收集99～103℃馏分	99℃以前馏出液很少，长时间稳定于101～102℃左右。后升至103℃，温度下降，瓶中液体很少，停止蒸馏
产物外观，质量	无色液体，瓶重15.5g，共重23.5g，产物重8g

七、粗产物纯化过程及原理

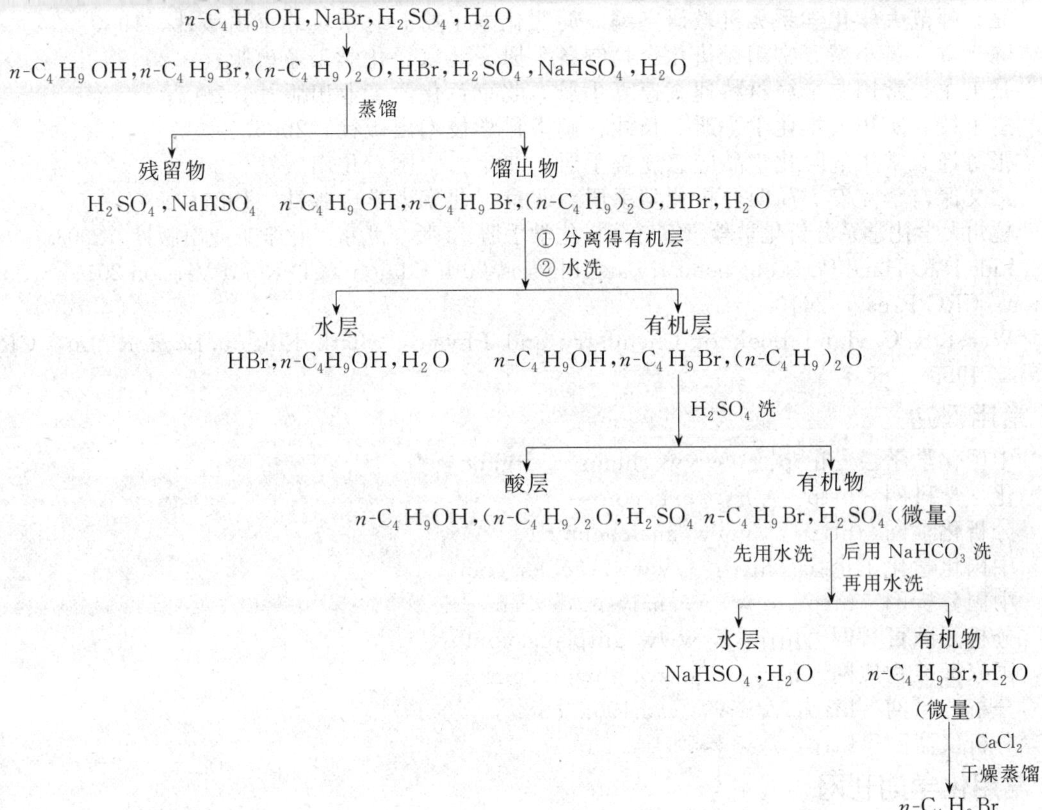

八、产率计算

因其他试剂过量，理论产量应按正丁醇计算。0.1mol 正丁醇能产生 0.1mol（即 $0.1mol \times 137g \cdot mol^{-1} = 13.7g$）正溴丁烷。

$$产率 = \frac{8g}{13.7g} \times 100\% = 58\%$$

九、讨论

醇能与硫酸生成鉾盐，而卤代烷不溶于硫酸，故随着正丁醇转化为正溴丁烷，烧瓶中分成三层。上层为正溴丁烷，中层可能为硫酸氢正丁酯，中层消失即表示大部分正丁醇已转化为正溴丁烷。上、中层两层液体呈橙黄色，可能是由副反应产生的溴所致。从实验可知溴在正溴丁烷中的溶解度较硫酸中的溶解度大。

蒸去正溴丁烷后，烧瓶中冷却析出的结晶是硫酸氢钠。

由于操作时疏忽大意，反应开始前忘加沸石，回流不正常，停止加热稍冷后，再加沸石继续回流，致使操作时间延长，今后要引起注意。

十、思考题（略）

评语及成绩

2. 常用化学手册

北京师范大学化学系无机教研室编．简明化学手册．北京：北京出版社，1980.

陈克重，黄小麟．常用无机化合物制备手册．北京：化学工业出版社，2006.

张玉龙．常用非金属材料速查速算手册．北京：化学工业出版社，2007.

王玉枝．实用大学化学手册．长沙：湖南科学技术出版社，2005.

张海峰．常用危险化学品应急速查手册．北京：中国石化出版社，2006.

常文保，李克安．简明分析化学手册．北京：北京大学出版社，1981.

杭州大学化学系分析化学教研室．分析化学手册．2 版．北京：化学工业出版社，2003.

Lide D R. Hand Book of Chemistry and Physics. 90th Edition（CD-ROM Version 2010). Boca Raton：CRC Press，2010.

Weast R C. Hand Book of Chemistry and Physics. 66 th Edition. Boca Raton：CRC Press，1985-1986.

3. 常用网站

中国化学学会　http：//www. chemsoc. org. cn

化学学科网　http：//hx. zxxk. com

分析化学网　http：//www. analchem. cn

中国化学化工论坛　http：//www. ccebbs. com

中国分析网　http：//www. analysis. org. cn

分析测试百科网　http：//www. antpedia. com

国家标准物质网　http：//www. gbwpt. com

分析计量网　http：//www. cam1992. com

分析仪器网　http：//www. 54pc. com

4. 常用化学期刊网

ScienceDirect（SD）　http：//www. sciencedirect. com/

EBSCOhost 数据库　http：//search. ebscohost. com/

ACS Publications（美国化学学会）　http：//pubstore. acs. org/

Royal Society of Chemistry（RSC）（英国皇家化学会）　http：//www. rsc. org/

Wiley Online Library　http：//onlinelibrary. wiley. com/

Taylor & Francis 数据库　http：//www. tandfonline. com/

化学物理学杂志（The Journal of Chemical Physics）　http：//jcp. aip. org/

无机化学学报　http：//www. wjhxxb. cn/wjhxxbcn/ch/index. aspx

化学周报（英文版）　http：//chemweek. com

国际网上化学学报　http：//www. chemistrymag. org/

分析科学学报　http：//www. fxkxxb. whu. edu. cn/

分析实验室　http：//www. analab. cn/

分析测试学报　http：//www. fenxicsxb. cn/

5. 特殊溶液的配制

试　剂	浓度/$mol \cdot L^{-1}$	配制方法
三氯化铋 $BiCl_3$	0.1	溶解 31.6g $BiCl_3$ 于 330mL 6$mol \cdot L^{-1}$ HCl 中，加水稀释至 1L
三氯化锑 $SbCl_3$	0.1	溶解 22.8g $SbCl_3$ 于 330mL 6$mol \cdot L^{-1}$ HCl 中，加水稀释至 1L
氯化亚锡 $SnCl_2$	0.1	溶解 22.6g $SnCl_2 \cdot 2H_2O$ 于 330mL 6$mol \cdot L^{-1}$ HCl 中，加水稀释至 1L，加入数粒纯锡，以防氧化
硝酸汞 $Hg(NO_3)_2$	0.1	溶解 33.4g $Hg(NO_3)_2 \cdot 0.5H_2O$ 于 0.6$mol \cdot L^{-1}$ HNO_3 中，加水稀释至 1L

续表

试　　剂	浓度/$mol \cdot L^{-1}$	配制方法
硝酸亚汞 $Hg_2(NO_3)_2$	0.1	溶解 56.1g $Hg_2(NO_3)_2 \cdot 2H_2O$ 于 0.6$mol \cdot L^{-1}$ HNO_3 中，加水稀释至 1L，并加入少许金属汞
碳酸铵 $(NH_4)_2CO_3$	0.1	96g 研细的 $(NH_4)_2CO_3$ 溶于 1L 2$mol \cdot L^{-1}$ 氨水中
硫酸铵 $(NH_4)_2SO_4$	饱和	50g $(NH_4)_2SO_4$ 溶于 100mL 热水，冷却后过滤
硫酸亚铁 $FeSO_4$	0.5	溶解 69.5g $FeSO_4 \cdot 7H_2O$ 于适量水中，加入 5mL 18$mol \cdot L^{-1}$ H_2SO_4，再用水稀释至 1L，置入小铁钉数枚
六羟基锑酸钠 $Na[Sb(OH)_6]$	0.1	溶解 12.2g 锑粉于 50mL 浓硝酸中微热，使锑粉全部反应，生成白色粉末，用倾析法洗涤数次，然后加入 50mL 6$mol \cdot L^{-1}$ NaOH，使之溶解，稀释至 1L
六硝基钴酸钠 $Na_3[Co(NO_2)_6]$		溶解 230g $NaNO_2$ 于 500mL 水中，加入 165mL 6$mol \cdot L^{-1}$ HAc 和 30g $Co(NO_3)_2 \cdot 6H_2O$ 放置 24h，取其清液，稀释至 1L，并保存在棕色瓶中。此溶液应呈橙色，若变为红色，则样品已经分解，需要重新配制
硫化钠 Na_2S	2	溶解 240g $Na_2S \cdot 9H_2O$ 和 40g NaOH 于水中，稀释至 1L
仲钼酸铵 $(NH_4)_6Mo_7O_{24} \cdot 4H_2O$	0.1	溶解 124g 于 1L 水中，将所得溶液倒入 1L 6$mol \cdot L^{-1}$ HNO_3 中，放置 24h，取其澄清液
硫化铵 $(NH_4)_2S$	3	取一定量氨水，将其均分为两份。其中一份通硫化氢至饱和，而后与另一份氨水混合
铁氰化钾 $K_3[Fe(CN)_6]$		取 $K_3[Fe(CN)_6]$ 0.7～1g 溶于水中，稀释至 100mL(使用前临时配制)
铬黑 T		将铬黑 T 和烘干的 NaCl 按 1∶100 的比例研细，混合均匀，储存于棕色瓶中
二苯胺		将 1g 二苯胺在搅拌下溶于 100mL 密度 1.84$g \cdot cm^{-3}$ 硫酸或 100mL 密度 1.70$g \cdot cm^{-3}$ 磷酸中(可长时间保存)
镁试剂		溶解 0.01g 对硝基偶氮间苯二酚于 1L 1$mol \cdot L^{-1}$ NaOH 中
镁铵试剂		将 100g $MgCl_2 \cdot 6H_2O$ 和 100g NH_4Cl 溶于水中，加入 50mL 浓氨水，用水稀释至 1L
奈氏试剂		溶解 115g HgI_2 和 80g KI 于水中，稀释至 500mL，加入 500mL 6$mol \cdot L^{-1}$ NaOH 溶液，静置后取清液，保存在棕色瓶中
五氰氧氮合铁酸钠 $Na_2[Fe(CN)_5NO]$		称取 10g 亚硝酰铁氰酸钠溶于 100mL 水中。保存在棕色瓶中。如果溶液变绿，则不能继续使用
格里斯试剂		①加热下溶解 0.5g 对氨基苯磺酸于 50mL 30% HAc 中，贮于暗处； ②将 0.4g α-萘胺与 100mL 水混合煮沸，再向蓝色残渣中倾出的无色溶液加入 6mL 80% HAc。使用前将①、②溶液等体积混合均匀
打萨宗(二苯缩氨硫脲)		溶解 0.1g 打萨宗于 1L CCl_4 或 $CHCl_3$ 中
甲基红		溶解 2g 甲基红于 1L 60%乙醇中
甲基橙	0.1%	溶解 1g 甲基橙于 1L 水中
酚酞		溶解 2g 酚酞于 1L 90%乙醇中

续表

试　　剂	浓度/$mol \cdot L^{-1}$	配制方法
溴甲酚蓝(溴甲酚绿)		0.1g该指示剂与2.9mL 0.05$mol \cdot L^{-1}$ NaOH混匀，用水稀释至250mL；或者将1g该指示剂溶于1L 20%乙醇中
石蕊		2g石蕊溶于50mL水中，静置一昼夜后过滤。在滤液中加30mL 95%乙醇，再加水稀释至100mL
氯水		在水中通入氯气直至饱和，该溶液应使用前临时配制
溴水		在水中滴入液溴至饱和
碘液	0.01	溶解1.3g碘和5g KI于尽量少的水中，加水稀释至1L
品红		溶解1g品红于1L水中
淀粉	0.2%	将0.2g淀粉和少量冷水调制成糊状，倒入100mL沸水中，煮沸后冷却即可
NH_3-NH_4Cl缓冲溶液		20g NH_4Cl溶于适量水中，加入100mL氨水(密度0.9$g \cdot cm^{-3}$)，混合后稀释至1L。该溶液为pH=10的缓冲溶液

6. 危险药品的分类、性质和管理

(1) 危险药品是指受光、热、空气、水或者撞击等外界因素的影响，可能引起燃烧、爆炸的药品，或具有强腐蚀性、剧毒性的药品。常用危险药品按其危害性可分为下面几类。

类别		举例	性质	注意事项
1. 爆炸品		硝酸铵、苦味酸、三硝基甲苯	遇高热、摩擦、撞击等剧烈反应，放出气体和热量，产生猛烈爆炸	存放于阴凉、低下处，轻拿、轻放
2. 易燃品	易燃液体	丙酮、乙醚、甲醇、乙醇、苯等有机溶剂	沸点低、易挥发，遇火则燃烧，甚至引起爆炸	存放阴凉处、远离热源。注意通风，防止明火
	易燃固体	赤磷、硫、萘、硝化纤维	燃点低，受热、摩擦、撞击或遇氧化剂可引起剧烈燃烧、爆炸	同上
	易燃气体	氢气、乙炔、甲烷	遇撞击、受热引起燃烧(与空气按一定比例混合，则发生爆炸)	注意通风。如为钢瓶气，不得在实验室内存放
	遇水易燃品	钠、钾	遇水剧烈反应，产生可燃气体并放出热量，此反应热会引起燃烧	保存于煤油中，切勿与水接触
	自燃物品	黄磷	在适当温度下被空气氧化、放热，达到燃点而引起燃烧	保存于水中
3. 氧化剂		硝酸钾、氯酸钾、过氧化氢、过氧化钠、高锰酸钾	具有强氧化性，遇酸、受热、与有机物、易燃品、还原剂等混合时，因反应引起燃烧或爆炸	不能与易燃品、爆炸品、还原剂等一起存放
4. 剧毒品		氰化钾、三氧化二砷、升汞、氯化钡、六六六	剧毒，少量入侵人体引起中毒，甚至死亡	专人专柜保管，现用现领，用后剩余物应交回，建立相应的登记制度
5. 腐蚀性药品		强酸、强碱、氟化氢、溴、酚	具有强腐蚀性，触及物品造成腐蚀、破坏，触及皮肤引起化学烧伤	不与氧化剂、易燃品、爆炸品共同存放

(2) 依据中华人民共和国公安部发布实施的《中华人民共和国公共安全行业标准GA 58—93》，将剧毒药品分为A、B两级。

剧毒药品急性毒性分级标准

级别	口服剧毒物品的半致死量/mg·kg^{-1}	皮肤接触剧毒物品的半致死量/mg·kg^{-1}	吸入剧毒物品粉尘、烟雾的半致死浓度/mg·L^{-1}	吸入剧毒物品液体的蒸汽或气体的半致死浓度/mg·L^{-1}
A	≤5	≤40	≤0.5	≤1000
B	5～50	40～200	0.5～2	≤3000(A级除外)

A级无机剧毒药品品名表

品名	别名	品名	别名	品名	别名
氰化钠	山奈	氰化钾		氰化钙	
氰化钡		氰化钴		氰化亚钴	
氰化钴钾	钴氰化钾	氰化镍		氰化镍钾	氰化钾镍
氰化铜	氰化高铜	氰化银		氰化银钾	银氰化钾
氰化锌		氰化镉		氰化汞	氰化高汞
氰化铅		氰化铈		氰化亚铜	
氰化金钾		氰化溴		氰化氢(液)	无水氢氰酸
氢氰酸		三氧化(二)砷	砒霜、白砒	亚砷酸钠	偏亚砷酸钠
亚砷酸钾		五氧化(二)砷	砷(酸)酐	三氯化砷	氯化亚砷
硒酸钠		硒酸钾		亚硒酸钠	
亚硒酸钾		氧氯化硒	氯化亚硒酰	氯化汞	氯化高汞,二氯化汞
氧氰化汞	氰氧化汞	氧化镉(粉)		羰基镍	四羰基镍,四碳酰镍
五羰基铁	羰基铁	叠氮化钠		叠氮(化)钡	
叠氮酸		氟化氢(无水)	无水氢氟酸	黄磷	白磷
磷化钠		磷化钾		磷化镁	二磷化三镁
磷化铝		磷化铝农药		氟	
氯(液)	液氯	磷化氢	磷化三氢,膦	砷化氢	砷化三氢,胂
硒化氢		锑化氢	锑化三氢	一氧化氮	
四氧化二氮(液)	二氧化氮	二氧化硫(液)	亚硫酸酐	二氧化氯	
二氟化氧		三氟化氯		三氟化磷	
四氟化硫		四氟化硅	氟化硅	五氟化氯	
五氟化磷		六氟化硒		六氟化碲	
六氟化钨		氯化溴		氯化氰	氰化氯,氯甲腈
溴化羰	溴光气	氰(液)		氰化汞钾	氰化钾汞,汞氰化钾

(3) 化学实验室毒品管理规定

① 实验室使用毒品和剧毒品（A 和 B 类毒品）应预先估算使用量，按用量到毒品库领取，尽量做到用多少领多少。使用后剩余毒品应送回毒品库统一管理。毒品库对领出和退回的毒品需详细登记。

② 实验室在领用毒品和剧毒品后，由两位教师（教辅人员）共同负责保证领用毒品的安全管理，实验室建立毒品使用账目。账目内容应包含：药品名称、领用日期、领取量、使用日期、使用量、剩余量、使用人签名、两名管理人签名。

③ 实验室使用毒品时，如剩余量较少且近期仍需使用，须将毒品存放在实验室内。此药品必须放于实验室毒品保险柜内，钥匙由两位管理教师掌管，保险柜上锁和开启均须两人同时在场。实验室配制有毒药品溶液时也应按用量配制，该溶液的使用、归还和存放也须履行使用账目登记制度。

附录 Ⅱ

1. 国际原子量表

序号	名称	符号	原子量	序号	名称	符号	原子量
1	氢	H	1.00794	46	钯	Pd	106.42
2	氦	He	4.002602	47	银	Ag	107.8682
3	锂	Li	6.941	48	镉	Cd	112.411
4	铍	Be	9.012182	49	铟	In	114.818
5	硼	B	10.811	50	锡	Sn	118.710
6	碳	C	12.0107	51	锑	Sb	121.760
7	氮	N	14.0067	52	碲	Te	127.60
8	氧	O	15.9994	53	碘	I	126.0447
9	氟	F	18.9984032	54	氙	Xe	131.293
10	氖	Ne	20.1797	55	铯	Cs	132.90545
11	钠	Na	22.989770	56	钡	Ba	137.327
12	镁	Mg	24.3050	57	镧	La	138.9055
13	铝	Al	26.981538	58	铈	Ce	140.116
14	硅	Si	28.0855	59	镨	Pr	140.90765
15	磷	P	30.973761	60	钕	Nd	144.24
16	硫	S	32.065	61	钷	Pm	(145)
17	氯	Cl	35.453	62	钐	Sm	150.36
18	氩	Ar	39.948	63	铕	Eu	151.964
19	钾	K	39.0983	64	钆	Gd	157.25
20	钙	Ca	40.078	65	铽	Tb	158.92534
21	钪	Sc	44.955910	66	镝	Dy	162.500
22	钛	Ti	47.867	67	钬	Ho	164.93032
23	钒	V	50.9415	68	铒	Er	167.259
24	铬	Cr	51.9961	69	铥	Tm	168.93421
25	锰	Mn	54.938049	70	镱	Yb	173.04
26	铁	Fe	55.845	71	镥	Lu	174.967
27	钴	Co	58.933200	72	铪	Hf	178.49
28	镍	Ni	58.6934	73	钽	Ta	180.9479
29	铜	Cu	63.546	74	钨	W	183.84
30	锌	Zn	65.409	75	铼	Re	186.207
31	镓	Ga	69.723	76	锇	Os	190.23
32	锗	Ge	72.64	77	铱	Ir	192.217
33	砷	As	74.92160	78	铂	Pt	195.078
34	硒	Se	78.96	79	金	Au	196.96655
35	溴	Br	79.904	80	汞	Hg	200.59
36	氪	Kr	83.798	81	铊	Tl	204.3833
37	铷	Rb	85.4678	82	铅	Pb	207.2
38	锶	Sr	87.62	83	铋	Bi	208.98038
39	钇	Y	88.90585	84	钋	Po	(209)
40	锆	Zr	91.224	85	砹	At	(210)
41	铌	Nb	92.90638	86	氡	Rn	(222)
42	钼	Mo	95.94	87	钫	Fr	(223)
43	锝	Tc	(98)	88	镭	Ra	(226)
44	钌	Ru	101.07	89	锕	Ac	(227)
45	铑	Rh	102.90550	90	钍	Th	232.0381

续表

序号	名称	符号	原子量	序号	名称	符号	原子量
91	镤	Pa	231.03588	101	钔	Md	(258)
92	铀	U	238.02891	102	锘	No	(259)
93	镎	Np	(237)	103	铹	Lr	(262)
94	钚	Pu	(244)	104	𬬻	Rf	(261)
95	镅	Am	(243)	105	𬭊	Db	(262)
96	锔	Cm	(247)	106	𬭳	Sg	(266)
97	锫	Bk	(247)	107	𬭛	Bh	(264)
98	锎	Cf	(251)	108	𬭶	Hs	(277)
99	锿	Es	(252)	109	鿏	Mt	(268)
100	镄	Fm	(257)	110	𫟼	Ds	(271)

2. 常用化合物的分子量表

化合物	分子量	化合物	分子量	化合物	分子量
Ag_3AsO_4	462.52	$Ca_2(PO_4)_2$	310.18	$FeCl_3$	162.21
AgBr	187.77	$CaSO_4$	136.14	$FeCl_2$	126.75
$AgCl_3$	133.34	$CdCl_2$	183.32	$FeCl_3 \cdot 6H_2O$	270.30
AgCl	143.32	$CdCO_4$	172.42	$FeCl_2 \cdot 4H_2O$	198.81
$AgCl_3 \cdot 6H_2O$	241.43	CdS	144.47	$Fe(NH_4)_2(SO_4)_2 \cdot 6H_2O$	392.13
AgCN	133.89	$Ce(SO_4)_2$	332.24	$FeNH_4(SO_4)_2 \cdot 12H_2O$	482.18
Ag_2CrO_4	331.73	$Ce(SO_4)_2 \cdot 4H_2O$	404.30	$Fe(NO_3)_3$	241.86
AgI	234.77	CH_3COOH	60.05	$Fe(NO_3)_3 \cdot 9H_2O$	404.00
$AgNO_3$	169.87	CH_3COONa	82.03	Fe_3O_4	231.54
AgSCN	165.95	$CH_2COONa \cdot 3H_2O$	136.08	Fe_2O_3	159.69
$Al(NO_3)_3$	213.00	CH_3COONH_4	77.08	FeO	71.85
$Al(NO_3)_3 \cdot 9H_2O$	375.13	CO_2	44.01	$Fe(OH)_3$	106.87
Al_2O_3	101.96	$CoCl_2$	129.84	Fe_2S_3	207.87
$Al(OH)_3$	78.00	$CoCl_2 \cdot 6H_2O$	237.93	FeS	87.91
$Al(SO_4)_3$	342.14	$Co(NH_2)_2$	60.06	$FeSO_4$	151.91
$Al_2(SO_4)_3 \cdot 18H_2O$	666.41	$Co(NO_3)_2$	182.94	$FeSO_4 \cdot 7H_2O$	278.01
As_2O_5	229.84	$Co(NO_3)_2 \cdot 6H_2O$	291.03	FI	127.91
As_2O_3	197.84	CoS	90.99	H_3AsO_3	141.94
As_2S_3	246.02	$CoSO_4$	154.99	H_3AsO_4	125.94
$BaCl_2$	208.24	$CoSO_4 \cdot 7H_2O$	281.10	H_3BO_3	61.83
$BaCl_2 \cdot 2H_2O$	244.27	$CrCl_3$	158.36	HBr	80.91
BaC_2O_4	225.35	$CrCl_3 \cdot 6H_2O$	266.45	HCl	36.46
$BaCO_3$	197.34	$Cr(NO_3)_3$	238.01	HCN	27.03
$BaCrO_4$	253.32	Cr_2O_3	151.99	$H_2C_2O_4$	90.04
BaO	153.33	$CuCl_2$	134.45	H_2CO_3	62.03
$Ba(OH)_2$	171.34	CuCl	99.00	$H_2C_2O_4 \cdot 2H_2O$	126.07
$BaSO_4$	233.39	$CuCl_2 \cdot 2H_2O$	170.48	HCOOH	46.03
$BiCl_3$	315.34	CuI	190.45	HF	20.01
BiOCl	260.43	$Cu(NO_3)_2$	187.56	Hg_2Cl_2	472.09
$CaCl_2$	110.99	$Cu(NO_3)_2 \cdot 3H_2O$	241.60	$HgCl_2$	271.50
$CaCl_2 \cdot 6H_2O$	219.08	Cu_2O	143.09	$Hg(CN)_2$	252.63
CaC_2O_4	128.10	CuO	79.55	HgI_2	454.40
$CaCO_3$	100.09	CuS	95.61	$Hg(NO_3)_2$	324.60
$Ca(NO_3)_2 \cdot 4H_2O$	236.15	CuSCN	121.62	$Hg_2(NO_3)_2$	525.19
CaO	56.08	$CuSO_4$	159.06	$Hg_2(NO_3)_2 \cdot 2H_2O$	561.22
$Ca(OH)_2$	74.10	$CuSO_4 \cdot 5H_2O$	249.68	HgO	216.59

续表

化合物	分子量	化合物	分子量	化合物	分子量
HgS	232.65	$MnCl_2\cdot4H_2O$	197.91	NiS	90.76
Hg_2SO_4	497.24	$MnCO_3$	114.95	$NiSO_4\cdot7H_2O$	280.86
$HgSO_4$	296.65	$Mn(NO_3)_2\cdot6H_2O$	287.04	NO_2	46.01
HIO_3	175.91	MnO_2	86.94	NO	30.01
HNO_2	47.01	MnO	70.94	$Pb(CH_3COO)_2$	325.29
HNO_3	63.01	MnS	87.00	$Pb(CH_3COO)_2\cdot3H_2O$	379.34
H_2O_2	34.02	$MnSO_4$	151.00	$PbCl_2$	278.11
H_2O	18.015	$MnSO_4\cdot4H_2O$	223.06	PbC_2O_4	295.22
H_3PO_4	98.00	$NaAsO_3$	191.89	$PbCO_3$	267.21
H_2S	34.08	Na_2BiO_2	279.97	$PbCrO_4$	323.19
H_2SO_4	98.07	$Na_2Br_4O_7$	201.22	PbI_2	461.01
H_2SO_3	82.07	$Na_2Br_4O_7\cdot10H_2O$	381.37	$Pb_3(NO_4)_2$	811.54
$KAl(SO_4)_2\cdot12H_2O$	474.38	$NaCl$	58.44	$Pb(NO_3)_2$	331.21
KBr	119.00	$NaClO$	74.44	PbO_2	239.20
$KBrO_3$	167.00	$NaCN$	49.01	PbO	223.20
KCl	74.55	$Na_2C_2O_4$	134.00	PbS	239.26
$KClO_4$	138.55	Na_2CO_3	105.99	$PbSO_4$	303.26
$KClO_3$	122.55	$Na_2CO_3\cdot10H_2O$	286.14	P_2O_5	141.95
KCN	65.12	$NaHCO_3$	84.01	$SbCl_5$	299.02
K_2CO_3	138.21	$Na_2HPO_4\cdot12H_2O$	358.14	$SbCl_3$	228.11
$K_2Cr_2O_7$	294.18	$Na_2H_2Y\cdot2H_2O$	372.24	Sb_2O_3	291.50
K_2CrO_4	194.19	$NaNO_3$	85.00	Sb_2S_3	339.68
$K_4Fe(CN)_6$	368.35	$NaNO_2$	69.00	SiF_4	104.08
$K_3Fe(CN)_6$	329.25	Na_2O_2	77.98	SiO_2	60.08
$KFe(SO_4)_2\cdot12H_2O$	503.24	Na_2O	61.98	$SnCl_2$	189.60
$KHC_8H_4O_4$	204.22	$NaOH$	40.00	$SnCl_4$	260.50
$KHC_4H_4O_6$	188.18	Na_3PO_4	163.94	$SnCl_4\cdot5H_2O$	350.58
$KHC_2O_4\cdot H_2C_2O_4\cdot2H_2O$	254.19	Na_2S	78.04	$SnCl_2\cdot2H_2O$	225.63
$KHC_2O_4\cdot H_2O$	146.14	$NaSCN$	81.07	SnO_2	150.69
$KHSO_4$	136.16	$Na_2S\cdot9H_2O$	240.18	SnS_2	150.75
KI	166.00	Na_2SO_4	142.04	SO_2	64.06
KIO_3	214.00	$Na_2S_2O_3$	158.10	SO_3	80.06
$KIO_3\cdot HIO_3$	389.91	Na_2SO_3	126.04	SrC_2O_4	175.64
$KMnO_4$	158.03	$Na_2S_2O_3\cdot5H_2O$	248.17	$SrCO_3$	147.63
$KNaC_4H_4O_6\cdot4H_2O$	282.22	NH_3	17.03	$SrCrO_4$	203.61
KNO_2	85.10	NH_4Cl	53.49	$Sr(NO_3)_2$	211.63
KNO_3	101.10	$(NH_4)_2C_2O_4$	124.10	$Sr(NO_3)_2\cdot4H_2O$	293.69
KOH	56.11	$(NH_4)_2CO_3$	96.09	$SrSO_4$	183.69
$KSCN$	97.18	$(NH_4)_2C_2O_4\cdot H_2O$	76.11	$UO_2(CH_3COO)_2\cdot2H_2O$	424.15
K_2SO_4	174.25	NH_4HCO_3	79.06	$Zn(CH_3COO)_2$	183.47
$MgCl_2$	95.21	$(NH_4)_2HPO_4$	132.06	$Zn(CH_3COO)_2\cdot2H_2O$	219.50
$MgCl_2\cdot6H_2O$	203.30	$(NH_4)_2MoO_4$	196.01	$ZnCl_2$	136.29
MgC_2O_4	112.33	NH_4NO_3	80.04	ZnC_2O_4	153.40
$MgCO_3$	84.31	$(NH_4)_2S$	68.14	$ZnCO_3$	125.39
$MgNH_4PO_4$	137.32	NH_4SCN	76.12	$Zn(NO_3)_2$	189.39
$Mg(NO_3)_2\cdot6H_2O$	256.41	$(NH_4)_2SO_4$	132.13	$Zn(NO_3)_2\cdot6H_2O$	297.48
MgO	40.30	NH_4VO_3	116.98	ZnO	81.38
$Mg(OH)_2$	58.32	$Ni_2Cl_2\cdot6H_2O$	237.70	ZnS	97.44
$Mg_2P_2O_7$	222.55	$Ni_2(NO_3)_3\cdot6H_2O$	290.98	$ZnSO_4$	161.44
$MgSO_4\cdot7H_2O$	246.47	NiO	74.70	$ZnSO_4\cdot7H_2O$	287.55

3. 常用酸、碱的浓度

试剂名称	密度 /g·cm^{-3}	质量分数 /%	物质的量浓度 /mol·L^{-1}	试剂名称	密度 /g·cm^{-3}	质量分数 /%	物质的量浓度 /mol·L^{-1}
浓硫酸	1.8361	98.0	18.346	氢溴酸	1.38	40	7
稀硫酸	1.0591	9.0	0.972	氢碘酸	1.70	57	7.5
浓盐酸	1.1886	38.0	12.388	冰醋酸	1.0477	100.0	17.447
稀盐酸	1.0327	7.0	1.983	稀醋酸	1.0369	30.0	5.180
浓硝酸	1.4048	68.0	15.160	稀醋酸	1.0147	12.0	2.028
稀硝酸	1.1934	32.0	6.060	浓氢氧化钠溶液	1.4299	约 40.0	约 14.300
稀硝酸	1.0660	12.0	2.030	稀氢氧化钠溶液	1.0869	8.0	2.174
浓磷酸	1.685	85.0	14.615	稀氢氧化钠溶液	1.0428	4.0	1.043
稀磷酸	1.0474	9.0	0.962	浓氨水	0.8980	约 28.0	14.764
浓高氯酸	1.664	70.0	11.595	稀氨水	0.9853	3.0	1.736
稀高氯酸	1.12	19.0	2	氢氧化钙水溶液		0.15	
浓氢氟酸	1.15	48.0	27.586	氢氧化钡水溶液		2	约 0.1

4. 弱电解质的电离常数（离子强度等于零的稀溶液）

（1）弱酸的电离常数

酸	t/℃	级	K_a	pK_a
砷酸(H_3AsO_4)	25	1	5.50×10^{-3}	2.26
		2	1.74×10^{-7}	6.76
		3	5.13×10^{-12}	11.29
亚砷酸(H_3AsO_3)	25		5.13×10^{-10}	9.29
正硼酸(H_3BO_3)	25	1	5.37×10^{-10}	9.27
		2	$<1.00\times10^{-14}$	$>$14
碳酸(H_2CO_3)	25	1	4.47×10^{-7}	6.35
		2	4.68×10^{-11}	10.33
铬酸(H_2CrO_4)	25	1	1.82×10^{-1}	0.74
		2	3.24×10^{-7}	6.49
氢氰酸(HCN)	25		6.17×10^{-10}	9.21
氢氟酸(HF)	25		6.31×10^{-4}	3.20
氢硫酸(H_2S)	25	1	8.91×10^{-8}	7.05
		2	1.00×10^{-19}	19
过氧化氢(H_2O_2)	25		2.40×10^{-12}	11.62
次溴酸(HBrO)	25		2.82×10^{-9}	8.55
碘酸(HIO_3)	25		1.66×10^{-1}	0.78
亚硝酸	25		5.62×10^{-4}	3.25
高碘酸(HIO_4)	25		2.29×10^{-2}	1.64
正磷酸(H_3PO_4)	25	1	6.92×10^{-3}	2.16
		2	6.17×10^{-8}	7.21
		3	4.79×10^{-13}	12.32
亚磷酸(H_3PO_3)	25	1	5.01×10^{-2}	1.3
		2	2.00×10^{-7}	6.70
焦磷酸($H_4P_2O_7$)	25	1	1.23×10^{-1}	0.91
		2	7.94×10^{-3}	2.10
		3	2.00×10^{-7}	6.70
		4	4.79×10^{-10}	9.32

续表

酸	t/℃	级	K_a	pK_a
硒酸(H_2SeO_4)	25	2	2.00×10^{-2}	1.7
亚硒酸(H_2SeO_3)	25	1 2	2.40×10^{-3} 4.79×10^{-9}	2.62 8.32
硅酸(H_2SiO_3)	30	1 2	1.26×10^{-10} 1.58×10^{-12}	9.9 11.8
硫酸(H_2SO_4)	25	2	1.02×10^{-2}	1.99
亚硫酸(H_2SO_3)	25	1 2	1.41×10^{-2} 6.31×10^{-8}	1.85 7.2
甲酸(HCOOH)	20		1.78×10^{-4}	3.75
醋酸(HAc)	25		1.78×10^{-5}	4.75
草酸($H_2C_2O_4$)	25	1 2	5.89×10^{-2} 6.46×10^{-5}	1.23 4.19

（2）弱碱的电离常数

碱	t/℃	级	K_b	pK_b
氨水($NH_3\cdot H_2O$)	25		1.78×10^{-5}	4.75
氢氧化铍[$Be(OH)_2$]	25	2	5.01×10^{-11}	10.30
氢氧化钙[$Ca(OH)_2$]	25 30	1 2	3.72×10^{-3} 3.98×10^{-2}	2.43 1.4
联氨(NH_2NH_2)	20		1.26×10^{-6}	5.9
羟胺(NH_2OH)	25		8.71×10^{-9}	8.06
氢氧化铅[$Pb(OH)_2$]	25		9.55×10^{-4}	3.02
氢氧化银(AgOH)	25		1.10×10^{-4}	3.96
氢氧化锌[$Zn(OH)_2$]	25		9.55×10^{-4}	3.02

5. 常用指示剂

（1）酸碱指示剂

指示剂	变色范围① pH	颜色变化	pK_{HIN}	浓度	用量/滴· (10毫升试液)$^{-1}$
百里酚酞	1.2～2.8	红～黄	1.65	0.1%的20%乙醇溶液	1～2
甲基黄	2.9～4.0	红～黄	3.25	0.1%的90%乙醇溶液	1
甲基橙	3.1～4.4	红～黄	3.45	0.05%的水溶液	1
溴酚蓝	3.0～4.6	黄～紫	4.1	0.1%的20%乙醇溶液	1
溴甲酚绿	4.0～5.6	黄～蓝	4.9	0.1%的20%乙醇溶液	1～3
甲基红	4.4～6.2	红～黄	5.0	0.1%的60%乙醇溶液	1
溴百里酚蓝	6.2～7.6	黄～蓝	7.3	0.1%的20%乙醇溶液	1
中性红	6.8～8.0	红～黄橙	7.4	0.1%的60%乙醇溶液	1
苯酚红	6.8～8.4	黄～红	8.0	0.1%的60%乙醇溶液	1
酚酞	8.0～10.0	无～红	9.1	0.5%的90%乙醇溶液	1
百里酚蓝	8.0～9.6	黄～蓝	8.9	0.1%的20%乙醇溶液	1～4
百里酚酞	9.4～10.6	无～蓝	10.0	0.1%的90%乙醇溶液	1～2

① 指室温下，水溶液中各种指示剂的变色范围。实际上，当温度改变或溶剂不同时，指示剂的变色范围将有变动。另外，溶液中盐类的存在也会影响指示剂的变色范围。

（2）氧化还原指示剂

名　称	配制	$\Phi^{*}/V(pH=0)$	氧化型颜色	还原型颜色
二苯胺	1%浓硫酸溶液	+0.76	紫	无色
二苯胺磺酸钠	0.2%水溶液	+0.85	红紫	无色
邻苯氨基苯甲酸	0.2%水溶液	+0.89	红紫	无色

（3）配位指示剂

名称	配制	用于测定		
		元素	颜色变化	测定条件
酸性铬蓝 K	0.1%乙醇溶液	Ca	红～蓝	pH=12
		Mg	红～蓝	pH=10(氨性缓冲溶液)
钙指示剂	与 NaCl 配成 1∶100 的固体混合物	Ca	酒红～蓝	pH>12(KOH 或 NaOH)
铬黑 T	与 NaCl 配成 1∶100 的固体混合物，或将 0.5g 铬黑 T 溶于含有 25mL 三乙醇胺及 75mL 无水乙醇的溶液中	Al	蓝～红	pH7～8，吡啶存在下，以 Zn^{2+} 回滴
		Bi	蓝～红	pH9～10，以 Zn^{2+} 回滴
		Ca	红～蓝	pH=10，加入 EDTA-Mg
		Cd	红～蓝	pH=10(氨性缓冲溶液)
		Mg	红～蓝	pH=12(氨性缓冲溶液)
		Mn	红～蓝	氨性缓冲溶液，加羟胺
		Ni	红～蓝	氨性缓冲溶液
		Pb	红～蓝	氨性缓冲溶液，加酒石酸钾
		Zn	红～蓝	pH=6～10(氨性缓冲溶液)
O-PAN	0.1%乙醇(或甲醇溶液)	Cd	红～黄	pH=6(醋酸缓冲溶液)
		Co	黄～红	醋酸缓冲溶液，70～80℃，以 Cu^{2+} 回滴
			紫～黄	pH=10(氨性缓冲溶液)
		Cu	红～黄	pH=6(醋酸缓冲溶液)
		Zn	粉红～黄	pH=5～7(醋酸缓冲溶液)
磺基水杨酸	1%～2%水溶液	Fe(Ⅲ)	红紫～黄	pH=1.5～3
二甲酚橙	0.5%乙醇(或水)溶液	Bi	红～黄	pH=1～2(HNO_3)
		Cd	粉红～黄	pH=5～6(六亚甲基四胺)
		Pb	红紫～黄	pH=5～6(六亚甲基四胺)
		Tb(Ⅳ)	红～黄	pH=1.6～3.5(HNO_3)
		Zn	红～黄	pH=5～6(醋酸缓冲溶液)

6. 常用缓冲溶液 pH 范围

缓冲液名称及常用浓度	配制 pH 范围	主要物质分子量
甘氨酸-盐酸缓冲液($0.05mol \cdot L^{-1}$)	2.2～5.0	甘氨酸 75.07
邻苯二甲酸-盐酸缓冲液($0.05mol \cdot L^{-1}$)	2.2～3.8	邻苯二甲酸氢钾 204.23
磷酸氢二钠-柠檬酸缓冲液	2.2～8.0	磷酸氢二钠 141.98
柠檬酸-氢氧化钠-盐酸缓冲液	2.2～6.5	柠檬酸 192.06
柠檬酸-柠檬酸钠缓冲液($0.1mol \cdot L^{-1}$)	3.0～6.6	柠檬酸 192.06 柠檬酸钠 257.96
乙酸-乙酸钠缓冲液($0.2mol \cdot L^{-1}$)	3.6～5.8	乙酸钠 81.76 乙酸 60.05
邻苯二甲酸氢钾-氢氧化钠缓冲液	4.1～5.9	邻苯二甲酸氢钾 204.23
磷酸氢二钠-磷酸二氢钠缓冲液($0.2mol \cdot L^{-1}$)	5.8～8.0	$Na_2HPO_4 \cdot 2H_2O$ 178.05 $Na_2HPO_4 \cdot 12H_2O$ 358.22 $NaH_2PO_4 \cdot H_2O$ 138.01 $NaH_2PO_4 \cdot 2H_2O$ 156.03

续表

缓冲液名称及常用浓度	配制 pH 范围	主要物质分子量
磷酸氢二钠-磷酸二氢钾缓冲液(1/15mol·L^{-1})	4.92～8.18	$Na_2HPO_4 \cdot 2H_2O$ 178.05 KH_2PO_4 136.09
磷酸二氢钾-氢氧化钠缓冲液(0.05mol·L^{-1})	5.8～8.0	KH_2PO_4 136.09
巴比妥钠-盐酸缓冲液(18℃)	6.8～9.6	巴比妥钠 206.18
Tris-盐酸缓冲液(0.05mol·L^{-1}25℃)	7.10～9.00	三羟甲基氨基甲烷(Tris)121.14
硼砂-盐酸缓冲液(0.05mol·L^{-1})	8.0～9.1	硼砂 $Na_2B_4O_7 \cdot 10H_2O$ 381.43
硼酸-硼砂缓冲液(0.2mol·L^{-1})	7.4～8.0	硼砂 $Na_2B_4O_7 \cdot 10H_2O$ 381.4 H_3BO_3 61.84
甘氨酸-氢氧化钠缓冲液(0.05mol·L^{-1})	8.6～10.6	甘氨酸 75.07
硼砂-氢氧化钠缓冲液(0.05mol·L^{-1})	9.3～10.1	硼砂 $Na_2B_4O_7 \cdot 10H_2O$ 381.43
碳酸钠-碳酸氢钠缓冲液(0.1mol·L^{-1})	9.16～10.83	碳酸钠 286.2 碳酸氢钠 84.0
碳酸钠-氢氧化钠缓冲液(0.025mol·L^{-1})	9.6～11.0	
磷酸氢二钠-氢氧化钠缓冲液	10.9～12.0	$Na_2HPO_4 \cdot 2H_2O$ 178.05 $Na_2HPO_4 \cdot 12H_2O$ 358.22
氯化钾-盐酸缓冲液(0.2mol·L^{-1})	1.0～2.2	氯化钾 74.55
氯化钾-氢氧化钠缓冲液(0.2mol·L^{-1})	12.0～13.0	氯化钾 74.55

7. 常用无机化合物的溶解度

化合物	溶解度 /g·(100mL H_2O)$^{-1}$	t/℃	化合物	溶解度 /g·(100mL H_2O)$^{-1}$	t/℃
Ag_2O	0.0013	20	$SnCl_2$	83.9	0
BaO	3.48	20	$CuCl_2$	73.0	
$BaO_2 \cdot 8H_2O$	0.168		$ZnCl_2$	395	20
As_2O_3	1.82	20	$CdCl_2$	140	20
As_2O_5	65.8	20	$CdCl_2 \cdot 2.5H_2O$	113	20
LiOH	12.35	20	$HgCl_2$	6.9	20
NaOH	109	20	$[Cr(H_2O)_4Cl_2] \cdot 2H_2O$	58.5	25
KOH	112	20	$MnCl_2$	73.9	20
$Ca(OH)_2$	0.173	20	$FeCl_2$	62.5	20
$Ba(OH)_2$	3.89	20	$FeCl_3 \cdot 6H_2O$	91.8	20
$Ni(OH)_2$	0.013		$CoCl_3 \cdot 6H_2O$	76.7	0
BaF_2	0.160	20	$NiCl_2$	60.8	20
AlF_3	0.67	20	NH_4Cl	37.2	20
AgF	172	20	NaBr	90.8	20
NH_4F	100	0	KBr	65.3	20
$(NH_4)_2SiF_6$	18.6	17	NH_4Br	76.4	20
LiCl	83.5	20	HIO_3	286	0
$LiCl \cdot H_2O$	86.2	20	NaI	178	20
NaCl	35.9	20	$NaI \cdot 2H_2O$	317.9	0
NaClO	53.4	20	KI	144	20
KCl	34.2	20	KIO_3	8.08	20
$KCl \cdot MgCl_2 \cdot H_2O$	64.5	19	KIO_4	0.42	20
$MgCl_2$	54.6	20	NH_4I	172	20
$CaCl_2 \cdot 6H_2O$	74.5	20	Na_2S	15.7	20
$BaCl_2$	37.5	26	$Na_2S \cdot 9H_2O$	47.5	10
$BaCl_2 \cdot 2H_2O$	35.8	20	NH_4HS	128.1	0
$AlCl_3$	45.8	20	$Na_2SO_3 \cdot 7H_2O$	32.8	0

续表

化合物	溶解度 /g·(100mL H_2O)$^{-1}$	t/℃	化合物	溶解度 /g·(100mL H_2O)$^{-1}$	t/℃
$Na_2SO_4 \cdot H_2O$	19.5	0	$Fe(NO_3)_3 \cdot 6H_2O$	150	
$Na_2SO_4 \cdot 7H_2O$	44.1	20	$Co(NO_3)_2$	97.4	20
$NaHSO_4$	28.6	25	NH_4NO_3	192	20
Li_2SO_4	34.8	20	Na_2CO_3	21.5	20
$KAl(SO_4)_2$	5.90	20	$Na_2CO_3 \cdot 10H_2O$	21.25	0
$KCr(SO_4)_2 \cdot 12H_2O$	24.39	25	K_2CO_3	111	20
$BeSO_4$	39.1	20	$K_2CO_3 \cdot 2H_2O$	146.9	
$MgSO_4$	33.7	20	$(NH_4)_2CO_3 \cdot H_2O$	100	15
$CaSO_4 \cdot 0.5H_2O$	0.32	20	$NaHCO_3$	6.9	0
$CaSO_4 \cdot 2H_2O$	0.255	20	NH_4HCO_3	21.7	20
$Al_2(SO_4)_3$	36.4	20	$Na_2C_2O_4$	3.41	20
$Al_2(SO_4)_3 \cdot 18H_2O$	86.9	0	$FeC_2O_4 \cdot 2H_2O$	0.022	
$CuSO_4$	14.3	0	$(NH_4)_2C_2O_4 \cdot H_2O$	2.54	0
$CuSO_4 \cdot 5H_2O$	32.0	20	$NaC_2H_3O_2$	119	0
$[Cu(NH_3)_4]SO_4 \cdot H_2O$	18.5	21.5	$NaC_2H_3O_2 \cdot 3H_2O$	76.2	0
Ag_2SO_4	0.796	20	$Pb(C_2H_3O_2)_2$	44.3	20
$ZnSO_4$	53.8	20	$Zn(C_2H_3O_2)_2 \cdot 2H_2O$		
$3CdSO_4 \cdot 8H_2O$	113	0	$NH_4C_2H_3O_2$	148	4
$HgSO_4 \cdot 2H_2O$	0.003	18	$KCNS$	177.2	0
$Cr_2(SO_4)_3 \cdot 18H_2O$	120	20	NH_4CNS	128	0
$CrSO_4 \cdot 7H_2O$	12.35	0	NH_4SCN	170	20
$MnSO_4 \cdot 6H_2O$	147.4		KCN	50	
$MnSO_4 \cdot 7H_2O$	172		$K_4[Fe(CN)_6]$	28.2	20
$FeSO_4 \cdot H_2O$	50.9	70	$K_3[Fe(CN)_6]$	46	20
$FeSO_4 \cdot 7H_2O$	26.5	20	H_3PO_4	548	
$Fe_2(SO_4)_3 \cdot 9H_2O$	440		Na_3PO_4	12.1	20
$CoSO_4 \cdot 7H_2O$	65.4	20	$(NH_4)_3PO_4 \cdot 3H_2O$	26.1	25
$NiSO_4 \cdot 6H_2O$	43.6	20	$NH_4MgPO_4 \cdot 6H_2O$	0.0231	0
$NiSO_4 \cdot 7H_2O$	43.4	20	$Na_4P_2O_7 \cdot 10H_2O$	5.41	0
$(NH_4)_2SO_4$	75.4	20	Na_2HPO_4	7.83	20
$NH_4Al(SO_4)_2 \cdot 12H_2O$	15	20	H_3BO_3	6.35	20
$NH_4Cr(SO_4)_2 \cdot 12H_2O$	21.2	25	$Na_2B_4O_7$	2.56	20
$(NH_4)_2SO_4 \cdot FeSO_4 \cdot 6H_2O$	26.9	20	$(NH_4)_2B_4O_7 \cdot 4H_2O$	7.27	18
$NH_4Fe(SO_4)_2 \cdot 12H_2O$	124.0	25	$NH_4B_5O_8 \cdot 4H_2O$	7.03	18
$Na_2S_2O_3$	26.3	20	K_2CrO_4	63.7	20
$NaNO_2$	80.8	20	Na_2CrO_4	84.0	20
KNO_2	306	20	$Na_2CrO_4 \cdot 10H_2O$	50	10
$LiNO_3$	70.1	20	$CaCrO_4 \cdot 2H_2O$	16.6	20
KNO_3	31.6	20	$(NH_4)_2CrO_4$	34.0	20
$Mg(NO_3)_2$	69.5	20	$Na_2Cr_2O_7$	183	20
$Ca(NO_3)_2 \cdot 4H_2O$	129	20	$K_2Cr_2O_7$	12.3	20
$Sr(NO_3)_2$	69.5	20	$(NH_4)_2Cr_2O_7$	35.6	20
$Ba(NO_3)_2 \cdot H_2O$	72.8	20	$H_2MoO_4 \cdot H_2O$	0.133	18
$Al(NO_3)_3$	73.9	20	Na_2MoO_4	65.3	20
$Pb(NO_3)_2$	54.3	20	$(NH_4)_6Mo_7O_{24} \cdot 4H_2O$	43	
$Cu(NO_3)_2$	125	20	Na_2WO_4	73.0	20
$AgNO_3$	216	20	$KMnO_4$	6.34	20
$Zn(NO_3)_2$	98	0	$Na_3AsO_4 \cdot 12H_2O$	38.9	15.5
$Cd(NO_3)_2$	150	20	$NH_4H_2AsO_4$	48.7	20
$Mn(NO_3)_2$	139	20	NH_4VO_3	0.48	20
$Fe(NO_3)_2 \cdot 6H_2O$	113	0	$NaVO_3$	19.3	20

8. 溶度积

化合物	溶度积(温度)	化合物	溶度积(温度)
铝		硫化镍(α)	3.2×10^{-19}(18℃)
铝酸 H_3AlO_3	3.7×10^{-15}(25℃)	硫化镍(β)	1.0×10^{-24}(18℃)
铝酸 H_3AlO_3	4×10^{-13}(15℃)	硫化镍(γ)	2.0×10^{-26}(18℃)
氢氧化铝 $Al(OH)_3$	1.9×10^{-33}(18℃)	银	
磷酸铝	9.84×10^{-21}(25℃)	溴化银	5.35×10^{-13}(25℃)
钡		碳酸银	8.46×10^{-12}(25℃)
碳酸钡	2.58×10^{-9}(25℃)	氯化银	1.77×10^{-10}(25℃)
铬酸钡	1.17×10^{-10}(25℃)	铬酸银	1.12×10^{-12}(25℃)
氟化钡	1.84×10^{-7}(25℃)	铬酸银	1.2×10^{-12}(14.8℃)
碘酸钡[$Ba(IO_3)_2\cdot H_2O$]	1.67×10^{-9}(25℃)	重铬酸银	2×10^{-7}(25℃)
硝酸钡	4.64×10^{-3}(25℃)	氢氧化银	1.52×10^{-8}(20℃)
硫酸钡	1.08×10^{-10}(25℃)	碘酸银	3.17×10^{-8}(25℃)
镉		碘化银	8.52×10^{-17}(25℃)
草酸镉($CdC_2O_4\cdot3H_2O$)	1.42×10^{-8}(25℃)	碘化银	3.2×10^{-17}(13℃)
氢氧化镉	7.2×10^{-15}(25℃)	硫化银	1.6×10^{-49}(18℃)
硫化镉	3.6×10^{-29}(18℃)	溴酸银	5.38×10^{-5}(25℃)
钙		硫氰酸银	1.03×10^{-12}(25℃)
碳酸钙	3.36×10^{-9}(25℃)	硫氰酸银	4.9×10^{-13}(18℃)
氟化钙	3.45×10^{-11}(25℃)	锌	
碘酸钙	2.5×10^{-8}(25℃)	氢氧化锌	3×10^{-17}(25℃)
磷酸钙	2.07×10^{-33}(25℃)	草酸锌($ZnC_2O_4\cdot2H_2O$)	1.38×10^{-9}(25℃)
草酸钙($CaC_2O_4\cdot H_2O$)	2.32×10^{-9}(25℃)	硫化锌	1.2×10^{-23}(18℃)
硫酸钙	4.93×10^{-5}(25℃)	氟化锌	3.4×10^{-2}(25℃)
钴		铜	
硫化钴(α)	4.0×10^{-21}(18℃)	碘酸铜[$Cu(IO_3)_2\cdot H_2O$]	6.94×10^{-8}(25℃)
硫化钴(β)	2.0×10^{-25}(18℃)	草酸铜	4.43×10^{-10}(25℃)
铁		硫化铜	8.5×10^{-45}(18℃)
氢氧化铁	2.79×10^{-39}(25℃)	溴化亚铜	6.27×10^{-9}(25℃)
氢氧化亚铁	4.87×10^{-17}(18℃)	氯化亚铜	1.72×10^{-7}(25℃)
草酸亚铁	2.1×10^{-7}(25℃)	碘化亚铜	1.27×10^{-12}(25℃)
硫化亚铁	3.7×10^{-19}(18℃)	硫化亚铜	2×10^{-47}(18℃)
铅		硫氰酸亚铜	1.77×10^{-13}(25℃)
碳酸铅	7.40×10^{-14}(25℃)	氰化亚铜	3.47×10^{-20}(25℃)
铬酸铅	1.77×10^{-14}(18℃)	汞	
氟化铅	3.3×10^{-8}(25℃)	氢氧化汞	3.0×10^{-26}(18℃)
碘酸铅	3.69×10^{-13}(25℃)	硫化汞(红)	4.0×10^{-53}(18℃)
碘化铅	9.8×10^{-9}(25℃)	硫化汞(黑)	1.6×10^{-52}(18℃)
草酸铅	2.74×10^{-11}(18℃)	氯化亚汞	1.43×10^{-18}(25℃)
硫酸铅	2.53×10^{-8}(25℃)	碘化亚汞	5.2×10^{-29}(25℃)
硫化铅	3.4×10^{-28}(18℃)	溴化亚汞	6.40×10^{-23}(25℃)
锂		锶	
碳酸锂	8.15×10^{-4}(25℃)	碳酸锶	5.6×10^{-10}(25℃)
镁		氟化锶	4.33×10^{-9}(25℃)
磷酸镁铵	2.5×10^{-13}(25℃)	草酸锶	5.61×10^{-8}(18℃)
碳酸镁	6.82×10^{-6}(25℃)	硫酸锶	3.44×10^{-7}(25℃)
氟化镁	5.16×10^{-11}(25℃)	铬酸锶	2.2×10^{-5}(18℃)
氢氧化镁	5.61×10^{-12}(25℃)	锰	
草酸镁($MgC_2O_4\cdot2H_2O$)	4.83×10^{-6}(25℃)	氢氧化锰	4×10^{-14}(18℃)
镍		硫化锰	1.4×10^{-15}(18℃)

9. 标准电极电势

由于电极反应处于一定的介质条件下，因此把明显要求碱性介质的反应列于（2）表，其余列入（1）表；另外以元素符号的英文字母顺序和氧化数由高到低的次序编排，以便查阅。

（1）在酸性溶液中

电偶氧化态	电极反应	$E^{\ominus}/V$
Ag（Ⅰ）-（0）	$Ag^{+}+e^{-} \rightleftharpoons Ag$	+0.7996
（Ⅰ）-（0）	$AgBr+e^{-} \rightleftharpoons Ag+Br^{-}$	+0.07133
（Ⅰ）-（0）	$AgCl+e^{-} \rightleftharpoons Ag+Cl^{-}$	+0.22233
（Ⅰ）-（0）	$AgI+e^{-} \rightleftharpoons Ag+I^{-}$	−0.15224
（Ⅰ）-（0）	$[Ag(S_2O_3)_2]^{3-}+e^{-} \rightleftharpoons Ag+2S_2O_3^{2-}$	+0.01
（Ⅰ）-（0）	$Ag_2CrO_4+2e^{-} \rightleftharpoons 2Ag+CrO_4^{2-}$	+0.4470
（Ⅱ）-（Ⅰ）	$Ag^{2+}+e^{-} \rightleftharpoons Ag^{+}$	+1.980
（Ⅲ）-（Ⅰ）	$Ag_2O_3(s)+6H^{+}+4e^{-} \rightleftharpoons 2Ag^{+}+3H_2O$	+1.76
（Ⅲ）-（Ⅱ）	$Ag_2O_3(s)+2H^{+}+2e^{-} \rightleftharpoons 2AgO\downarrow+H_2O$	+1.71
Al（Ⅲ）-（0）	$Al^{3+}+3e^{-} \rightleftharpoons Al$	−1.662
（Ⅲ）-（0）	$[AlF_6]^{3-}+3e^{-} \rightleftharpoons Al+6F^{-}$	−2.069
As（0）-（−Ⅲ）	$As+3H^{+}+3e^{-} \rightleftharpoons AsH_3$	−0.608
（Ⅲ）-（0）	$HAsO_2(aq)+3H^{+}+3e^{-} \rightleftharpoons As+2H_2O$	+0.248
（Ⅴ）-（Ⅲ）	$H_3AsO_4+2H^{+}+2e^{-} \rightleftharpoons HAsO_2+2H_2O$(1mol·L^{-1} HCl)	+0.560
Au（Ⅰ）-（0）	$Au^{+}+e^{-} \rightleftharpoons Au$	+1.692
（Ⅰ）-（0）	$[AuCl_2]^{-}+e^{-} \rightleftharpoons Au(s)+2Cl^{-}$	+1.15
（Ⅲ）-（0）	$Au^{3+}+3e^{-} \rightleftharpoons Au$	+1.498
（Ⅲ）-（0）	$[AuCl_4]^{-}+3e^{-} \rightleftharpoons Au+4Cl^{-}$	+1.002
（Ⅲ）-（Ⅰ）	$Au^{3+}+2e^{-} \rightleftharpoons Au^{+}$	+1.401
B（Ⅲ）-（0）	$H_3BO_3+3H^{+}+3e^{-} \rightleftharpoons B+3H_2O$	−0.8698
Ba（Ⅱ）-（0）	$Ba^{2+}+2e^{-} \rightleftharpoons Ba$	−2.912
Be（Ⅱ）-（0）	$Be^{2+}+2e^{-} \rightleftharpoons Be$	−1.847
Bi（Ⅲ）-（0）	$Bi^{3+}+3e^{-} \rightleftharpoons Bi(s)$	+0.308
（Ⅲ）-（0）	$BiO^{+}+2H^{+}+3e^{-} \rightleftharpoons Bi+H_2O$	+0.320
（Ⅲ）-（0）	$BiOCl+2H^{+}+3e^{-} \rightleftharpoons Bi+Cl^{-}+H_2O$	+0.1583
（Ⅴ）-（Ⅲ）	$Bi_2O_5+6H^{+}+4e^{-} \rightleftharpoons 2BiO^{+}+3H_2O$	+1.6
Br（0）-（−Ⅰ）	$Br_2(aq)+2e^{-} \rightleftharpoons 2Br^{-}$	+1.0873
（0）-（−Ⅰ）	$Br_2(l)+2e^{-} \rightleftharpoons 2Br^{-}$	+1.066
（Ⅰ）-（−Ⅰ）	$HBrO+H^{+}+2e^{-} \rightleftharpoons Br^{-}+H_2O$	+1.331
（Ⅰ）-（0）	$HBrO+H^{+}+e^{-} \rightleftharpoons 0.5Br_2(l)+H_2O$	+1.596
（Ⅴ）-（−Ⅰ）	$BrO_3^{-}+6H^{+}+6e^{-} \rightleftharpoons Br^{-}+3H_2O$	+1.423
（Ⅴ）-（0）	$BrO_3^{-}+6H^{+}+5e^{-} \rightleftharpoons 0.5Br_2(l)+3H_2O$	+1.482
C（Ⅳ）-（Ⅱ）	$CO_2(g)+2H^{+}+2e^{-} \rightleftharpoons HCOOH(aq)$	−0.199
（Ⅳ）-（Ⅱ）	$CO_2(g)+2H^{+}+2e^{-} \rightleftharpoons CO(g)+H_2O$	−0.12
（Ⅳ）-（Ⅲ）	$2CO_2+2H^{+}+2e^{-} \rightleftharpoons H_2C_2O_4(aq)$	−0.49
（Ⅳ）-（Ⅲ）	$2HCNO+2H^{+}+2e^{-} \rightleftharpoons (CN)_2+2H_2O$	+0.33
Ca（Ⅱ）-（0）	$Ca^{2+}+2e^{-} \rightleftharpoons Ca$	−2.868
Cd（Ⅱ）-（0）	$Cd^{2+}+2e^{-} \rightleftharpoons Cd$	−0.4030
（Ⅱ）-（0）	Cd^{2+}+(Hg,饱和)$+2e^{-} \rightleftharpoons$ Cd(Hg,饱和)	−0.3521
Ce（Ⅲ）-（0）	$Ce^{3+}+3e^{-} \rightleftharpoons Ce$	−2.336
（Ⅳ）-（Ⅲ）	$Ce^{4+}+e^{-} \rightleftharpoons Ce^{3+}$(1mol·L^{-1} H_2SO_4)	+1.443
（Ⅳ）-（Ⅲ）	$Ce^{4+}+e^{-} \rightleftharpoons Ce^{3+}$(0.5～2mol·L^{-1} HNO_3)	+1.616
（Ⅳ）-（Ⅲ）	$Ce^{4+}+e^{-} \rightleftharpoons Ce^{3+}$(1mol·L^{-1} $HClO_4$)	+1.70

续表

电偶氧化态	电极反应	$E^{\ominus}$/V
Cl(0)-(－Ⅰ)	$Cl_2(g)+2e^- \rightleftharpoons 2Cl^-$	+1.35827
(Ⅰ)-(－Ⅰ)	$HOCl+H^++2e^- \rightleftharpoons Cl^-+H_2O$	+1.482
(Ⅰ)-(0)	$HOCl+H^++e^- \rightleftharpoons 0.5Cl_2+H_2O$	+1.611
(Ⅲ)-(Ⅰ)	$HClO_2+2H^++2e^- \rightleftharpoons HClO+H_2O$	+1.645
(Ⅳ)-(Ⅲ)	$ClO_2+H^++e^- \rightleftharpoons HClO_2$	+1.277
(Ⅴ)-(－Ⅰ)	$ClO_3^-+6H^++6e^- \rightleftharpoons Cl^-+3H_2O$	+1.451
(Ⅴ)-(0)	$ClO_3^-+6H^++5e^- \rightleftharpoons 0.5Cl_2+3H_2O$	+1.47
(Ⅴ)-(Ⅲ)	$ClO_3^-+3H^++2e^- \rightleftharpoons HClO_2+H_2O$	+1.214
(Ⅴ)-(Ⅳ)	$ClO_3^-+2H^++e^- \rightleftharpoons ClO_2(g)+H_2O$	+1.152
(Ⅶ)-(－Ⅰ)	$ClO_4^-+8H^++8e^- \rightleftharpoons Cl^-+4H_2O$	+1.389
(Ⅶ)-(0)	$ClO_4^-+8H^++7e^- \rightleftharpoons 0.5Cl_2+4H_2O$	+1.39
(Ⅶ)-(Ⅴ)	$ClO_4^-+2H^++2e^- \rightleftharpoons ClO_3^-+H_2O$	+1.189
Co(Ⅱ)-(0)	$Co^{2+}+2e^- \rightleftharpoons Co$	－0.24
(Ⅲ)-(Ⅱ)	$Co^{3+}+e^- \rightleftharpoons Co^{2+}$ (3mol·L^{-1} HNO_3)	E=+1.842
Cr(Ⅲ)-(0)	$Cr^{3+}+3e^- \rightleftharpoons Cr$	－0.744
(Ⅱ)-(0)	$Cr^{2+}+2e^- \rightleftharpoons Cr$	－0.913
(Ⅲ)-(Ⅱ)	$Cr^{3+}+e^- \rightleftharpoons Cr^{2+}$	－0.407
(Ⅵ)-(Ⅲ)	$Cr_2O_7^{2-}+14H^++6e^- \rightleftharpoons 2Cr^{3+}+7H_2O$	+1.232
(Ⅵ)-(Ⅲ)	$HCrO_4^-+7H^++3e^- \rightleftharpoons 2Cr^{3+}+4H_2O$	+1.350
Cs(Ⅱ)-(0)	$Cs^++e^- \rightleftharpoons Cs$	－3.026
Cu(Ⅰ)-(0)	$Cu^++e^- \rightleftharpoons Cu$	+0.521
(Ⅰ)-(0)	$Cu_2O(s)+2H^++2e^- \rightleftharpoons 2Cu+H_2O$	－0.36
(Ⅰ)-(0)	$CuI+e^- \rightleftharpoons Cu+I^-$	－0.185
(Ⅰ)-(0)	$CuBr+e^- \rightleftharpoons Cu+Br^-$	+0.033
(Ⅰ)-(0)	$CuCl+e^- \rightleftharpoons Cu+Cl^-$	+0.137
(Ⅱ)-(0)	$Cu^{2+}+2e^- \rightleftharpoons Cu$	+0.3419
(Ⅱ)-(Ⅰ)	$Cu^{2+}+e^- \rightleftharpoons Cu^+$	+0.153
(Ⅱ)-(Ⅰ)	$Cu^{2+}+Br^-+e^- \rightleftharpoons CuBr$	+0.640
(Ⅱ)-(Ⅰ)	$Cu^{2+}+Cl^-+e^- \rightleftharpoons CuCl$	+0.538
(Ⅱ)-(Ⅰ)	$Cu^{2+}+I^-+e^- \rightleftharpoons CuI$	+0.86
F(0)-(－Ⅰ)	$F_2+2e^- \rightleftharpoons 2F^-$	+2.866
(0)-(－Ⅰ)	$F_2(g)+2H^++2e^- \rightleftharpoons 2HF(aq)$	+3.053
Fe(Ⅱ)-(0)	$Fe^{2+}+2e^- \rightleftharpoons Fe$	－0.447
(Ⅲ)-(0)	$Fe^{3+}+3e^- \rightleftharpoons Fe$	－0.037
(Ⅲ)-(Ⅱ)	$Fe^{2+}+e^- \rightleftharpoons Fe^{2+}$ (1mol·L^{-1} HCl)	+0.771
(Ⅲ)-(Ⅱ)	$[Fe(CN)_6]^{3-}+e^- \rightleftharpoons [Fe(CN)_6]^{4-}$	+0.358
(Ⅵ)-(Ⅲ)	$FeO_4^{2-}+8H^++3e^- \rightleftharpoons Fe^{3+}+4H_2O$	+2.20
(8/3)-(Ⅱ)	$Fe_3O_4+8H^++2e^- \rightleftharpoons 3Fe^{2+}+4H_2O$	+1.23
Ga(Ⅲ)-(0)	$Ga^{3+}+3e^- \rightleftharpoons Ga$	－0.549
Ge(Ⅳ)-(0)	$H_2GeO_3+4H^++4e^- \rightleftharpoons Ge+3H_2O$	－0.182
H(0)-(－Ⅰ)	$H_2(g)+2e^- \rightleftharpoons 2H^-$	－2.25
(Ⅰ)-(0)	$2H^++2e^- \rightleftharpoons H_2(g)$	0
(Ⅰ)-(0)	$2H^+(10^{-7}$mol·L$^{-1})+2e^- \rightleftharpoons H_2$	－0.414
Hg(Ⅰ)-(0)	$Hg_2^{2+}+2e^- \rightleftharpoons 2Hg$	+0.7973
(Ⅰ)-(0)	$Hg_2Cl_2+2e^- \rightleftharpoons 2Hg+2Cl^-$	+0.26808
(Ⅰ)-(0)	$Hg_2I_2+2e^- \rightleftharpoons 2Hg+2I^-$	－0.0405
(Ⅱ)-(0)	$Hg^{2+}+2e^- \rightleftharpoons Hg$	+0.851
(Ⅱ)-(0)	$[HgI_4]^{2+}+2e^- \rightleftharpoons Hg+4I^-$	－0.04
(Ⅱ)-(Ⅰ)	$2Hg^{2+}+2e^- \rightleftharpoons Hg_2^{2+}$	+0.920

续表

电偶氧化态	电极反应	$E^{\ominus}$/V
I (0)-(-Ⅰ)	$I_2 + 2e^- \rightleftharpoons 2I^-$	+0.5355
(0)-(-Ⅰ)	$I_3^- + 2e^- \rightleftharpoons 3I^-$	+0.536
(Ⅰ)-(-Ⅰ)	$HIO + H^+ + 2e^- \rightleftharpoons I^- + H_2O$	+0.987
(Ⅰ)-(0)	$HIO + H^+ + e^- \rightleftharpoons 0.5I_2 + H_2O$	+1.439
(Ⅴ)-(-Ⅰ)	$IO_3^- + 6H^+ + 6e^- \rightleftharpoons I^- + 3H_2O$	+1.085
(Ⅴ)-(0)	$IO_3^- + 6H^+ + 5e^- \rightleftharpoons 0.5I_2 + 3H_2O$	+1.195
(Ⅶ)-(Ⅴ)	$H_5IO_6 + H^+ + 2e^- \rightleftharpoons IO_3^- + 3H_2O$	+1.601
In (Ⅰ)-(0)	$In^+ + e^- \rightleftharpoons In$	-0.14
(Ⅲ)-(0)	$In^{3+} + 3e^- \rightleftharpoons In$	-0.3382
K (Ⅰ)-(0)	$K^+ + e^- \rightleftharpoons K$	-2.931
La (Ⅲ)-(0)	$La^{3+} + 3e^- \rightleftharpoons La$	-2.379
Li (Ⅰ)-(0)	$Li^+ + e^- \rightleftharpoons Li$	-3.0401
Mg (Ⅱ)-(0)	$Mg^{2+} + 2e^- \rightleftharpoons Mg$	-2.372
Mn (Ⅱ)-(0)	$Mn^{2+} + 2e^- \rightleftharpoons Mn$	-1.185
(Ⅲ)-(Ⅱ)	$Mn^{3+} + e^- \rightleftharpoons Mn^{2+}$	+1.5415
(Ⅳ)-(Ⅱ)	$MnO_2 + 4H^+ + 2e^- \rightleftharpoons Mn^{2+} + 2H_2O$	+1.224
(Ⅳ)-(Ⅲ)	$2MnO_2 + 2H^+ + 2e^- \rightleftharpoons Mn_2O_3(s) + H_2O$	+1.04
(Ⅶ)-(Ⅱ)	$MnO_4^- + 8H^+ + 5e^- \rightleftharpoons Mn^{2+} + 4H_2O$	+1.507
(Ⅶ)-(Ⅳ)	$MnO_4^- + 4H^+ + 3e^- \rightleftharpoons MnO_2 + 2H_2O$	+1.679
(Ⅶ)-(Ⅵ)	$MnO_4^- + e^- \rightleftharpoons MnO_4^{2-}$	+0.558
Mo (Ⅲ)-(0)	$Mo^{3+} + 3e^- \rightleftharpoons Mo$	-0.200
(Ⅵ)-(0)	$H_2MoO_4 + 6H^+ + 6e^- \rightleftharpoons Mo + 4H_2O$	0.0
N (Ⅰ)-(0)	$N_2O + 2H^+ + 2e^- \rightleftharpoons N_2 + H_2O$	+1.766
(Ⅱ)-(Ⅰ)	$2NO + 2H^+ + 2e^- \rightleftharpoons N_2O + H_2O$	+1.591
(Ⅲ)-(Ⅰ)	$2HNO_2 + 4H^+ + 4e^- \rightleftharpoons N_2O + 3H_2O$	+1.297
(Ⅲ)-(Ⅱ)	$HNO_2 + H^+ + e^- \rightleftharpoons NO + H_2O$	+0.983
(Ⅳ)-(Ⅱ)	$N_2O_4 + 4H^+ + 4e^- \rightleftharpoons 2NO + 2H_2O$	+1.035
(Ⅳ)-(Ⅲ)	$N_2O_4 + 2H^+ + 2e^- \rightleftharpoons 2HNO_2$	+1.065
(Ⅴ)-(Ⅲ)	$NO_3^- + 3H^+ + 2e^- \rightleftharpoons HNO_2 + H_2O$	+0.934
(Ⅴ)-(Ⅱ)	$NO_3^- + 4H^+ + 3e^- \rightleftharpoons NO + 2H_2O$	+0.957
(Ⅴ)-(Ⅳ)	$NO_3^- + 4H^+ + 2e^- \rightleftharpoons N_2O_4 + 2H_2O$	+0.803
Na (Ⅰ)-(0)	$Na^+ + e^- \rightleftharpoons Na$	-2.7
(Ⅰ)-(0)	$Na^+ + (Hg) + e^- \rightleftharpoons Na(Hg)$	E=-1.84
Ni (Ⅱ)-(0)	$Ni^{2+} + 2e^- \rightleftharpoons Ni$	-0.257
(Ⅲ)-(Ⅱ)	$Ni(OH)_3 + 3H^+ + e^- \rightleftharpoons Ni^{2+} + 3H_2O$	+2.08
(Ⅳ)-(Ⅱ)	$NiO_2 + 4H^+ + 2e^- \rightleftharpoons Ni^{2+} + 2H_2O$	+1.678
O (0)-(-Ⅱ)	$O_3 + 2H^+ + 2e^- \rightleftharpoons O_2 + H_2O$	+2.076
(0)-(-Ⅱ)	$O_2 + 4H^+ + 4e^- \rightleftharpoons 2H_2O$	+1.229
(0)-(-Ⅱ)	$O(g) + 2H^+ + 2e^- \rightleftharpoons H_2O$	2.421
(0)-(-Ⅱ)	$0.5O_2 + 2H^+(10^{-7} mol \cdot L^{-1}) + 2e^- \rightleftharpoons H_2O$	E=+0.815
(0)-(-Ⅰ)	$O_2 + 2H^+ + 2e^- \rightleftharpoons H_2O_2$	+0.695
(-Ⅰ)-(-Ⅱ)	$H_2O_2 + 2H^+ + 2e^- \rightleftharpoons 2H_2O$	+1.776
(Ⅱ)-(-Ⅱ)	$F_2O + 2H^+ + 4e^- \rightleftharpoons H_2O + 2F$-	+2.153
P (0)-(-Ⅲ)	$P + 3H^+ + 3e^- \rightleftharpoons PH_3(g)$	-0.063
(Ⅰ)-(0)	$H_3PO_2 + H^+ + e^- \rightleftharpoons P + 2H_2O$	-0.508
(Ⅲ)-(Ⅰ)	$H_3PO_3 + 2H^+ + 2e^- \rightleftharpoons H_3PO_2 + H_2O$	-0.499
(Ⅴ)-(Ⅲ)	$H_3PO_4 + 2H^+ + 2e^- \rightleftharpoons H_3PO_3 + H_2O$	-0.276

续表

电偶氧化态	电极反应	$E^{\ominus}$/V
Pb(Ⅱ)-(0)	$Pb^{2+}+2e^- \rightleftharpoons Pb$	−0.1262
(Ⅱ)-(0)	$PbCl_2+2e^- \rightleftharpoons Pb+2Cl^-$	−0.2675
(Ⅱ)-(0)	$PbI_2+2e^- \rightleftharpoons Pb+2I^-$	−0.365
(Ⅱ)-(0)	$PbSO_4+2e^- \rightleftharpoons Pb+SO_4^{2-}$	−0.3588
(Ⅱ)-(0)	$PbSO_4+(Hg)+2e^- \rightleftharpoons Pb(Hg)+SO_4^{2-}$	E=−0.3505
(Ⅳ)-(Ⅱ)	$PbO_2+4H^++2e^- \rightleftharpoons Pb^{2+}+2H_2O$	+1.455
(Ⅳ)-(Ⅱ)	$PbO_2+SO_4^{2-}+4H^++2e^- \rightleftharpoons PbSO_4+2H_2O$	+1.6913
(Ⅳ)-(Ⅱ)	$PbO_2+2H^++2e^- \rightleftharpoons PbO+H_2O$	+0.28
Pd(Ⅱ)-(0)	$Pd^{2+}+2e^- \rightleftharpoons Pd$	+0.951
(Ⅳ)-(Ⅱ)	$[PdCl_6]^{2-}+2e^- \rightleftharpoons [PdCl_4]^{2-}+2Cl^-$	+1.288
Pt(Ⅱ)-(0)	$Pt^{2+}+2e^- \rightleftharpoons Pt$	+1.118
(Ⅱ)-(0)	$[PtCl_4]^{2-}+2e^- \rightleftharpoons Pt+4Cl^-$	+0.7555
(Ⅱ)-(0)	$Pt(OH)_2+2H^++2e^- \rightleftharpoons Pt+2H_2O$	+0.98
(Ⅳ)-(Ⅱ)	$[PtCl_6]^{2-}+2e^- \rightleftharpoons [PtCl_4]^{2-}+2Cl^-$	+0.68
Rb(Ⅰ)-(0)	$Rb^++e^- \rightleftharpoons Rb$	−2.98
S(−Ⅰ)-(−Ⅱ)	$(CNS)_2+2e^- \rightleftharpoons 2CNS^-$	+0.77
(0)-(−Ⅱ)	$S+2H^++2e^- \rightleftharpoons H_2S(aq)$	+0.142
(Ⅳ)-(0)	$H_2SO_3+4H^++4e^- \rightleftharpoons S+3H_2O$	+0.449
(Ⅱ)-(0)	$S_2O_3^{2-}+6H^++4e^- \rightleftharpoons 2S+3H_2O$	+0.5
(Ⅳ)-(Ⅱ)	$2H_2SO_3+2H^++4e^- \rightleftharpoons S_2O_3^{2-}+3H_2O$	+0.40
(Ⅳ)-(2.5)	$4H_2SO_3+4H^++6e^- \rightleftharpoons S_4O_6^{2-}+6H_2O$	+0.51
(Ⅵ)-(Ⅳ)	$SO_4^{2-}+4H^++2e^- \rightleftharpoons H_2SO_3+H_2O$	+0.172
(Ⅶ)-(Ⅵ)	$S_2O_8^{2-}+2e^- \rightleftharpoons 2SO_4^{2-}$	+0.2010
Sb(Ⅲ)-(0)	$Sb_2O_3+6H^++6e^- \rightleftharpoons 2Sb+3H_2O$	+0.152
(Ⅲ)-(0)	$SbO^++2H^++3e^- \rightleftharpoons Sb+H_2O$	+0.212
(Ⅴ)-(Ⅲ)	$Sb_2O_5+6H^++4e^- \rightleftharpoons 2SbO^++3H_2O$	+0.581
Se(0)-(−Ⅱ)	$Se+2e^- \rightleftharpoons Se^{2-}$	−0.924
(0)-(−Ⅱ)	$Se+2H^++2e^- \rightleftharpoons H_2Se(aq)$	−0.399
(Ⅳ)-(0)	$H_2SeO_3+4H^++4e^- \rightleftharpoons Se+3H_2O$	+0.74
(Ⅵ)-(Ⅳ)	$SeO_4^{2-}+4H^++2e^- \rightleftharpoons H_2SeO_3+H_2O$	+1.151
Si(0)-(−Ⅳ)	$Si+4H^++4e^- \rightleftharpoons SiH_4(g)$	+0.102
(Ⅳ)-(0)	$SiO_2+4H^++4e^- \rightleftharpoons Si+2H_2O$	−0.857
(Ⅳ)-(0)	$[SiF_6]^{2-}+4e^- \rightleftharpoons Si+6F-$	−0.124
Sn(Ⅱ)-(0)	$Sn^{2+}+2e^- \rightleftharpoons Sn$	−0.1375
(Ⅳ)-(Ⅱ)	$Sn^{4+}+2e^- \rightleftharpoons Sn^{2+}$	+0.151
Sr(Ⅱ)-(0)	$Sr^{2+}+2e^- \rightleftharpoons Sr$	−2.899
Ti(Ⅱ)-(0)	$Ti^{2+}+2e^- \rightleftharpoons Ti$	−1.630
(Ⅳ)-(0)	$TiO^{2+}+2H^++4e^- \rightleftharpoons Ti+H_2O$	−0.89
(Ⅳ)-(0)	$TiO_2+4H^++4e^- \rightleftharpoons Ti+2H_2O$	−0.86
(Ⅳ)-(Ⅲ)	$TiO^{2+}+2H^++e^- \rightleftharpoons Ti^{3+}+H_2O$	+0.1
(Ⅲ)-(Ⅱ)	$Ti^{3+}+e^- \rightleftharpoons Ti^{2+}$	−0.9
V(Ⅱ)-(0)	$V^{2+}+2e^- \rightleftharpoons V$	−1.175
(Ⅲ)-(Ⅱ)	$V^{3+}+e^- \rightleftharpoons V^{2+}$	−0.255
(Ⅳ)-(Ⅱ)	$V^{4+}+2e^- \rightleftharpoons V^{2+}$	−1.186
(Ⅳ)-(Ⅲ)	$VO^{2+}+2H^++e^- \rightleftharpoons V^{3+}+H_2O$	+0.337
(Ⅴ)-(0)	$V(OH)_4^++4H^++5e^- \rightleftharpoons V+4H_2O$	−0.254
(Ⅴ)-(Ⅳ)	$V(OH)_4^++2H^++e^- \rightleftharpoons VO^{2+}+3H_2O$	+1.00
(Ⅵ)-(Ⅳ)	$VO_2^{2+}+4H^++2e^- \rightleftharpoons V^{4+}+2H_2O$	+0.62
Zn(Ⅱ)-(0)	$Zn^{2+}+2e^- \rightleftharpoons Zn$	−0.7618

(2) 在碱性溶液中

电偶氧化态	电极反应	$E^{\ominus}/V$
Ag(Ⅰ)-(0)	$AgCN+e^- \rightleftharpoons Ag+CN^-$	−0.017
(Ⅰ)-(0)	$[Ag(CN)_2]^- +e^- \rightleftharpoons Ag+2CN^-$	−0.31
(Ⅰ)-(0)	$[Ag(NH_3)_2]^+ +e^- \rightleftharpoons Ag+2NH_3$	+0.373
(Ⅰ)-(0)	$Ag_2O+H_2O+2e^- \rightleftharpoons 2Ag+2OH^-$	+0.342
(Ⅰ)-(0)	$Ag_2S+2e^- \rightleftharpoons 2Ag+S^{2-}$	−0.691
(Ⅱ)-(Ⅰ)	$2AgO+H_2O+2e^- \rightleftharpoons 2Ag_2O+2OH^-$	+0.607
Al(Ⅲ)-(0)	$H_2AlO_3^- +H_2O+3e^- \rightleftharpoons Al+4OH^-$	−2.33
As(Ⅲ)-(0)	$AsO_2^- +2H_2O+3e^- \rightleftharpoons As+4OH^-$	−0.68
(Ⅴ)-(Ⅲ)	$AsO_4^{3-} +2H_2O+2e^- \rightleftharpoons AsO_2^- +4OH^-$	−0.71
Au(Ⅰ)-(0)	$[Au(CN)_2]^- +e^- \rightleftharpoons Au+2CN^-$	−0.60
B(Ⅲ)-(0)	$H_2BO_3^- +H_2O+3e^- \rightleftharpoons B+4OH^-$	−1.79
Ba(Ⅱ)-(0)	$Ba(OH)_2 \cdot 8H_2O+2e^- \rightleftharpoons Ba+2OH^- +8H_2O$	−2.99
Be(Ⅱ)-(0)	$Be_2O_3^{2-} +3H_2O+4e^- \rightleftharpoons 2Be+6OH^-$	−2.63
Bi(Ⅲ)-(0)	$Bi_2O_3+3H_2O+6e^- \rightleftharpoons 2Bi+6OH^-$	−0.46
Br(Ⅰ)-(−Ⅰ)	$BrO^- +H_2O+2e^- \rightleftharpoons Br^- +2OH^-$ $(1mol \cdot L^{-1} NaOH)$	+0.761
(Ⅰ)-(0)	$2BrO^- +2H_2O+2e^- \rightleftharpoons Br_2+4OH^-$	+0.45
(Ⅴ)-(−Ⅰ)	$BrO_3^- +3H_2O+6e^- \rightleftharpoons Br^- +6OH^-$	+0.61
Ca(Ⅱ)-(0)	$Ca(OH)_2+2e^- \rightleftharpoons Ca+2OH^-$	−3.02
Cd(Ⅱ)-(0)	$Cd(OH)_2+2e^- \rightleftharpoons Cd+2OH^-$	−0.809
Cl(Ⅰ)-(−Ⅰ)	$ClO^- +H_2O+2e^- \rightleftharpoons Cl^- +2OH^-$	+0.81
(Ⅲ)-(−Ⅰ)	$ClO_2^- +2H_2O+4e^- \rightleftharpoons Cl^- +4OH^-$	+0.76
(Ⅲ)-(Ⅰ)	$ClO_2^- +H_2O+2e^- \rightleftharpoons ClO^- +2OH^-$	+0.66
(Ⅴ)-(Ⅰ)	$ClO_3^- +3H_2O+6e^- \rightleftharpoons Cl^- +6OH^-$	+0.62
(Ⅴ)-(Ⅲ)	$ClO_4^- +2H_2O+2e^- \rightleftharpoons ClO_2^- +4OH^-$	+0.33
(Ⅶ)-(Ⅴ)	$ClO_4^- +H_2O+2e^- \rightleftharpoons ClO_3^- +2OH^-$	+0.36
Co(Ⅱ)-(0)	$Co(OH)_2+2e^- \rightleftharpoons Co+2OH^-$	−0.73
(Ⅲ)-(Ⅱ)	$Co(OH)_3+e^- \rightleftharpoons Co(OH)_2+OH^-$	+0.17
(Ⅲ)-(Ⅱ)	$[Co(NH_3)_6]^{3+} +e^- \rightleftharpoons [Co(NH_3)_6]^{2+}$	+0.108
Cr(Ⅲ)-(0)	$Cr(OH)_3+3e^- \rightleftharpoons Cr+3OH^-$	−1.48
(Ⅲ)-(0)	$CrO_2^- +3H_2O+3e^- \rightleftharpoons Cr+4OH^-$	−1.2
(Ⅵ)-(Ⅲ)	$CrO_4^{2-} +4H_2O+3e^- \rightleftharpoons Cr(OH)_3+5OH^-$	−0.13
Cu(Ⅰ)-(0)	$[Cu(CN)_2]^- +e^- \rightleftharpoons Cu+2CN^-$	−0.429
(Ⅰ)-(0)	$[Cu(NH_3)_2]^+ +e^- \rightleftharpoons Cu+2NH_3$	−0.12
(Ⅰ)-(0)	$Cu_2O+H_2O+2e^- \rightleftharpoons 2Cu+2OH^-$	−0.360
Fe(Ⅱ)-(0)	$Fe(OH)_2+2e^- \rightleftharpoons Fe+2OH^-$	−0.877
(Ⅲ)-(Ⅱ)	$Fe(OH)_3+e^- \rightleftharpoons Fe(OH)_2+OH^-$	−0.56
(Ⅲ)-(Ⅱ)	$[Fe(CN)_6]^{3-} +e^- \rightleftharpoons [Fe(CN)_6]^{4-}$ $(0.01mol \cdot L^{-1} NaOH)$	+0.358
H(Ⅰ)-(0)	$2H_2O+2e^- \rightleftharpoons H_2+2OH^-$	−0.8277
Hg(Ⅱ)-(0)	$HgO+H_2O+2e^- \rightleftharpoons Hg+2OH^-$	+0.0977

续表

电偶氧化态	电极反应	$E^{\ominus}$/V
I (Ⅰ)-(－Ⅱ)	$IO^- + H_2O + 2e^- \rightleftharpoons I^- + 2OH^-$	+0.485
(Ⅴ)-(－Ⅰ)	$IO_3^- + 3H_2O + 6e^- \rightleftharpoons I^- + 6OH^-$	+0.26
(Ⅶ)-(Ⅴ)	$H_3IO_6^{2-} + 2e^- \rightleftharpoons IO_3^- + 3OH^-$	+0.7
La (Ⅲ)-(0)	$La(OH)_3 + 3e^- \rightleftharpoons La + 3OH^-$	−2.90
Mg (Ⅱ)-(0)	$Mg(OH)_2 + 2e^- \rightleftharpoons Mg + 2OH^-$	−2.690
Mn (Ⅱ)-(0)	$Mn(OH)_2 + 2e^- \rightleftharpoons Mn + 2OH^-$	−1.56
(Ⅳ)-(Ⅱ)	$MnO_2 + 2H_2O + 2e^- \rightleftharpoons Mn(OH)_2 + 2OH^-$	−0.05
(Ⅵ)-(Ⅳ)	$MnO_4^{2-} + 2H_2O + 2e^- \rightleftharpoons MnO_2 + 4OH^-$	+0.60
(Ⅶ)-(Ⅳ)	$MnO_4^- + 2H_2O + 3e^- \rightleftharpoons MnO_2 + 4OH^-$	+0.595
Mo (Ⅴ)-(Ⅳ)	$MoO_4^{2-} + 4H_2O + 6e^- \rightleftharpoons Mo + 8OH^-$	−0.92
N (Ⅴ)-(Ⅲ)	$NO_3^- + H_2O + 2e^- \rightleftharpoons NO_2^- + 2OH^-$	+0.01
(Ⅴ)-(Ⅳ)	$2NO_3^- + 2H_2O + 2e^- \rightleftharpoons N_2O_4 + 4OH^-$	−0.85
Ni (Ⅱ)-(0)	$Ni(OH)_2 + 2e^- \rightleftharpoons Ni + 2OH^-$	−0.72
(Ⅲ)-(Ⅱ)	$Ni(OH)_3 + e^- \rightleftharpoons Ni(OH)_2 + OH^-$	+0.48
O (0)-(－Ⅱ)	$O_2 + 2H_2O + 4e^- \rightleftharpoons 4OH^-$	+0.401
(0)-(－Ⅱ)	$O_3 + H_2O + 2e^- \rightleftharpoons O_2 + 2OH^-$	+1.24
P (0)-(－Ⅲ)	$P + 3H_2O + 3e^- \rightleftharpoons PH_3(g) + 3OH^-$	−0.87
(Ⅴ)-(Ⅲ)	$PO_4^{3-} + 2H_2O + 2e^- \rightleftharpoons HPO_3^{2-} + 3OH^-$	−1.05
Pb (Ⅴ)-(Ⅱ)	$PbO_2 + H_2O + 2e^- \rightleftharpoons PbO + 2OH^-$	+0.47
Pt (Ⅱ)-(0)	$Pt(OH)_2 + 2e^- \rightleftharpoons Pt + 2OH^-$	+0.14
S (0)-(－Ⅱ)	$S + 2e^- \rightleftharpoons S^{2-}$	−0.47627
(2.5)-(Ⅱ)	$S_4O_6^{2-} + 2e^- \rightleftharpoons 2S_2O_3^{2-}$	+0.08
(Ⅳ)-(－Ⅱ)	$SO_3^{2-} + 3H_2O + 6e^- \rightleftharpoons S^{2-} + 6OH^-$	−0.66
(Ⅳ)-(Ⅱ)	$2SO_3^{2-} + 3H_2O + 4e^- \rightleftharpoons S_2O_3^{2-} + 6OH^-$	−0.571
(Ⅵ)-(Ⅳ)	$SO_4^{2-} + H_2O + 2e^- \rightleftharpoons SO_3^{2-} + 2OH^-$	−0.93
Sb (Ⅲ)-(0)	$SbO_2^- + 2H_2O + 3e^- \rightleftharpoons Sb + 4OH^-$	−0.66
(Ⅴ)-(Ⅲ)	$H_3SbO_6^{4-} + H_2O + 2e^- \rightleftharpoons SbO_2^- + 5OH^-$	−0.40
Se (Ⅵ)-(Ⅳ)	$SeO_4^{2-} + H_2O + 2e^- \rightleftharpoons SeO_3^{2-} + 2OH^-$	+0.05
Si (Ⅳ)-(0)	$SiO_3^{2-} + 3H_2O + 4e^- \rightleftharpoons Si + 6OH^-$	−1.697
Sn (Ⅱ)-(0)	$SnS + 2e^- \rightleftharpoons Sn + S^{2-}$	−0.94
(Ⅱ)-(0)	$HSnO_2^- + H_2O + 2e^- \rightleftharpoons Sn + 3OH^-$	−0.909
(Ⅳ)-(Ⅱ)	$[Sn(OH)_6]^{2-} + 2e^- \rightleftharpoons HSnO_2^- + 3OH^- + H_2O$	−0.93
Zn (Ⅱ)-(0)	$[Zn(CN)_4]^{2-} + 2e^- \rightleftharpoons Zn + 4CN^-$	−1.26
(Ⅱ)-(0)	$[Zn(NH_3)_4]^{2+} + 2e^- \rightleftharpoons Zn + 4NH_3(aq)$	−1.04
(Ⅱ)-(0)	$Zn(OH)_2 + 2e^- \rightleftharpoons Zn + 2OH^-$	−1.249
(Ⅱ)-(0)	$ZnO_2^{2-} + 2H_2O + 2e^- \rightleftharpoons Zn + 4OH^-$	−1.216
(Ⅱ)-(0)	$ZnS + 2e^- \rightleftharpoons Zn + S^{2-}$	−1.44

10. 常见配离子的稳定常数

配离子	$K_{稳}$	$\lg K_{稳}$	配离子	$K_{稳}$	$\lg K_{稳}$
1∶1			1∶3		
$[NaY]^{3-}$	5.0×10^{1}	1.69	$[Fe(NCS)_3]^{0}$	2.0×10^{3}	3.30
$[AgY]^{3-}$	2.0×10^{7}	7.30	$[CdI_3]^{-}$	1.2×10^{1}	1.07
$[CuY]^{2-}$	6.8×10^{18}	18.79	$[Cd(CN)_3]^{-}$	1.1×10^{4}	4.04
$[MgY]^{2-}$	4.9×10^{8}	8.69	$[Ag(CN)_3]^{2-}$	5.0×10^{0}	0.69
$[CaY]^{2-}$	3.7×10^{10}	10.56	$[Ni(En)_3]^{2+}$	3.9×10^{18}	18.59
$[SrY]^{2-}$	4.2×10^{8}	8.62	$[Al(C_2O_4)_3]^{3-}$	2.0×10^{16}	16.30
$[BaY]^{2-}$	6.0×10^{7}	7.77	$[Fe(C_2O_4)_3]^{3-}$	1.6×10^{20}	20.20
$[ZnY]^{2-}$	3.1×10^{16}	16.49	1∶4		
$[CdY]^{2-}$	3.8×10^{16}	16.57	$[Cu(NH_3)_4]^{2+}$	4.8×10^{12}	12.68
$[HgY]^{2-}$	6.3×10^{21}	21.79	$[Zn(NH_3)_4]^{2+}$	5.0×10^{8}	8.69
$[PbY]^{2-}$	1.0×10^{18}	18.00	$[Cd(NH_3)_4]^{2+}$	3.6×10^{6}	6.55
$[MnY]^{2-}$	1.0×10^{14}	14.00	$[Zn(CNS)_4]^{2-}$	2.0×10^{1}	1.30
$[FeY]^{2-}$	2.1×10^{14}	14.32	$[Zn(CN)_4]^{2-}$	1.0×10^{16}	16.00
$[CoY]^{2-}$	1.6×10^{16}	16.20	$[Cd(SCN)_4]^{2-}$	1.0×10^{3}	3.00
$[NiY]^{2-}$	4.1×10^{18}	18.61	$[CdCl_4]^{2-}$	3.1×10^{2}	2.49
$[FeY]^{-}$	1.2×10^{25}	25.07	$[CdI_4]^{2-}$	3.0×10^{6}	6.43
$[CoY]^{-}$	1.0×10^{36}	36.00	$[Cd(CN)_4]^{2-}$	1.3×10^{18}	18.11
$[GaY]^{-}$	1.8×10^{20}	20.25	$[Hg(CN)_4]^{2-}$	3.1×10^{41}	41.51
$[InY]^{-}$	8.9×10^{24}	24.94	$[Hg(SCN)_4]^{2-}$	7.7×10^{21}	21.88
$[TlY]^{-}$	3.2×10^{22}	22.51	$[HgCl_4]^{2-}$	1.6×10^{15}	15.20
$[TlHY]^{-}$	1.5×10^{23}	23.17	$[HgI_4]^{2-}$	7.2×10^{29}	29.80
$[CuOH]^{+}$	1.0×10^{5}	5.00	$[Co(NCS)_4]^{2-}$	3.8×10^{2}	2.58
$[AgNH_3]^{+}$	2.0×10^{3}	3.30	$[Ni(CN)_4]^{2-}$	1.0×10^{22}	22.00
1∶2			1∶6		
$[Cu(NH_3)_2]^{+}$	7.4×10^{10}	10.87	$[Cd(NH_3)_6]^{2+}$	1.4×10^{6}	6.15
$[Cu(CN)_2]^{-}$	2.0×10^{38}	38.30	$[Co(NH_3)_6]^{2+}$	2.4×10^{4}	4.38
$[Ag(NH_3)_2]^{+}$	1.7×10^{7}	7.24	$[Ni(NH_3)_6]^{2+}$	1.1×10^{8}	8.04
$[Ag(En)_2]^{+}$	7.0×10^{7}	7.84	$[Co(NH_3)_6]^{3+}$	1.4×10^{35}	35.15
$[Ag(NCS)_2]^{-}$	4.0×10^{8}	8.60	$[AlF_6]^{3-}$	6.9×10^{19}	19.84
$[Ag(CN)_2]^{-}$	1.0×10^{21}	21.00	$[Fe(CN)_6]^{3-}$	1.0×10^{24}	24.00
$[Au(CN)_2]^{-}$	2.0×10^{38}	38.30	$[Fe(CN)_6]^{4-}$	1.0×10^{35}	35.00
$[Cu(En)_2]^{2+}$	4.0×10^{19}	19.60	$[Co(CN)_6]^{3-}$	1.0×10^{64}	64.00
$[Ag(S_2O_3)_2]^{3-}$	1.6×10^{13}	13.20	$[FeF_6]^{3-}$	1.0×10^{16}	16.00

注：表中 Y 表示 EDTA 的酸根；En 表示乙二胺。

11. 某些离子和化合物的颜色

(1) 离子

离子	颜色	离子	颜色	离子	颜色
Na^+	无色	SO_3^{2-}	无色	$[Cr(H_2O)_6]^{3+}$	紫色
K^+	无色	SO_4^{2-}	无色	$[Cr(H_2O)_5Cl]^{2+}$	浅绿色
NH_4^+	无色	S^{2-}	无色	$[Cr(H_2O)_5Cl_2]^+$	暗绿色
Mg^{2+}	无色	$S_2O_3^{2-}$	无色	$[Cr(NH_3)_2(H_2O)_4]^{3+}$	紫红色
Ca^{2+}	无色	F^-	无色	$[Cr(NH_3)_3(H_2O)_3]^{3+}$	浅红色
Sr^{2+}	无色	Cl^-	无色	$[Cr(NH_3)_4(H_2O)_2]^{3+}$	橙红色
Ba^{2+}	无色	ClO_3^-	无色	$[Cr(NH_3)_5(H_2O)]^{3+}$	橙黄色
Al^{3+}	无色	Br^-	无色	$[Cr(NH_3)_6]^{3+}$	黄色
Sn^{2+}	无色	BrO_3^-	无色	CrO_2^-	绿色
Sn^{4+}	无色	I^-	无色	CrO_4^{2-}	黄色
Pb^{2+}	无色	SCN^-	无色	$Cr_2O_7^{2-}$	橙色
Bi^{3+}	无色	$[CuCl_2]^-$	无色	$[Mn(H_2O)_6]^{2+}$	肉色
Ag^+	无色	TiO^{2+}	无色	MnO_4^{2-}	绿色
Zn^{2+}	无色	VO_3^-	无色	MnO_4^-	紫红色
Cd^{2+}	无色	VO_4^{3-}	无色	$[Fe(CN)_6]^{2+}$	浅绿色
Hg_2^{2+}	无色	MoO_4^{2-}	无色	$[Fe(H_2O)_6]^{3+}$	淡紫色
Hg^{2+}	无色	WO_4^{2-}	无色	$[Fe(CN)_6]^{4-}$	黄色
$B(OH)_4^-$	无色	$[Cu(H_2O)_4]^{2+}$	浅蓝色	$[Fe(CN)_6]^{3-}$	浅橘黄色
$B_4O_7^{2-}$	无色	$[CuCl_4]^{2-}$	黄色	$[Fe(NCS)_n]^{3-n}$	血红色
$C_2O_4^{2-}$	无色	$[Cu(NH_3)_4]^{2+}$	深蓝色	$[Co(H_2O)_6]^{2+}$	粉红色
Ac^-	无色	$[Ti(H_2O)_6]^{3+}$	紫色	$[Co(NH_3)_6]^{2+}$	黄色
CO_3^{2-}	无色	$[TiCl(H_2O)_5]^{2+}$	绿色	$[Co(NH_3)_6]^{3+}$	橙黄色
SiO_3^{2-}	无色	$[TiO(H_2O_2)]^{2+}$	橘黄色	$[CoCl(NH_3)_5]^{2+}$	红紫色
NO_3^-	无色	$[V(H_2O)_6]^{2+}$	紫色	$[Co(NH_3)_5(H_2O)]^{3+}$	粉红色
NO_2^-	无色	$[V(H_2O)_6]^{3+}$	绿色	$[Co(NH_3)_4(CO_3)]^+$	紫红色
PO_4^{3-}	无色	VO^{2+}	蓝色	$[Co(CN)_6]^{3-}$	紫色
AsO_3^{3-}	无色	VO_2^+	浅黄色	$[Co(SCN)_4]^{2-}$	蓝色
AsO_4^{3-}	无色	$[VO_2(O_2)_2]^{3-}$	黄色	$[Ni(H_2O)_6]^{2+}$	亮绿色
$[SbCl_6]^{3-}$	无色	$[V(O_2)]^{3+}$	深红色	$[Ni(NH_3)_6]^{2+}$	蓝色
$[SbCl_6]^-$	无色	$[Cr(H_2O)_6]^{2+}$	蓝色		

(2) 化合物

化合物	颜色	化合物	颜色	化合物	颜色
CuO	黑色	MnO_2	棕褐色	$Bi(OH)_3$	白色
Cu_2O	暗红色	MoO_2	铅灰色	$Sb(OH)_3$	白色
Ag_2O	暗棕色	WO_2	棕红色	$Cu(OH)_2$	浅蓝色
ZnO	白色	FeO	黑色	$CuOH$	黄色
CdO	棕红色	Fe_2O_3	砖红色	$Ni(OH)_2$	浅绿色
Hg_2O	黑褐色	Fe_3O_4	黑色	$Ni(OH)_3$	黑色
HgO	红或黄色	CoO	灰绿色	$Co(OH)_2$	粉红色
TiO_2	白色	Co_2O_3	黑色	$Co(OH)_3$	褐棕色
VO	亮灰色	NiO	暗绿色	$Cr(OH)_3$	灰绿色
V_2O_3	黑色	Ni_2O_3	黑色	$Zn(OH)_2$	白色
VO_2	深蓝色	PbO	黄色	$Pb(OH)_2$	白色
V_2O_5	红棕色	Pb_3O_4	红色	$Mg(OH)_2$	白色
Cr_2O_3	绿色	$Cd(OH)_2$	白色	$Sn(OH)_2$	白色
CrO_3	红色	$Al(OH)_3$	白色	$Sn(OH)_4$	白色

续表

化合物	颜色	化合物	颜色	化合物	颜色
$Mn(OH)_2$	白色	CdS	黄色	$CoSiO_3$	紫色
$Fe(OH)_2$	白或绿色	Sb_2S_3	橙色	$Fe_2(SiO_3)_3$	棕红色
$Fe(OH)_3$	棕红色	Sb_2S_5	橙红色	$MnSiO_3$	肉色
$AgCl$	白色	MnS	肉色	$NiSiO_3$	翠绿色
Hg_2Cl_2	白色	ZnS	白色	$ZnSiO_3$	白色
$PbCl_2$	白色	As_2S_3	黄色	CaC_2O_4	白色
$CuCl$	白色	Ag_2SO_4	白色	$Ag_2C_2O_4$	白色
$CuCl_2$	棕色	Hg_2SO_4	白色	$FeC_2O_4 \cdot 2H_2O$	黄色
$CuCl_2 \cdot 2H_2O$	蓝色	$PbSO_4$	白色	$AgCN$	白色
$Hg(NH_2)Cl$	白色	$CaSO_4 \cdot 2H_2O$	白色	$Ni(CN)_2$	浅绿色
$CoCl_2$	蓝色	$SrSO_4$	白色	$Cu(CN)_2$	浅棕黄色
$CoCl_2 \cdot H_2O$	蓝紫色	$BaSO_4$	白色	$CuCN$	白色
$CoCl_2 \cdot 2H_2O$	紫红色	$[Fe(NO)]SO_4$	深棕色	$AgSCN$	白色
$CoCl_2 \cdot 6H_2O$	粉红色	$Cu_2(OH)_2SO_4$	浅蓝色	$Cu(SCN)_2$	黑绿色
$FeCl_3 \cdot 6H_2O$	黄棕色	$CuSO_4 \cdot 5H_2O$	蓝色	NH_4MgAsO_4	白色
$TiCl_3 \cdot 6H_2O$	紫或绿色	$CoSO_4 \cdot 7H_2O$	红色	Ag_3AsO_4	红褐色
$TiCl_2$	黑色	$Cr_2(SO_4)_3 \cdot 6H_2O$	绿色	$Ag_2S_2O_3$	白色
$AgBr$	淡黄色	$Cr_2(SO_4)_3$	紫或红色	$BaSO_3$	白色
$AsBr_3$	浅黄色	$Cr_2(SO_4)_3 \cdot 18H_2O$	蓝紫色	$SrSO_3$	白色
$CuBr_2$	黑紫色	$KCr(SO_4)_2 \cdot 12H_2O$	紫色	$Fe_4[Fe(CN)_6]_3 \cdot xH_2O$	蓝色
AgI	黄色	Ag_2CO_3	白色	$Cu_2[Fe(CN)_6]$	红褐色
Hg_2I_2	黄绿色	$CaCO_3$	白色	$Ag_3[Fe(CN)_6]$	橙色
HgI_2	红色	$SrCO_3$	白色	$Zn_3[Fe(CN)_6]_2$	黄褐色
PbI_2	黄色	$BaCO_3$	白色	$Co_2[Fe(CN)_6]$	绿色
CuI	白色	$MnCO_3$	白色	$Ag_4[Fe(CN)_6]$	白色
SbI_3	红黄色	$CdCO_3$	白色	$Zn_2[Fe(CN)_6]$	白色
BiI_3	绿黑色	$Zn_2(OH)_2CO_3$	白色	$K_3[Co(NO_2)_6]$	黄色
TiI_4	暗棕色	$BiOHCO_3$	白色	$K_2Na[Co(NO_2)_6]$	黄色
$Ba(IO_3)_2$	白色	$Hg_2(OH)_2CO_3$	红褐色	$(NH_4)_2MoSO_4$	血红色
$AgIO_3$	白色	$Co_2(OH)_2CO_3$	红色	$(NH_4)_2Na[Co(NO_2)_6]$	黄色
$KClO_4$	白色	$Cu_2(OH)_2CO_3$	暗绿色	$K_2[PtCl_6]$	黄色
$AgBrO_3$	白色	$Ni_2(OH)_2CO_3$	浅绿色	$KHC_4H_4O_6$	白色
Ag_2S	灰黑色	$Ca_3(PO_4)_2$	白色	$Na[Sb(OH)_6]$	白色
HgS	红或黑色	$CaHPO_3$	白色	$Na_2[Fe(CN)_5NO] \cdot 2H_2O$	红色
PbS	黑色	$Ba_3(PO_4)_2$	白色		
CuS	黑色	$FePO_4$	浅黄色	$NaAc \cdot Zn(Ac)_2 \cdot 3[UO_2(Ac)_2] \cdot 9H_2O$	黄色
Cu_2S	黑色	Ag_3PO_4	黄色		
FeS	棕黑色	NH_4MgPO_4	白色	$\left[\begin{array}{c} Hg \\ O \qquad NH_2 \\ Hg \end{array}\right]I$	红棕色
Fe_2S_3	黑色	Ag_2CrO_4	砖红色		
CoS	黑色	$PbCrO_4$	黄色		
NiS	黑色	$BaCrO_4$	黄色		
Bi_2S_3	黑褐色	$FeCrO_4 \cdot 2H_2O$	黄色	$\left[\begin{array}{l} I—Hg \\ \qquad NH_2 \\ I—Hg \end{array}\right]I$	深褐色或红棕色
SnS	褐色	$BaSiO_3$	白色		
SnS_2	金黄色	$CuSiO_3$	蓝色		

12. 常用有机溶剂及纯化

1. 乙醇 C_2H_5OH

沸点 78.5℃；$d_4^{20}=0.7893$；$n_D^{20}=1.3616$。

含量为 95.5%的乙醇与水形成恒沸点混合物，所以不能用直接蒸馏法制取无水乙醇。含水乙醇的初步脱水常用生石灰作为脱水剂，使水与生石灰作用生成氢氧化钙，氧化钙和氢氧化钙均不溶于乙醇，再将乙醇蒸馏，这样处理后得到的即是市售的无水乙醇，含量约为 99.5%。纯度更高的无水乙醇可用金属镁或金属钠处理后得到。

（1）无水乙醇（含量 99.5%）的制备

在 1000mL 圆底烧瓶中，加入 600mL 95%的乙醇和 100g 左右新煅烧的生石灰，用木塞塞住瓶口，放置过夜。然后拔去木塞，装上回流冷凝管，冷凝管上口接一个无水氯化钙干燥管，水浴加热回流 2～2.5h。再将其改为蒸馏装置，弃去少量前馏分后，收集得到纯度达 99.5%的乙醇。

（2）绝对乙醇（含量 99.95%）的制备

① 用金属镁制取　在 1000mL 圆底烧瓶中放置 2～3g 干燥纯净的镁条和 0.3g 碘，加入 30mL 99.5%的乙醇，装上上端带无水氯化钙干燥管的回流冷凝管，沸水浴加热至微沸，至碘粒完全消失（如果不起反应，则可再加入数颗小粒碘）。待镁完全溶解后，加入 500mL 99.5%的乙醇，回流 1h。改为蒸馏，弃去少量前馏分后，产物收集于玻璃瓶中，用橡皮塞塞住。

② 用金属钠制取　在 1000mL 圆底烧瓶中，加入 500mL 99.5%的乙醇和 3.5g 金属钠，安装回流冷凝管和干燥管，加热回流 30min 后，再加入 14g 邻苯二甲酸二乙酯，再回流 2h，然后蒸馏。

2. 乙醚 $C_2H_5OC_2H_5$

沸点 34.5℃；$d_4^{20}=0.71378$；$n_D^{20}=1.3526$。

普通乙醚中常含有一定的水、乙醇和少量的过氧化物。

过氧化物的检查和除去。取 1mL 乙醚，加入 1mL 2%碘化钾溶液和 1～2 滴淀粉溶液，再加入几滴稀盐酸酸化，如果溶液变蓝，则证明有过氧化物存在。过氧化物是用加入硫酸亚铁溶液（配制方法：在 100mL 水中加入 6mL 浓 H_2SO_4，然后加入 60g $FeSO_4 \cdot 7H_2O$ 配成溶液）的方法除去。在分液漏斗中加入 100mL 乙醇和 10mL 新配制的硫酸亚铁溶液，剧烈摇动后分去水溶液。

此外还应注意：乙醚放置一段时间后，由于空气和光的作用，会产生爆炸性过氧化物，因此储存乙醚时建议加入氢氧化钾，能使生成的过氧化物立即转化为不溶解的盐，同时，氢氧化钾还是合适的干燥剂。

醇和水的检验和除去。水是否存在可用无水硫酸铜检验。醇的检验：在乙醚中加入少许高锰酸钾固体和一粒氢氧化钠，放置后，若氢氧化钠表面附有棕色，即可证明有醇存在。除去它们的方法是先用氯化钙处理，再用金属钠干燥。将 100mL 除去过氧化物的乙醚放入干燥锥形瓶中，加入 25g 无水氯化钙，用木塞塞紧瓶口，放置数天，放置时进行间断摇动，然后将其蒸馏，收集 33～37℃的馏分。将蒸出的乙醚放入干燥的磨口试剂瓶中，加入金属钠丝干燥，至不产生气泡，钠丝表面保持光泽，即可盖好备用；若钢丝表面变粗变黄，需再蒸一次，然后再放入钠丝。

3. 丙酮 CH_3OCH_3

沸点 56.2℃；$d_4^{20}=0.7899$；$n_D^{20}=1.3588$。

普通丙酮中往往含有少量水、甲醇、乙醛等还原性杂质。纯化方法如下：在 250mL 丙酮中加入 2.5g 高锰酸钾进行回流，若溶液紫色消失，则需再加入少量高锰酸钾继续回流，直至紫色不褪为止。然后将丙酮蒸出，用无水硫酸钙或无水硫酸钾进行干燥，过滤后蒸馏，收集 55～56.5℃的馏分。

丙酮易燃。它与空气的混合物的爆炸极限为 1.6%～15.3%，毒性中等，能引起晕厥、痉挛，尿中出现蛋白和红细胞等症。

4. 苯 C_6H_6

沸点 80.1℃；$d_4^{20}=0.87865$；$n_D^{20}=1.5011$。

普通苯中常含有少量水和噻吩，因为噻吩的沸点是 84℃，与苯接近，所以不能用蒸馏法将其除去。

噻吩的检验：在 1mL 苯中加入 2mL 溶有 2mg 吲哚醌的浓硫酸溶液，振荡片刻，如酸层呈蓝绿色，即表示有噻吩存在。制取无水无噻吩苯的方法如下：将苯和相当于苯体积的 15%的浓硫酸装入分液漏斗内振荡使噻吩磺化，将混合物静置，弃去底层的酸液，再加入新的浓硫酸，重复以上操作，直至酸层呈现无色或淡黄色且检验无噻吩为止。分去酸层，依次用 10%碳酸钠溶液和水洗至中性，再用无水氯化钙干燥，蒸馏，收集 80℃的馏分，最后用金属钠脱微量的水得无水无噻吩苯。由石油加工得来的苯一般可省去除噻吩步骤。

苯损害造血系统，早期症状为白细胞持续降低、头晕、乏力等。苯易燃，在空气中的爆炸极限为 0.8%～8.6%。

5. 甲醇 CH_3OH

沸点 64.7℃；$d_4^{20}=0.7914$；$n_D^{20}=1.3288$。

工业甲醇中可能含有水、丙酮、甲醛、乙醇和甲酸甲酯等杂质。

除去醛、酮的方法是：取 26g 碘溶于 1L 甲醇中，在搅拌下将此溶液倒入 500mL $1mol \cdot L^{-1}$ NaOH 溶液内，加 150mL 水。将混合物静置一夜。滤除碘仿沉淀。加热回流滤液至碘仿的气味消失。然后进行分馏，大部分水被除去（可除到 0.01%）后再进行干燥处理：每升甲醇中加入 5g 洁净的镁屑，反应停止后，加热回流 2～3h。蒸馏，收集 64～66℃的馏分。

甲醇易燃。其蒸气与空气混合物的爆炸极限为 5.5%～36.5%。有毒，能引起晕厥、抽搐，神经损害以及视力障碍和失明。应在通风良好处进行操作。

6. 乙酸乙酯 $CH_3COOC_2H_5$

沸点 77.06℃；$d_4^{20}=0.9003$；$n_D^{20}=1.3723$。

市售乙酸乙酯的含量为 95%～98%，含有少量水、乙醇和乙酸。

精制方法如下：在 1000mL 乙酸乙酯中加入 100mL 乙酸酐，10 滴浓硫酸，加热回流 4h，然后蒸馏。在蒸馏液中加入 20g 无水碳酸钾，振荡后，再次蒸馏，所得产物纯度可达 99.7%。

对水分要求严格时，可向经碳酸钾干燥后的酯中加少许五氧化二磷，振摇数分钟，过滤。在隔湿下蒸馏。

乙酸乙酯易燃。它与空气的混合物的爆炸极限为 2.2%～11.4%。乙酸乙酯有果香气味。对眼睛、皮肤和黏膜有刺激性。高浓度蒸气能引起眼角膜浑浊。

7. 四氢呋喃 C_4H_8O

沸点 65.4℃（64.5℃，66℃，67℃）；$d_4^{20}=0.8892$；$n_D^{20}=1.4050$。

四氢呋喃特别容易自动氧化生成过氧化物。加入 0.3%氯化亚铜回流 0.5h 并蒸馏可除去之。然后用分子筛、氢化钙或金属钠进行干燥。

精制后的四氢呋喃应立即使用。储存时要加入对甲酚或对苯二酚作稳定剂，并在氮气保护下置冷暗处。

四氢呋喃易燃有毒。轻度中毒可引起头晕、恶心，呕吐，乏力、气急，失眠和血压降低等症。严重时导致昏迷、精神紊乱等。

8. 二硫化碳 CS_2

沸点 46.25℃；$d_4^{20}=1.2661$；$n_D^{20}=1.6319$。

二硫化碳有毒，且易挥发并易燃，使用时需注意。纯品为无色液体，因常含有硫化氢、硫黄和硫氧化碳等杂质而有恶臭味。

纯化时先用 0.5%的高锰酸钾溶液洗涤三次，除去硫化氢，再加汞振荡，除去硫，然后用冷的硫酸汞饱和溶液洗涤至无恶臭味为止。最后再用氯化钙干燥，蒸馏即可。

9. 氯仿 $CHCl_3$

沸点 61.7℃；$d_4^{20}=1.4832$；$n_D^{20}=1.4459$。

氯仿在日光下会慢慢氧化成剧毒的光气，所以应储存在棕色瓶中，并加入约 1%的乙醇作稳定剂。最简单的提纯方法是：在 1L 三氯甲烷中加入 50mL 浓硫酸振摇后分去酸层，再用水彻底洗除酸性，以无水氯化钙或碳酸钾干燥。蒸馏，馏出液置棕色瓶中密封储存。

为制备用于红外光谱分析的三氯甲烷，用水洗除工业品中的乙醇后，以无水氯化钙干燥数小时并分馏。

让三氯甲烷通过浸渍有 2,4-二硝基苯肼、磷酸和水的硅藻土柱进行渗滤，可除去其中的羰基化合物。

柱的制法：取 0.5g 2,4-二硝基苯肼溶于 6mL 85% H_3PO_4 中，混匀后与 4mL 蒸馏水和 10g 硅藻土混合。

三氯甲烷与金属钠接触能发生爆炸。对中枢神经有麻醉作用，长期接触损害肝脏。

10. 吡啶 C_5H_5N

沸点 115℃；$d_4^{20}=0.9819$；$n_D^{20}=1.5095$。

吡啶有吸湿性，能与水、醇、醚任意混溶。与水形成共沸物于 94℃沸腾，其中含 57%吡啶。

吡啶中常含有少量水分，去除其中的水可将吡啶与粒状氢氧化钠一起回流，然后隔绝潮气蒸馏即可。干燥的吡啶吸水性很时强，保存时应将容器口用石蜡封好。

吡啶对皮肤有刺激，可引起湿疹类损害；吸入后会造成头晕恶心，并对肝肾损害。

11. 四氯化碳 CCl_4

沸点 76.8℃；$d_4^{20}=1.595$；$n_D^{20}=1.4603$。

有特殊气味，不燃烧，不导电，可用做灭火剂。与水形成共沸混合物于 66℃沸腾，其中含 95.9%四氯化碳。与水（43%）和醇（9.7%）形成三元共沸物于 61℃沸腾。

工业品四氯化碳中含有二硫化碳、氯和水等杂质。用蒸馏法通常可得足够纯的制品。蒸馏时，水以共沸物在初馏分中除去。要求更高时可作如下处理：将1L工业级四氯化碳与1.5L氢氧化钾醇水溶液(600g KOH+600mL H_2O+1000mL CH_3CH_2OH)在50～60℃剧烈搅拌1h。倒入3L水中，分出有机层用浓硫酸洗涤，直至酸层近无色。分去酸层，依次用水、5% NaOH溶液和水洗涤。最后的水洗液应呈中性。以无水氯化钙或硫酸镁干燥。蒸馏(若有必要可加少量五氧化二磷)。若要除去硫和羰基化合物，可在干燥前加汞回流2h，然后用浸渍有羰基试剂的硅藻土柱渗滤（见$CHCl_3$的纯化法）。

四氯化碳有轻度麻醉作用。能严重损害心脏、肝、肾。慢性中毒的症状是头晕、肝肿大、黄疸和眼损害等。四氯化碳不能用金属钠干燥，因有爆炸危险。

12. *N*,*N*-二甲基甲酰胺(DMF) $HCON(CH_3)_2$

沸点153℃；$d_4^{20}=0.9487$；$n_D^{20}=1.4305$。

常压蒸馏时微微分解，生成少量二甲胺和一氧化碳。

DMF常含有二甲胺、氨、甲醛、乙醇和水等杂质，并能与两分子水形成水合物。欲得高纯度制品。可采用干燥剂和蒸馏并用的精制方法。首先，加入其十分之一体积的苯，常压下共沸蒸馏除水，剩余物再按下列方法之一处理：

① 加入预先在300～400℃灼烧过的无水硫酸镁(25g·L^{-1})，干燥一天后，减压[1999.8～2666.4Pa(15～20mmHg)]蒸馏。

② 加入粉状氧化钡，搅拌0.5h后。静置，倾出液体减压蒸馏。

③ 加入在500～600℃灼烧过的氧化铝粉末(50g·L^{-1})，搅拌0.5h，分出液体减压[666.6～1333.2Pa(5～10mmHg)]蒸馏。

本品有毒。急性中毒的症状是全身痉挛、疼痛、便秘、恶心、呕吐等；慢性中毒除刺激皮肤、黏膜外，尚有恶心、呕吐、胸闷、头疼、全身不适、食欲减退、胃疼、便秘、肝功能变化、尿胆素原增加和尿胆素增加等症。

DMF应避光密封储存，以免分解和吸潮。

13. 甲苯 $C_6H_5CH_3$

沸点110.6℃；$d_4^{20}=0.8669$；$n_D^{20}=1.4969$。

甲苯与水形成共沸物，在84.1℃沸腾，含81.4%的甲苯。甲苯和空气混合物爆炸极限为1.27%～7%（体积）。

甲苯中含有甲基噻吩，处理方法与苯相同。因为甲苯比苯更容易磺化，用浓硫酸洗涤时温度应控制在30℃以下。

甲苯的毒性和危险性与苯相似。

14. 乙二醇 $HOCH_2CH_2OH$

沸点92℃；$d_4^{20}=1.1088$；$n_D^{20}=1.3406$。

含有的杂质可能为二甘醇、三甘醇、丙二醇和水。采用减压蒸馏，所得主要馏分用无水硫酸钠干燥（需较长时间）后，再进行一次减压蒸馏。

乙二醇有毒，能引起恶心和呕吐，较大量中毒时引起昏迷和抽搐，使用时应注意。

15. 二甲基亚砜(DMSO) CH_3SOCH_3

熔点18.5℃；沸点189℃；$d_4^{20}=1.1014$；$n_D^{20}=1.4770$。

DMSO中常含有约0.5%的水和微量的甲硫醚及二甲砜。减压蒸馏一次即可应用。向

500g DMSO中加入2～5g氢化钙回流数小时，然后在氮气流下减压蒸馏，收集64～65℃/533Pa馏分，可得质量更高的制品。蒸馏时不能超过90℃，否则会歧化生成二甲砜和二甲硫醚。二甲基亚砜与氢化钠、高碘酸或高氯酸镁等混合时易发生爆炸，应予注意。

本品具强吸湿性。常压蒸馏时部分发生分解，有时会爆炸。纯品稳定，毒性低。但对皮肤有渗透性，对眼睛有刺激作用。有时能引起恶心、呕吐、痉挛和视力减退。

16. 1,4-二噁烷 $C_4H_8O_2$

沸点101.3℃；凝固点11.8℃；$d_4^{20}=1.0338$；$n_D^{20}=1.4224$。

常见的杂质有乙醛、乙醛缩乙二醇、醋酸、水和过氧化物。过氧化物可用下列几种方法（醛的含量也可降低）除去：加硼氢化钠或无水氯化亚锡回流并蒸馏；用浓盐酸酸化后加硫酸亚铁振摇，静置24h后过滤。向除去了过氧化物的1,4-二噁烷中加入其质量10%的浓盐酸并回流3h，同时缓缓通入氮气以除去乙醛。分出水相（1,4-二噁烷与水相混溶），加入粒状氢氧化钾振摇至不再溶解并分为两层。分出1,4-二噁烷，加新的氢氧化钾处理，除去水相，然后转移至一干净的烧瓶中加钠回流3～6h。蒸馏，加钠储存。

1,4-二噁烷的蒸气与空气的混合物的爆炸极限为1.97%～22.5%。

本品对皮肤、肺和黏膜有刺激性，严重中毒时可损害肝和肾。

17. 二氯甲烷 CH_2Cl_2

沸点39.7℃；$d_4^{20}=1.3167$；$n_D^{20}=1.4241$。

无色挥发性液体，微溶于水，能与醇、醚混溶。与水形成共沸物，含二氯甲烷98.5%，沸点38.1℃。二氯甲烷与钠接触易发生爆炸。精制方法：依次用5%碳酸氢钠溶液和水洗涤，加入无水氯化钙干燥，再进行蒸馏。二氯甲烷有麻醉作用，并损害神经系统，使用时要注意。

18. 正己烷 C_6H_{14}

沸点68.7℃；$d_4^{20}=0.6593$；$n_D^{20}=1.3748$。

无色液体，极易挥发，与醇、醚和三氯甲烷混溶，不溶于水。

精制：常见杂质为不饱和烃与芳烃。

将600mL正己烷工业品置1L分液漏斗中，反复用（每次50mL）氯磺酸或10%发烟硫酸充分振摇，直至酸层近无色。然后，依次用浓硫酸、水、10% Na_2CO_3 溶液和水（二次）洗涤。经氢氧化钾干燥后，加钠丝进行蒸馏。

另一方法：反复用浓硫酸洗至酸层近无色，再依次用0.05mol·L^{-1} $KMnO_4$ 和10% H_2SO_4、0.05mol·L^{-1} $KMnO_4$ 和10% NaOH溶液（除去羰基物）和水充分洗涤。然后用无水氯化钙干燥24h以上。加钠丝蒸馏，收集67～69℃的馏分。

正己烷易燃，中等毒性。在空气中的爆炸极限为1.2%～7.4%。

19. 1,2-二氯乙烷 $ClCH_2CH_2Cl$

沸点83.4℃；$d_4^{20}=1.2531$；$n_D^{20}=1.4448$。

无色油状液体，有芳香味。与水形成恒沸混合物，沸点为72℃，其中含二氯乙烷为81.5%。可与乙醇、乙醚、氯仿混溶，在结晶和提取时是极有用的溶剂，比常用的含氯有机溶剂更为活泼。

一般纯化可依次用浓硫酸、水、稀碱、水洗涤，用无水氯化钙干燥或加入五氧化二磷分馏即可。

20. 乙酸 CH_3COOH

沸点 117.9℃；d_4^{20}=1.0492；n_D^{20}=1.3716。

可与水混溶。将乙酸冻结出来可得到很好的精制效果。若加入 2%～5%高锰酸钾溶液并煮沸 2～6h 更好。微量的水可用五氧化二磷干燥除去。由于乙酸不易氧化，故常用作氧化反应的溶剂。

使用时勿接触皮肤，尤其不要溅入眼内，否则应立即用大量水冲洗，严重者应去医院医治。

21. 六甲基磷酰三胺(HMPA) $[(CH_3)_2N]_3PO$

凝固点 7.2℃；沸点 233(235)℃；d_{25}^{20}=1.024；n_D^{20}=1.4579。

所含杂质有水、二甲胺及其盐酸盐。在氮气保护下于 799.9Pa 加氧化钡或氧化钙回流数小时，然后在同样条件（压力和氮气保护）下加钠蒸馏，中间馏分（98～100℃）加 4A 分子筛于暗处低温储存。

能溶解于水和许多极性及非极性溶剂中，不溶于饱和烃，其性质类似氨；对有机金属化合物有很好的溶解性能。

22. 乙酐 $(CH_3CO)_2O$

沸点 139.6℃；d_4^{20}=1.080；n_D^{20}=1.3904。

乙酐是重要的乙酸化剂和良好溶剂。

23. 二甲苯 $(CH_3)_2C_6H_4$

工业二甲苯是三种异构体的混合物。沸点为 136～144℃。二甲苯与水形成的共沸物于 92℃沸腾，其中含 64.2%的二甲苯。

24. 正丁醇 $CH_3(CH_2)_3OH$

沸点 117.3℃；d_4^{20}=0.8098；n_D^{20}=1.3993。

常含有醛、杂醇油、少量水分和色素等杂质。

为了除去碱、醛和酮，将正丁醇用稀硫酸洗涤后，再用亚硫酸氢钠溶液洗几次。加入 20% NaOH 溶液煮沸 1.5h（除去酯）。分出醇，用无水硫酸镁、碳酸钾或氧化钙干燥后，加金属钠回流并蒸馏，收集 116.5～118℃的馏分。

正丁醇的毒性大体与乙醇相同，但刺激性强，有使人难忍的气味。其蒸气与空气的混合物的爆炸极限为 3.7%～10.2%。

25. 甲酸(蚁酸) HCOOH

无水品的熔点 8.3℃；沸点 100.7℃；d_4^{20}=1.1220；n_D^{20}=1.3714。

将 88%的试剂甲酸与邻苯二甲酸酐回流 6h。蒸馏得无水品。直接蒸馏工业级甲酸得纯品（含水）。

甲酸具有渗透性和腐蚀性，能溶解脂肪。其蒸气对皮肤、黏膜和眼睛有强刺激性。液体能使皮肤起泡。吸入其蒸气可引起咽痛、咳嗽和胸疼等。

26. 乙腈 CH_3CN

沸点 81.6℃；d_4^{20}=0.7857；n_D^{20}=1.3442。

乙腈中常含有水、氢氰酸、乙酰胺和乙酸铵等杂质。

精制方法：反复用五氧化二磷与乙腈回流，直至液体无颜色。要避免五氧化二磷过量，以免生成橙色聚合物。蒸出乙腈，加入无水碳酸钾再蒸馏（除去五氧化二磷），收集80.5～82.5℃的馏分。

用于极谱分析的乙腈的纯化法：与无水氯化铝（每升用15g）回流1h。蒸出，每升加高锰酸钾和碳酸锂各10g。回流15min。蒸馏。馏出液加硫酸氢钾（每升加15g）回流15min。蒸出，加氢化钙（每升加2g）回流1h后，在隔湿和氮气保护下分馏。

乙腈易燃、有毒。能引起恶心、呕吐、呼吸困难、极度乏力和意识模糊等症状。与空气混合物的爆炸极限为3.0%～16%。

27. 石油醚

为低沸点碳氢化合物的混合物。通常有30～60℃、60～90℃和90～120℃等馏分。含不饱和烃、芳烃、醛、酮和水等杂质。

将1L石油醚用300mL浓硫酸振摇数分钟。静置，分层清晰后分去酸层。反复加0.05mol·L^{-1} $KMnO_4$ 和10% H_2SO_4 溶液振摇，直至高锰酸钾的紫色不褪。再依次用水、5% Na_2CO_3 溶液和水洗涤。以无水氯化钙或硫酸钠干燥过夜后，蒸馏。馏出液可进一步用钠丝干燥。

石油醚易燃，特别是30～60℃的馏分。其蒸气与空气的混合物有爆炸性。

28. 三氯乙烯 $Cl_2C{=}CHCl$

沸点87.2℃；$d_4^{20}=1.4642$；$n_D^{20}=1.4773$。

三氯乙烯与三氯甲烷相似，由于自动氧化，分解生成氯化氢、光气、一氧化碳和有机物，分解产物常常积蓄在三氯乙烯中。

提纯方法：依次用2mol·L^{-1} HCl、水和2mol·L^{-1} K_2CO_3 溶液洗涤。以无水碳酸钾和氯化钙干燥并在使用前分馏。

三氯乙烯有麻醉作用，可损害肺、肝和肾等脏器。

29. 硝基苯 $C_6H_5NO_2$

凝固点5.7℃；沸点210.8℃；$d_4^{20}=1.2037$；$n_D^{20}=1.5562$（1.5526）。

硝基苯中常含有硝基甲苯、二硝基噻吩、二硝基苯和苯胺等杂质。其绝大部分可在稀硫酸存在下用水蒸气蒸馏法除去。从馏出液中分出有机相以无水氯化钙干燥后，滤去干燥剂，加氧化钡或活性氧化铝搅拌0.5h，分出再减压蒸馏。纯品很易吸潮，置棕色瓶中加硅胶或氢化钙储存。

本品剧毒。急性中毒后，突然昏倒，神志不清。严重中毒时，呈深度昏睡，眼球转动不灵，心脏衰弱、脉搏微弱、呼吸不匀。愈后仍有贫血、心脏衰弱、精力减退、神经性疼痛和过敏症等。对血液的毒性遇醇类（如饮酒）而增加。

附录Ⅲ　无机化学实验常用仪器介绍

仪　　器	规　　格	主要用途	使用方法和注意事项	理　　由
试管　离心试管	玻璃制品,分硬质和软质,有普通试管和离心试管。普通试管有翻口、平口,有刻度、无刻度,有支管、无支管,有塞、无塞等几种。离心试管也分有刻度和无刻度两类 规格:有刻度的试管和离心管按容量(mL)分,常用的有 5、10、15、20、25、50 等。无刻度试管按管外径(mm)×管长(mm)分,有 8×70、10×75、10×100、12×100、12×120、15×150、30×200 等	1. 常温或加热条件下用作少量试剂反应容器,便于操作和观察 2. 收集少量气体 3. 支管试管还可检验气体产物,也可接到装置中使用 4. 离心试管还可用于沉淀分离	1. 反应液体不超过试管容积 1/2,加热时不超过 1/3 2. 加热前试管外面要擦干,加热时要用试管夹 3. 加热液体时管口不能对人,将试管倾斜与桌面成 45°,同时不断振荡,火焰上端不能超过管里液面 4. 加热固体时管口应略向下倾斜 5. 离心试管不可直接加热	1. 防止振荡或受热溢出 2. 防止水滴附着受热不均,导致试管破裂;避免烫伤 3. 防止液体溅出;扩大加热面,防止暴沸,防止受热不均引起试管破裂 4. 增大受热面,避免冷凝水流回灼热管底引起破裂 5. 防止破裂
烧杯	玻璃质,分硬质、软质,有一般型和高型,有刻度和无刻度几种 规格:按容量(mL)分,有 50、100、150、200、250、500 等,此外还有 1、5、10 的微烧杯	1. 常温或加热条件下大量物质反应容器,反应物易混合均匀 2. 配制溶液 3. 代替水槽	1. 反应液体不得超过容量的 2/3 2. 加热前要将烧杯外壁擦干,烧杯底要垫石棉网	1. 防止搅拌时液体溅出或沸腾时溢出 2. 防止玻璃受热不均而破裂
平底烧瓶　圆底烧瓶 蒸馏烧瓶	玻璃质,分硬质、软质,有平底、圆底、长颈、短颈、细口、粗口和蒸馏圆底烧瓶等 规格:按容量(mL)分,有 50、100、250、500、1000,此外还有微量烧瓶	1. 圆底烧瓶:在常温或加热条件下供化学反应用,因底部是圆形,受热面大,耐压大 2. 平底烧瓶:配制溶液或代替圆底烧瓶,因平底置放平稳 3. 蒸馏烧瓶:液体蒸馏、少量气体发生装置用	1. 盛放液体的量不超过烧瓶容量的 2/3,也不能太少 2. 固定在铁架台上,下垫石棉网再加热,不可直接加热,加热前擦干外壁 3. 放在桌面上,下面要有木环或石棉环	1. 避免加热时喷溅或破裂 2. 避免受热不均而破裂 3. 防止滚动打破
锥形瓶	玻璃质,分硬质和软质,有塞和无塞,广口、细口和微型等几种 规格:按容量(mL)分,有 50、100、150、250 等	1. 反应容器 2. 振荡方便,适用于滴定操作	1. 盛液不能太多 2. 加热应下垫石棉网或置于水浴	1. 避免振荡时液体溅出 2. 防止受热不均而破裂

续表

仪器	规格	主要用途	使用方法和注意事项	理由
滴瓶	玻璃质,分棕色和无色两种,滴管上有橡皮胶头 规格:按容量(mL)分,有15、30、60、125等	盛放少量液体试剂或溶液,便于取用	1. 棕色瓶放见光易分解或不太稳定的物质 2. 滴管不能吸得太满,也不能倒置 3. 滴管专用,不得混用、弄脏	1. 防止物质分解、变质 2. 防止试剂腐蚀橡皮胶头 3. 防止沾污试剂
细口瓶	玻璃质,有磨口和不磨口,无色、棕色和蓝色 规格:按容量(mL)分,有100、125、250、500、1000等	储存溶液和液体药品的容器	1. 不能直接加热 2. 瓶塞不能弄脏、弄混 3. 盛放碱液应用胶塞 4. 有磨口塞的细口瓶不用时应洗净并在磨口处垫上纸条 5. 有色瓶盛放见光易分解或不太稳定的物质或液体	1. 防止玻璃破裂 2. 防止沾污试剂 3. 防止碱液与玻璃作用使塞子打不开 4. 防止粘连,导致塞子不易打开 5. 防止物质分解或变质
广口瓶	玻璃质,有无色和棕色的,有磨口、不磨口、磨口有塞几种,若无塞的口上是磨砂的则为集气瓶 规格:按容量(mL)分,有30、60、125、250、500等	1. 储存固体药品用 2. 集气瓶还用于收集气体	1. 不能直接加热;不能放碱;瓶塞不得弄脏、弄混 2. 作气体燃烧实验时瓶底放少许水或沙子 3. 收集气体后,要用毛玻璃片盖住瓶口	1. 防止玻璃破裂;防止玻璃塞粘连;防止沾污药品 2. 防止瓶破裂 3. 防止气体逸出
量筒	玻璃质 规格:按容量(mL)分,有5、10、20、25、50、100、200等,上口大下部小的叫量杯	用于量取一定体积的液体	1. 应竖直放在桌面上,读数时,视线应和液面水平,读取弯月面底相切的刻度 2. 不可加热,不可做实验(溶解、稀释、化学反应等)容器 3. 不可量取热溶液或液体	1. 读数准确 2. 防止破裂 3. 量取热溶液时会导致容积不准确
称量瓶	玻璃质,分高型和矮型两种 规格:按容量(mL)分,有高型有10、20、25、40等;矮型有5、10、15、30等	准确称取一定量固体药品	1. 不能加热 2. 盖子是磨口配套的,不能混用、丢失 3. 不用时应洗净,在磨口处垫上纸条	1. 防止破碎 2. 防止药品沾污 3. 防止粘连,打不开玻璃盖

续表

仪　　器	规　　格	主要用途	使用方法和注意事项	理　　由
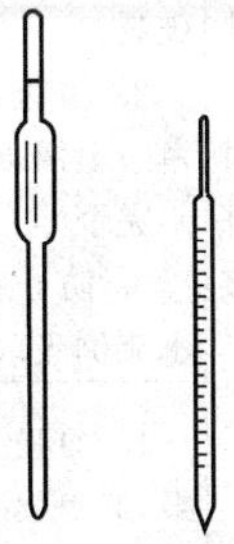 移液管　吸量管	玻璃质，分刻度管型和单刻度大肚型，完全流出式和不完全流出式。无刻度的叫移液管，有刻度的称吸量管 规格：按容量(mL)分，有1、2、5、10、25、50等；微型的有0.1、0.2、0.25、0.5等	精确移取一定体积的液体使用	1. 将液体吸入，液面超过刻度，用食指按住管口，轻轻转动放气，使液面降至刻度后，用食指按住管口，移往指定容器上，放开食指，使液体注入 2. 用时先用少量所移取液体润洗三次 3. 最后一滴液体是否吹出视型号而定	1. 确保量取准确 2. 确保所取液体浓度准确 3. 制管时已考虑
 容量瓶	玻璃质(也有塑料塞的) 规格：按容量(mL)分，有5、10、25、50、100、150、200、250等	配制准确浓度溶液	1. 溶质现在烧杯内完全溶解，然后转移到容量瓶中定容 2. 不能加热，不能代替试剂瓶用来存放溶液	1. 配制准确 2. 避免影响容量瓶的精确度
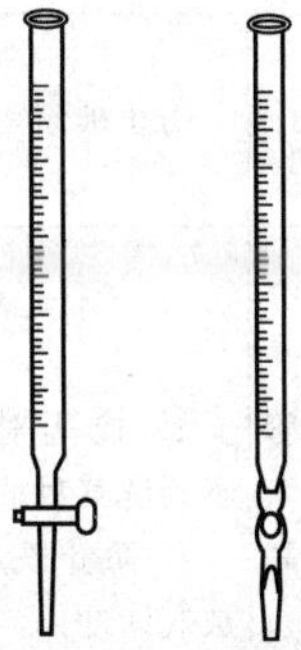 酸式滴定管　碱式滴定管	玻璃质，分酸式(玻璃活塞)和碱式(乳胶管连接的玻璃尖嘴) 规格：按刻度最大标度(mL)分，有25、50、100等，微量的有1、2、3、4、5、10等	滴定或量取准确体积的液体	1. 用前洗净、装液前要用预装溶液润洗三次 2. 使用酸式滴定管时，应左手开启旋塞，碱式滴定管用左手轻捏乳胶管内玻璃珠，溶液即可放出(碱式管要赶气泡) 3. 酸管旋塞应涂凡士林，碱管下端不能用洗液洗涤 4. 酸管、碱管不能对调使用	1. 保证溶液浓度不变 2. 防止将旋塞拉出而喷漏，便于操作。赶气泡是为了读数准确 3. 旋塞旋转灵活；洗液腐蚀乳胶管 4. 酸液腐蚀乳胶管，碱液腐蚀玻璃
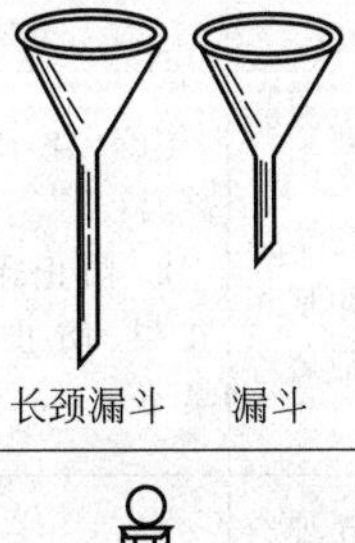 长颈漏斗　漏斗	玻璃质或搪瓷质，分长颈和短颈 规格：按斗径(mm)分，有30、40、60、100、120等。此外铜制热漏斗专用于热滤	1. 过滤液体 2. 倾注液体 3. 长颈漏斗常装配气体发生器，加液时用	1. 不可直接加热 2. 过滤时漏斗颈尖端必须紧靠承接滤液的容器壁 3. 长颈漏斗作加液时斗颈应插入液面内	1. 防止破裂 2. 防止滤液溅出 3. 防止气体自漏斗泄出
 分液漏斗	玻璃质，有球形、梨形、筒形和锥形等 规格：按容量(mL)分，有50、150、250、500等	1. 用于互不相溶的液-液分离 2. 气体发生器装置中加液用	1. 不能加热 2. 塞上涂一薄层凡士林，旋塞处不能漏液 3. 分液时，下层液体从漏斗管流出，上层液体从上口倒出 4. 装气体发生器时，漏斗管应插入液面内或者改装成恒压漏斗	1. 防止破裂 2. 旋塞旋转灵活，又不漏水 3. 防止分离不清 4. 防止气体自漏斗管喷出

续表

仪器	规格	主要用途	使用方法和注意事项	理由
抽滤瓶　布氏漏斗	布氏漏斗为瓷质，规格以直径(mm)表示。抽滤瓶为玻璃质，规格按容量(mL)分，有 50、100、250、500 等。两者配套使用	用于无机制备中晶体或沉淀的减压过滤（利用抽气管或真空泵降低抽滤瓶中压力来减压抽滤）	1. 不能直接加热 2. 滤纸要略小于漏斗的内径 3. 先开抽气管，后过滤。过滤完毕，应先分开抽气瓶和抽滤管的连接处，后关抽气管	1. 防止玻璃破裂 2. 防止过滤液由边上漏滤，过滤不完全 3. 防止抽气管水流倒吸
干燥管	玻璃质，有各种形状 规格：以大小表示	干燥气体	1. 干燥剂颗粒大小适中，填充时松紧要适中，不与气体反应 2. 两端用棉花团塞住 3. 干燥剂变潮后立即更换，用后应清洗 4. 两头要接对（大头进气，小头出气）并固定在铁架台上使用	1. 加强干燥效果，避免损失 2. 避免气流将干燥剂粉末带出 3. 避免沾污仪器，提高干燥效率 4. 防止漏气，防止打碎
蒸发皿	瓷质，也有玻璃、石英和铂制品，有平底和圆底两种 规格：按容量(mL)分，有 75、200、400 等	口大底浅，蒸发速度快，所以作蒸发、浓缩溶液用，随液体性质不同可选用不同质的蒸发皿	1. 能耐高温，但不宜骤冷 2. 一般放在石棉网上加热	1. 防止破裂 2. 受热均匀
表面皿	玻璃质 规格：按直径(mm)分，有 45、65、75、90 等	盖在烧杯上，防止液体进溅或其他用途	不能用火直接加热	防止破裂
洗气瓶	玻璃质，形状有多种 规格：按容量(mL)分，有 125、250、500、1000 等	净化气体，反接也可作安全瓶（或缓冲瓶）用	1. 接法正确（进气管通液体中） 2. 洗涤液注入容器高度 1/3，不得超过 1/2	1. 接不对，达不到洗气目的 2. 防止洗涤液被气体冲出
坩埚	瓷质，也有石墨、石英、氧化锆、铁、镍或铂制品 规格：按容量(mL)分，有 10、15、25、50 等	强热、煅烧固体用。随固体性质不同可选用不同质的坩埚	1. 放在泥三角上直接强热或煅烧 2. 加热或反应完毕后用坩埚钳取下时，坩埚钳应预热，取下后应放置在石棉网上	1. 瓷质、耐高温 2. 防止骤冷而破裂，防止烧坏桌面
持夹　单爪夹　铁圈　铁架台 铁架台	铁制品，铁夹现有铝制的 铁架台有圆形的，也有长方形的	用于固定或放置反应容器。铁圈还可代替漏斗架使用	1. 仪器固定在铁架台上时，仪器和铁架台的重心应落在铁架台底盘中部 2. 用铁夹夹持仪器时，应以仪器不能转动为宜，不能过紧过松 3. 加热后的铁圈不能撞击或摔落在地	1. 防止站立不稳而翻到 2. 过松易脱落，过紧可能夹破仪器 3. 避免断裂

续表

仪器	规格	主要用途	使用方法和注意事项	理由
毛刷	以大小或用途表示。如试管刷、滴定管刷	洗刷玻璃仪器	洗涤时手持刷子的部位要合适。要注意毛刷顶部竖毛的完整程度	避免洗不到仪器顶端,或刷顶撞破仪器
研钵	瓷质,也有玻璃、玛瑙或铁制品。规格以口径大小表示	1. 研碎固体物质 2. 固体物质的混合。按固体的性质和硬度选用不同的研钵	1. 大块物体只能压碎,不能舂碎 2. 放入量不宜超过研钵体积 1/3 3. 易爆物质只能轻轻压碎,不能研磨	1. 防止击碎研钵和杵,避免固体飞溅 2. 以免研磨时把物质甩出 3. 防止爆炸
试管架	有木质和铝质的,有不同形状和大小的	放试管用	加热后的试管应用试管夹夹住悬放架上	避免骤冷或遇架上湿水使之炸裂
试管夹 (铜) (木)	有木制、竹制、金属丝制品,形状也不同	夹持试管	1. 夹在试管上端 2. 不要把拇指按在夹的活动部分 3. 一定要从试管底部套上和取下试管夹	1. 便于摇动试管,避免烧焦夹子 2. 避免试管脱落 3. 较容易将试管套入;防止夹碎试管口;防止沾污试管口
漏斗架	木制品,有螺丝可固定于铁架或木架上,也叫漏斗板	过滤时承接漏斗用	固定漏斗架时,不要倒放	以免损坏
三脚架	铁制品,有大小、高低之分	放置较大或较重的加热容器	1. 放置加热容器(除水浴锅外)应先放石棉网 2. 下面加热灯焰的位置要合适,一般用氧化焰加热	1. 使加热容器受热均匀 2. 使加热温度高

续表

仪　器	规　格	主要用途	使用方法和注	理　由
燃烧匙	匙头铜制，也有铁制品	检验可燃烧性，进行固气燃烧反应用	1. 放入集气瓶时应由上而下慢慢放入，且不要触及瓶壁 2. 硫黄、钾、钠燃烧实验时，应在匙底垫上少许石棉或砂子 3. 用完立即洗净匙头并干燥	1. 保证充分燃烧，防止集气瓶破裂 2. 防止发生反应，腐蚀燃烧匙 3. 免得腐蚀、损坏匙头
药匙	由牛角、瓷或塑料制成	拿取固体药品用。药勺两端各有一个勺，一大一小。根据用量大小，分别选用	取一种药品后必须洗净并用滤纸擦干后，才能取用另一种药品	避免沾污试剂，发生事故
泥三角	由铁丝扭成，套有瓷管。有大小之分	灼烧坩埚时放置坩埚用	1. 使用前一定检查铁丝是否断裂，断裂的不能使用 2. 坩埚放置要正确，坩埚底应横着斜放在三个瓷管中的一个瓷管上 3. 灼烧后小心取下，不要摔落	1. 铁丝断裂，灼烧时坩埚不稳，易脱落 2. 灼烧得快 3. 以免损坏
石棉网	由铁丝编成，中间涂有石棉。有大小之分	石棉是一种不良导体，使受热物体均匀受热，不致造成局部高温	1. 应先检查，石棉脱落的不能用 2. 不能与水接触 3. 不可卷折	1. 起不到作用 2. 以免石棉脱落或铁丝锈蚀 3. 卷折会导致石棉松脆，易损坏
水浴锅	铜或铝制品	用于间接加热。也可用于粗略控温实验	1. 应选择好圈环，使加热器皿没入锅中 2/3 2. 经常加水，防止烧干 3. 用完将锅内剩水倒出并擦干水浴锅	1. 使加热物品受热上下均匀 2. 烧干会将水浴锅烧坏 3. 防止锈蚀
坩埚钳	铁制品，有大小、长短的不同	夹持坩埚加热或往高温电炉（马弗炉）中取放坩埚。也用于夹取热的蒸发皿	1. 使用时必须用干净的坩埚钳 2. 坩埚钳用后，应尖朝上平放在实验台上（温度很高的应放在石棉网上） 3. 实验完毕后，应将钳子擦干净，放入实验柜中，干燥放置	1. 防止弄脏坩埚中的药品 2. 保证坩埚钳尖端洁净，防止烫坏实验台 3. 防止坩埚钳锈蚀

续表

仪器	规格	主要用途	使用方法和注意事项	理由
螺旋夹 自由夹	铁制品，自由夹也叫弹簧夹、止水夹或皮管夹。螺旋夹也叫节流夹	在蒸馏水储瓶、制气或其他实验装置中沟通或关闭流体的通路。螺旋夹还可控制流体的流量	1. 应使胶管夹在自由夹的中间部位 2. 在蒸馏水储瓶的装置中，夹子夹持胶管的部位应常变动 3. 实验完毕，应及时拆卸装置，夹子擦净放入柜中	1. 防止夹持不牢导致漏液或漏气 2. 防止长期夹持，胶管粘连 3. 防止夹子弹性减小和夹子锈蚀

附录Ⅳ　有效数字与精度

在化学实验中，经常需要对某些物理量进行测量并根据测得的数据进行计算。但是测定物理量时，应采用几位数字？在数据处理时又应保留几位数字？这就必须了解有效数字的概念。

有效数字是实际能够测量到的数字。到底采取几位有效数字，要根据测量仪器和观察的精确程度来决定。例如，在台秤上称量某物为7.8g，因为台秤的精度为±0.1g，所以该物的质量可表示为（7.8±0.1)g，它的有效数字是2位。如果该物放在分析天平上称量，得到的结果是7.8125g，它的有效数字是5位。又如，在用最小刻度为1mL的量筒测量液体体积时，测得体积为17.5mL，其中17mL是直接由量筒的刻度读出的，而0.5mL是估计的，所以该液体在量筒中准确读数可表示为（17.5±0.1)mL，它的有效数字是3位。如果将该液体用最小刻度为0.1mL的滴定管测量，则其体积为17.56mL，其中17.5mL是直接从滴定管的刻度读出的，而0.06mL是估计的，所以该液体的体积可以表示为（17.56±0.01)mL，它的有效数字为4位。

可以看出，有效数字与仪器的精确程度有关，其最后一位数字是估计的（可疑数），其他的数字都是准确的。因此，在记录测量数据时，任何超过或低于仪器精确程度的有效位数的数字都是不恰当的。如果在台秤上称得某物质量为7.8g，不可记为7.800g，在分析天平称得某物质量恰为7.800g，也不可记为7.8g，因为前者夸大了仪器的精确度，后者缩小了仪器的精确度。

在记录实验数据和有关的化学计算中，要提别注意有效数字的运用，否则会使计算结果不准确。部分常用仪器的精度如表1所示。

表1　常用仪器的精度

仪器名称	仪器精密度/g	读　数	有效数字
托盘天平	0.1	(15.6±0.1)g	3位
1/100天平	0.01	(15.61±0.01)g	4位
电光天平	0.0001	(7.8125±0.0001)g	5位
	平均偏差/mL		
10mL量筒	0.1	(10.0±0.1)mL	3位
100mL量筒	1	(10±1)mL	2位
	相对平均偏差/%		
25mL移液管	0.2	(25.00±0.05)mL	4位
50mL滴定管	0.2	(25.00±0.05)mL	4位
100mL容量瓶	0.2	(100.0±0.2)mL	4位

参考文献

[1] 李述文，范如霖．实用有机化学手册．上海：上海科学技术出版社，1981.

[2] 吕科衍，高占先．有机化学实验．3版．北京：高等教育出版社，1996.

[3] 古凤才，肖衍繁．基础化学实验教程．北京：科学出版社，2001.

[4] 张勇，胡忠鲠．现代化学基础实验．北京：科学出版社，2000.

[5] 吴泳．大学化学新体系实验．北京：科学出版社，1999.

[6] 北京师范大学无机化学教研室．无机化学实验．3版．北京：高等教育出版社，2001.

[7] 北京师范大学无机化学教研室．无机化学实验．2版．北京：高等教育出版社，1991.

[8] 胡世代，陈建林，罗凤秀．无机化学微型实验．成都：电子科技大学出版社，2000.

[9] 北京师范大学化学系无机教研室．简明化学手册．北京：北京出版社，1980.

[10] 王传胜．无机化学实验．北京：化学工业出版社，2009.

[11] 华东化工学院分析化学教研组，成都科学技术大学分析化学教研组．分析化学．3版．北京：高等教育出版社，1989.

[12] 武汉大学．分析化学．5版．北京：高等教育出版社，2007.

[13] 李克安．分析化学教程．北京：北京大学出版社，2005.

[14] 武汉大学．分析化学实验．4版．北京：高等教育出版社，2001.

[15] 蔡蒨．分析化学实验．上海：上海交通大学出版社，2010.

[16] 彭崇慧，冯建章．分析化学：定量化学分析简明教程．3版．北京：北京大学出版社，2009.

[17] 蔡明招，刘建宇．分析化学实验．2版．北京：化学工业出版社，2010.

[18] 武汉大学，吉林大学，中山大学．分析化学实验．4版．北京：高等教育出版社，2001.

[19] 武汉大学，吉林大学，中山大学．分析化学实验．3版．北京：高等教育出版社，1994.

[20] 谢国梅．分析化学实验．2版．浙江：浙江大学出版社，1993.

[21] 李兴华．密度、浓度测量．北京：中国计量出版社，1991.

[22] 廉育英．密度测量技术．北京：机械工业出版社，1982.

[23]《玻璃计量仪器手册》编写组．玻璃计量仪器手册．北京：中国计量出版社，1993.

[24] 刘洪庆．真空计量．北京：中国计量出版社，1991.

[25] 李良贸．常用测量仪表实用指南．北京：中国计量出版社，1988.

[26] 李兆陇，阴金香，林天舒．有机化学实验．北京：清华大学出版社，2001.

[27] 黄涛．有机化学实验．3版．北京：高等教育出版社，1998.

[28] 陈耀祖．有机分析．北京：高等教育出版社，1983.

[29] 谷享杰．有机化学实验．北京：高等教育出版社，1988.

[30] 胡宏纹．有机化学．2版．北京：高等教育出版社，1990.

[31] 周科衍，高占先．有机化学实验教学指导．北京：高等教育出版社，1997.

[32]（美）R. M. 罗伯茨．近代实验有机化学导论．曹显国，胡昌奇，译．上海：上海科学技术出版社，1981.

[33] Lide D R. Hand Book of Chemistry and Physics，90th Edition（CD-ROM Version 2010）. Boca Raton：CRC Press，2010.

[34] Weast R C. Hand Book of Chemistry and Physics，66th Edition. Boca Raton：CRC Press，1985-1986.

[35] Nie H，Wang H，Cao A，et al. Diameter-selective dispersion of double-walled carbon nanotubes by lysozyme. *Nanoscale*，2011，3：970-973.

[36] Guo L，Bussche A V D，Buechner M，et al. Adsorption of essential micronutrients by carbon nanotubes and the implications for nanotoxicity testing. *Small*，2008，4：721-727.

[37] Nakamura G，Narimatsu K，Niidome Y，et al. Green tea solution individually solubilizes single-walled carbon nanotubes. *Chem Lett*，2007，9：1140-1141.

[38] Dean J A. Lange's Handbook of Chemistry. 15th Edition. New York：McGraw-Hill，Inc，1999.